"双一流"建设精品出版工程
"十三五"国家重点出版物出版规划项目
航天先进技术研究与应用系列

应用 H_∞ 控制

APPLIED H_∞ CONTROL

（第2版）

王广雄 何朕 著

哈爾濱工業大學出版社
HARBIN INSTITUTE OF TECHNOLOGY PRESS

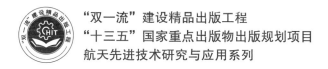

内容简介

本书从应用的角度来介绍 H_∞ 控制理论，所涉及的问题包括 H_∞ 设计中性能指标的确定，权函数和权系数的选择，如何来满足对象的假设条件，H_∞ 设计结果的验证，设计的鲁棒性和鲁棒设计，H_∞ 回路成形设计，采样系统的 H_∞ 控制，非线性系统的 H_∞ 控制和非线性 H_∞ 问题求解中的SOS方法等。书中有关设计问题的说明都配有相应的例题。

本书可供控制科学与工程领域的研究人员和高级工程技术人员参考，亦可作为控制类专业的硕士、博士及博士后相关专业的参考书。

图书在版编目(CIP)数据

应用 H_∞ 控制/王广雄，何朕著. —2 版. —哈尔滨：哈尔滨工业大学出版社，2021.8

ISBN 978－7－5603－7328－7

Ⅰ. ①应… Ⅱ. ①王… ②何… Ⅲ. ① H_∞ 控制 Ⅳ. ①O231

中国版本图书馆 CIP 数据核字(2018)第 079083 号

策划编辑　杜　燕
责任编辑　李长波
封面设计　屈　佳
出版发行　哈尔滨工业大学出版社
社　　址　哈尔滨市南岗区复华四道街 10 号　邮编 150006
传　　真　0451－86414749
网　　址　http://hitpress.hit.edu.cn
印　　刷　黑龙江艺德印刷有限责任公司
开　　本　787mm×960mm　1/16　印张 13　字数 288 千字
版　　次　2010 年 8 月第 1 版　2021 年 8 月第 2 版
　　　　　2021 年 8 月第 1 次印刷
书　　号　ISBN 978－7－5603－7328－7
定　　价　48.00 元

第 2 版前言

H_∞控制理论自形成以来已有了长足的进步，也已出版了不少优秀的教材和专著。不过这些专著大多是在H_∞控制理论形成的初期撰写的。随着H_∞控制的发展也提出了一些应用中的问题，本书主要是从应用的角度来介绍H_∞控制理论，所涉及的问题包括H_∞设计中性能指标的确定，权函数和权系数的选择，设计问题中如何来满足对象的假设条件，设计的鲁棒性和鲁棒设计，各种H_∞设计方法、设计结果的验证，以及采样控制系统和非线性系统的H_∞控制等。

H_∞(读作"H 无穷"(H-infinity))控制理论是关于反馈控制系统设计的理论，要从应用的角度来介绍这个理论，离不开对反馈控制认识过程的介绍。第 1 章从反馈设计理论的发展来介绍H_∞控制理论形成的历史背景，是为了弄清反馈控制系统的设计要求，为从设计要求转换成H_∞标准问题做好准备。H_∞控制求解的是H_∞优化问题。第 2 章说明H_∞标准问题、H_∞优化设计和H_∞范数的优化解之间的关系。第 3～5 章是关于H_∞求解的理论和算法。本书的重点是第 4 章的 DGKF 法。DGKF 法现在已是H_∞控制中的经典算法。虽然 MATLAB 的工具箱中已有标准的函数可用来求取H_∞优化解和H_∞控制器，不过 DGKF 法是一种解析求解的方法，通过 DGKF 法的解可以进一步了解H_∞优化解中的各种问题。第 6 章和第 7 章结合实例来介绍控制系统的H_∞设计。第 6 章是标准的H_∞混合灵敏度设计，第 7 章则是另一种平行的方法，先从开环特性上来设计，再来保证鲁棒稳定性的H_∞回路成形法。第 8 章是关于参数摄动下的鲁棒镇定和鲁棒设计问题。第 9 章和第 10 章是采样控制系统和非线性系统H_∞设计。非线性H_∞控制主要是处理控制系统的扰动抑制问题，由于 HJI 不等式尚无有效的求解方法，本书专门介绍了一种求解非线性不等式的 SOS(sum of squares)方法。书中有关设计问题的说明都配有相应的例题，这些大多是作者和研究生们近年来的研究成果。每章小结概括了该章所讨论问题在H_∞设计中的地位和作者对这些问题的看法。本书的这一版本对第 7 章和第 10 章做了较大的修改和补充。其他各章也均有修改,使叙述更为清晰。

本书的内容是按 60 学时课程来安排的。如果是 40 学时的课,可以只讲授前五章。第 10 章具有相对的独立性,也可以按专题来讲授。

作者长期在哈尔滨工业大学为研究生讲授“H_∞ 控制理论”课程。本书的内容取自作者的讲稿和近年来博士生们的工作。书中有些观点和做法可能与常规的不一致,欢迎批评指正。

王广雄 何朕

2021 年 8 月于哈尔滨

目　　录

第1章 H_∞ 控制理论形成的历史背景

本章是绪论章,通过对反馈控制发展过程的介绍和分析来了解反馈控制系统要解决的问题和设计要求,为从设计问题转换成 H_∞ 标准问题做好准备。同时本章也要为引入 H_∞ 范数做好必要的数学准备。

1.1 早期的工作

反馈控制理论在20世纪80年代经历了重大的变化,无论是对问题的认识,或是所用的方法,都有了重要的进展。推动控制理论发展的因素有两个:

一是要解决不确定性问题。不确定性是指模型不确定性,即设计所用的数学模型与实际的物理系统不一致。我们知道,控制系统是根据对象的数学模型来设计的,但这个系统最终却要在实际的物理对象上实现。当理论越来越严密时,这种不确定性的矛盾就更为突出,因而推动了理论往前发展。这个不确定性问题也称为鲁棒性问题。

二是要解决多变量控制问题。早年多变量控制的例子还比较少,一般用经典的概念尚能应付。但是随着科学技术的发展,多变量的应用例子越来越多,暴露出原有理论以及概念上的一些缺陷,也推动了理论往前发展。

下面就根据这两个因素来观察20世纪80年代之前的发展过程。就控制理论来说,20世纪50年代是经典时期,以传递函数和频率特性作为研究对象,到了60年代出现了状态空间法,当时称为现代控制理论。状态空间法直接对微分方程进行处理,适合于很多空间控制问题,而且状态空间的一些概念对深入了解控制系统的性能也是极为有用的。虽然有了这些理论,但是在多变量控制方面却一直没有明显的进展。70年代英国的Rosenbrock将频域法推广用于多变量系统的设计,提出了逆奈氏阵列(Inverse Nyquist Array, INA)法[1],并获得了成功。频域法重新获得了生机,又开始蓬勃发展。但是好景不长,1981年Doyle及Stein在文献[2]中指出INA法无法保证鲁棒性。文献[2]也由此开启了反馈控制理论的一个新的发展时期。这里先对INA法反映出的问题做一初步说明。

这个问题要从多变量控制说起。多变量系统是指有多个输入输出变量的系统,或称多入多出系统(Multi-input Multi-output, MIMO)。如果用传递函数来描述,这个系统的传递函数就是一个矩阵,即

$$G(s)=\begin{bmatrix} g_{11}(s) & g_{12}(s) & \cdots & g_{1k}(s) \\ g_{21}(s) & g_{22}(s) & \cdots & g_{2k}(s) \\ \vdots & \vdots & & \vdots \\ g_{k1}(s) & g_{k2}(s) & \cdots & g_{kk}(s) \end{bmatrix} \tag{1.1}$$

式中，第一行对应系统的第一个输出，g_{11} 是第一个输入到第一个输出的传递函数，g_{12} 是第二个输入到第一个输出的传递函数……；第二行则对应系统的第二个输出，以此类推。$\boldsymbol{G}(s)$ 的非对角线上的元素代表了各变量之间的耦合作用。如果 $\boldsymbol{G}(s)$ 是一个对角阵，就表示各变量之间没有耦合，这时该多变量系统就等价于若干个单变量系统，可以用单变量系统的设计方法进行设计。

早期的多变量控制都是基于解耦的思想，即将多变量系统化解为多个单变量系统来进行控制。作为例子，设有一多变量系统如图 1.1(a) 所示，图中，$\boldsymbol{G}$ 为 2 入 2 出的对象，$\boldsymbol{C}$ 为 2 入 2 出的控制器。

$$\boldsymbol{GC}=\begin{bmatrix} g_{11} & g_{12} \\ g_{21} & g_{22} \end{bmatrix}\begin{bmatrix} c_{11} & c_{12} \\ c_{21} & c_{22} \end{bmatrix}=$$
$$\begin{bmatrix} g_{11}c_{11}+g_{12}c_{21} & g_{11}c_{12}+g_{12}c_{22} \\ g_{21}c_{11}+g_{22}c_{21} & g_{21}c_{12}+g_{22}c_{22} \end{bmatrix} \tag{1.2}$$

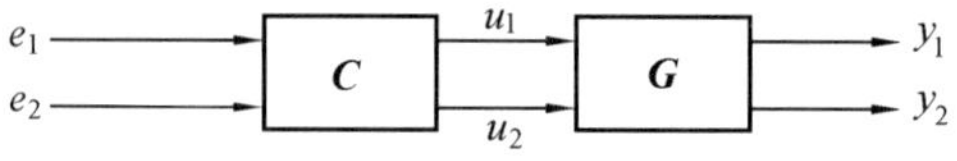

(a)

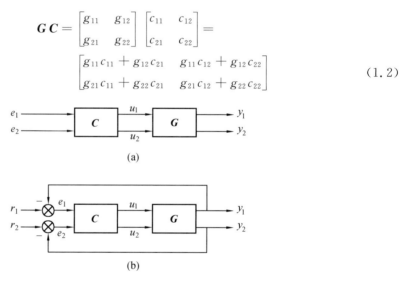

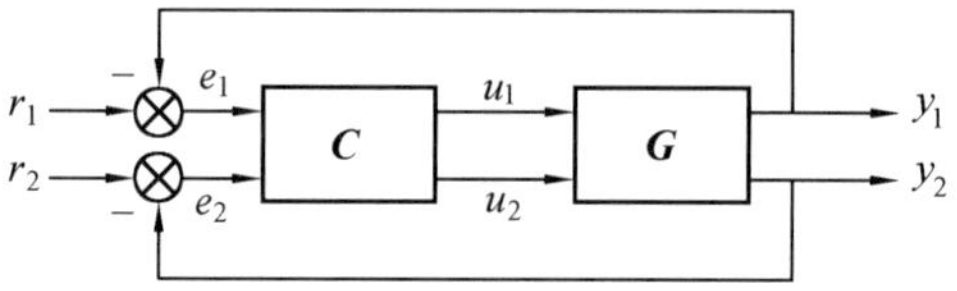

(b)

图 1.1 多变量系统

注意到 c_{ij} 为控制器的相应传递函数，是待设计的。如果选择适当的控制器参数使式(1.2)中的非对角线上的各项都等于零，那么传递函数阵 $\boldsymbol{GC}$ 就成了对角阵，这就是解耦设计。解耦设计后系统成为两个单变量系统，可以单独进行控制设计，如图 1.1(b) 所示。

由于对象的 $g_{ij}(s)$ 均具有惯性，因此式(1.2) 的非对角线项一般均不易使其为零，这种解耦设计多年来一直制约着多变量控制的发展。Rosenbrock 指出，完全解耦并非必要，并提出一种对角优势的概念。这是将式(1.1) 的传递函数阵 $\boldsymbol{G}(s)=\{g_{ij}(s)\}$ 对应的各频率特性(即 Nyquist 图线) 排成阵列，按一定的方法使阵列的对角线上各元占有优势，然后根据对角阵上的各元素采用单变量的设计思路进行设计。由于实际上采用的是逆 Nyquist 图线，因此这个方法称为逆奈氏阵列(INA)法。INA 法并不要求完全解耦,而是允许存在弱耦合,因此控制器的阶次较低,结构简单,易于工程实现。这个方法的成功带来了频域法的复兴,20 世纪 70 年代后半时期出现了一系列基于类似思想的方法,统称为现代频域法。

但是 INA 法很快就遇到了关于鲁棒性的挑战。究其原因还是在于对系统设计要求的理解。INA 法的基本思想是解耦。其实几十年来对多变量的控制要求就是要求解耦。这个设计要求似乎是天经地义的,谁也没有怀疑过。但到了 1981 年,Doyle 及 Stein[2] 和 Safonov[3] 指出,解耦并不是一种反馈设计。事实上,从式(1.2)和图 1.1(a)可以看出,解耦设计属于一种开环特性的设计。那么一个多变量系统究竟为什么要采用反馈控制呢?系统的反馈特性究竟是什么?由此可见,控制理论虽然经历了数十年的发展,但到了 1981 年才发现,控制问题中为什么要采用反馈控制似乎还没有完全弄明白。明确了反馈控制的目的,以及究竟用什么特性来表述系统的反馈特性,反馈控制理论才走上了正确的发展道路,并很快形成了关于反馈系统综合(synthesis)的理论——H_∞ 控制理论。本章下面各节将就这个发展过程来展开说明。

1.2　奇异值分解及其在控制系统中的应用

1.2.1　奇异值分解

在多变量控制理论中,矩阵的对角分解是一种重要的技术。对角分解有两种,一种是特征值分解,另一种就是奇异值分解。特征值分解的应用受到很多限制,且不能表征系统的输入输出特性。而奇异值分解有一系列超出特征值分解的优点,有利于控制系统的分析和设计。

下面不加证明,直接给出奇异值分解定理。

定理 1.1　设矩阵 $\boldsymbol{A} \in \mathbf{C}^{m\times n}$,则存在酉矩阵 $\boldsymbol{U} \in \mathbf{C}^{m\times m}$ 和 $\boldsymbol{V} \in \mathbf{C}^{n\times n}$,使得

$$\boldsymbol{A} = \boldsymbol{U\Sigma V}^* \tag{1.3}$$

式中,* 号表示复共轭转置;$\boldsymbol{\Sigma}$ 是如下定义的矩阵:

$$\boldsymbol{\Sigma} = \begin{bmatrix} \boldsymbol{S} & \boldsymbol{0} \\ \boldsymbol{0} & \boldsymbol{0} \end{bmatrix} \in \mathbf{R}^{m\times n}$$

$$\boldsymbol{S} = \mathrm{diag}(\sigma_1,\quad \sigma_2,\quad \cdots,\quad \sigma_r),\quad r \leqslant \min(m,n)$$

$$\sigma_1 \geqslant \sigma_2 \geqslant \cdots \geqslant \sigma_r > 0$$

式中,r 是 $\boldsymbol{A}$ 阵的秩。若 $\boldsymbol{A}$ 为实数阵,$\boldsymbol{A} \in \mathbf{R}^{m\times n}$,则 $\boldsymbol{U}$,$\boldsymbol{V}$ 为正交阵。

定理中的式(1.3)称为 $\boldsymbol{A}$ 阵的奇异值分解。$\boldsymbol{\Sigma}$ 的主对角线上共有 $\min(m,n)$ 个元,其中除前 r 个为正实数外,还可能有一些 0。包括这些可能有的 0 在内的所有 $\min(m,n)$ 个非负实数都称为 $\boldsymbol{A}$ 阵的奇异值。酉矩阵 $\boldsymbol{U}$ 和 $\boldsymbol{V}$ 的各列分别称为左奇异向量和右奇异向量。

例 1.1 设 $\boldsymbol{A}=\begin{bmatrix} \mathrm{j}\frac{1}{\sqrt{2}} & -\mathrm{j}\frac{1}{\sqrt{2}} & 0 \\ -\frac{2}{\sqrt{3}} & -\frac{2}{\sqrt{3}} & -\frac{2}{\sqrt{3}} \end{bmatrix}$，$\boldsymbol{A}$ 阵的奇异值分解式为

$$\boldsymbol{A}=\begin{bmatrix} 0 & \mathrm{j} \\ -1 & 0 \end{bmatrix}\begin{bmatrix} 2 & 0 & 0 \\ 0 & 1 & 0 \end{bmatrix}\begin{bmatrix} \frac{1}{\sqrt{3}} & \frac{1}{\sqrt{2}} & \frac{1}{\sqrt{6}} \\ \frac{1}{\sqrt{3}} & -\frac{1}{\sqrt{2}} & \frac{1}{\sqrt{6}} \\ \frac{1}{\sqrt{3}} & 0 & -\frac{2}{\sqrt{6}} \end{bmatrix}^*$$

上式表明，$\boldsymbol{A}$ 阵的 2 个奇异值是 2，1。从上式中也可看到左右两个酉矩阵的特色，矩阵中的各列都是互相正交的单位向量。

下面是一些常用到的奇异值的性质：

(ⅰ) $\sigma_i(\boldsymbol{A})=\sqrt{\lambda_i(\boldsymbol{A}^*\boldsymbol{A})}$ (1.4)

(ⅱ) 若 $\boldsymbol{A}$ 可逆，则 $\underline{\sigma}(\boldsymbol{A})=\dfrac{1}{\overline{\sigma}(\boldsymbol{A}^{-1})}$ (1.5)

(ⅲ) $\overline{\sigma}(\boldsymbol{AB})\leqslant\overline{\sigma}(\boldsymbol{A})\overline{\sigma}(B)$ (1.6)

(ⅳ) $\overline{\sigma}(\boldsymbol{A}+\boldsymbol{B})\leqslant\overline{\sigma}(\boldsymbol{A})+\overline{\sigma}(\boldsymbol{B})$ (1.7)

(ⅴ) $\underline{\sigma}(\boldsymbol{A})+\underline{\sigma}(\Delta\boldsymbol{A})\geqslant\underline{\sigma}(\boldsymbol{A}+\Delta\boldsymbol{A})\geqslant\underline{\sigma}(\boldsymbol{A})-\overline{\sigma}(\Delta\boldsymbol{A})$ (1.8)

式中的奇异值符号是指

$$\overline{\sigma}(\boldsymbol{A})=\sigma_{\max}(\boldsymbol{A})=\sigma_1=\boldsymbol{A}\text{ 的最大奇异值}$$

$$\underline{\sigma}(\boldsymbol{A})=\sigma_{\min}(\boldsymbol{A})=\sigma_r=\boldsymbol{A}\text{ 的最小奇异值}$$

式(1.4)说明，复共轭相乘的特征值 λ_i 的平方根等于奇异值 σ_i，这个性质(ⅰ)有时也称为奇异值的定义。虽然理论上可以用这个式子来计算奇异值，但这个公式并不能真正用来计算奇异值，因为有一个算法稳定性问题，所以这里是作为奇异值的一个性质来列出的。一般计算时可采用 MATLAB 的函数 SVD( )。SVD 是 Singular Value Decomposition 的缩写。

例 1.2 设 $\boldsymbol{A}(s)=\begin{bmatrix} \dfrac{s+0.02}{s+2} \\ \dfrac{2}{s+2} \end{bmatrix}$，$s=\mathrm{j}\omega$，

则根据式(1.4)可算得 $\boldsymbol{A}(\mathrm{j}\omega)$ 的奇异值为

$$\overline{\sigma}[\boldsymbol{A}(\mathrm{j}\omega)]=\sqrt{\boldsymbol{A}(\mathrm{j}\omega)^*\boldsymbol{A}(\mathrm{j}\omega)}=\sqrt{\frac{\omega^2+4.000\,4}{\omega^2+4}}\approx 1$$

这个 $\overline{\sigma}[\boldsymbol{A}(\mathrm{j}\omega)]$ 在 Bode 图上是一条 0 dB 的直线，称为全通(all-pass)特性，意指不同频率的信号通过这个环节时均不衰减。全通特性的概念在 H_∞ 设计中占有重要地位，因为 H_∞ 的最优

解是全通解。

1.2.2　奇异值分解的应用:矩阵的谱范数

奇异值分解在数学上有许多重要的应用,这里只介绍其在控制理论中的一个应用。

控制系统分析和设计中需要一种能反映输入输出特性的量,特征值并不具有这样的性能,而奇异值则能反映系统的输入输出之间的增益关系。

对多变量系统来说,系统的增益与输入的信号向量的方向有关。设 $\boldsymbol{A}$ 为系统矩阵,$\boldsymbol{x}$ 为输入向量。设 M 和 m 分别表示最大和最小增益,即

$$M=\max_{x\neq 0}\frac{\|\boldsymbol{Ax}\|}{\|\boldsymbol{x}\|}$$

$$m=\min_{x\neq 0}\frac{\|\boldsymbol{Ax}\|}{\|\boldsymbol{x}\|}$$

这里向量的范数采用 Euclid 范数,即 2－范数

$$\|\boldsymbol{x}\|:=\|\boldsymbol{x}\|_2=\sqrt{\boldsymbol{x}^{\mathrm{T}}\boldsymbol{x}}$$

这种增益的变化可用$\boldsymbol{A}$阵的奇异值来表示。设对$\boldsymbol{A}$进行奇异值分解,$\boldsymbol{A}=\boldsymbol{U\Sigma V}^*$,并令$\boldsymbol{z}=\boldsymbol{V}^*\boldsymbol{x}$,得

$$\|\boldsymbol{Ax}\|=\|\boldsymbol{U\Sigma V}^*\boldsymbol{x}\|=\|\boldsymbol{\Sigma z}\|$$

式中,第二个等号存在的根据是酉矩阵的性质,即酉矩阵左乘一个向量,向量的范数不变。

考虑到 $\boldsymbol{\Sigma}=\mathrm{diag}(\bar{\sigma},\ \cdots,\ \underline{\sigma})$,于是可得

$$\underline{\sigma}\|\boldsymbol{z}\|\leqslant\|\boldsymbol{\Sigma z}\|\leqslant\bar{\sigma}\|\boldsymbol{z}\|$$

因为 $\boldsymbol{V}^*$ 也是酉矩阵,所以 $\|\boldsymbol{z}\|=\|\boldsymbol{x}\|$,用 $\|\boldsymbol{x}\|$ 除上式得

$$\underline{\sigma}\leqslant\frac{\|\boldsymbol{Ax}\|}{\|\boldsymbol{x}\|}\leqslant\bar{\sigma}\tag{1.9}$$

由此可见,奇异值决定了增益的变化范围。下面的定理将进一步说明式(1.9)右侧的等号是存在的,即最大增益 $M=\bar{\sigma}$。

定理 1.2　设 $\boldsymbol{A}\in\mathbf{C}^{n\times n}$,则由向量 2-范数 $\|\boldsymbol{x}\|_2$ 诱导的矩阵范数 $\|\boldsymbol{A}\|_2=\bar{\sigma}(\boldsymbol{A})$。

证明　设$\boldsymbol{A}$的奇异值分解为$\boldsymbol{U\Sigma V}^*$。由于$\boldsymbol{V}$为酉矩阵,它的各个列向量的长度均为 1,将 $\boldsymbol{V}$ 的第一列 $\boldsymbol{v}_1$ 取作向量 $\boldsymbol{x}$,记作 $\boldsymbol{x}_1$,则有

$$\boldsymbol{z}=\boldsymbol{V}^*\boldsymbol{x}_1=\begin{bmatrix}\boldsymbol{v}_1^*\\ \boldsymbol{v}_2^*\\ \vdots\\ \boldsymbol{v}_n^*\end{bmatrix}\boldsymbol{v}_1=\begin{bmatrix}1\\0\\ \vdots\\0\end{bmatrix}$$

这样,利用上述 $\boldsymbol{A}$ 的奇异值分解式,可得

$$\| \boldsymbol{Ax} \|_2^2 = (\boldsymbol{Ax})^* (\boldsymbol{Ax}) = (\boldsymbol{U\Sigma V}^* \boldsymbol{x})^* (\boldsymbol{U\Sigma V}^* \boldsymbol{x}) = \boldsymbol{z}^* \boldsymbol{\Sigma U}^* \boldsymbol{U\Sigma z} = \boldsymbol{z}^* \boldsymbol{\Sigma}^2 \boldsymbol{z}$$

再将上面的 $\boldsymbol{z}$ 代入便得

$$\| \boldsymbol{Ax}_1 \|_2^2 = \bar{\sigma}^2 \tag{1.10}$$

由式(1.9)和式(1.10)可知,对于 $\| \boldsymbol{x} \|_2 = 1$ 的向量 $\boldsymbol{x}$ 来说,$\max \| \boldsymbol{Ax} \|_2^2 = \bar{\sigma}^2$。根据矩阵范数的定义,这就是一种矩阵范数,即

$$\| \boldsymbol{A} \|_2 = \bar{\sigma}(\boldsymbol{A})$$

证毕

矩阵的这个诱导范数 $\| \boldsymbol{A} \|_2$ 称为谱范数。谱范数是奇异值分解的一个重要应用。范数代表了矩阵的“大小”,而矩阵是一种变换关系,变换关系的“大小”实际上就是一种“增益”。所以奇异值代表了一种增益关系,而特征值不具有这种特性。

1.2.3 反馈控制系统的设计

这一节要说明反馈控制系统应根据系统的奇异值特性来进行分析和设计。

这里首先应该区分开系统的响应特性与反馈特性。作为例子,设有一负反馈系统如图1.2(a)所示,分析时一般常用一等价的系统来代替,如图1.2(b)所示。这里为简单起见,设此等价系统为二阶系统。图1.2(b)中还绘出了这个系统在阶跃输入下的输出,这就是阶跃响应。设计时如果只关心响应特性,只想着图1.2(b),就会忘却图1.2(a)的反馈控制的任务。作为反馈系统的设计来说,设计时首先要考虑的是反馈特性。所谓反馈特性就是指反馈系统所特有的,只能靠反馈才能使其改变的一些特性,如稳定性(含鲁棒稳定性)、灵敏度和扰动抑制等性能[2,3]。而响应特性则可以不通过反馈,仅用开环控制的方式就能做到。上面1.1节中MIMO系统的解耦控制,实质上就是一种响应特性。

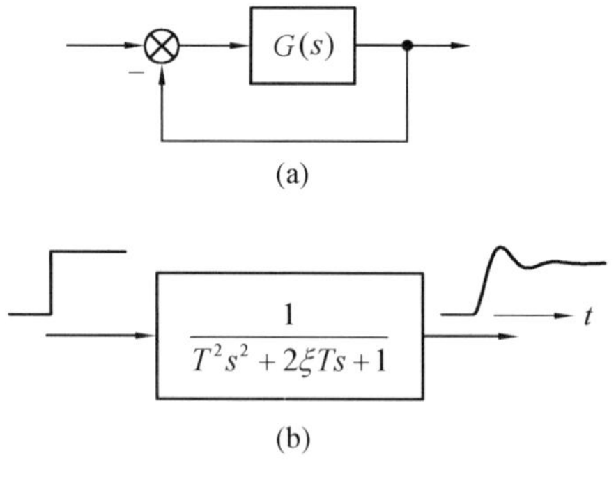

图 1.2 反馈系统与等价系统

低灵敏度和对扰动的抑制是一个系统之所以要采用负反馈来控制的真正理由,而稳定性和鲁棒稳定性则是反馈控制系统必须具有的性能。使之具有良好的反馈特性才是反馈设计的

目的。

(1) 灵敏度。

设有如图 1.3 所示的反馈控制系统,图中 K 为控制器,G 为控制对象。设该系统的闭环传递函数 T 为

$$T=\frac{GK}{1+GK} \tag{1.11}$$

系统的灵敏度定义为

$$S=\frac{\mathrm{d}\ln T}{\mathrm{d}\ln G}=\frac{\mathrm{d}T/T}{\mathrm{d}G/G} \tag{1.12}$$

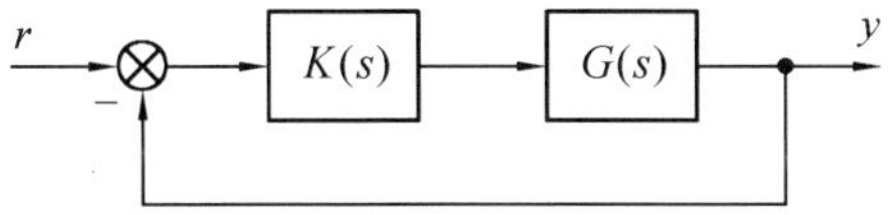

图 1.3　反馈控制系统

式(1.12) 表明系统的灵敏度定量表示了闭环传递函数 T 对对象参数变化的敏感程度。如果系统的灵敏度低,就说明这个设计对(对象的) 建模误差具有鲁棒性。

如果以 G 作为变量,T 作为它的函数,对式(1.11) 求导,可得灵敏度的表达式为

$$S=\frac{G}{T}\frac{\mathrm{d}T}{\mathrm{d}G}=\frac{1}{1+GK} \tag{1.13}$$

根据式(1.13),可以从 Nyquist 图线 $G(\mathrm{j}\omega)K(\mathrm{j}\omega)$(图 1.4) 来分析系统的灵敏度 $S(\mathrm{j}\omega)$。图1.4 中 ρ 为 GK 距 -1 点的最小距离,根据图中的几何关系可知

$$\rho=\min|1+GK| \tag{1.14}$$

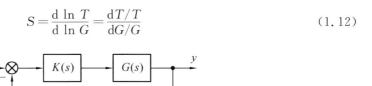

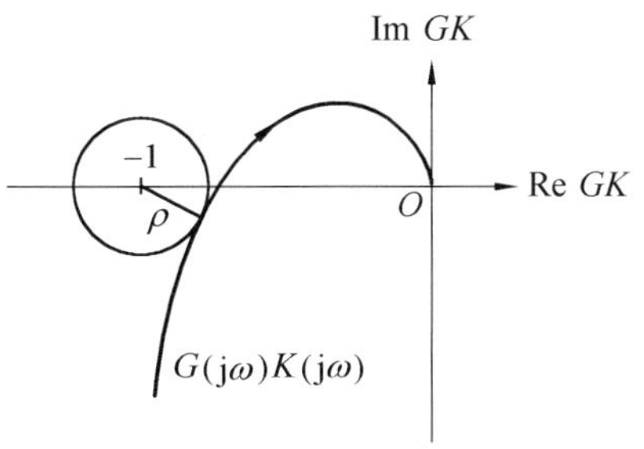

图 1.4　系统的 Nyquist 图

定义灵敏度的最大幅值为 M_S,则有

$$M_S=\max|S(\mathrm{j}\omega)|=1/\rho \tag{1.15}$$

M_S 越大,表示频率特性离 -1 点越近,这时如果 G 的参数有变化,很容易导致不稳定,所以现在常以灵敏度的最大值 M_S 作为(闭环) 系统鲁棒性的一个指标。一般取 $M_S=1.2\sim2.0$[4]。

现在再来看式(1.13)，S 的这个公式指出了一种测量灵敏度的方法：把 S 看作是传递函数，从输入 d 到输出 y 的传递函数就是 S(图 1.5)。而这个传递函数正是系统对输出端扰动 d 的抑制特性，S 小就表示由于反馈的作用而将扰动的影响抑制下来了，因此可以说灵敏度也是反馈控制系统的一个很重要的特性。当然，如果 $S>1$，这个系统反而会将扰动放大。

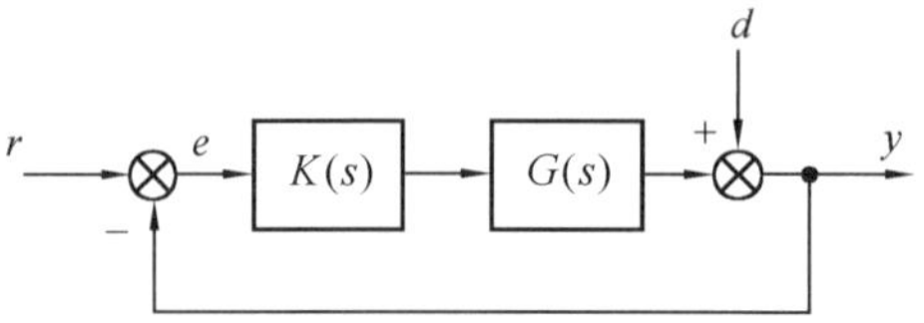

图 1.5　对输出端扰动的抑制

从图 1.5 还可以看到，从 r 到误差信号 e 的传递函数也等于灵敏度。由此可见，灵敏度表示了系统在 r 和 d 作用下的性能，其峰值还表示了参数变化对系统稳定性的影响，故一般均以灵敏度来表示反馈系统的性能(performance)，设计时要尽可能压低其灵敏度。

对 MIMO 系统来说，$\boldsymbol{S}$ 是一个传递函数阵，$\boldsymbol{S}=(\boldsymbol{I}+\boldsymbol{GK})^{-1}$。设计中这个性能的定量表示就是 $\boldsymbol{S}$ 阵的奇异值 $\sigma_i[\boldsymbol{S}(\mathrm{j}\omega)]$。图 1.6 所示为系统灵敏度奇异值 Bode 图的典型形状，设计时要尽量压低 $\sigma_i[\boldsymbol{S}(\mathrm{j}\omega)]$，如图中箭头所示。这里最大奇异值 $\bar{\sigma}[\boldsymbol{S}]$ 代表了最差的性能，所以就灵敏度来说，要用最大奇异值曲线 $\bar{\sigma}[\boldsymbol{S}(\mathrm{j}\omega)]$ 来表示系统的性能。

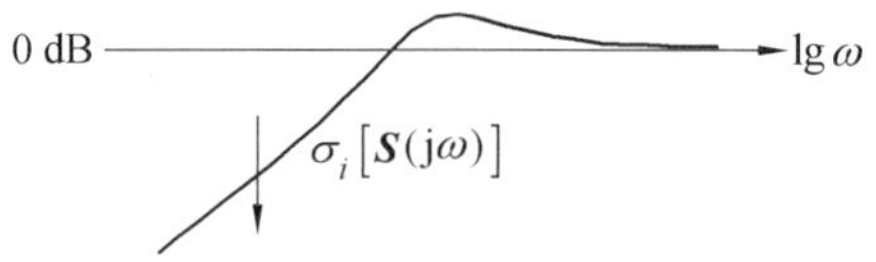

图 1.6　灵敏度函数的奇异值 Bode 图

(2) 鲁棒稳定性。

鲁棒稳定性是指按名义特性设计的系统，当对象摄动后系统仍是稳定的。所谓摄动是指对象特性出现变化，或者说是对象的数学模型存在不确定性。因为系统设计时用的数学模型与实际的系统总是有差别的，即存在不确定性，所以鲁棒稳定性对系统设计来说，是这个反馈设计能否实现的问题。

模型不确定性可分为两类，一类是模型参数的变化，另一类是未建模动态特性。所谓参数变化是指描述对象的数学模型中的参数与实际的参数不一致。由于数学模型总是某种意义下的低频数学模型，这个频段上的模型误差引起的鲁棒性问题就是上述的灵敏度问题，见式(1.12)，其最大幅值 M_S 即为鲁棒稳定性的指标。未建模动态是指对象建模时没有包括在内的一些被忽略的动态特性，例如，可能存在的由于转轴扭转而产生的谐振特性，信号传递中可能出现的时间滞后，或者是可能忽略掉的分布参数的影响，等等。一般来说，鲁棒性的主要问题是这些高频的未建模动态，本节要讨论的就是这种未建模动态引起的鲁棒稳定性问题。

当考虑不确定性时，对象特性一般用加性或乘性不确定性来表示。加性不确定性的表示方式为

$$G(j\omega)=G_0(j\omega)+\Delta G(j\omega) \tag{1.16}$$

这里

$$|\Delta G(j\omega)|<l_a(\omega)$$

式中，$l_a(\omega)$ 为加性不确定性的界函数，表示了实际 $G(j\omega)$ 偏离模型 $G_0(j\omega)$ 的范围。这里 $G_0(j\omega)$ 也称为名义特性或标称特性。

乘性不确定性的表示方式为

$$G(j\omega)=[1+L(j\omega)]G_0(j\omega) \tag{1.17}$$

式中

$$|L(j\omega)|<l_m(\omega)$$

这个 l_m 表示了实际 $G(j\omega)$ 偏离模型的相对值的界限。

这里要说明的是，式(1.16)、式(1.17) 中的 $G(j\omega)$ 表示对象的实际特性，设计时并没有这个 $G(j\omega)$(指 G 是未知的)，只有名义特性 $G_0(j\omega)$ 和给定的不确定性的界函数，所以今后在讨论中名义特性就不再加角标，直接写成 $G(j\omega)$。也就是说，设计计算中用的 $G(j\omega)$ 都是名义特性。

系统设计时一般均采用乘性不确定性。这是因为与控制器连接后 GK 的不确定性与 G 的乘性不确定性是一样的。图 1.7 所示是乘性不确定性界函数的一般形状。一般来说，未建模动态对低频段特性的影响较小，即低频段的模型比较准，l_m 值相对较小，随着频率的增加，l_m 在一定频率后会超过 1。作为例子，设在系统的建模过程中忽略了一个很小的 $\tau=50$ ms 的时延环节。时延环节的传递函数为 $e^{-\tau s}$，其幅频特性等于 1，相频特性 $\varphi(\omega)=-\omega\tau$，即相位滞后随 ω 比例增加。图 1.8 所示是无时滞(即标称特性)时的 1 与实际特性之间的向量关系。本例中 $\tau=50$ ms，当 $\omega=20$ rad/s 时相角滞后，$\varphi(\omega)=-1$ rad $\approx-60°$。从图可见，此时实际特性与标称 1 的差别 $|\Delta|$ 已达到 100%，即对应的乘性不确定的界函数 $l_m(\omega)$ 在 $\omega=20$ rad/s 时就已经达到了 1，并随后会超过 1。其他情况的分析也与此类似。总之，如果未建模动态是一些高频模态，那么乘性不确定的界函数 $l_m(\omega)$ 到高频段一定会超过 1，这种往上翘的特性将直接影响到系统的鲁棒稳定性分析。

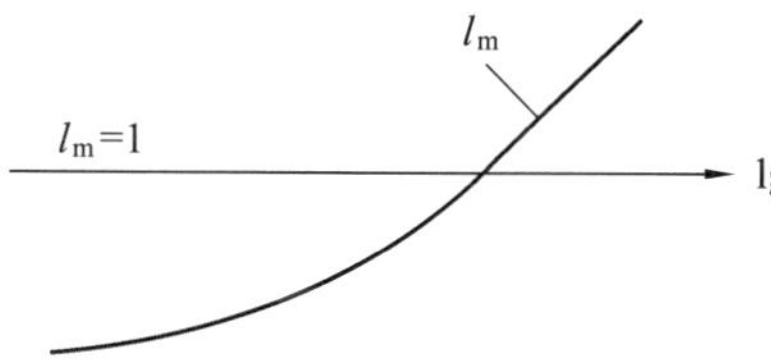

图 1.7　乘性不确定性的界函数

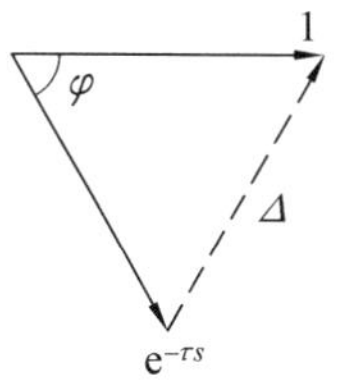

图 1.8　未建模时延特性的误差

现在来讨论鲁棒稳定性。这里先回顾一下 Nyquist 稳定判据。对单变量系统来说，Nyquist 图线是指包含整个右半平面的 D 围线(图 1.9) 到 $G(s)K(s)$ 平面的映射。因为 G 在 D 的无穷大半径处为零，所以一般就将这个围线的映射写成虚轴的映射 $G(\mathrm{j}\omega)K(\mathrm{j}\omega)$，$\forall\,\omega$。Nyquist 判据是根据 $G(\mathrm{j}\omega)K(\mathrm{j}\omega)$ 图线包围 -1 点的圈数来判断稳定性的。GK 与 -1 点的关系就是 $1+G(\mathrm{j}\omega)K(\mathrm{j}\omega)$ 的图线与原点的关系。

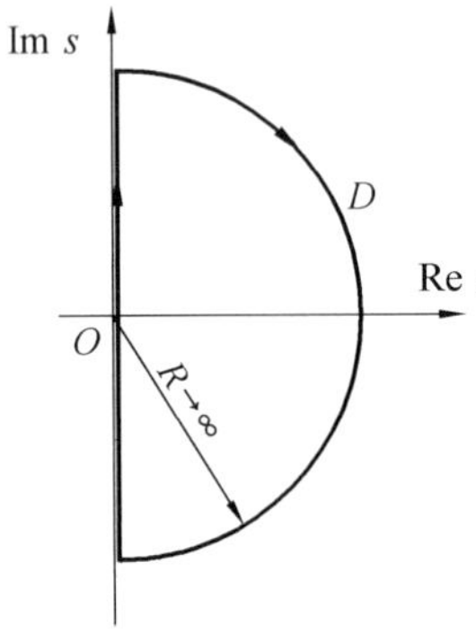

图 1.9　s 平面上的 D 围线

现将 Nyquist 判据推广到 MIMO 系统[5]。

设 $\det[\boldsymbol{I}+\boldsymbol{G}(s)\boldsymbol{K}(s)]$ 在闭右半平面有 P 个极点和 Z 个零点，则根据幅角原理(principle of the argument) 有

$$\Delta\arg\det[\boldsymbol{I}+\boldsymbol{G}(s)\boldsymbol{K}(s)]=-2\pi(Z-P) \tag{1.18}$$

式中，$\Delta\arg$ 是指当 s 顺时针沿围线 D 一周而产生的相角变化。闭环稳定性要求 $Z=0$，所以系统稳定的条件是 $\det[\boldsymbol{I}+\boldsymbol{G}(s)\boldsymbol{K}(s)]$ 绕原点的圈数为 P (逆时针)。

在鲁棒稳定性问题中，名义系统是稳定的。设对象摄动后的 $\boldsymbol{G}'\boldsymbol{K}$ 中不稳定极点数与 $\boldsymbol{GK}$ 是相等的(即设不稳定极点数 P 没有变化)。要求摄动后稳定，就是要求 $\det[\boldsymbol{I}+\boldsymbol{G}'(\mathrm{j}\omega)\boldsymbol{K}(\mathrm{j}\omega)]$ 在各种 $\boldsymbol{G}'$ 下包围原点的次数不变。这也就是要求各个 $\boldsymbol{G}'$ 下的图线均不经过原点，即要求

$$\det[\boldsymbol{I}+\boldsymbol{G}'(\mathrm{j}\omega)\boldsymbol{K}(\mathrm{j}\omega)]\neq 0 \tag{1.19}$$

这是因为不确定性是连续的，如果上式等于零，必有相邻的摄动对象会使包围原点的次数出现变化。

注意到

$$\begin{aligned}\det[\boldsymbol{I}+\boldsymbol{G}'(\mathrm{j}\omega)\boldsymbol{K}(\mathrm{j}\omega)]&=\det[\boldsymbol{I}+(\boldsymbol{I}+\boldsymbol{L})\boldsymbol{GK}]=\\&\det[\boldsymbol{I}+\boldsymbol{LGK}(\boldsymbol{I}+\boldsymbol{GK})^{-1}]\det[\boldsymbol{I}+\boldsymbol{GK}]\end{aligned} \tag{1.20}$$

式中，摄动对象 $\boldsymbol{G}'$ 是用乘性不确定性 $\boldsymbol{L}$ 来表示的

$$\bar{\sigma}[\boldsymbol{L}(\mathrm{j}\omega)]<l_{\mathrm{m}}(\omega)$$

根据式(1.20)，考虑到名义系统是稳定的，所以式(1.19) 等价于

$$\underline{\sigma}[\boldsymbol{I}+\boldsymbol{LGK}(\boldsymbol{I}+\boldsymbol{GK})^{-1}]>0$$

根据奇异值性质(Ⅴ)(见第 1.2.1 节)，这就要求

$$1-\overline{\sigma}[\boldsymbol{LGK}(\boldsymbol{I}+\boldsymbol{GK})^{-1}]>0$$

即要求

$$\overline{\sigma}[\boldsymbol{GK}(\boldsymbol{I}+\boldsymbol{GK})^{-1}]<\frac{1}{l_m(\omega)} \tag{1.21}$$

式(1.21)就是鲁棒稳定性的条件。注意到 $\boldsymbol{GK}(\boldsymbol{I}+\boldsymbol{GK})^{-1}$ 就是系统的闭环传递函数阵 $\boldsymbol{T}$，所以系统鲁棒稳定的条件是 $\boldsymbol{T}$ 阵的奇异值特性 $\overline{\sigma}[\boldsymbol{T}(j\omega)]$ 要低于不确定性所规定的界限 $1/l_m$，如图 1.10 所示。

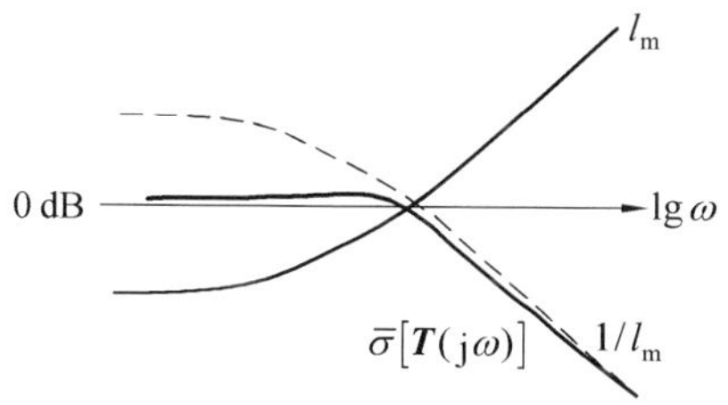

图 1.10　鲁棒稳定性分析

由此可见，反馈控制系统的性能(performance)和鲁棒稳定性都是通过相应的奇异值特性来表示的。图 1.6 和图 1.10 所示的奇异值 Bode 图就是反馈系统分析和设计的依据。

1.3　多变量系统的早期设计方法

有了 1.2 节关于奇异值和反馈特性的概念以后，就可以来评述 20 世纪 80 年代初期的多变量系统的设计方法了[2]。这些方法可以归成两类，一类是以 INA 法为代表的现代频域法，第二类则是经过改进的 LQG 法。

1.3.1　逆奈氏阵列(INA)法

INA 法的基本思想是将多变量系统的设计化解为多个单变量的设计问题。具体做法是将一个多变量的对象 $\boldsymbol{G}(s)$，通过前补偿 $\boldsymbol{M}(s)$ 和后补偿 $\boldsymbol{L}(s)$ 变换成一个具有对角优势的传递函数阵 $\hat{\boldsymbol{G}}(s)$，如图 1.11 所示。对角优势可理解为近似解耦，理想情况下 $\hat{\boldsymbol{G}}(s)$ 就是一个对角阵。根据 $\hat{\boldsymbol{G}}(s)$ 对角阵上的元素就可以采用基于单变量的设计思路来进行设计了。设所得的反馈控制器为 $\boldsymbol{F}(s)$，再将前后补偿归到一起，得最终的控制器为

$$\boldsymbol{K}(s)=\boldsymbol{M}(s)\boldsymbol{F}(s)\boldsymbol{L}(s) \tag{1.22}$$

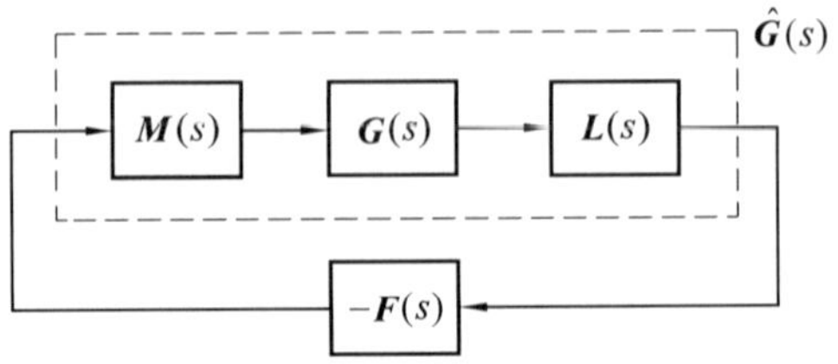

图 1.11 对角优势的设计框图

现以文献[2]中的例子来进行说明。这个例子比较简单，主要用来说明这种方法所存在的问题。设

$$\boldsymbol{G}(s)=\frac{1}{(s+1)(s+2)}\begin{bmatrix}-47s+2 & 56s \\ -42s & 50s+2\end{bmatrix} \tag{1.23}$$

这个系统可以采用常数的补偿阵来达到完全的对角化，即取

$$\boldsymbol{M}=\begin{bmatrix}7 & 8 \\ 6 & 7\end{bmatrix},\quad \boldsymbol{L}=\begin{bmatrix}7 & -8 \\ -6 & 7\end{bmatrix} \tag{1.24}$$

则可得

$$\hat{\boldsymbol{G}}=\boldsymbol{LGM}=\begin{bmatrix}\dfrac{1}{s+1} & 0 \\ 0 & \dfrac{2}{s+2}\end{bmatrix} \tag{1.25}$$

现在 $\hat{\boldsymbol{G}}$ 已完全对角化了，接下来就是根据对角阵上的各元素来进行反馈设计。显然 $\hat{\boldsymbol{G}}$ 对角阵上的各元素可以各自独立地采用单位反馈，图 1.11 中的 $\boldsymbol{F}(s)$ 可取为 $\boldsymbol{I}$ 阵，即

$$\boldsymbol{F}(s)=\boldsymbol{I} \tag{1.26}$$

这样，根据式(1.22)，可得这个系统的最终的控制器为

$$\boldsymbol{K}(s)=\boldsymbol{MFL}=\boldsymbol{I} \tag{1.27}$$

按 INA 法的观点，这个设计到这一步就可以结束了，而且从 Nyquist 图来看，系统的稳定性也应该说是不错的。

可是若从奇异值分析的角度来看，结论就完全不同了。图 1.12 所示是式(1.23)的对象 $\boldsymbol{G}(s)$ 加上述设计所得的单位反馈[式(1.27)]后的框图，不过这里加上了乘性不确定性 $\boldsymbol{L}(\mathrm{j}\omega)$。

上面第 1.2.3 节已得到了系统鲁棒稳定性的条件[式(1.21)]。现对其取逆，得

$$l_{\mathrm{m}}(\omega)<\frac{1}{\bar{\sigma}[\boldsymbol{GK}(\boldsymbol{I}+\boldsymbol{GK})^{-1}]}=\underline{\sigma}[\boldsymbol{I}+(\boldsymbol{GK})^{-1}] \tag{1.28}$$

式(1.28)表明，只要摄动的最大奇异值 $\bar{\sigma}[\boldsymbol{L}(\mathrm{j}\omega)]$ 低于不等式右项的表达式，系统就是稳定的。现在就用这个不等式来分析上面用 INA 法设计的系统的鲁棒稳定性。根据设计，本例中

$\boldsymbol{K}=\boldsymbol{I}$，故上述不等式可写成

$$l_m(\omega) < \underline{\sigma}[\boldsymbol{I}+\boldsymbol{G}^{-1}] \tag{1.29}$$

图 1.13 所示就是 $\boldsymbol{I}+\boldsymbol{G}^{-1}$ 的奇异值图线。从图可见，其最小奇异值在 $\omega=2$ rad/s 处已小于0.1，表明当乘性不确定性达到 $l_m(2)=0.1$ 时就可能不稳定了，这个数值相当于幅值变化约 10% 或相位变化约 6°。由此可见，上述的 INA 设计的鲁棒性是很差的。

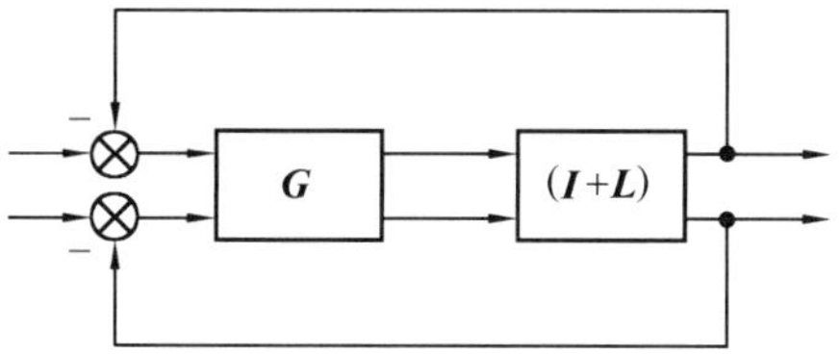

图 1.12　考虑乘性不确定性时的系统

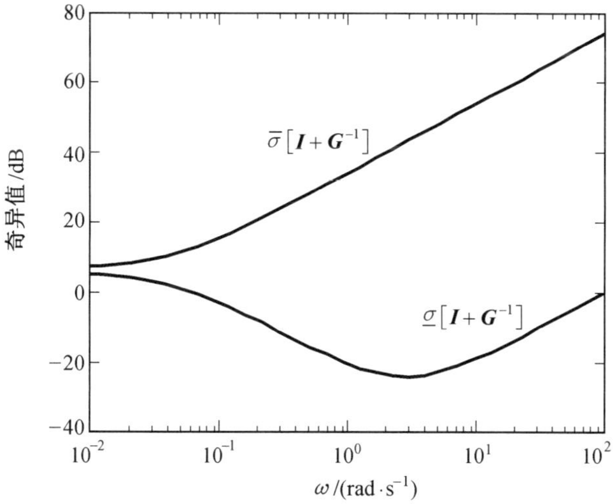

图 1.13　$\boldsymbol{I}+\boldsymbol{G}^{-1}$ 的奇异值图线

作为对鲁棒稳定性差的一个解释，这里假设 $\boldsymbol{G}$ 不变化而反馈增益 $\boldsymbol{K}$ 发生变化：

$$\boldsymbol{K}=\left(\boldsymbol{I}+\begin{bmatrix} k_1 & 0 \\ 0 & k_2 \end{bmatrix}\right) \tag{1.30}$$

式中，k_1 和 k_2 代表了各单位反馈增益的摄动量。现在系统的开环特性为

$$\boldsymbol{KG}=\left(\boldsymbol{I}+\begin{bmatrix} k_1 & 0 \\ 0 & k_2 \end{bmatrix}\right)\boldsymbol{G} \tag{1.31}$$

这个 $\boldsymbol{KG}$ 与图 1.12 的 $(\boldsymbol{I}+\boldsymbol{L})\boldsymbol{G}$ 具有类似的系统结构，而现在的这个系统却是可以用解析的方

法来进行分析。图 1.14 所示就是这个系统的用 k_1-k_2 来表示的稳定域划分。图中阴影区就是不稳定区域。原点是名义系统的工作点($k_1=k_2=0$)。该图表明上面 INA 的设计虽然是稳定的,但工作点紧挨着不稳定区,参数只要略有摄动,系统就会不稳定了。

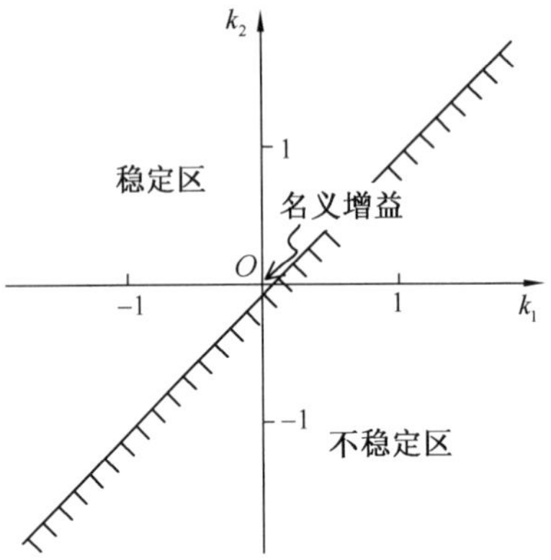

图 1.14　k_1-k_2 稳定区域划分

根据以上分析可见,INA 等这一类方法不能提供有关鲁棒性的信息,无法察觉设计是否已接近稳定边缘。因此,采用这种方法设计时应特别小心。

1.3.2　LQG 法

LQG (Linear-Quadratic Gaussian) 问题是指在正态(Gaussian,高斯) 随机过程作用下,用二次型性能指标的线性系统的设计问题。LQG 理论是现代控制理论(状态空间理论) 的一个主要内容,已经很完善了,这里是要将它用于频域(奇异值特性) 的设计[2]。

LQG 问题中的对象模型为

$$\dot{\boldsymbol{x}}=\boldsymbol{A}\boldsymbol{x}+\boldsymbol{B}\boldsymbol{u}+\boldsymbol{\xi},\quad \boldsymbol{x}\in\mathbf{R}^n,\boldsymbol{u}\in\mathbf{R}^m \tag{1.32}$$

$$\boldsymbol{y}=\boldsymbol{C}\boldsymbol{x}+\boldsymbol{\eta},\quad \boldsymbol{y}\in\mathbf{R}^r \tag{1.33}$$

式中,$\boldsymbol{\xi}$ 和 $\boldsymbol{\eta}$ 为白噪声,即零均值正态随机过程,它们的协方差阵为

$$\mathrm{E}(\boldsymbol{\xi}\boldsymbol{\xi}^{\mathrm{T}})=\boldsymbol{W}\geqslant\boldsymbol{0},\quad \mathrm{E}(\boldsymbol{\eta}\boldsymbol{\eta}^{\mathrm{T}})=\boldsymbol{V}>\boldsymbol{0} \tag{1.34}$$

LQG 问题是指设计一反馈控制律使代价函数

$$J_{\mathrm{LQG}}=\lim_{t\to\infty}\mathrm{E}(\boldsymbol{x}^{\mathrm{T}}(t)\boldsymbol{Q}\boldsymbol{x}(t)+\boldsymbol{u}^{\mathrm{T}}(t)\boldsymbol{R}\boldsymbol{u}(t)) \tag{1.35}$$

为最小。式中,E 表示数学期望(均值);$\boldsymbol{Q}$ 和 $\boldsymbol{R}$ 为加权阵:

$$\boldsymbol{Q}=\boldsymbol{H}^{\mathrm{T}}\boldsymbol{H}\geqslant\boldsymbol{0},\quad \boldsymbol{R}=\boldsymbol{R}^{\mathrm{T}}>\boldsymbol{0} \tag{1.36}$$

LQG 问题的解是基于分离定理:首先求得状态 $\boldsymbol{x}$ 的最优估计 $\hat{\boldsymbol{x}}$,然后将这个状态估计当作真正可测得的状态来求解确定性的线性二次型问题。因此,这个求解过程分成两个子问题。

第一个子问题是求解 Kalman 滤波器来给出状态估计，第二个问题是求解一个线性二次型调节器（Linear-Quadratic Regulator，LQR）问题。

LQR 问题中的代价函数为

$$J_{\mathrm{LQR}}=\int_0^\infty(\boldsymbol{x}^{\mathrm{T}}\boldsymbol{Q}\boldsymbol{x}+\boldsymbol{u}^{\mathrm{T}}\boldsymbol{R}\boldsymbol{u})\,\mathrm{d}t \tag{1.37}$$

这已是一个确定性问题，对象中已无噪声输入，其方程式为

$$\dot{\boldsymbol{x}}=\boldsymbol{A}\boldsymbol{x}+\boldsymbol{B}\boldsymbol{u} \tag{1.38}$$

要求解的是状态反馈控制律

$$\boldsymbol{u}=-\boldsymbol{K}_c x \tag{1.39}$$

使代价函数 J_{LQR} 最小时的 $\boldsymbol{K}_c$ 称为最优状态反馈阵，即

$$\boldsymbol{K}_c=\boldsymbol{R}^{-1}\boldsymbol{B}^{\mathrm{T}}\boldsymbol{P} \tag{1.40}$$

式中，$\boldsymbol{P}$ 满足代数 Riccati 方程（Algebraic Riccati Equation，ARE）

$$\boldsymbol{A}^{\mathrm{T}}\boldsymbol{P}+\boldsymbol{P}\boldsymbol{A}-\boldsymbol{P}\boldsymbol{B}\boldsymbol{R}^{-1}\boldsymbol{B}^{\mathrm{T}}\boldsymbol{P}+\boldsymbol{Q}=\boldsymbol{0} \tag{1.41}$$

且 $\boldsymbol{P}=\boldsymbol{P}^{\mathrm{T}}\geqslant 0$（关于这个 ARE 的进一步讨论可见第 4 章引理 4.3）。

这种最优状态反馈设计也称最优控制。LQG 和最优控制本是状态空间理论研究的内容，20 世纪 70 年代对其频域上的性质也已有了了解。在此基础上，文献[2] 对 LQG 法做了改进，使其能用于 MIMO 系统的频域设计。

（1）最优控制的频域性质。

现在先来讨论 LQR 问题。将式（1.41）增加和减去一个 $s\boldsymbol{P}$ 项，可得

$$\boldsymbol{P}(s\boldsymbol{I}-\boldsymbol{A})+(-s\boldsymbol{I}-\boldsymbol{A}^{\mathrm{T}})\boldsymbol{P}+\boldsymbol{P}\boldsymbol{B}\boldsymbol{R}^{-1}\boldsymbol{B}^{\mathrm{T}}\boldsymbol{P}=\boldsymbol{H}^{\mathrm{T}}\boldsymbol{H} \tag{1.42}$$

对上式左乘 $\boldsymbol{B}^{\mathrm{T}}(-s\boldsymbol{I}-\boldsymbol{A}^{\mathrm{T}})^{-1}$，右乘 $(s\boldsymbol{I}-\boldsymbol{A})^{-1}\boldsymbol{B}$，得

$$\begin{aligned}&\boldsymbol{B}^{\mathrm{T}}(-s\boldsymbol{I}-\boldsymbol{A}^{\mathrm{T}})^{-1}\boldsymbol{P}\boldsymbol{B}+\boldsymbol{B}^{\mathrm{T}}\boldsymbol{P}(s\boldsymbol{I}-\boldsymbol{A})^{-1}\boldsymbol{B}+\boldsymbol{B}^{\mathrm{T}}(-s\boldsymbol{I}-\boldsymbol{A}^{\mathrm{T}})^{-1}\boldsymbol{P}\boldsymbol{B}\boldsymbol{R}^{-1}\boldsymbol{B}^{\mathrm{T}}\boldsymbol{P}(s\boldsymbol{I}-\boldsymbol{A})^{-1}\boldsymbol{B}=\\&\boldsymbol{B}^{\mathrm{T}}(-s\boldsymbol{I}-\boldsymbol{A}^{\mathrm{T}})^{-1}\boldsymbol{H}^{\mathrm{T}}\boldsymbol{H}(s\boldsymbol{I}-\boldsymbol{A})^{-1}\boldsymbol{B}\end{aligned} \tag{1.43}$$

令 $\boldsymbol{\Phi}(s)=(s\boldsymbol{I}-\boldsymbol{A})^{-1}$，并将式（1.40）代入，则式（1.43）可整理成

$$\begin{aligned}&\boldsymbol{B}^{\mathrm{T}}\boldsymbol{\Phi}^{\mathrm{T}}(-s)\boldsymbol{K}_c^{\mathrm{T}}\boldsymbol{R}+\boldsymbol{R}\boldsymbol{K}_c\boldsymbol{\Phi}(s)\boldsymbol{B}+\boldsymbol{B}^{\mathrm{T}}\boldsymbol{\Phi}^{\mathrm{T}}(-s)\boldsymbol{K}_c^{\mathrm{T}}\boldsymbol{R}\boldsymbol{K}_c\Phi(s)\boldsymbol{B}=\\&\boldsymbol{B}^{\mathrm{T}}\boldsymbol{\Phi}^{\mathrm{T}}(-s)\boldsymbol{H}^{\mathrm{T}}\boldsymbol{H}\boldsymbol{\Phi}(s)\boldsymbol{B}\end{aligned} \tag{1.44}$$

图 1.15 所示是用信号流图来表示的这个最优状态反馈系统的结构。设用 $\boldsymbol{L}(s)$ 表示这个系统的开环传递函数阵：

$$\boldsymbol{L}(s)=\boldsymbol{K}_c(s\boldsymbol{I}-\boldsymbol{A})^{-1}\boldsymbol{B}=\boldsymbol{K}_c\boldsymbol{\Phi}(s)\boldsymbol{B} \tag{1.45}$$

将式（1.45）代入式（1.44），并在等号左右侧各增加一个 $\boldsymbol{R}$ 阵，则可写得

$$[\boldsymbol{I}+\boldsymbol{L}(\mathrm{j}\omega)]^*\boldsymbol{R}[\boldsymbol{I}+\boldsymbol{L}(\mathrm{j}\omega)]=\boldsymbol{R}+[\boldsymbol{H}\boldsymbol{\Phi}(\mathrm{j}\omega)\boldsymbol{B}]^*[\boldsymbol{H}\boldsymbol{\Phi}(\mathrm{j}\omega)\boldsymbol{B}] \tag{1.46}$$

式中，* 号表示复共轭转置。

从式（1.46）有

$$[\boldsymbol{I}+\boldsymbol{L}(\mathrm{j}\omega)]^*\boldsymbol{R}[\boldsymbol{I}+\boldsymbol{L}(\mathrm{j}\omega)]\geqslant\boldsymbol{R} \tag{1.47}$$

如 $\boldsymbol{R}=\rho\boldsymbol{I}$，则有

$$\sigma_i[\boldsymbol{I}+\boldsymbol{L}(\mathrm{j}\omega)]\geqslant 1 \tag{1.48}$$

对单入单出(SISO) 系统来说，式(1.48) 就变为

$$|1+L(\mathrm{j}\omega)|\geqslant 1 \tag{1.49}$$

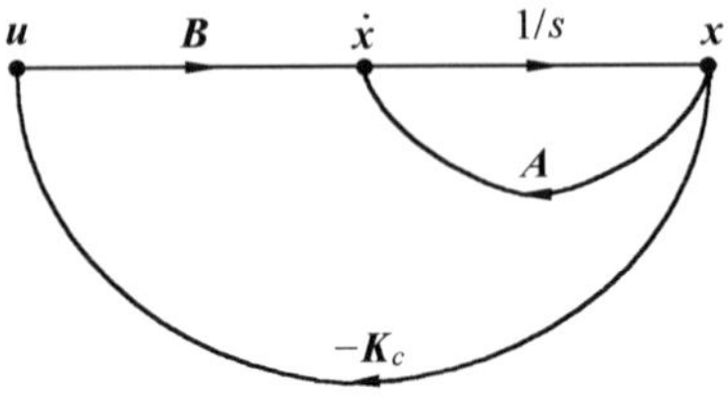

图 1.15 LQR 问题中的系统结构

式(1.49) 表明最优控制的 Nyquist 图线 $L(\mathrm{j}\omega)$ 不会进入圆心在 -1 点、半径为 1 的圆，如图 1.16 所示。图 1.16 表明最优控制系统的幅值裕度 GM$=\infty$，相位裕度 PM$>60°$，因此具有良好的鲁棒性和性能(performance)。这个频率特性图是 Kalman 首先给出的[5]。因为最优控制具有良好的频域特性，所以是当时要采用 LQG 法来设计 MIMO 系统的理由[2]。接下来的问题是如何定量地进行计算。

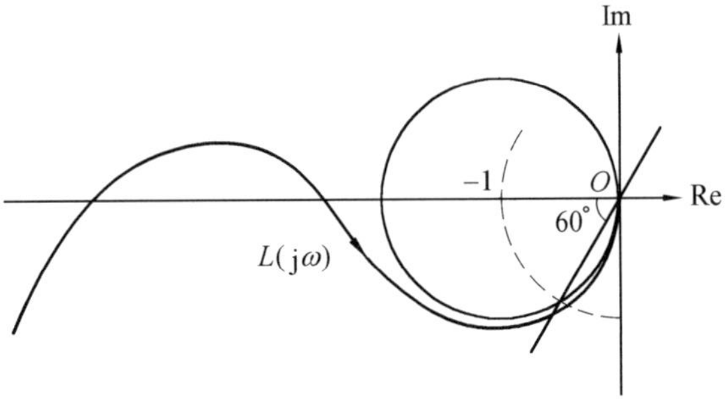

图 1.16 最优控制系统的频率特性

设 $\boldsymbol{R}=\rho\boldsymbol{I}$，则根据奇异值的性质(ⅰ)，可将式(1.46) 整理如下：

$$\begin{aligned}\sigma_i[\boldsymbol{I}+\boldsymbol{L}(\mathrm{j}\omega)]&=\sqrt{\lambda_i\left[1+\frac{1}{\rho}(\boldsymbol{H\Phi B})^*\boldsymbol{H\Phi B}\right]}=\\&\sqrt{1+\frac{1}{\rho}\lambda_i[(\boldsymbol{H\Phi B})^*\boldsymbol{H\Phi B}]}=\\&\sqrt{1+\frac{1}{\rho}\sigma_i^2[\boldsymbol{H\Phi}(\mathrm{j}\omega)\boldsymbol{B}]}\end{aligned} \tag{1.50}$$

这个式子给出了加权阵 $\boldsymbol{R}$，$\boldsymbol{Q}=\boldsymbol{H}^{\mathrm{T}}\boldsymbol{H}$ 与奇异值的关系，可用来调整 $\underline{\sigma}$ 和 $\bar{\sigma}$ 特性使之满足性能与鲁棒稳定性的要求。

例如，就性能来说，主要关系到低频段特性，开环增益在该频段上是较大的，即 $\underline{\sigma}[\boldsymbol{L}] \gg 1$。这时式(1.50)可近似为

$$\sigma_i[\boldsymbol{L}(\mathrm{j}\omega)] \approx \frac{\sigma_i[\boldsymbol{H\Phi}(\mathrm{j}\omega)\boldsymbol{B}]}{\sqrt{\rho}} \tag{1.51}$$

至于鲁棒稳定性，可以证明[2]在穿越频率 ω_c 附近开环幅频特性的斜率为 -20 dB/dec，且

$$\omega_{c\max} = \frac{\bar{\sigma}[\boldsymbol{HB}]}{\sqrt{\rho}} \tag{1.52}$$

式中，$\omega_{c\max}$ 是最大奇异值特性 $\bar{\sigma}[\boldsymbol{L}(\mathrm{j}\omega)]$ 的穿越频率。因为斜率已知，就可以确定适当的 $\omega_{c\max}$ 值使 $\bar{\sigma}[\boldsymbol{L}(\mathrm{j}\omega)]$ 不进入乘性不确定性所限定的区域，保证系统的鲁棒稳定性。

这样，基于式(1.51)、式(1.52)就可以根据在奇异值特性上表示的性能和鲁棒稳定性要求，选择适当的 $\boldsymbol{H}$ 阵和 ρ，即加权阵 $\boldsymbol{Q}$ 和 $\boldsymbol{R}$，代入 Riccati 方程来求解最优控制问题。这里要说明的是式(1.51)、式(1.52)采用的是一种从开环特性上来设计的思路，不过在当时来说，这已经是一种根据系统的奇异值特性来设计的思路了。

(2) 观测器与鲁棒性。

上面的最优控制只是 LQG 的一个子问题，还有一个问题是如何获得状态的最优估计。有一种观点是，因为存在分离定理，所以 Kalman 滤波器可以和上述的最优控制分开来进行设计。但是从鲁棒性来分析，这种分离的观点却是不对的。

图 1.17 所示是 Kalman 滤波器加最优状态反馈的 LQG 系统的框图。图中，$\boldsymbol{K}_f$ 是 Kalman 滤波器的增益，$\hat{\boldsymbol{x}}$ 是所给出的状态估计，$\boldsymbol{K}_c$ 是最优状态反馈阵。

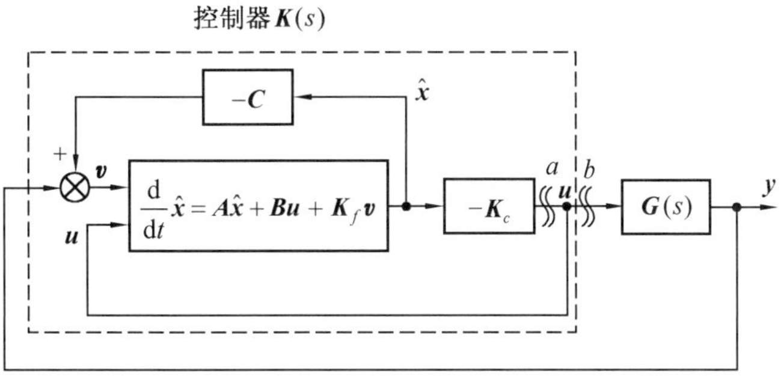

图 1.17　LQG 的反馈系统框图

图 1.17 中如果在 a 点处将回路断开来计算整个 LQG 系统的开环特性，可得其开环传递函数等于 $\boldsymbol{K}_c\boldsymbol{\Phi}(s)\boldsymbol{B}$。这也等于单独考虑 LQR 问题时的开环传递函数 $\boldsymbol{L}(s)$，参见图 1.15 和式(1.45)。这就是分离定理。但是对鲁棒稳定性来说，在 a 点处断开没有实际意义，因为 a 点处于控制器 $\boldsymbol{K}(s)$ 的内部(图 1.17)。上面第 1.2.3 节讨论的鲁棒稳定性条件对应的是一种控制器 $\boldsymbol{K}(s)$ 加控制对象 $\boldsymbol{G}(s)$ 的回路结构，参见图 1.3；对于图 1.17 来说，则应该分析在 b 点处断开

的开环特性。

这个 LQG 系统的控制器的传递函数可推导如下。

图 1.17 中的 Kalman 滤波器方程为

$$\frac{\mathrm{d}}{\mathrm{d}t}\hat{\boldsymbol{x}} = \boldsymbol{A}\hat{\boldsymbol{x}} + \boldsymbol{B}\boldsymbol{u} + \boldsymbol{K}_f(\boldsymbol{y} - \boldsymbol{C}\hat{\boldsymbol{x}}) \tag{1.53}$$

而控制量 $\boldsymbol{u}$ 为

$$\boldsymbol{u} = -\boldsymbol{K}_c\hat{\mathbf{x}} \tag{1.54}$$

将 $\boldsymbol{u}$ 代入式(1.53)得

$$\frac{\mathrm{d}}{\mathrm{d}t}\hat{\boldsymbol{x}} = (\boldsymbol{A} - \boldsymbol{K}_f\boldsymbol{C} - \boldsymbol{B}\boldsymbol{K}_c)\hat{\boldsymbol{x}} + \boldsymbol{K}_f y \tag{1.55}$$

式(1.54)、式(1.55)就是这个 LQG 系统的控制器方程式，对应的传递函数为

$$\boldsymbol{K}(s) = \boldsymbol{K}_c(s\boldsymbol{I} - \boldsymbol{A} + \boldsymbol{K}_f\mathbf{C} + \boldsymbol{B}\boldsymbol{K}_c)^{-1}\boldsymbol{K}_f \tag{1.56}$$

由此可见，对鲁棒稳定性来说，并不存在分离定理，系统的鲁棒稳定性并不因为有了上述的最优控制设计而自然得到保证，鲁棒稳定性还应根据式(1.56)的 $\boldsymbol{K}(s)$ 和对象 $\boldsymbol{G}(s)$ 来重新进行分析。Doyle 还在一系列文献中举例说明了如果观测器设计不当，会使系统的稳定裕度变差[6,7]。注意到 Kalman 滤波器实质上也是一种状态观测器，所以上面的讨论对 H_∞ 控制来说也具有普遍意义。不能先设计 H_∞ 状态反馈，然后再加观测器，这样做是不能保证鲁棒性的。

现在再回到 LQG 问题。基于上面的讨论，这里的 Kalman 滤波器应该有专门的设计考虑，使之在 b 点处(图 1.17)断开的开环回路特性具有在 a 点断开的同样特性，即等于 $\boldsymbol{K}_c\boldsymbol{\Phi}(s)\boldsymbol{B}$。这种设计方法称为回路传递函数的恢复(Loop Transfer Recovery，LTR)。

以上就是 20 世纪 80 年代初的多变量系统的设计方法，当时对"为什么要采用反馈设计""什么是反馈特性"已开始有了认识，但设计方法还比较原始。很快，反馈控制系统的设计方法就发展为 H_∞ 控制。

1.4 本章小结

H_∞ 控制理论是关于控制系统综合的理论。综合(synthesis)是指根据性能要求直接计算出控制器，使设计所得的系统具有所要求的特性，而本章讨论的就是对反馈系统究竟要求有什么特性和如何来描述这些特性，是正确形成所要求解的 H_∞ 优化问题所必需的基本知识，是用 H_∞ 控制理论进行系统设计的第一步。第 1.3 节还通过典型问题的分析使之对设计中的鲁棒稳定性条件有进一步的感性上的理解。

本章参考文献

[1] ROSENBROCK H H. Computer-aided control system design[M]. London: Academic Press Inc. ,1974.

[2] DOYLE J C, STEIN G. Multivariable feedback design: Concepts for a classical / modern synthesis[J]. IEEE Transactions on Automatic Control, 1981, 26(1): 4-16.

[3] SAFONOV M G, LAUB A J, HARTMANN G L. Feedback properties of multivariable systems: the role and use of the return difference matrix[J]. IEEE Transactions on Automatic Control, 1981, 26(1): 47-65.

[4] ASTRÖM K J, PANAGOPOULOS H, HÄGGLUND T. Design of PI controllers based on non-convex optimization[J]. Automatica, 1998, 34(5): 585-601.

[5] MACIEJOWSKI J M. Multivariable feedback design[M]. New York: Addison-Wesley Publishing Company, 1989.

[6] DOYLE J C. Guaranteed margins for LQG regulators[J]. IEEE Transactions on Automatic Control, 1978, 23(4): 756-757.

[7] DOYLE J C, STEIN G. Robustness with observers[J]. IEEE Transactions on Automatic Control, 1979, 24(4): 607-611.

第2章　H_∞问题和H_2问题

H_∞问题一般是指H_∞标准问题。本章将介绍如何将设计要求转化为H_∞范数条件、H_∞标准问题的形成和求解中的一些基本概念。本章的H_2问题主要是起一种陪衬的作用，通过对比来进一步突出H_∞控制所要解决的问题。

2.1　H_∞范数指标

2.1.1　H_∞范数

这里要介绍两个函数空间。第一个函数空间是H_∞空间(Hardy space H_∞)，这是由所有在开右半复平面($\mathrm{Re}\, s > 0$)上解析并有界的函数阵$\boldsymbol{F}(s)$所构成的集合。所谓有界是指

$$\sup\{\|\boldsymbol{F}(s)\|: \mathrm{Re}\, s > 0\} < \infty$$

这里矩阵的范数就是最大奇异值，$\|\boldsymbol{F}(s)\| = \sigma_{\max}[\boldsymbol{F}(s)]$。而上述不等式的左侧则定义了$\boldsymbol{F}$的$H_\infty$范数，即

$$\|\boldsymbol{F}\|_\infty := \sup_{\mathrm{Re}\, s>0} \sigma_{\max}[\boldsymbol{F}(s)] \tag{2.1}$$

根据最大模原理，可以用虚轴代替式(2.1)中的开右半面，故H_∞范数等于

$$\|\boldsymbol{F}\|_\infty = \sup_\omega \sigma_{\max}[\boldsymbol{F}(\mathrm{j}\omega)] \tag{2.2}$$

设用RH_∞表示H_∞中的实有理(阵)子空间，对RH_∞来说，解析并有界就是指稳定(即在$\mathrm{Re}\, s \geqslant 0$上是解析的)和真有理。复函数$F(s)$真有理(proper)是指$|F(\infty)|$为有限值。因此，粗略地说，$H_\infty$空间就是稳定的传递函数阵空间，而$H_\infty$范数就是遍历所有$\omega$，$\boldsymbol{F}(\mathrm{j}\omega)$的所有奇异值中的最大值。如果所讨论的是SISO系统，H_∞范数就是从原点到Nyquist图的最远点的距离，即$F(\mathrm{j}\omega)$的Bode图幅频特性的峰值。

第二个函数空间是关于系统输入输出信号的时域的Lebesgue空间$L_2(-\infty,\infty)$。设有一在$-\infty < t < \infty$上有定义的(复数)向量函数$\boldsymbol{x}(t)$，且设其是平方可积(Lebesgue可积)的，即

$$\int_{-\infty}^{\infty} \|\boldsymbol{x}(t)\|^2 \mathrm{d}t < \infty \tag{2.3}$$

式(2.3)中的范数就是(复)向量的范数，$\|\boldsymbol{x}\| = (\boldsymbol{x}^* \boldsymbol{x})^{1/2}$。所有这类信号的集合就是Lebesgue空间$L_2(-\infty,\infty)$。再定义内积为

$$\langle \boldsymbol{x}, \boldsymbol{y} \rangle := \int_{-\infty}^{\infty} \boldsymbol{x}^*(t)\boldsymbol{y}(t)\mathrm{d}t \tag{2.4}$$

引入内积后的这个空间就是 Hilbert 空间。式(2.4)的左侧(即内积)的平方根就是 $L_2(-\infty,\infty)$ 的范数,即

$$\|\boldsymbol{x}\|_2 := \left[\int_{-\infty}^{\infty} \boldsymbol{x}^*(t)\boldsymbol{x}(t)\mathrm{d}t\right]^{1/2} \tag{2.5}$$

如果 x 是标量,则

$$\|x\|_2 := \left[\int_{-\infty}^{\infty} x^2(t)\mathrm{d}t\right]^{1/2} \tag{2.6}$$

一般将信号的平方称为功率,所以式(2.6)的积分式表示能量,也就是说这个 L_2 范数可解释为信号 $x(t)$ 的能量。将信号看成是 L_2 空间,就相当于把信号看成是一个能量有界的信号。

设 $L_2[0,\infty)$ 是 $L_2(-\infty,\infty)$ 中的在几乎所有 $t<0$ 的时段上均等于零的信号的集合,其正交补(即在几乎所有 $t>0$ 时段上为零)则表示为 $L_2(-\infty,0]$。设用 $\hat{\boldsymbol{x}}(s)$ 表示 $L_2[0,\infty)$ 中函数 $\boldsymbol{x}(t)$ 的拉氏变换,$\hat{\boldsymbol{x}}(s)$ 属于频域的 H_2 空间(Hardy space H_2),即 $\hat{\boldsymbol{x}} \in H_2$,其 H_2 范数为

$$\|\hat{\boldsymbol{x}}\|_2 := \left[\frac{1}{2\pi}\int_{-\infty}^{\infty} \hat{\boldsymbol{x}}^*(\mathrm{j}\omega)\hat{\boldsymbol{x}}(\mathrm{j}\omega)\mathrm{d}\omega\right]^{1/2} \tag{2.7}$$

注意到式(2.7)的 H_2 范数与 $L_2[0,\infty)$ 范数是相等的,因为根据式(2.5),有

$$\begin{aligned}\|\boldsymbol{x}\|_2^2 &= \int_0^{\infty} \boldsymbol{x}^*(t)\boldsymbol{x}(t)\mathrm{d}t = \\ &\int_0^{\infty} \boldsymbol{x}^*(t)\left[\frac{1}{2\pi}\int_{-\infty}^{\infty} \hat{\boldsymbol{x}}(\mathrm{j}\omega)\mathrm{e}^{\mathrm{j}\omega t}\mathrm{d}\omega\right]\mathrm{d}t = \\ &\frac{1}{2\pi}\int_{-\infty}^{\infty} \hat{\boldsymbol{x}}(-\mathrm{j}\omega)\hat{\boldsymbol{x}}(\mathrm{j}\omega)\mathrm{d}\omega = \|\hat{\boldsymbol{x}}\|_2^2\end{aligned} \tag{2.8}$$

其实这就是复分析中的 Parseval 关系式或 Plancherel 定理。由于这两个范数是相等的,因此在以后各章中将不再区分,都用同一个符号 $\|\boldsymbol{x}\|_2$ 表示。

下面的定理是关于这几个空间之间的关系。

定理 2.1[1]　设 $\boldsymbol{F} \in H_\infty$,则当 $\hat{\boldsymbol{x}} \in H_2$ 时 $\boldsymbol{F}\hat{\boldsymbol{x}} \in H_2$,且

$$\|\boldsymbol{F}\|_\infty = \sup\{\|\boldsymbol{F}\hat{\boldsymbol{x}}\|_2 : \hat{\boldsymbol{x}} \in H_2, \|\hat{\boldsymbol{x}}\|_2 = 1\} \tag{2.9}$$

证明　为简单起见,这里只考虑标量函数空间。设输出信号的拉氏变换式为 $\hat{\boldsymbol{y}}(s) = \boldsymbol{F}(s)\hat{\boldsymbol{x}}(s)$,则其 H_2 范数的计算如下:

$$\begin{aligned}\|\hat{y}\|_2^2 &= \frac{1}{2\pi}\int_{-\infty}^{\infty} \hat{y}^*(\mathrm{j}\omega)\hat{y}(\mathrm{j}\omega)\mathrm{d}\omega = \\ &\frac{1}{2\pi}\int_{-\infty}^{\infty} |F(\mathrm{j}\omega)|^2|\hat{x}(\mathrm{j}\omega)|^2\mathrm{d}\omega\end{aligned} \tag{2.10}$$

如果 $|F(\mathrm{j}\omega)|$ 以峰值代入,则可得不等式

$$\|\hat{y}\|_2^2 \leqslant \|F\|_\infty^2 \cdot \frac{1}{2\pi}\int_{-\infty}^{\infty} |\hat{x}(\mathrm{j}\omega)|^2\mathrm{d}\omega = \|F\|_\infty^2\|\hat{x}\|_2^2 \tag{2.11}$$

现在要证明确实存在 $\hat{x} \in H_2$,$\|\hat{x}\|_2 = 1$,使得式(2.11)的等号成立。

设 $F(\mathrm{j}\omega)$ 的峰值出现在 ω_0 处，即

$$|F(\mathrm{j}\omega_0)| = \|F\|_\infty \tag{2.12}$$

选择输入 $x(t)$，使其对应的频谱 $\hat{x}(\mathrm{j}\omega)$ 是 $\pm\omega_0$ 处的两个窄脉冲(图 2.1)。即

$$|\hat{x}(\mathrm{j}\omega)| = \begin{cases} c, & |\omega| = \omega_0 \pm \varepsilon \\ 0, & \text{其他 } \omega \end{cases} \tag{2.13}$$

式中，$c = \sqrt{\pi/2\varepsilon}$。根据式(2.7)可知，此 $\hat{x}$ 的 H_2 范数 $\|\hat{x}\|_2 = 1$。

将式(2.13)代入式(2.10)，当 $\varepsilon \to 0$ 时就可得

$$\|\hat{y}\|^2 = \frac{1}{2\pi}[|F(-\mathrm{j}\omega_0)|^2\pi + |F(\mathrm{j}\omega_0)|^2\pi] = |F(\mathrm{j}\omega_0)|^2 = \|F\|_\infty^2 \tag{2.14}$$

证毕

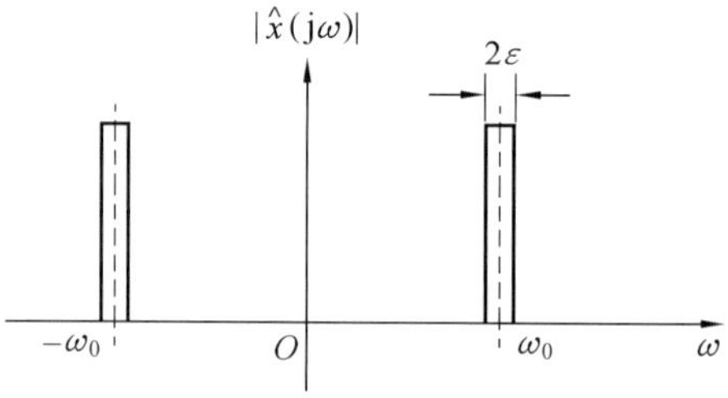

图 2.1 $|\hat{x}(\mathrm{j}\omega)|$ 的图形

注意到式(2.9)的右侧表示的是算子的范数。这里的算子是指从输入的 H_2 空间到输出 H_2 空间的映射，即算子 $\boldsymbol{F}: H_2 \to H_2$。定理 2.1 说明这个算子的范数等于传递函数阵 $\boldsymbol{F}(s)$ 的 H_∞ 范数。

设用 $\|\boldsymbol{F}\|$ 表示算子的范数，则根据定理 2.1 可得

$$\|\boldsymbol{F}\| = \sup_{\hat{\boldsymbol{x}} \neq \boldsymbol{0}} \frac{\|\hat{\boldsymbol{y}}\|_2}{\|\hat{\boldsymbol{x}}\|_2} = \|\boldsymbol{F}\|_\infty = \sup_\omega \sigma_{\max}[\boldsymbol{F}(\mathrm{j}\omega)] \tag{2.15}$$

因为 H_2 范数等于 L_2 范数[见式(2.8)]，所以式(2.15)还可写成

$$\|\boldsymbol{F}\| = \sup_{\boldsymbol{x} \neq \boldsymbol{0}} \frac{\|\boldsymbol{y}\|_2}{\|\boldsymbol{x}\|_2} = \|\boldsymbol{F}\|_\infty = \sup_\omega \sigma_{\max}[\boldsymbol{F}(\mathrm{j}\omega)] \tag{2.16}$$

式(2.16)表示的是输出与输入信号的 L_2 范数之比，所以这个 $\|\boldsymbol{F}\|$ 也称为算子的 L_2 诱导范数。因为 L_2 范数代表了能量，所以从式(2.16)可见，H_∞ 范数表示了能量的增益，确切地说，是增益的界。因此，如果设输入信号 $\boldsymbol{w}$ 到性能输出 $\boldsymbol{z}$ 的传递函数为 $\boldsymbol{T}_{zw}$，并设其 H_∞ 范数 $\|\boldsymbol{T}_{zw}\|_\infty = \gamma$，那么该系统的输入输出之间就存在以下关系：

$$\|\boldsymbol{z}\|_2 \leqslant \gamma \|\boldsymbol{w}\|_2 \tag{2.17}$$

这里要说明的是对线性系统来说，系统的 L_2 诱导范数(或称 L_2 增益)等于传递函数阵的 H_∞ 范数。对于非线性系统来说，并不存在这种传递函数概念，但是如果仍采用 L_2 诱导范数作为

设计指标，一般常沿用线性系统的习惯术语而称此类设计问题为非线性 H_∞ 控制。

2.1.2　H_∞ 设计中的性能指标

H_∞ 范数是传递函数阵的最大奇异值函数上的最大值，因此设计时不能简单地使用系统的传递函数，而是要对传递函数进行加权，用加权传递函数的 H_∞ 范数作为性能指标。

现在以灵敏度 $\boldsymbol{S}$ 的设计问题(图 2.2)为例来进行说明。图中 $\boldsymbol{P}$ 为对象，$\boldsymbol{K}$ 为控制器。从扰动输入 $\boldsymbol{w}$ 到 $\boldsymbol{y}$ 的传递函数就是系统的灵敏度 $\boldsymbol{S}=(\boldsymbol{I}+\boldsymbol{PK})^{-1}$。$\boldsymbol{S}$ 代表了系统对扰动的抑制性能。这个性能在 H_∞ 设计中要用加权的灵敏度的 H_∞ 范数来表示，即 $\|\boldsymbol{W}_1\boldsymbol{S}\|_\infty$。这里 $\boldsymbol{W}_1$ 是权函数，用以对灵敏度 $\boldsymbol{S}$ 进行限定。而 H_∞ 设计就是指求解下列的优化问题而得出控制器 $\boldsymbol{K}$：

$$\min_{\boldsymbol{K}} \|\boldsymbol{W}_1(\mathrm{j}\omega)\boldsymbol{S}(\mathrm{j}\omega)\|_\infty \tag{2.18}$$

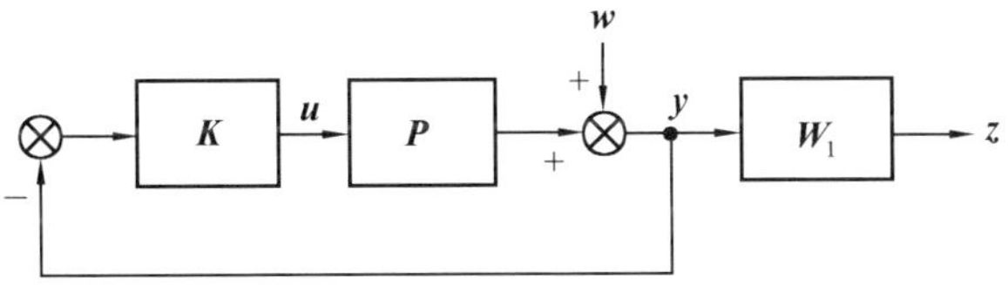

图 2.2　灵敏度问题的框图

注意到上式中的 H_∞ 范数是 $\sigma_{\max}[\boldsymbol{W}_1(\mathrm{j}\omega)\boldsymbol{S}(\mathrm{j}\omega)]$ 沿频率轴上的最大值，而现在要使其最小。这是一个极小极大(minimax)问题，这个问题的解是遍历所有 ω，使所有的最大奇异值都达到最小值 γ_0。也就是说，其解是一条全通特性[2]。由于权函数 $\boldsymbol{W}_1$ 是设计时加上去的，是一个可以由设计者选择的函数，因此一般取最小值 $\gamma_0=1$。这样，H_∞ 最优设计的结果是

$$\sigma_{\max}[\boldsymbol{W}_1(\mathrm{j}\omega)\boldsymbol{S}(\mathrm{j}\omega)]=1 \tag{2.19}$$

这在 Bode 图上是一条 0 dB 的水平线。这个结果对理解 H_∞ 设计极为重要。为了简化所用的符号，现在用标量系统来进行说明。

对标量系统来说，式(2.18) 的优化结果是

$$|W_1(\mathrm{j}\omega)S(\mathrm{j}\omega)|=1 \tag{2.20}$$

式(2.20) 表明 W_1 和 S 的幅频特性的乘积等于 1。如果权函数取为积分特性，即 $W_1=\rho/s$，则 H_∞ 优化设计结果是系统的灵敏度 $|S|$ 在对数坐标上一定具有 $|W_1|$ 的镜像特性，如图 2.3 所示。H_∞ 设计就是利用 minimax 问题的全通解(0 dB 线)，来使系统具有用权函数所指定的性能。这样的设计过程就称为系统的综合(synthesis)。当然，上面的讨论是对低频段的性能设计来说的，高频段的设计问题将在今后陆续展开，这里主要是以灵敏度特性为例来说明 H_∞ 性能设计的特点。

需要说明的是，因为式(2.18) 的优化解 $\gamma_0=1$ 是一种上确界，所以 H_∞ 设计中的性能指标

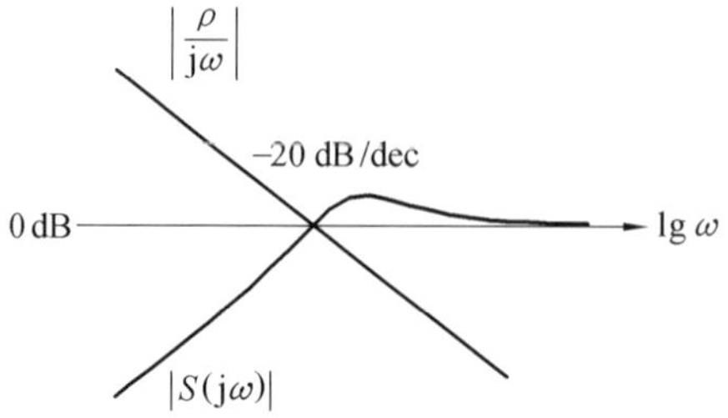

图 2.3 灵敏度与权函数的关系

一般写成小于等于 1,即

$$\| \boldsymbol{W}_1(j\omega)\boldsymbol{S}(j\omega) \|_\infty \leqslant 1 \tag{2.21}$$

2.1.3 鲁棒稳定性的 H_∞ 范数条件

前面第 1.2.3 节在推导鲁棒稳定性时已经得到鲁棒稳定性条件

$$1-\bar{\sigma}[\boldsymbol{LGK}(\boldsymbol{I}+\boldsymbol{GK})^{-1}]>0 \tag{2.22}$$

因为 H_∞ 范数是 $\bar{\sigma}$ 的最大值,故式(2.22) 等价于

$$\| \boldsymbol{LGK}(\boldsymbol{I}+\boldsymbol{GK})^{-1} \|_\infty < 1 \tag{2.23}$$

这里 $\boldsymbol{L}$ 代表乘性不确定性,其界函数为 $l_m(\omega)$,即

$$\bar{\sigma}[\boldsymbol{L}(j\omega)] < l_m(\omega)$$

现在统一用权函数来称呼这个界函数,将上式改写成

$$\bar{\sigma}[\boldsymbol{L}(j\omega)] < |\boldsymbol{W}_2(j\omega)| \tag{2.24}$$

式中的 $\boldsymbol{W}_2$ 称为不确定性的权函数。

根据式(2.23)、式(2.24) 可以写得用权函数来表示的鲁棒稳定性条件为

$$\| \boldsymbol{W}_2\boldsymbol{GK}(\boldsymbol{I}+\boldsymbol{GK})^{-1} \|_\infty \leqslant 1 \tag{2.25}$$

式(2.25) 表明,鲁棒稳定性与性能设计[见式(2.21)]一样,都是一种加权传递函数的 H_∞ 范数的设计问题,可以用统一的数学工具来处理,而且设计的理念也是相似的。这里仍以标量系统来进行说明(图 2.4)。根据全通解的概念按式(2.25) 设计后系统的闭环幅频特性 $|T|$ 一定位于乘性不确定性界函数 $|W_2(j\omega)|$ 的倒数图线(虚线) 的下方,即

$$|T(j\omega)| < \frac{1}{|W_2(j\omega)|}$$

所以系统是鲁棒稳定的[参见式(1.21)]。

需要说明的是,式(2.23) 是鲁棒稳定性的充要条件,第 2.2.3 节还将做进一步分析。用 H_∞ 范数来判别稳定性是目前唯一的判别鲁棒稳定性的充要条件,再加上上一节的可以用 H_∞ 范数来进行系统的性能综合,这才是要采用(加权)H_∞ 范数来进行设计的真正理由。

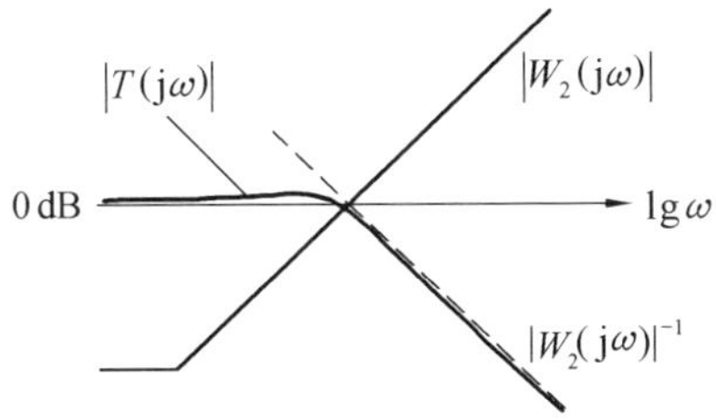

图 2.4　鲁棒稳定性问题

2.2　H_∞ 问题

2.2.1　H_∞ 标准问题

H_∞ 设计时一般都是将设计问题整理成一种标准形式的 H_∞ 优化问题，也称为标准问题。这里先来说明标准问题中的对象以及系统的传递函数阵。

标准问题中的对象称为广义对象。广义对象有两个输出（图 2.5），一个是表示性能要求的加权输出 $\boldsymbol{z}$，另一个是加到控制器上的输出 $\boldsymbol{y}$。$\boldsymbol{z}$ 可能是某一种数学上定义的信号向量，而 $\boldsymbol{y}$ 则是真实存在的，是能测量到的输出信号向量。广义对象的输入也有两个，一个是作用于对象上的所有外输入，用向量 $\boldsymbol{w}$ 表示，另一个是控制器输出作用到对象上的控制输入向量 $\boldsymbol{u}$。

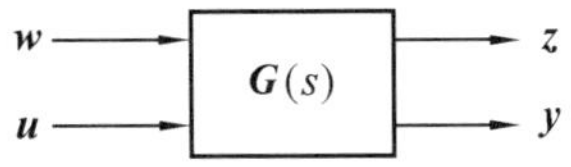

图 2.5　广义对象 $G(s)$

以图 2.6 的灵敏度问题为例，图中，$\boldsymbol{P}$ 为对象，$\boldsymbol{K}$ 为控制器，$\boldsymbol{W}_1$ 为权函数。这个问题中广义对象的两个输出是加权输出 $\boldsymbol{z}$ 和加到控制器上的 $\boldsymbol{y}$。扰动信号 $\boldsymbol{w}$ 和控制输入 $\boldsymbol{u}$ 是该广义对象的两个输入。根据图 2.6 可写得此灵敏度问题中广义对象的传递函数阵为

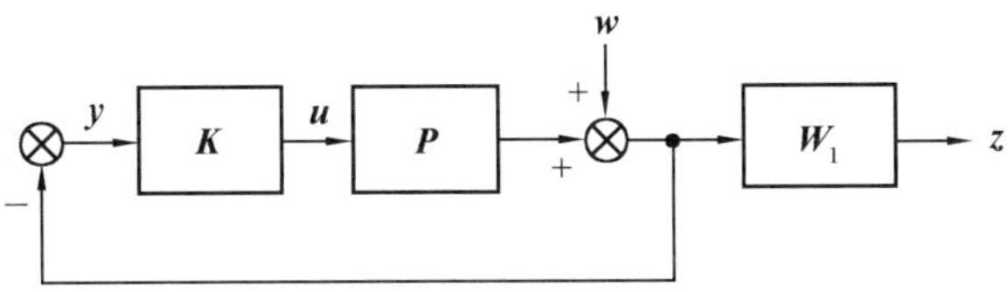

图 2.6　灵敏度问题的框图

$$\boldsymbol{G}(s)=\begin{bmatrix}\boldsymbol{W}_1(s) & \boldsymbol{W}_1(s)\boldsymbol{P}(s)\\ -\boldsymbol{I} & -\boldsymbol{P}(s)\end{bmatrix} \tag{2.26}$$

广义对象传递函数阵的一般形式是

$$\boldsymbol{G}(s)=\begin{bmatrix}\boldsymbol{G}_{11}(s) & \boldsymbol{G}_{12}(s)\\ \boldsymbol{G}_{21}(s) & \boldsymbol{G}_{22}(s)\end{bmatrix} \tag{2.27}$$

对应的输入输出关系为

$$\boldsymbol{z}=\boldsymbol{G}_{11}\boldsymbol{w}+\boldsymbol{G}_{12}\boldsymbol{u} \tag{2.28}$$

$$\boldsymbol{y}=\boldsymbol{G}_{21}\boldsymbol{w}+\boldsymbol{G}_{22}\boldsymbol{u} \tag{2.29}$$

广义对象 $\boldsymbol{G}(s)$ 加上控制器 $\boldsymbol{K}(s)$ 构成了标准问题的系统结构，如图 2.7 所示。图中还标出了广义对象输入输出信号(向量)的维数。

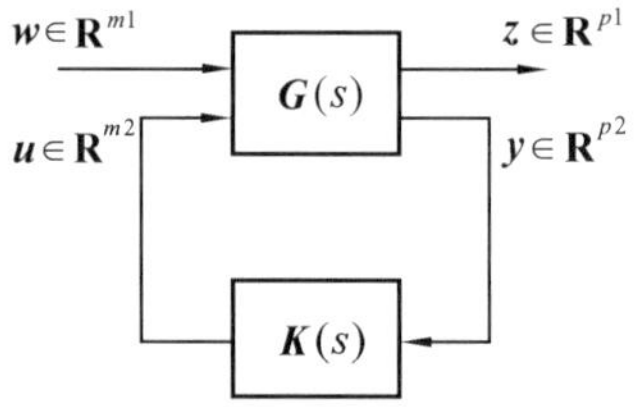

图 2.7 标准问题的系统结构

控制器的输入输出传递函数关系为

$$\boldsymbol{u}=\boldsymbol{K}\boldsymbol{y} \tag{2.30}$$

根据式(2.28)、式(2.29)和式(2.30)，整理可得图 2.7 系统的从输入 $\boldsymbol{w}$ 到输出 $\boldsymbol{z}$ 的传递函数关系为

$$\boldsymbol{z}=[\boldsymbol{G}_{11}+\boldsymbol{G}_{12}\boldsymbol{K}(\boldsymbol{I}-\boldsymbol{G}_{22}\boldsymbol{K})^{-1}\boldsymbol{G}_{21}]\boldsymbol{w} \tag{2.31}$$

式(2.31)方括号中所示即为从 $\boldsymbol{w}$ 到 $\boldsymbol{z}$ 的系统的传递函数阵 $\boldsymbol{T}_{zw}(s)$。对标准问题的系统结构(图 2.7)来说，这个传递函数阵的表达式是一定的，故常用统一的符号 $\boldsymbol{F}_l(\boldsymbol{G},\boldsymbol{K})$ 来代替，即

$$\boldsymbol{T}_{zw}=[\boldsymbol{G}_{11}+\boldsymbol{G}_{12}\boldsymbol{K}(\boldsymbol{I}-\boldsymbol{G}_{22}\boldsymbol{K})^{-1}\boldsymbol{G}_{21}]=\boldsymbol{F}_l(\boldsymbol{G},\boldsymbol{K}) \tag{2.32}$$

式(2.32)也可以看作是 $\boldsymbol{K}$ 到 $\boldsymbol{T}_{zw}$ 的一种映射，故称式(2.32)是 $\boldsymbol{K}$ 的线性分式变换(Linear Fractional Transformation, LFT)，用 $\boldsymbol{F}_l(\boldsymbol{G},\boldsymbol{K})$ 来表示。式中的下角标 l，代表 lower。$\boldsymbol{F}_l(\boldsymbol{G},\boldsymbol{K})$ 称为下线性分式变换，是指 $\boldsymbol{K}$ 与广义对象的下面的输出($\boldsymbol{y}$)和输入($\boldsymbol{u}$)相连接。如果是与上面的输出($\boldsymbol{z}$)和输入($\boldsymbol{w}$)相连接，则称上线性分式变换，这时角标为 u，表示 upper。

如果系统的传递函数 $\boldsymbol{T}_{zw}$ 用线性分式变换 $\boldsymbol{F}_l(\boldsymbol{G},\boldsymbol{K})$ 来表示，就表明这个系统具有标准问题的系统结构(图 2.7)。这样，H_∞ 优化问题就可写成

$$\text{minimize}\ \|\boldsymbol{F}_l(\boldsymbol{G},\boldsymbol{K})\|_\infty \tag{2.33}$$

上式的极小化应是在所有能使闭环系统稳定的控制器集合上来求极小。另外，作为 H_∞ 问题

来说，对式(2.33)中的 $\boldsymbol{G}$ 和 $\boldsymbol{K}$ 还有一个基本的假设。这是因为 H_∞ 问题要求 $F_1 \in RH_\infty$，所以根据式(2.32)可知，这里就要假设 $\boldsymbol{G}$ 和 $\boldsymbol{K}$ 都是实有理的，且是真有理的。这里真有理(proper)是指在 $s=\infty$ 时解析，对 SISO 系统就是指 $|G(\infty)|$ 和 $|K(\infty)|$ 为有限值。设计时对象 $\boldsymbol{G}$ 是已知的，是否满足假设的要求是可以查验的。而设计时的控制器 $\boldsymbol{K}$ 则是待求的，这个 $\boldsymbol{K}$ 是真有理的假设就成为对设计结果的要求，是今后 H_∞ 理论中要考虑到的一个重要因素。

现将标准问题用定义的形式进行归纳。这里设系统结构如图 2.7 所示，其中 $\boldsymbol{G}$ 是真有理和已知的。

定义 2.1[1]　H_∞ 标准问题是指求解一真有理的控制器 $\boldsymbol{K}$，使从 $\boldsymbol{w}$ 到 $\boldsymbol{z}$ 的传递函数阵的 H_∞ 范数为最小，而极小化的约束条件是 $\boldsymbol{K}$ 镇定 $\boldsymbol{G}$。

2.2.2　内稳定

定义 2.1 中的约束条件：$\boldsymbol{K}$ 镇定 $\boldsymbol{G}$，指的就是内稳定。其实这里对稳定性并没有引入新的概念，如果图 2.7 中的 $\boldsymbol{G}$ 和 $\boldsymbol{K}$ 用的都是状态空间模型，那么 $\boldsymbol{K}$ 镇定 $\boldsymbol{G}$ 就是指当输入 $\boldsymbol{w}=\boldsymbol{0}$ 时，$\boldsymbol{G}$ 和 $\boldsymbol{K}$ 的各状态变量都能从各初始值回到零。但是在 H_∞ 问题中，系统的性能是用传递函数来表示的，有可能有不稳定零极点的对消。因此，系统的稳定性就不能仅根据输入 $\boldsymbol{w}$ 到输出 $\boldsymbol{z}$(图 2.7)的传递函数 $\boldsymbol{T}_{zw}$ 来判断。

作为例子，设有一系统，如图 2.8 所示，图中，P 为对象，K 为控制器，设

$$P(s)=\frac{1}{s^2-1}, \quad K(s)=\frac{s-1}{s+1}$$

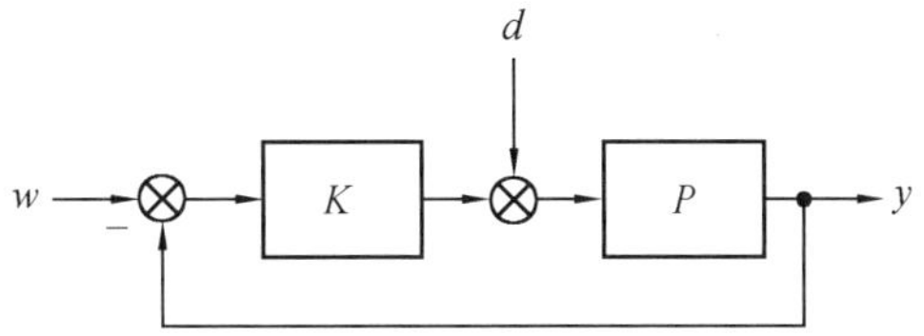

图 2.8　基本的反馈系统结构

此系统从输入 w 到输出 y 的传递函数为

$$T_{yw}(s)=\frac{1}{s^2+2s+2}$$

从传递函数 T_{yw} 看，系统是稳定的。但是这个系统从扰动 d 到输出 y 的传递函数

$$T_{yd}(s)=\frac{s+1}{(s-1)(s^2+2s+2)}$$

是不稳定的。这个系统就不是内稳定的。这是因为对象的不稳定极点 $s=1$ 被控制器的零点所对消而没有出现在 $T_{yw}(s)$ 中。所以为了考察是否存在不稳定零极点对消的现象，还应该在

控制器 K 和对象 P 的连接通路上外加另一个信号 d 来观察 $T_{yd}(s)$ 中是否有不稳定模态。结合 H_∞ 标准问题的系统结构来说，要考察其是否内稳定，就应该再引入两个信号 $\boldsymbol{v}_1$ 和 $\boldsymbol{v}_2$，如图 2.9 所示。

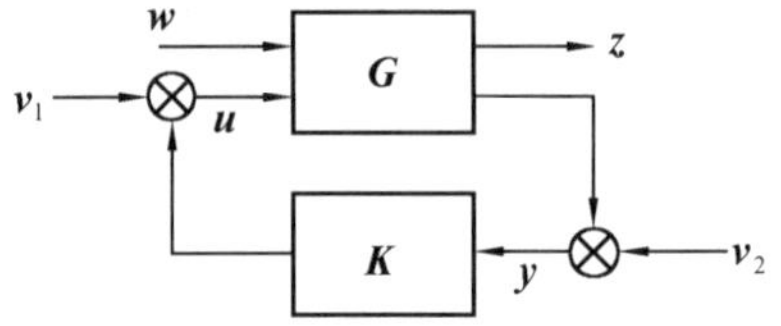

图 2.9 定义内稳定用的系统结构

图 2.9 所示的系统各信号之间具有如下的关系式：

$$\begin{bmatrix} \boldsymbol{I} & -\boldsymbol{G}_{12} & \boldsymbol{0} \\ \boldsymbol{0} & \boldsymbol{I} & -\boldsymbol{K} \\ \boldsymbol{0} & -\boldsymbol{G}_{22} & \boldsymbol{I} \end{bmatrix} \begin{bmatrix} \boldsymbol{z} \\ \boldsymbol{u} \\ \boldsymbol{y} \end{bmatrix} = \begin{bmatrix} \boldsymbol{G}_{11} & \boldsymbol{0} & \boldsymbol{0} \\ \boldsymbol{0} & \boldsymbol{I} & \boldsymbol{0} \\ \boldsymbol{G}_{21} & \boldsymbol{0} & \boldsymbol{I} \end{bmatrix} \begin{bmatrix} \boldsymbol{w} \\ \boldsymbol{v}_1 \\ \boldsymbol{v}_2 \end{bmatrix} \tag{2.34}$$

为了简化理论，设这个系统是适定的(well-posed)，即设式(2.34)左侧的真有理阵对每一个真有理的 $\boldsymbol{K}$ 都有一个真有理的逆。能满足这个要求的充分条件就是要求 $\boldsymbol{G}_{22}$ 是严格真有理的，即 $|\boldsymbol{G}_{22}(\infty)|=0$。今后设这个条件都是能满足的。这样，从 $\boldsymbol{w},\boldsymbol{v}_1,\boldsymbol{v}_2$ 到 $\boldsymbol{z},\boldsymbol{u},\boldsymbol{y}$ 的 9 个传递函数阵就都是真有理的了。如果它们再是稳定的，就都属于 RH_∞，说明这个系统中控制器和对象之间不存在不稳定零极点的对消。这时才可以说 $\boldsymbol{K}$ 镇定 $\boldsymbol{G}$。这就是内稳定的概念。

这里要说明的是，内稳定的概念对于基于传递函数的 H_∞ 设计虽然很重要，但并不是每次设计都要去进行判别。这个概念主要贯穿于 H_∞ 控制的各个理论之中，使设计所得的 H_∞ 控制器一定是使系统内稳定的。能使系统内稳定的控制器今后称为容许的(admissible)控制器(见第 4 章)。

2.2.3 小增益定理

小增益定理是设计问题转换成 H_∞ 问题时常要用到的一个重要定理。小增益定理原是研究非线性闭环系统稳定性的一个定理，这里介绍的是应用于线性系统鲁棒稳定性的小增益定理的简单形式。

设有一单回路系统，如图 2.10 所示。图中的 $\boldsymbol{P}$ 和 $\boldsymbol{K}$ 为传递函数 $\boldsymbol{P}(s)$ 和 $\boldsymbol{K}(s)$，满足下列两个假设条件。

A1. $\boldsymbol{P}$ 和 $\boldsymbol{K}$ 都是真有理的，且是稳定的传递函数。

A2. $\boldsymbol{P}$ 或 $\boldsymbol{K}$(或两者)是严格真有理的($s=\infty$ 时等于零)。

这里 A2 是适定性(well-posedness)所要求的。这个系统的内稳定要求，就是要求从 $\boldsymbol{v}_1$ 和 $\boldsymbol{v}_2$ 到 $\boldsymbol{u}_1$ 和 $\boldsymbol{u}_2$ 的 4 个传递函数都属于 RH_∞，即都应该是稳定的和真有理的。真有理已由假设

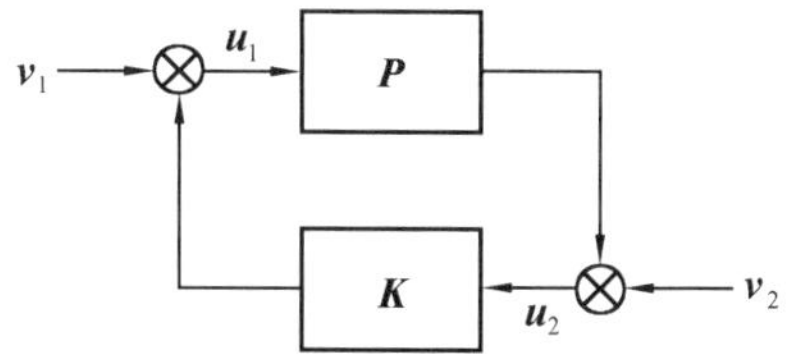

图 2.10 单回路系统

A1 和 A2 得到保证，因而根据 Nyquist 判据和 A1 可以知道，此系统内稳定的充要条件是 Nyquist 图线 $-\boldsymbol{PK}$（指负反馈）不包围 -1 点。由此可得内稳定的一个充分条件为

$$\|\boldsymbol{PK}\|_\infty < 1 \tag{2.35}$$

上面就是小增益定理的简要内容，现将其用于系统的鲁棒稳定性分析。设名义系统是稳定的，并设对象的不确定性为乘性不确定性，即对象 $\boldsymbol{P}$ 可表示为

$$\boldsymbol{P}(\mathrm{j}\omega) = [\boldsymbol{I} + \boldsymbol{L}(\mathrm{j}\omega)]\boldsymbol{P}_0(\mathrm{j}\omega) \tag{2.36}$$

式中，$\boldsymbol{P}_0(\mathrm{j}\omega)$ 为名义对象；$\boldsymbol{L}(\mathrm{j}\omega)$ 为乘性不确定性。这里将不确定性的界函数统一称为权函数 $\boldsymbol{W}_2$，即

$$\bar{\sigma}[\boldsymbol{L}(\mathrm{j}\omega)] < |\boldsymbol{W}_2(\mathrm{j}\omega)| \tag{2.37}$$

H_∞ 设计中一般是将不确定性的权函数单独提出，而将不确定性写成

$$\boldsymbol{L}(\mathrm{j}\omega) = \boldsymbol{\Delta}(\mathrm{j}\omega)\boldsymbol{W}_2(\mathrm{j}\omega) \tag{2.38}$$

式中，$\boldsymbol{\Delta}$ 是满足

$$\bar{\sigma}[\boldsymbol{\Delta}(\mathrm{j}\omega)] < 1, \quad \forall\omega \tag{2.39}$$

的任何稳定的传递函数阵，或者满足

$$\|\boldsymbol{\Delta}\|_\infty < 1 \tag{2.40}$$

由此可见，乘性不确定性中包含确定性的成分 $\boldsymbol{W}_2$，式(2.38) 中的 $\boldsymbol{\Delta}$ 才是真正的不确定性，称为范数有界不确定性[见式(2.40)]。

图 2.11 所示为带有乘性不确定性的对象与控制器 $\boldsymbol{K}$ 所构成的反馈系统。图中虚线以下的部分对应于名义系统。图中从 $\boldsymbol{\Delta}$ 的输出到 $\boldsymbol{P}_0$ 对 $\boldsymbol{W}_2$ 的输出之间的传递函数就是名义系统的闭环传递函数 $\boldsymbol{P}_0\boldsymbol{K}(\boldsymbol{I}-\boldsymbol{P}_0\boldsymbol{K})^{-1}$，因此，图 2.11 可以整理成图 2.12 的形式。注意到当分析鲁棒稳定性时，名义系统首先应该是稳定的。这就是说，图 2.12 中的 $\boldsymbol{W}_2\boldsymbol{P}_0\boldsymbol{K}(\boldsymbol{I}-\boldsymbol{P}_0\boldsymbol{K})^{-1} \in RH_\infty$。所以根据小增益定理可知，如果

$$\|\boldsymbol{W}_2\boldsymbol{P}_0\boldsymbol{K}(\boldsymbol{I}-\boldsymbol{P}_0\boldsymbol{K})^{-1}\|_\infty \leqslant 1, \quad \bar{\sigma}(\boldsymbol{\Delta}) < 1 \tag{2.41}$$

该系统就是内稳定的。

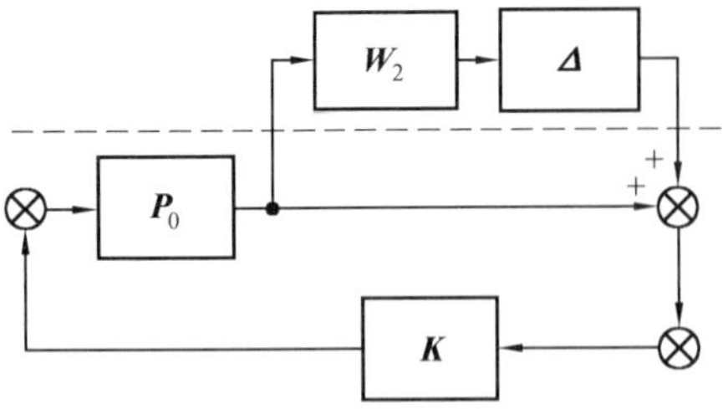

图 2.11 带有乘性不确定性的对象与控制器 K 所构成的反馈系统

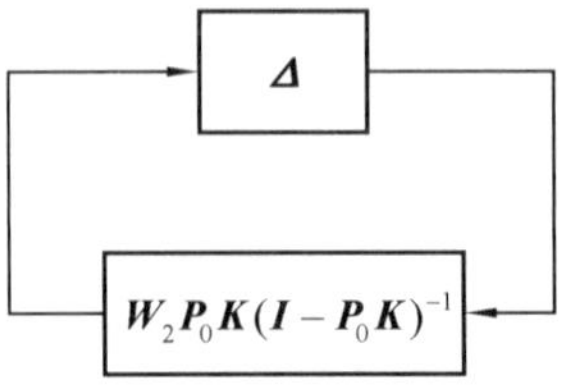

图 2.12 回路变换后的系统

对小增益定理来说，这本来是一个充分条件，但是由于对不确定性只规定了其幅值的界[见式(2.39)]，对相位并未限定，因此式(2.41) 也是鲁棒稳定性的必要条件。因为如果式(2.41) 中的 $\|\cdot\|_\infty > 1$，就会存在 $\bar{\sigma}(\boldsymbol{\Delta}) < 1$ 的摄动，破坏其稳定性[3]，进一步的证明可见文献[4] 中的定理 4.2。

其实式(2.41) 的鲁棒稳定性条件在前面也已给出过[见式(1.21)、式(2.25)]，那里是基于 Nyquist 判据来给出的，自然是充要条件。第 1 章中用 Nyquist 判据的推导只是针对乘性不确定性，而这里小增益定理的条件则更具一般性。因为，如果将图 2.12 整理成图 2.13 的一般形式，则系统鲁棒稳定的充要条件就是

$$\|\boldsymbol{M}(s)\|_\infty \leqslant 1, \quad \bar{\sigma}(\boldsymbol{\Delta}) < 1 \tag{2.42}$$

这里 $\boldsymbol{M}(s)$ 具有更一般的含义，例如可以代表图 2.14 中虚线以下的整个系统。

当然，这里称小增益定理是鲁棒稳定性的充要条件的提法是有条件的。这个条件就在于对不确定性 $\boldsymbol{\Delta}$ 的假设。如果系统的不确定性是范数有界不确定性[式(2.39)、式(2.40)]，那么根据小增益定理所给出的条件[式(2.42)] 确实是鲁棒稳定性的充要条件。但是，如果还进一步知道不确定性的结构上的信息，例如，如果知道图 2.13 中的 $\boldsymbol{\Delta}$ 是由 $\{\boldsymbol{\Delta}_1, \boldsymbol{\Delta}_2, \cdots\}$ 所构成的块对角结构(图 2.15)。这时如果仍用一个笼统的 $\boldsymbol{\Delta}$ 的范数来描述不确定性，更确切地说，如果仍用小增益条件 $\|\boldsymbol{M}(s)\|_\infty \leqslant 1$ 来分析稳定性，显然会带来保守性。即这时的小增益定理已不再是充要条件，而只是一个充分性条件。

只规定其范数的不确定性[见式(2.40)]，称为范数有界不确定性，是一种非结构化的不确定性。如果规定了不确定性的结构，就称为结构不确定性(structured uncertainty)。对范数有界不确定性来说，用($\boldsymbol{M}$ 阵的) H_∞ 范数来分析鲁棒稳定性，是一种充要性条件。但对结构不确定性来说，用 H_∞ 范数条件就有保守性。这时就应该用结构奇异值 μ 来分析，见第 8 章。

上面虽然对小增益定理的充要性加上了一些限制性的说明，但是应该指出的是，在现有的方法中当不确定性使用范数界来表示时，只有 H_∞ 范数的条件给出了系统鲁棒稳定性的充要条件。这就是系统设计中为什么要采用 H_∞ 设计的理由之一。

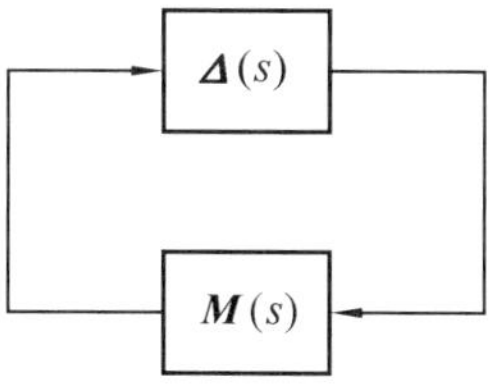

图 2.13　小增益定理中的系统

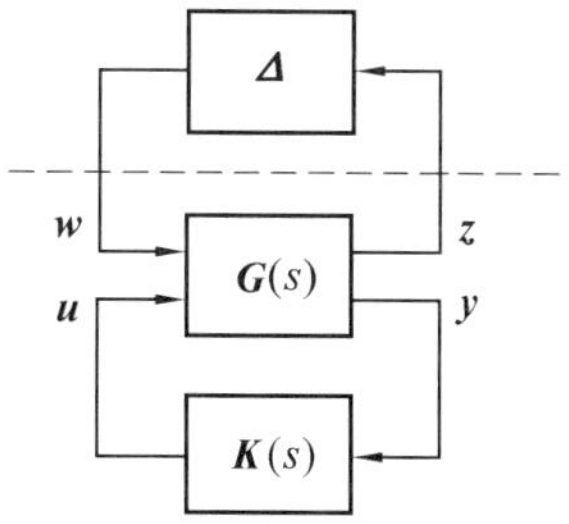

图 2.14　鲁棒稳定性问题

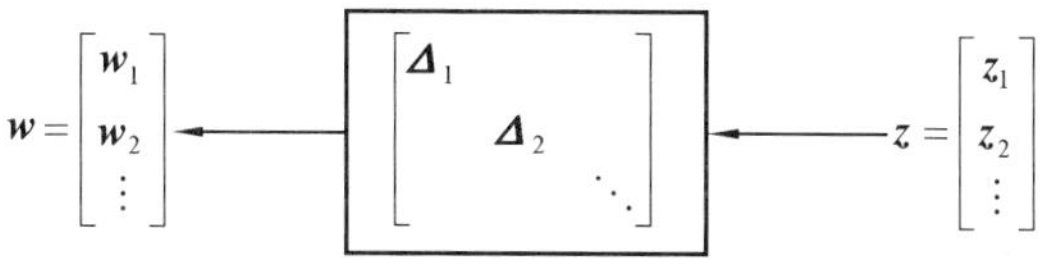

图 2.15　块对角结构的不确定性

2.2.4　有约束的 H_∞ 设计

H_∞ 问题求解的是一种优化问题。一个优化问题如果没有约束，虽然理论上可求得最优，但这个优化解可能会失去实际意义。或者换一个角度来说，H_∞ 设计时如果只有单一一个指标，则这个设计可能会失去意义。举例来说，设只有一个鲁棒稳定性要求，即只要求 $\|W_2T\|_\infty \leqslant 1$。如果这个系统是开环稳定的，而且所有摄动也都是稳定的，那么优化设计的结果可得范数的最小值等于零，即 $\|W_2T\|_\infty = 0$。对应的控制器 $K=0$ 和闭环的 $T=0$，即不要控制器了。这时，鲁棒稳定性是优化了，但却无助于性能的改善。这样的设计就毫无意义了[5]，所以实际的 H_∞ 问题都应该是一种有约束的设计问题。

受约束的设计问题的例子有：系统带宽受限制情况下，使性能（H_∞ 范数指标）最佳；在对象不确定性约束下，使性能最佳；在执行机构的行程 / 速度受限制下，使系统的性能最佳，等等。对这类设计问题来说，设计时总有两个指标。一个指标是所要求的优化指标（即性能）要求尽量小。另一个指标则代表了设计的约束，优化过程中是不能超出的，所以实际的 H_∞ 问题中，反映设计要求的加权传递函数阵，即标准问题[式(2.33)]中的 $\boldsymbol{F}_1(\boldsymbol{G},\boldsymbol{K})$，一般是由两部分构成的，例如：

$$\left\| \begin{matrix} \boldsymbol{W}_1\boldsymbol{M}_1 \\ \boldsymbol{W}_2\boldsymbol{M}_2 \end{matrix} \right\|_\infty \tag{2.43}$$

式中，$\boldsymbol{M}_1$ 代表性能要求，其范数越小越好，或者说，要求性能的权函数 $\boldsymbol{W}_1$ 要尽可能大。而式中

的 $\|W_2M_2\|_\infty$ 代表了约束，$\|W_2M_2\|_\infty \leqslant 1$。大多数 H_∞ 设计中的这个约束是鲁棒稳定性约束[见式(2.41)、式(2.42)]。这是因为只有小增益定理才是鲁棒稳定性的充要条件，所以鲁棒设计问题一般都包含有小增益条件。这个鲁棒稳定性约束中的权函数 W_2，是对象不确定性的界函数[见式(2.37)]，在每一个具体设计中是确定的，在 H_∞ 优化求解的过程中是不能再更改的。也就是说，在式(2.43)的优化求解过程中，反映约束的权函数 W_2 是固定的，而反映性能的权函数 W_1 则是可以变动的，优化过程中要尽量提高 W_1 使 M_1 的范数(即性能指标)达到最小。

总之，一个实际的设计问题一定是有约束的 H_∞ 设计。这个有约束的 H_∞ 问题的求解过程可概括如下：

Step 1. 求解如下的 H_∞ 优化问题

$$c := \min \left\| \begin{matrix} W_1M_1 \\ W_2M_2 \end{matrix} \right\|_\infty \tag{2.44}$$

Step 2. 如果 $c \geqslant 1+\varepsilon$，则减小 W_1，并回到 Step 1.

Step 3. 如果 $c < 1$，则增大 W_1，并回到 Step 1.

Step 4. 结束，并输出设计结果。

上述计算中范数最小值 c 的名义值取为 1，是因 H_∞ 性能综合和鲁棒稳定性的要求，见式(2.21)和式(2.25)。Step 2 中的 ε 是一个事先设定的允许值。

式(2.44)就是 H_∞ 标准问题中的式(2.33)，这里是为了强调有两个设计目标而将其用分块阵来表示。实际设计时应该将权函数 W_1 和 W_2 一起归入到广义对象 G，整理成线性分式变换形式，如图 2.7 所示，再调用优化算法(见第 4 章和第 5 章)来求解此 H_∞ 优化问题。

2.3 H_2 问题

2.3.1 H_2 范数

H_2 范数是 H_2 空间内复函数 $F(s)$ 的范数。H_2 空间也是一种 Hardy 空间，写作 Hardy Space H_2，由所有在开右半面($\mathrm{Re}\, s > 0$)上解析并满足下列条件的复函数构成。

$$\sup_{\xi>0} \int_{-\infty}^{\infty} F(\xi + \mathrm{j}\omega)^* F(\xi + \mathrm{j}\omega)\mathrm{d}\omega < \infty$$

H_2 中函数的定义域依下式可扩展到虚轴：

$$F(\mathrm{j}\omega) = \lim_{\xi \to 0} F(\xi + \mathrm{j}\omega), \quad F \in H_2$$

而且 $F(\mathrm{j}\omega)$ 总是存在的，故定义 H_2 范数为

$$\| \boldsymbol{F} \|_2 := \left[\frac{1}{2\pi} \int_{-\infty}^{\infty} \boldsymbol{F}(\mathrm{j}\omega)^* \boldsymbol{F}(\mathrm{j}\omega) \mathrm{d}\omega \right]^{\frac{1}{2}} \tag{2.45}$$

式(2.45)所对应的 $\boldsymbol{F}(s)$ 为向量函数。若 $\boldsymbol{F}(s)$ 为矩阵函数，则其 H_2 范数为

$$\| \boldsymbol{F} \|_2 := \left(\frac{1}{2\pi} \int_{-\infty}^{\infty} \mathrm{trace}[\boldsymbol{F}(\mathrm{j}\omega)^* \boldsymbol{F}(\mathrm{j}\omega)] \mathrm{d}\omega \right)^{\frac{1}{2}} \tag{2.46}$$

现在来看 H_2 范数所代表的物理意义。为简单起见，这里只看单入单出系统。图 2.16 中的 G 为系统的传递函数。设系统输入信号 w 的功率谱为 $S_w(\omega)$，则输出 z 的均方值为[6]

$$\bar{z}^2 = \frac{1}{2\pi} \int_{-\infty}^{\infty} |G(\mathrm{j}\omega)|^2 S_w(\omega) \mathrm{d}\omega \tag{2.47}$$

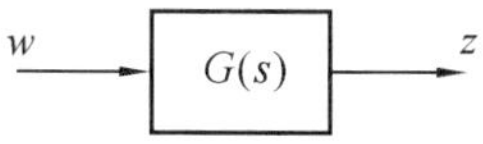

图 2.16　系统的输入输出关系

如果输入信号 $w(t)$ 是白噪声，$S_w(\omega)=1$，则可得输出的均方根(rms)值为

$$z_{\mathrm{rms}} = \left[\frac{1}{2\pi} \int_{-\infty}^{\infty} |G(\mathrm{j}\omega)|^2 \mathrm{d}\omega \right]^{\frac{1}{2}} \tag{2.48}$$

这就是 $G(s)$ 的 H_2 范数[见式(2.45)]，所以 H_2 范数是用输入为白噪声时输出的 rms 值来表示该传递函数的大小。这里的白噪声其功率谱等于 1，相关函数为脉冲函数 $\delta(\tau)$，即

$$S_w(\omega) - 1, \quad R(\tau) = \delta(\tau) \tag{2.49}$$

这里要说明的是式(2.45)、式(2.46)所限定的 H_2 空间的复函数(阵)是严格真有理的，即 $\boldsymbol{F}(\mathrm{j}\infty)=\boldsymbol{0}$，且无极点在虚轴上。这样，$H_2$ 范数才能是有限的。从传递函数的状态空间实现 $[\boldsymbol{A},\boldsymbol{B},\boldsymbol{C},\boldsymbol{D}]$ 来说，严格真有理是指 $\boldsymbol{D}=\boldsymbol{0}$。$H_2$ 范数的计算不同于 H_∞ 范数的计算，可以根据传递函数的状态空间实现直接算得。文献[6]中列出了其计算公式，不过具体计算时可用 MATLAB 软件中的 h2norm 函数直接得出 H_2 范数的值。

前面已经给出了存在拉氏变换关系的复函数的 H_2 范数与 $L_2[0,\infty)$ 范数之间的关系[见式(2.8)]。将这个关系式应用于图 2.16 所示系统中，可写得

$$\| G \|_2 = \left[\int_0^{\infty} h(t)^2 \mathrm{d}t \right]^{\frac{1}{2}} = \| h \|_2 \tag{2.50}$$

式中，$h(t)$ 为系统 G 的单位脉冲响应。式(2.50)表明，系统的 H_2 范数等于该系统单位脉冲响应的 L_2 范数。现将这个概念推广到多入多出系统，这时 $\boldsymbol{G}$ 是复函数矩阵。令 $\boldsymbol{e}_i$ 表示 $\mathbf{R}^m$ 的第 i 个标准基向量，这里 m 是系统输入的维数。设对应脉冲输入 $\delta(t)\boldsymbol{e}_i$[这里 $\delta(t)$ 是单位脉冲]的输出为 $\boldsymbol{z}_i(t)$，则系统的 H_2 范数就是

$$\| \boldsymbol{G} \|_2^2 = \sum_{i=1}^{m} \| \boldsymbol{z}_i \|_2^2 \tag{2.51}$$

H_2 范数的这种表示方法在一些理论推导中常会用到[7]。

2.3.2 LQG 问题

本节将说明现代控制理论中的 LQG 问题就是一种 H_2 问题。LQG 问题考虑的系统是

$$\begin{cases}\dot{\boldsymbol{x}}=\boldsymbol{Ax}+\boldsymbol{Bu}+\boldsymbol{\xi}\\ \boldsymbol{y}=\boldsymbol{Cx}+\boldsymbol{\eta}\end{cases} \tag{2.52}$$

式中,$\boldsymbol{\xi}$ 是过程噪声;$\boldsymbol{\eta}$ 是量测噪声。二者均为白噪声,即零均值高斯随机过程,且在时间上是不相关的。相应的协方差阵为

$$\mathrm{E}(\boldsymbol{\xi\xi}^{\mathrm{T}})=\boldsymbol{W}\geqslant 0,\quad \mathrm{E}\{\boldsymbol{\eta\eta}^{\mathrm{T}}\}=\boldsymbol{V}>\boldsymbol{0} \tag{2.53}$$

LQG 问题就是指设计一反馈控制律使代价函数

$$J_{\mathrm{LQG}}=\lim_{t\to\infty}\mathrm{E}(\boldsymbol{x}(t)^{\mathrm{T}}\boldsymbol{Qx}(t)+\boldsymbol{u}(t)^{\mathrm{T}}\boldsymbol{Ru}(t)) \tag{2.54}$$

最小,式中 $\boldsymbol{Q}$ 和 $\boldsymbol{R}$ 为加权阵:

$$\boldsymbol{Q}=\boldsymbol{Q}^{\mathrm{T}}\geqslant 0,\quad \boldsymbol{R}=\boldsymbol{R}^{\mathrm{T}}>0 \tag{2.55}$$

为简单起见,这里设协方差阵 $\boldsymbol{W}=\boldsymbol{I},\boldsymbol{V}=\boldsymbol{I}$,即设各噪声分量的功率谱密度值均为 1。因为 $\boldsymbol{Q}$ 阵和 $\boldsymbol{R}$ 阵是半正定和正定的,所以可以取 $\boldsymbol{Q}=\boldsymbol{H}^{\mathrm{T}}\boldsymbol{H},\boldsymbol{R}=\boldsymbol{M}^{\mathrm{T}}\boldsymbol{M}$ 来构成本问题的输出信号

$$\boldsymbol{z}=\begin{bmatrix}\boldsymbol{Hx}\\ \boldsymbol{Mu}\end{bmatrix} \tag{2.56}$$

这样

$$J_{\mathrm{LQG}}=\lim_{t\to\infty}\mathrm{E}\{\boldsymbol{z}(t)^{\mathrm{T}}\boldsymbol{z}(t)\}$$

即 J_{LQG} 就是 $\boldsymbol{z}$ 的均方值。再将 $\boldsymbol{\xi}$ 和 $\boldsymbol{\eta}$ 构成系统的输入信号 $\boldsymbol{w}$,即

$$\boldsymbol{w}=\begin{bmatrix}\boldsymbol{\xi}\\ \boldsymbol{\eta}\end{bmatrix} \tag{2.57}$$

这个 $\boldsymbol{w}$ 是协方差为 $\boldsymbol{I}$ 阵的白噪声信号。设从 $\boldsymbol{w}$ 到 $\boldsymbol{z}$ 的传递函数阵为 $\boldsymbol{T}_{zw}$,因为 $\boldsymbol{w}$ 是白噪声,$\boldsymbol{T}_{zw}$ 的 H_2 范数就是 $\boldsymbol{z}$ 的 rms 值,故可写得

$$J_{\mathrm{LQG}}=\|\boldsymbol{T}_{zw}\|_2^2 \tag{2.58}$$

LQG 问题是要使 J_{LQG} 为最小,就是要使 $\boldsymbol{T}_{zw}$ 的 H_2 范数为最小,所以这就成了 H_2 问题。注意到 LQG 问题是个反馈控制的问题,而这个闭环系统的通用结构形式就是图 2.17 所示的线性分式变换(LFT),所以这个 LQG 问题也可写成如下的 H_2 问题:

$$\text{minimize}\ \|\boldsymbol{F}_l(\boldsymbol{G},\boldsymbol{K})\|_2 \tag{2.59}$$

将式(2.59)与 H_∞ 问题的式(2.33)对比可以看到,二者似乎并无实质上的差别,只是采用了不同的范数而已。其实这二者所处理的问题是不一样的,这里将通过对比来进一步了解 H_∞ 设计所要解决的问题和能够解决的问题。这也是本书中常会提到 H_2 问题的一个原因。

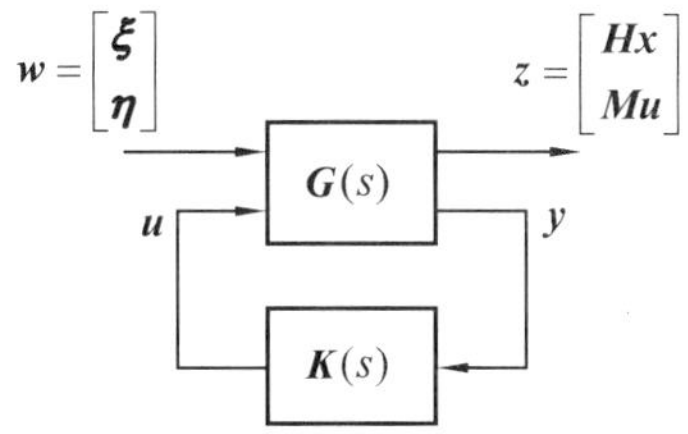

图 2.17　LQG 问题的 LFT 结构

2.3.3　H_2 问题与 H_∞ 问题的对比

这里要说明的是，对 H_∞ 问题不能仅从字面上或定义上来理解。例如，H_∞ 范数虽然表达了一个系统的能量的增益，但并没有说为什么输入输出信号一定要用能量（即 L_2 范数）来表示，也没有说为什么性能一定要用能量的增益来表示。如果硬要这样来解释，有时会显得非常勉强。其实 H_∞ 问题并不看重范数这个性能指标的值的大小。H_∞ 问题中求解 H_∞ 优化解是为了得到一条全通解，利用全通解来获得所要求的性能（见 2.1.2 节）和鲁棒稳定性（见 2.1.3 节），所以 H_∞ 问题求解中一般只要求其范数的名义值为 1（见 2.2.4 节），并不追求范数是如何如何小。

H_2 问题正好相反，直接以均方值作为性能指标，设计的时候就是要求系统的 H_2 范数最小。当然，H_2 问题也可用来进行鲁棒设计。例如，将 LQG 作为系统设计的手段，以 $\boldsymbol{W},\boldsymbol{V},\boldsymbol{Q},\boldsymbol{R}$ 阵[见式(2.53)和式(2.54)]作为调试参数[8]来使系统恢复到状态反馈解所具有的鲁棒性，即 LTR（见 1.3.2 节）。不过一般来说，H_2 问题都是以 H_2 范数的面目出现的，这时均方值就是性能指标，设计的时候就是要极小化 H_2 范数。

下面再举一个混合 H_2/H_∞ 控制的例子来进行说明。因为这是在同一个设计问题中出现的两类指标要求，更便于看清楚二者的差别和特点。

混合 H_2/H_∞ 控制中一般有两个性能输出（图 2.18），一个代表设计约束（z_1），例如鲁棒稳定性约束，另一个代表要求优化的性能输出（z_2）。设计约束一般用相应的 H_∞ 范数来表示，而要求优化的性能指标则用 H_2 范数来表示。结合图 2.18，这里的混合 H_2/H_∞ 控制问题是：在 $\|\boldsymbol{T}_{z_1w_1}\|_\infty<\gamma$ 的约束下，使 $\|\boldsymbol{T}_{z_2w_2}\|_2$ 最小。

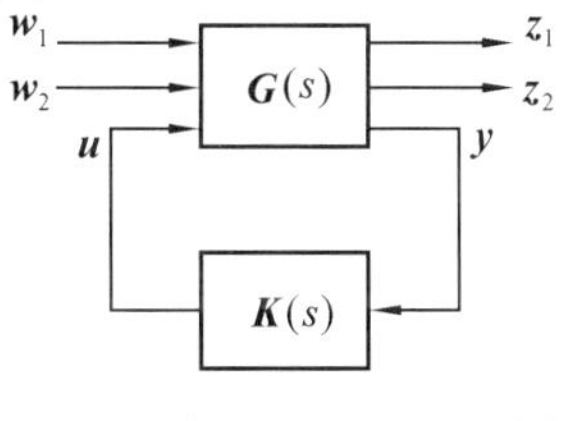

图 2.18　混合 H_2/H_∞ 控制的框图

例 2.1 锚泊平台的控制[9]

图 2.19 所示是一个锚泊平台，有两个推进器用来稳定平台的水平漂移和倾斜。海浪的作用合成为作用在平台上的干扰力(F)和力矩(M)。干扰力 F 的功率谱包含 0～1 rad/s的低频和大于 5 rad/s 的高频部分。要求漂移量 $|y|<0.025$ m，倾斜角 $|\varphi|<3°$。控制输入 u 的限制值是 0.5 N，并要求控制律中有积分控制。文献[9]先是对 y,φ 和 u 加权并采用常规的 H_∞ 控制，但是在仿真实验中发现控制输入 u 的量太大，经常达到饱和值，所以需要修改设计方案，单独将 u 引出，另外再加一个 H_2 范数的设计目标，即 $\|\boldsymbol{T}_2(s)\|_2$，式中 $\boldsymbol{T}_2(s)$ 是从$[F\quad M]^{\mathrm{T}}$ 到 u 的传递函数，可使 u 的幅值大幅度减少，达到设计要求。

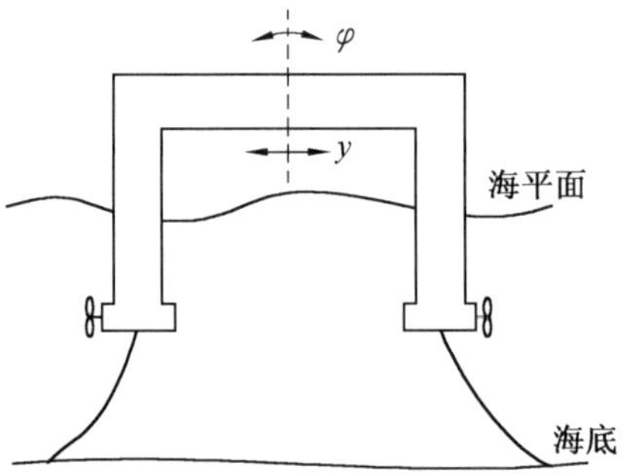

图 2.19 锚泊平台

这个例子是采用 H_∞ 控制来进行常规的控制器设计，使控制律中包含有所指定的积分控制，而用 H_2 问题来减少系统工作时控制输入的波动值。从中可以看出 H_∞ 问题和 H_2 问题各自的特色。

2.4 本章小结

一般认为 H_∞ 控制就是求解 H_∞ 优化问题，因此往往只关心 H_∞ 优化解求解中的数学问题。其实要用好 H_∞ 控制，一个很重要的问题是如何将设计问题正确描述为 H_∞ 标准问题，即如何用加权传递函数阵的 H_∞ 范数来表示系统的设计要求。本章所介绍的就是如何将第 1 章中所概括的设计要求转换成 H_∞ 标准问题，是要进行 H_∞ 设计的第一步。

本章参考文献

[1] FRANCIS B A. A course in H_∞ control theory[M]. Lecture Notes in Control and Information Sciences, Vol. 88. New York: Springer-Verlag, 1987.

[2] KWAKERNAAK H. Minimax frequency domain performance and robustness optimization of linear feedback systems[J]. IEEE Transactions on Automatic Control, 1985,30(10): 994-1004.

[3] SHAMMA J S. Robust stability with time-varying structured uncertainty[J]. IEEE Transactions on Automatic Control, 1994,39(4): 714-724.

[4] 梅生伟，申铁龙，刘康志. 现代鲁棒控制理论与应用[M]. 北京：清华大学出版社，2003.

[5] KWAKERNAAK H. Robust control and H_∞-optimization[J]. Automatica, 1993, 29(2): 255-273.

[6] 王广雄，何朕. 控制系统设计[M]. 北京：清华大学出版社，2008.

[7] DOYLE J C, GLOVER K, KHARGONEKAR P P, et al. State-space solutions to standard H_2 and H_∞ control problems[J]. IEEE Transactions on Automatic Control, 1989, 34(8): 831-847.

[8] MACIEJOWSKI J M. Multivariable Feedback Design[M]. New York: Addison-Wesley Publishing Company, 1989.

[9] SCHERER C, GAHINET P, CHILALI M. Multiobjective output-feedback control via LMI optimization[J]. IEEE Transactions on Automatic Control, 1997,42(7): 896-911.

第3章　H_∞ 问题的求解:模型匹配法

模型匹配法也称为1984年法[1],在 H_∞ 理论发展过程中是一个很重要的里程碑,本章将对此方法做一些简单的回顾,一些定理不再给予证明。不过该方法所反映的一些概念,是具有普遍意义的,这也是本章要介绍这个方法的原因。

3.1　RH_∞ 上的互质分解

对多项式来说,如果两个实数多项式 $f(s)$ 和 $g(s)$ 之间的最大公因式是1(等价于没有相同的零点),则称它们是互质的。可以证明[2,3],f 和 g 互质,当且仅当存在多项式 $x(s)$ 和 $y(s)$ 使得

$$fx+gy=1 \tag{3.1}$$

成立,则该方程称为 Bezout 恒等式。

现在将这个概念推广到 RH_∞ 中的矩阵,并应用于真有理函数阵 $\boldsymbol{G}$ 的互质分解中。

定义 3.1　矩阵 $\boldsymbol{N},\boldsymbol{M}\in RH_\infty$ 构成一个右互质分解(right coprime factorization, r. c. f.),当且仅当

(ⅰ) $\boldsymbol{G}=\boldsymbol{N}\boldsymbol{M}^{-1}$。

(ⅱ) $\boldsymbol{M}$ 是可逆的,即 $\|\boldsymbol{M}^{-1}\|_\infty$ 有界。

(ⅲ) 存在 $\boldsymbol{X},\boldsymbol{Y}\in RH_\infty$,使 Bezout 恒等式

$$[\boldsymbol{X}\quad \boldsymbol{Y}]\begin{bmatrix}\boldsymbol{M}\\ \boldsymbol{N}\end{bmatrix}=\boldsymbol{X}\boldsymbol{M}+\boldsymbol{Y}\boldsymbol{N}=\boldsymbol{I}$$

成立。这里称 $\boldsymbol{N}$ 和 $\boldsymbol{M}$ 是右互质的,是指如果 $\boldsymbol{N}$ 和 $\boldsymbol{M}$ 都有一个右公因子 $\boldsymbol{R}$,$\boldsymbol{R}\in RH_\infty$,即 $\boldsymbol{N}=\boldsymbol{W}\boldsymbol{R}$,$\boldsymbol{M}=\boldsymbol{Z}\boldsymbol{R}$,且 $\boldsymbol{R}$ 是可逆的,即 $\boldsymbol{R}^{-1}\in RH_\infty$,则 $\boldsymbol{N}$ 和 $\boldsymbol{M}$ 右互质。

同样可以定义左互质分解 $\boldsymbol{G}=\widetilde{\boldsymbol{M}}^{-1}\widetilde{\boldsymbol{N}}$ 和左互质的 Bezout 恒等式

$$[\widetilde{\boldsymbol{M}}\quad \widetilde{\boldsymbol{N}}]\begin{bmatrix}\boldsymbol{X}\\ \boldsymbol{Y}\end{bmatrix}=\widetilde{\boldsymbol{M}}\boldsymbol{X}+\widetilde{\boldsymbol{N}}\boldsymbol{Y}=\boldsymbol{I}$$

现在来看互质分解的求解。设 $\boldsymbol{G}$ 的一个可镇定、可检测的状态空间实现为($\boldsymbol{A},\boldsymbol{B},\boldsymbol{C},\boldsymbol{D}$)。$\boldsymbol{G}(s)$ 也可用如下的数据结构来表示,$\boldsymbol{A},\boldsymbol{B},\boldsymbol{C},\boldsymbol{D}$ 之间用细实线隔开,即

$$\mathbf{G}(s)=\mathbf{C}(s\mathbf{I}-\mathbf{A})^{-1}\mathbf{B}+\mathbf{D}=\left[\begin{array}{c|c}\mathbf{A} & \mathbf{B}\\ \hline \mathbf{C} & \mathbf{D}\end{array}\right] \tag{3.2}$$

对应的状态方程为

$$\dot{\boldsymbol{x}} = \boldsymbol{A}\boldsymbol{x} + \boldsymbol{B}\boldsymbol{u} \tag{3.3}$$

$$\boldsymbol{y} = \boldsymbol{C}\boldsymbol{x} + \boldsymbol{D}\boldsymbol{u} \tag{3.4}$$

任取一实数阵 $\boldsymbol{F}$,使 $\boldsymbol{A}_F := \boldsymbol{A} + \boldsymbol{B}\boldsymbol{F}$ 稳定。再定义一个新的输入向量 $\boldsymbol{v} := \boldsymbol{u} - \boldsymbol{F}\boldsymbol{x}$ 和 $\boldsymbol{C}_F$ 阵,$\boldsymbol{C}_F := \boldsymbol{C} + \boldsymbol{D}\boldsymbol{F}$,代入式(3.3)、式(3.4)得

$$\dot{\boldsymbol{x}} = \boldsymbol{A}_F\boldsymbol{x} + \boldsymbol{B}\boldsymbol{v} \tag{3.5}$$

$$\boldsymbol{u} = \boldsymbol{F}\boldsymbol{x} + \boldsymbol{v} \tag{3.6}$$

$$\boldsymbol{y} = \boldsymbol{C}_F\boldsymbol{x} + \boldsymbol{D}\boldsymbol{v} \tag{3.7}$$

从式(3.5)、式(3.6)可写得 $\boldsymbol{v}$ 到 $\boldsymbol{u}$ 的传递函数阵为

$$\mathbf{M}(s) := \left[\begin{array}{c|c} \mathbf{A}_F & \mathbf{B} \\ \hline \mathbf{F} & \mathbf{I} \end{array}\right] \tag{3.8}$$

从式(3.5)、式(3.7)得 $\boldsymbol{v}$ 到 $\boldsymbol{y}$ 的传递函数阵为

$$\mathbf{N}(s) := \left[\begin{array}{c|c} \mathbf{A}_F & \mathbf{B} \\ \hline \mathbf{C}_F & \mathbf{D} \end{array}\right] \tag{3.9}$$

相应的传递函数关系为

$$\boldsymbol{u}(s) = \boldsymbol{M}(s)\boldsymbol{v}(s), \quad \boldsymbol{y}(s) = \boldsymbol{N}(s)\boldsymbol{v}(s)$$

所以得 $\boldsymbol{y}(s) = \boldsymbol{N}(s)\boldsymbol{M}(s)^{-1}\boldsymbol{u}(s)$,即 $\boldsymbol{G} = \boldsymbol{N}\boldsymbol{M}^{-1}$。

$\boldsymbol{G}$ 的左互质分解式也可做类似的推导,不过推导时要用 $\boldsymbol{G}(s)^{\mathrm{T}}$ 来代替上面的 $\boldsymbol{G}(s)$。从物理概念上来说,上面右互质分解的推导是一种状态反馈的概念,而左互质分解用的是状态观测器的方程。具体来说,任取一实数阵 $\boldsymbol{H}$,使 $\boldsymbol{A}_H := \boldsymbol{A} + \boldsymbol{H}\boldsymbol{C}$ 稳定,并定义 $\boldsymbol{B}_H := \boldsymbol{A} + \boldsymbol{H}\boldsymbol{D}$,则可得

$$\widetilde{\mathbf{M}}(s) := \left[\begin{array}{c|c} \mathbf{A}_H & \mathbf{H} \\ \hline \mathbf{C} & \mathbf{I} \end{array}\right] \tag{3.10}$$

$$\widetilde{\mathbf{N}}(s) := \left[\begin{array}{c|c} \mathbf{A}_H & \mathbf{B}_H \\ \hline \mathbf{C} & \mathbf{D} \end{array}\right] \tag{3.11}$$

对应的 $\boldsymbol{G}$ 的左互质分解式为 $\boldsymbol{G} = \widetilde{\boldsymbol{M}}^{-1}\widetilde{\boldsymbol{N}}$。

在 1984 年方法中要求一种特殊的互质分解,即同时给出 $\boldsymbol{G}$ 的右互质分解和左互质分解式。下面就是关于这种双互质分解的引理。

引理 3.1 每一个真有理函数阵 $\boldsymbol{G}$ 都存在满足下列双互质分解的 8 个 RH_∞ 阵:

$$\boldsymbol{G} = \boldsymbol{N}\boldsymbol{M}^{-1} = \widetilde{\boldsymbol{M}}^{-1}\widetilde{N} \tag{3.12}$$

$$\begin{bmatrix} \widetilde{\boldsymbol{X}} & -\widetilde{\boldsymbol{Y}} \\ -\widetilde{\boldsymbol{N}} & \widetilde{\boldsymbol{M}} \end{bmatrix}\begin{bmatrix} \boldsymbol{M} & \boldsymbol{Y} \\ \boldsymbol{N} & \boldsymbol{X} \end{bmatrix} = \boldsymbol{I} \tag{3.13}$$

证明 引理采用构造式的证明,即推导并给出这8个矩阵。其实,式(3.8)~(3.11)已经给出了其中的 4 个阵。根据 Bezout 恒等式的条件再加 3.2 节参数化对系统稳定性的要求,可得出其他 4 个阵[2]

$$\mathbf{X}(s) := \left[\begin{array}{c|c} \mathbf{A}_F & -\mathbf{H} \\ \hline \mathbf{C}_F & \mathbf{I} \end{array}\right], \quad \mathbf{Y}(s) := \left[\begin{array}{c|c} \mathbf{A}_F & -\mathbf{H} \\ \hline \mathbf{F} & \mathbf{0} \end{array}\right] \tag{3.14}$$

$$\widetilde{\mathbf{X}}(s) := \left[\begin{array}{c|c} \mathbf{A}_H & -\mathbf{B}_H \\ \hline \mathbf{F} & \mathbf{I} \end{array}\right], \quad \widetilde{\mathbf{Y}}(s) := \left[\begin{array}{c|c} \mathbf{A}_H & -\mathbf{H} \\ \hline \mathbf{F} & \mathbf{0} \end{array}\right] \tag{3.15}$$

证毕

例 3.1 设一标量系统

$$G(s) = \frac{s-1}{s(s-2)}$$

$G(s)$ 的一个最小实现是

$$\boldsymbol{A} = \begin{bmatrix} 0 & 1 \\ 0 & 2 \end{bmatrix}, \quad \boldsymbol{B} = \begin{bmatrix} 0 \\ 1 \end{bmatrix}$$

$$\boldsymbol{C} = [-1 \quad 1], \quad \boldsymbol{D} = \mathbf{0}$$

设取 $\boldsymbol{F} = [-1 \quad -4]$ 使 $\boldsymbol{A}_F$ 的特征值为 $\{-1, \ -1\}$(注:也可取别的特征值),即

$$\boldsymbol{A}_F = \begin{bmatrix} 0 & 1 \\ -1 & -2 \end{bmatrix}$$

这样,得

$$\mathbf{N}(s) := \left[\begin{array}{c|c} \mathbf{A}_F & \mathbf{B} \\ \hline \mathbf{C}_F & \mathbf{0} \end{array}\right] = \frac{s-1}{(s+1)^2}$$

$$\mathbf{M}(s) := \left[\begin{array}{c|c} \mathbf{A}_F & \mathbf{B} \\ \hline \mathbf{F} & \mathbf{1} \end{array}\right] = \frac{s(s-2)}{(s+1)^2}$$

同样,取 $\boldsymbol{H} = \begin{bmatrix} -5 \\ -9 \end{bmatrix}$,得

$$\boldsymbol{A}_H = \begin{bmatrix} 5 & -4 \\ 9 & -7 \end{bmatrix}$$

$$\mathbf{X}(s) := \left[\begin{array}{c|c} \mathbf{A}_F & -\mathbf{H} \\ \hline \mathbf{C} & \mathbf{1} \end{array}\right] = \frac{s^2+6s-23}{(s+1)^2}$$

$$\mathbf{Y}(s) := \left[\begin{array}{c|c} \mathbf{A}_F & -\mathbf{H} \\ \hline \mathbf{F} & \mathbf{0} \end{array}\right] = \frac{-41s+1}{(s+1)^2}$$

本例因为是标量系统,所以

$$\widetilde{\boldsymbol{N}} = \boldsymbol{N}, \quad \widetilde{\boldsymbol{M}} = \boldsymbol{M}, \quad \widetilde{\boldsymbol{X}} = \boldsymbol{X}, \quad \widetilde{\boldsymbol{Y}} = \boldsymbol{Y}$$

3.2　参数化

本节要将 H_∞ 问题中的控制器进行参数化。图 3.1 所示就是所要处理的 H_∞ 标准问题的框图，图中的 $\boldsymbol{G}$ 为广义对象

$$\boldsymbol{G}(s)=\begin{bmatrix}\boldsymbol{G}_{11}(s) & \boldsymbol{G}_{12}(s)\\ \boldsymbol{G}_{21}(s) & \boldsymbol{G}_{22}(s)\end{bmatrix} \tag{3.16}$$

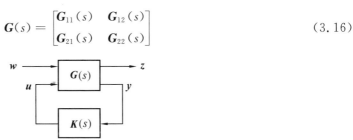

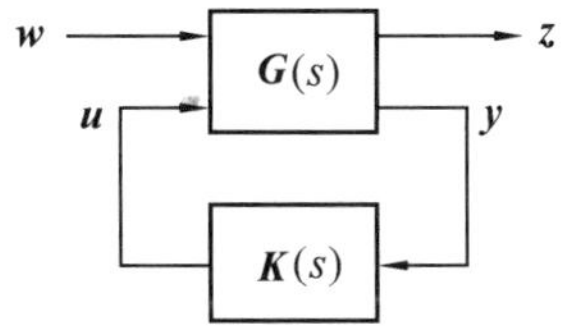

图 3.1　H_∞ 标准问题的框图

H_∞ 设计要求解的优化问题是

$$\min_{\boldsymbol{K}_{\text{stabilizing}}} \|\boldsymbol{F}_l(\boldsymbol{G},\boldsymbol{K})\|_\infty \tag{3.17}$$

式(3.17)与第 2 章的式(2.33)略有不同的是，将能使闭环系统稳定的控制器 $\boldsymbol{K}_{\text{stabilizing}}$ 特别标注了出来，意指这个极小化应该是在所有使系统内稳定的控制器集合上来求极小。这是一个很严厉的约束。1984 年法要将这个约束去掉，而参数化是去掉约束的第一步。

现在先假设图 3.1 中的 $\boldsymbol{G}$ 是可镇定的。直观上来说，这意味着不稳定极点对 $\boldsymbol{G}$ 和 $\boldsymbol{G}_{22}$ 来说是共享的(包括多重极点)，要镇定 $\boldsymbol{G}$ 只要镇定住 $\boldsymbol{G}_{22}$ 就足够了。

定理 3.1　$\boldsymbol{K}$ 镇定 $\boldsymbol{G}$，当且仅当 $\boldsymbol{K}$ 镇定 $\boldsymbol{G}_{22}$。

这个定理看起来是比较直观的，不过如果证明的话，还需要从内稳定的角度来进行证明[2]，这里从略。根据定理 3.1，现在来讨论 $\boldsymbol{G}_{22}$ 的镇定。为此，对 $\boldsymbol{G}_{22}$ 进行双互质分解

$$\boldsymbol{G}_{22}=\boldsymbol{N}_2\boldsymbol{M}_2^{-1}=\widetilde{\boldsymbol{M}}_2^{-1}\widetilde{\boldsymbol{N}}_2 \tag{3.18}$$

$$\begin{bmatrix}\widetilde{\boldsymbol{X}}_2 & -\widetilde{\boldsymbol{Y}}_2\\ -\widetilde{\boldsymbol{N}}_2 & \widetilde{\boldsymbol{M}}_2\end{bmatrix}\begin{bmatrix}\boldsymbol{M}_2 & \boldsymbol{Y}_2\\ \boldsymbol{N}_2 & \boldsymbol{X}_2\end{bmatrix}=\boldsymbol{I} \tag{3.19}$$

定理 3.2　镇定 $\boldsymbol{G}_{22}$ 的所有真有理控制器 $\boldsymbol{K}$ 的参数化公式为

$$\boldsymbol{K}=(\boldsymbol{Y}_2-\boldsymbol{M}_2\boldsymbol{Q})(\boldsymbol{X}_2-\boldsymbol{N}_2\boldsymbol{Q})^{-1}= \tag{3.20}$$

$$(\widetilde{\boldsymbol{X}}_2-\boldsymbol{Q}\widetilde{\boldsymbol{N}}_2)^{-1}(\widetilde{\boldsymbol{Y}}_2-\boldsymbol{Q}\widetilde{\boldsymbol{M}}_2) \tag{3.21}$$

式中，$\boldsymbol{Q}\in RH_\infty$。

此定理的证明略。式(3.20)、式(3.21)将 $\boldsymbol{K}$ 表示成 RH_∞ 中的一个自由参数 $\boldsymbol{Q}$ 的变换式。当 $\boldsymbol{Q}$ 是在所有稳定的真有理阵上变化时，这两个公式就给出了所有可能的内稳定控制器 $\boldsymbol{K}$。式(3.20)是 $\boldsymbol{K}$ 的右互质表示式，式(3.21)则是其左互质表示式，只要 $\boldsymbol{Q}\in RH_\infty$，表达式中

的逆总是存在的。这是因为 $\boldsymbol{G}_{22}$ 是严格真有理的(见 2.2.2 节)。

例 3.2 对于例 3.1 中的 $G(s)=\dfrac{s-1}{s(s-2)}$,已经得到了 G 双互质分解中的 8 个阵。根据式(3.20),取 $Q=0$,则可得控制器为

$$K=\boldsymbol{Y}_2\boldsymbol{X}_2^{-1}=\frac{-41s+1}{s^2+6s-23}$$

根据 $1-KG=0$,可得采用这个 K 以后系统的特征方程为

$$s^4+4s^3+6s^2+4s+1=(s+1)^4=0$$

表明这个 K 可镇定 G,系统是稳定的。

3.3 模型匹配问题

根据定理 3.2,参数化控制器 $\boldsymbol{K}$[式(3.20)、式(3.21)] 可镇定 $\boldsymbol{G}$。将图 3.1 中的 $\boldsymbol{K}$ 用参数化公式来表示,求取系统从 $\boldsymbol{w}$ 到 $\boldsymbol{z}$ 的传递函数阵。

先定义

$$\begin{aligned}\boldsymbol{T}_1 &:=\boldsymbol{G}_{11}+\boldsymbol{G}_{12}\boldsymbol{M}_2\widetilde{\boldsymbol{Y}}_2\boldsymbol{G}_{21},\\ \boldsymbol{T}_2 &:=\boldsymbol{G}_{12}\boldsymbol{M}_2,\\ \boldsymbol{T}_3 &:=\widetilde{\boldsymbol{M}}_2\boldsymbol{G}_{21}\end{aligned}$$

可以证明 $\boldsymbol{T}_i\in RH_\infty(i=1\sim3)$[2]。

定理 3.3 当 $\boldsymbol{K}$ 是式(3.20)、式(3.21) 时,从 $\boldsymbol{w}$ 到 $\boldsymbol{z}$ 的传递函数阵等于 $\boldsymbol{T}_1-\boldsymbol{T}_2\boldsymbol{Q}\boldsymbol{T}_3$。

证明 标准问题中 $\boldsymbol{w}$ 到 $\boldsymbol{z}$ 的传递函数关系为

$$\boldsymbol{z}=[\boldsymbol{G}_{11}+\boldsymbol{G}_{12}(\boldsymbol{I}-\boldsymbol{K}\boldsymbol{G}_{22})^{-1}\boldsymbol{K}\boldsymbol{G}_{21}]\boldsymbol{w} \tag{3.22}$$

将 $\boldsymbol{G}_{22}=\boldsymbol{N}_2\boldsymbol{M}_2^{-1}$ 和式(3.21) 代入,得

$$\boldsymbol{I}-\boldsymbol{K}\boldsymbol{G}_{22}=\boldsymbol{I}-(\widetilde{\boldsymbol{X}}_2-\boldsymbol{Q}\widetilde{\boldsymbol{N}}_2)^{-1}(\widetilde{\boldsymbol{Y}}_2-\boldsymbol{Q}\widetilde{\boldsymbol{M}}_2)\boldsymbol{N}_2\boldsymbol{M}_2^{-1}$$

再利用 Bezout 恒等式(3.19),整理后可得

$$(\boldsymbol{I}-\boldsymbol{K}\boldsymbol{G}_{22})^{-1}=\boldsymbol{M}_2(\widetilde{\boldsymbol{X}}_2-\boldsymbol{Q}\widetilde{\boldsymbol{N}}_2)$$

再根据式(3.21) 得

$$(\boldsymbol{I}-\boldsymbol{K}\boldsymbol{G}_{22})^{-1}\boldsymbol{K}=\boldsymbol{M}_2(\widetilde{\boldsymbol{Y}}_2-\boldsymbol{Q}\widetilde{\boldsymbol{M}}_2)$$

将此式代入式(3.22),并根据 $\boldsymbol{T}_i$ 的定义可得

$$\boldsymbol{z}=(\boldsymbol{T}_1-\boldsymbol{T}_2\boldsymbol{Q}\boldsymbol{T}_3)\boldsymbol{w}$$

证毕

这个从 $\boldsymbol{w}$ 到 $\boldsymbol{z}$ 的传递函数也可以用图 3.2 来表示。图中,$\boldsymbol{T}_1$ 代表一个“模型”,3 个串级的传递函数阵 $\boldsymbol{T}_2$、$\boldsymbol{T}_3$ 和 $\boldsymbol{Q}$ 要与其匹配。这里 $\boldsymbol{T}_i(i=1\sim3)$ 是给定的,而“控制器”$\boldsymbol{Q}$ 是待设计的,要求这个匹配误差最小,即要求

$$\| \boldsymbol{T}_1 - \boldsymbol{T}_2 \boldsymbol{Q} \boldsymbol{T}_3 \|_\infty = \text{minimum} \tag{3.23}$$

这样就将 H_∞ 标准问题化成了模型匹配问题，寻找 $\boldsymbol{Q} \in RH_\infty$，使 $\| \boldsymbol{T}_1 - \boldsymbol{T}_2 \boldsymbol{Q} \boldsymbol{T}_3 \|_\infty = \min$，即

$$\min_{\boldsymbol{K}_{\text{stabilizing}}} F_l(\boldsymbol{G},\boldsymbol{K})_\infty \rightarrow \min_{Q \in RH_\infty} \| \boldsymbol{T}_1 - \boldsymbol{T}_2 \boldsymbol{Q} \boldsymbol{T}_3 \|_\infty$$

模型匹配问题中由于只要求 $\boldsymbol{Q} \in RH_\infty$，将 H_∞ 标准问题中限制在内稳定控制器集合中来求极小的约束去掉了，方便了 H_∞ 优化问题的求解。求得模型匹配问题的解 $\boldsymbol{Q}$ 后，将其代入式(3.20)、式(3.21)便可得所求的 H_∞ 控制器 $\boldsymbol{K}$。

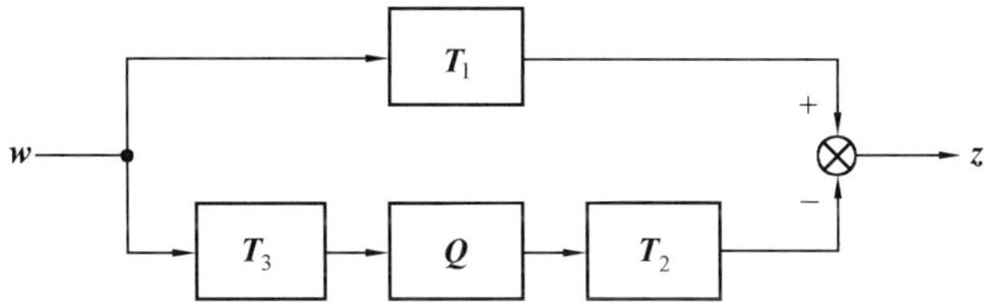

图 3.2　模型匹配

这里要说明的是，模型匹配问题的推导虽然用的都是传递函数阵模型，不过模型匹配问题求解中的所有计算用的都是状态空间模型，这就是 1984 年法的特点。由于 1984 年法并非本书重点，故这些计算问题就不再讨论了，有兴趣的读者可参阅文献[2]。

3.4　模型匹配问题的解

模型匹配问题的求解要用到算子理论和矩阵的因式分解理论。这里只是对其解的一些特点做一介绍。

定义 α 为模型匹配误差的下确界

$$\alpha := \inf\{ \| \boldsymbol{T}_1 - \boldsymbol{T}_2 \boldsymbol{Q} \boldsymbol{T}_3 \|_\infty : \boldsymbol{Q} \in RH_\infty \} \tag{3.24}$$

能达到这个下确界 α 时的 $\boldsymbol{Q}$ 称为最优的 $\boldsymbol{Q}$。

先来看一个标量的例子。对标量来说，已无必要区分左乘和右乘，即 $T_2 Q T_3 = T_2 T_3 Q$，或者说，可取 $T_3 = 1$。设

$$T_2(s) = \frac{s-1}{s+1}$$

这样，对于 RH_∞ 中的每一个 Q 都有

$$\| T_1(s) - T_2(s) Q(s) \|_\infty \geqslant | T_1(1) - T_2(1) Q(1) | = | T_1(1) |$$

当取

$$Q := \frac{[T_1(s) - T_1(1)]}{T_2(s)}$$

时，则有

$$\| T_1(s) - T_2(s)Q(s) \|_\infty = | T_1(1) |$$

这个 Q 就是最优的 Q。而且因为这个 $T_1(1)$ 是个常数，所以这时的 $T_1 - T_2Q$ 具有全通特性。

对标量系统来说，文献[2]证明了最优解时的 $T_1 - T_2Q$ 是全通的。对 MIMO 系统来说，尚不能直接算得这个最优的 α 值，需要通过迭代的办法来逼近最优解。不过 Safonov 在文献[4]中通过双线性变换将 $\| \boldsymbol{T}_1 - \boldsymbol{T}_2\boldsymbol{Q}\boldsymbol{T}_3 \|_\infty \leqslant 1$ 等价于另一个传递函数 $\boldsymbol{G}$ 的正实性要求，$\mathrm{Re}[\boldsymbol{G}(\mathrm{j}\omega)] \geqslant 0$，将 $\boldsymbol{T}_1 - \boldsymbol{T}_2\boldsymbol{Q}\boldsymbol{T}_3$ 的单位圆内部与 $\boldsymbol{G}(\mathrm{j}\omega)$ 的右半面相对应。或者说，使二者的边界值：最大奇异值($\sigma_{\max}$)等于 1 与虚轴($\mathrm{Re}[\boldsymbol{G}(\mathrm{j}\omega)]=0$)相对应。最优设计的结果对正实性问题来说是逼近其边界值(虚轴)，而对应的模型匹配误差 $\boldsymbol{T}_1 - \boldsymbol{T}_2\boldsymbol{Q}\boldsymbol{T}_3$ 就是逼近 $\sigma_{\max}=1$ 的全通特性。

虽然从求解的方法来说，1984 年法有其自己的特点，不过对 H_∞ 标准问题的求解结果来说，解的特性应该是一致的，即 H_∞ 标准问题的最优解具有全通的特性。

3.5 本章小结

早期的 H_∞ 优化理论用的是解析函数和算子理论。1984 年法开始采用状态空间方法，当时只是在计算方法上采用状态空间法，还不彻底，很快就过渡到直接在状态空间上来求解的 DGKF 法(见第 4 章)。但 1984 年法是开始采用状态空间法的，所以说是一个里程碑。另外，本章中介绍的一些基本概念对了解 H_∞ 控制理论也都是有用的。

本章参考文献

[1] DOYLE J C, GLOVER K, KHARGONEKAR P P, et al. State-space solutions to standard H_2 and H_∞ control problems[J]. IEEE Transactions on Automatic Control, 1989, 34(8): 831-847.

[2] FRANCIS B A. A course in H_∞ control theory[M]. Lecture Notes in Control and Information Sciences, Vol. 88. New York: Springer-Verlag, 1987.

[3] 周克敏，DOYLE J C, GLOVER K. 鲁棒与最优控制[M]. 毛剑琴，钟宜生，林岩，等译. 北京：国防工业出版社，2002.

[4] SAFONOV M G, JONCKHEERE E A, VERMAJ M M, et al. Synthesis of positive real multivariable feedback systems[J]. International Journal of Control, 1987, 45(3): 817-842.

第 4 章　H_∞ 问题的求解:DGKF 法

DGKF 是文献[1]的 4 位作者姓的首字母。该文完全采用状态空间的概念来推导并给出 H_∞ 控制器的解,所得出的控制器公式比较简单,只要求解两个 Riccati 方程,且控制器的结构具有类似于 LQG 问题中的分离结构。该文献现在已经是 H_∞ 控制理论中的经典文献。MATLAB 中的 H_∞ 控制器算法也都是以此文献为基础来编写的。本章主要介绍 DGKF 法,这也是本书的重点。

4.1　数学准备

4.1.1　哈密顿阵

要介绍哈密顿阵(Hamiltonian matrix)就得先说明模态子空间。模态子空间的概念和哈密顿阵在 H_∞ 控制器的证明中占有重要的地位。

设系统的一个特征值为 $-\lambda$,或者说其传递函数有一个极点在 $s=-\lambda$ 处,则对应的 $\mathrm{e}^{-\lambda t}$ 称为该系统的一个模态(mode)。一个系统的过渡过程就是由这些模态构成的,即

$$\begin{bmatrix} x_1 \\ x_2 \\ \vdots \\ x_n \end{bmatrix} = \mathrm{e}^{\lambda_1 t}\begin{bmatrix} u_{11} \\ u_{12} \\ \vdots \\ u_{1n} \end{bmatrix}\{f_1\} + \mathrm{e}^{\lambda_2 t}\begin{bmatrix} u_{21} \\ u_{22} \\ \vdots \\ u_{2n} \end{bmatrix}\{f_2\} + \cdots + \mathrm{e}^{\lambda_n t}\begin{bmatrix} u_{n1} \\ u_{n2} \\ \vdots \\ u_{nn} \end{bmatrix}\{f_n\} =$$
$$\mathrm{e}^{\lambda_1 t}\boldsymbol{u}_1\{f_1\} + \mathrm{e}^{\lambda_2 t}\boldsymbol{u}_2\{f_2\} + \cdots + \mathrm{e}^{\lambda_n t}\boldsymbol{u}_n\{f_n\} \tag{4.1}$$

式中,$\boldsymbol{x}=[x_1,\cdots,x_n]^{\mathrm{T}}$,为系统的状态向量;$\lambda_1,\cdots,\lambda_n$ 为其特征值;$\boldsymbol{u}_1,\cdots,\boldsymbol{u}_n$ 为对应的特征向量;$\{f_1\},\cdots,\{f_n\}$ 表示各初始条件所引起的相应激励的值,例如 $f_1=2x_1(0)-3x_2(0)+\cdots$。有时也将特征值直接称为模态,不过称 $\mathrm{e}^{\lambda_i t}$ 为模态是一种较为正式的提法。

式(4.1)表明,过渡过程中每个模态所占的比例是由相应的特征向量所决定的,而与初始条件无关,初始条件只是决定了数值的大小。将特征向量按所对应的特征值是在左半面或右半面进行排列来生成的空间称为模态子空间(modal subspace)$X_-(\boldsymbol{A})$ 和 $X_+(\boldsymbol{A})$。$X_-(\boldsymbol{A})$ 表示是 $\boldsymbol{A}$ 阵的模态子空间,而角标(−)号表示的是特征值都在左半面($\mathrm{Re}\,s<0$)的模态子空间。例如,设 $\boldsymbol{A}$ 阵共有 k 个左半面的特征值,则

$$X_-(\boldsymbol{A}) = \mathrm{span}\{\boldsymbol{u}_1,\cdots,\boldsymbol{u}_k\} \tag{4.2}$$

如果将这些特征向量排列构成一个矩阵 $\boldsymbol{T}_1=[\boldsymbol{u}_1,\ \cdots,\ \boldsymbol{u}_k]$,则模态子空间可表示成

$$X_-(\boldsymbol{A})=\operatorname{Im}\boldsymbol{T}_1 \tag{4.3}$$

式中，Im 表示像(image)，表示是由 $\boldsymbol{T}_1$ 的列向量所生成的空间。根据特征向量的性质，$\boldsymbol{A}$ 阵与 $\boldsymbol{T}_1$ 阵具有如下的关系：

$$\boldsymbol{A}\boldsymbol{T}_1=\boldsymbol{T}_1\begin{bmatrix}\lambda_1 & 0 & 0 & 0\\ 0 & \lambda_2 & 0 & 0\\ 0 & 0 & \ddots & 0\\ 0 & 0 & 0 & \lambda_k\end{bmatrix} \tag{4.4}$$

式中，$\lambda_1,\cdots,\lambda_k$ 为 $\boldsymbol{A}$ 阵的左半面($\operatorname{Re} s<0$) 的特征值。

因为 $\boldsymbol{A}$ 阵特征值的集合

$$\sigma(\boldsymbol{A})=\{\lambda_1,\cdots,\lambda_n\} \tag{4.5}$$

称为谱(spectrum)，所以模态子空间也称为谱子空间(spectral subspace)。(注：不要将谱的符号与奇异值符号 $\sigma_i(\boldsymbol{A})$ 相混)

但是特征向量的计算没有可靠的算法，所以实际计算模态子空间时不是按式(4.4) 那样变换成对角形，而是变换成 Schur 形。Schur 形具有如下的上三角阵结构：

$$\boldsymbol{S}=\begin{bmatrix}\lambda_1 & \times & \times & \times\\ 0 & \lambda_2 & \times & \times\\ 0 & 0 & \ddots & \times\\ 0 & 0 & 0 & \lambda_n\end{bmatrix} \tag{4.6}$$

$\boldsymbol{S}$ 阵的对角元素就是 $\boldsymbol{A}$ 阵的特征值，但对角线上部的各元并不是零。

当然，特征值很可能是复数，例如为 $-\sigma_2\pm j\omega_2$。这时可以将复数换成一个 2×2 的块阵，如

$$\begin{bmatrix}\lambda_1 & \times & \times & \times & \cdots\\ 0 & -\sigma_2 & -\omega_2 & \times & \cdots\\ 0 & \omega_2 & -\sigma_2 & \times & \cdots\\ 0 & 0 & 0 & \lambda_4 & \cdots\\ 0 & 0 & 0 & 0 & \ddots\end{bmatrix} \tag{4.7}$$

式(4.7) 是一种准三角形，称为实数 Schur 形(real Schur form)。

从实数的 $\boldsymbol{A}$ 阵变换到实数 Schur 形，采用的是正交变换，即

$$\boldsymbol{T}^{\mathrm{T}}\boldsymbol{A}\boldsymbol{T}=\boldsymbol{S} \tag{4.8}$$

如果再将特征值按实数部分从小到大进行排列，则可将 Schur 形分块成

$$\begin{bmatrix}\boldsymbol{A}_1 & \boldsymbol{A}_2\\ \boldsymbol{0} & \boldsymbol{A}_4\end{bmatrix} \tag{4.9}$$

式中，$\boldsymbol{A}_1$ 的所有特征值都是 $\operatorname{Re} s<0$，而 $\boldsymbol{A}_4$ 的特征值其 $\operatorname{Re} s>0$。对 $\boldsymbol{T}$ 也做相应的分块

$$\boldsymbol{T}=[\boldsymbol{T}_1\quad \boldsymbol{T}_2] \tag{4.10}$$

这样,根据式(4.8) 可得

$$\boldsymbol{A}[\boldsymbol{T}_1 \quad \boldsymbol{T}_2] = [\boldsymbol{T}_1 \quad \boldsymbol{T}_2]\begin{bmatrix}\boldsymbol{A}_1 & \boldsymbol{A}_2 \\ \boldsymbol{0} & \boldsymbol{A}_4\end{bmatrix}$$

从而有

$$\boldsymbol{A}\boldsymbol{T}_1 = \boldsymbol{T}_1\boldsymbol{A}_1 \tag{4.11}$$

将式(4.11) 与式(4.4) 对比,二者在形式上相似,但现在 $\boldsymbol{A}_1$ 是实数 Schur 形而不是对角阵。虽然如此,但仍可证明[2],$\boldsymbol{A}$ 阵负特征值所对应的模态子空间可以由式(4.10) 的 $\boldsymbol{T}_1$ 阵的各个列向量来生成,即

$$X_-(\boldsymbol{A}) = \mathrm{Im}\ \boldsymbol{T}_1 \tag{4.12}$$

而 $\boldsymbol{T}_1 = [\boldsymbol{x}_1,\cdots,\boldsymbol{x}_k]$ 中的列向量 $\boldsymbol{x}_1,\cdots,\boldsymbol{x}_k$ 则称为广义特征向量。之所以要采用广义特征向量,是因为式(4.4) 中的特征向量没有可靠的算法,而式(4.8) 的算法在数值计算上是很稳定的。例如,式(4.8) 的 Schur 形分解就可采用 MATLAB 的函数 schur()

$$[\boldsymbol{T},\ \boldsymbol{S}] = \mathrm{schur}(\boldsymbol{A}) \tag{4.13}$$

现在可以来讨论哈密顿阵了。

哈密顿阵是指形式为

$$\boldsymbol{H} := \begin{bmatrix}\boldsymbol{A} & \boldsymbol{R} \\ \boldsymbol{Q} & -\boldsymbol{A}^{\mathrm{T}}\end{bmatrix} \tag{4.14}$$

的 $2n \times 2n$ 矩阵。这里 $\boldsymbol{A}$,$\boldsymbol{Q}$ 和 $\boldsymbol{R}$ 均为实数 $n \times n$ 阵,且 $\boldsymbol{Q}$ 和 $\boldsymbol{R}$ 为对称阵。假设此 $\boldsymbol{H}$ 阵在虚轴上没有特征值,则它一定有 n 个特征值在 $\mathrm{Re}\ s < 0$,n 个在 $\mathrm{Re}\ s > 0$。这时,这个 $\boldsymbol{H}$ 阵的两个模态子空间 $X_-(\boldsymbol{H})$ 和 $X_+(\boldsymbol{H})$ 都是由 n 个特征向量生成。设 $X_-(\boldsymbol{H}) = \mathrm{Im}\ \boldsymbol{T}_1$。将 $\boldsymbol{T}_1$ 阵分块,可得

$$X_-(\boldsymbol{H}) = \mathrm{Im}\begin{bmatrix}\boldsymbol{X}_1 \\ \boldsymbol{X}_2\end{bmatrix} \tag{4.15}$$

式中,$\boldsymbol{X}_1,\boldsymbol{X}_2 \in \mathbf{R}^{n\times n}$。再假设 $\boldsymbol{X}_1$ 为非奇异,或者说,这两个子空间

$$X_-(\boldsymbol{H}),\ \mathrm{Im}\begin{bmatrix}\boldsymbol{0} \\ \boldsymbol{I}\end{bmatrix} \tag{4.16}$$

互补。这两种说法是等价的。这是因为如果互补,则两者所构成的矩阵

$$\begin{bmatrix}\boldsymbol{X}_1 & \boldsymbol{0} \\ \boldsymbol{X}_2 & \boldsymbol{I}\end{bmatrix}$$

中的各列是独立的。这样,这个方阵有逆。也只有 X_1 非奇异,这个方阵才有逆。因为 X_1 非奇异,所以可以定义

$$\boldsymbol{X} := \boldsymbol{X}_2\boldsymbol{X}_1^{-1} \tag{4.17}$$

这个 $\boldsymbol{X}$ 是由 $\boldsymbol{H}$ 所唯一确定的,是 $\boldsymbol{H}$ 的一个函数,记为 $\boldsymbol{X} = \mathrm{Ric}(\boldsymbol{H})$。

上面所假设的哈密顿阵的两个性质,即虚轴上无特征值和式(4.16) 的两个子空间互补,

分别可称为稳定性和互补性。具有这两个性质的哈密顿阵构成了 Ric 的定义域，记为 dom(Ric)。下面是关于 $\boldsymbol{X}$ 的性质以及判定 $\boldsymbol{H}$ 是否属于 dom(Ric) 的三个引理。

引理 4.1 设 $\boldsymbol{H} \in \mathrm{dom(Ric)}$ 和 $\boldsymbol{X}=\mathrm{Ric}(H)$，则

（ⅰ）$\boldsymbol{X}$ 是对称的。

（ⅱ）$\boldsymbol{X}$ 满足代数 Riccati 方程

$$\boldsymbol{A}^{\mathrm{T}}\boldsymbol{X}+\boldsymbol{XA}+\boldsymbol{XRX}-\boldsymbol{Q}=\boldsymbol{0} \tag{4.18}$$

（ⅲ）$\boldsymbol{A}+\boldsymbol{RX}$ 是稳定的。

引理 4.1 说明，由式(4.17) 所定义的 $\boldsymbol{X}$，既是 Riccati 方程式(4.18) 的解，而且 $\boldsymbol{A}+\boldsymbol{RX}$ 又是稳定的，故这个 $\boldsymbol{X}$ 称为 Riccati 方程的唯一镇定解。MATLAB 中的求解 Riccati 方程式(4.18) 的语句

$$\boldsymbol{X}=\mathrm{are}(\boldsymbol{A},-\boldsymbol{R},-\boldsymbol{Q}) \tag{4.19}$$

所给出的 $\boldsymbol{X}$ 也就是这个唯一镇定解。语句中的 are 是 algebraic riccati equation 的首字母。虽然数值上 $\boldsymbol{X}=\mathrm{Ric}(\boldsymbol{H})$ 可以用式(4.19) 来求得，但是上面关于模态子空间的概念，以及引理4.1 中的 $\boldsymbol{X}$ 的性质将在下面 H_∞ 控制器的证明中起重要的作用。

引理 4.2 设 $\boldsymbol{H}$ 无虚轴上的特征值，$\boldsymbol{R}$ 或是半正定，或是半负定，且$(\boldsymbol{A},\boldsymbol{R})$ 是可镇定的，那么 $\boldsymbol{H}\in\mathrm{dom(Ric)}$。

以上两个引理都是 Riccati 方程的一些熟知的结果[3]，证明从略。

引理 4.3 设 $\boldsymbol{H}$ 具有形式

$$\boldsymbol{H}=\begin{bmatrix}\boldsymbol{A} & -\boldsymbol{BB}^{\mathrm{T}}\\ -\boldsymbol{C}^{\mathrm{T}}\boldsymbol{C} & -\boldsymbol{A}^{\mathrm{T}}\end{bmatrix} \tag{4.20}$$

而且$(\boldsymbol{A},\boldsymbol{B})$ 是可镇定的，$(\boldsymbol{C},\boldsymbol{A})$ 是可检测的，那么 $\boldsymbol{H}\in\mathrm{dom(Ric)}$，$\boldsymbol{X}=\mathrm{Ric}(H)\geqslant 0$。如果$(\boldsymbol{C},\boldsymbol{A})$ 是可观测的，则有 $\mathrm{Ric}(\boldsymbol{H})>0$。

证明 根据引理 4.2 可知，$(\boldsymbol{A},\boldsymbol{B})$ 可镇定对于 $\boldsymbol{H}\in\mathrm{dom(Ric)}$ 来说是必要的，故现在要证明的是$(\boldsymbol{A},\boldsymbol{B})$ 可镇定时，若$(\boldsymbol{C},\boldsymbol{A})$ 可检测，则 $\boldsymbol{H}$ 在虚轴上无特征值。

如果$(\boldsymbol{C},\boldsymbol{A})$ 可检测，$(\boldsymbol{C},\boldsymbol{A})$ 在虚轴上就没有不可观测的模态。注意到式(4.20) 的 $\boldsymbol{H}$ 阵是 $(\boldsymbol{I}+\boldsymbol{G}^{\sim}\boldsymbol{G})^{-1}$ 系统的状态阵（参见引理 4.4 的证明中的式(4.36)）。这是一个由传递函数 $\boldsymbol{G}(s)=[\boldsymbol{A},\boldsymbol{B},\boldsymbol{C},\boldsymbol{0}]$ 和 $\boldsymbol{G}(-s)^{\mathrm{T}}$ 所组成的负反馈系统，如果$(\boldsymbol{C},\boldsymbol{A})$ 在虚轴上有不可观测模态，由于不可观测模态并不参与组成系统的传递函数的运算，虚轴上的 $\boldsymbol{A}$ 阵的特征值就会保留下来，即 $\boldsymbol{H}$ 阵中会有虚轴上的特征值，因此如果$(\boldsymbol{C},\boldsymbol{A})$ 可检测，$\boldsymbol{H}$ 阵就无虚轴上的特征值。这样，根据引理 4.2 就有 $\boldsymbol{H}\in\mathrm{dom(Ric)}$。

下面再来证明 $\boldsymbol{X}=\mathrm{Ric}(\boldsymbol{H})\geqslant 0$。

此 $\boldsymbol{H}$ 阵对应的 Riccati 方程为

$$\boldsymbol{A}^{\mathrm{T}}\boldsymbol{X}+\boldsymbol{XA}-\boldsymbol{XBB}^{\mathrm{T}}\boldsymbol{X}+\boldsymbol{C}^{\mathrm{T}}\boldsymbol{C}=\boldsymbol{0} \tag{4.21}$$

或等价为

$$(\boldsymbol{A}-\boldsymbol{B}\boldsymbol{B}^{\mathrm{T}}\boldsymbol{X})^{\mathrm{T}}\boldsymbol{X}+\boldsymbol{X}(\boldsymbol{A}-\boldsymbol{B}\boldsymbol{B}^{\mathrm{T}}\boldsymbol{X})+\boldsymbol{X}\boldsymbol{B}\boldsymbol{B}^{\mathrm{T}}\boldsymbol{X}+\boldsymbol{C}^{\mathrm{T}}\boldsymbol{C}=\boldsymbol{0} \tag{4.22}$$

这里 $\boldsymbol{A}-\boldsymbol{B}\boldsymbol{B}^{\mathrm{T}}\boldsymbol{X}$ 是稳定的(见引理 4.1)。

式(4.22) 可简写成 Lyapunov 方程

$$\boldsymbol{A}_e^{\mathrm{T}}\boldsymbol{X}+\boldsymbol{X}\boldsymbol{A}_e=-\boldsymbol{Q} \tag{4.23}$$

其解为

$$\boldsymbol{X}=\int_0^{\infty}\mathrm{e}^{\boldsymbol{A}_e^{\mathrm{T}}t}\boldsymbol{Q}\,\mathrm{e}^{\boldsymbol{A}_e t}\,\mathrm{d}t \tag{4.24}$$

将式(4.22) 与式(4.23) 相对比,可得

$$\boldsymbol{X}=\int_0^{\infty}\mathrm{e}^{(\boldsymbol{A}-\boldsymbol{B}\boldsymbol{B}^{\mathrm{T}}\boldsymbol{X})^{\mathrm{T}}t}(\boldsymbol{X}\boldsymbol{B}\boldsymbol{B}^{\mathrm{T}}\boldsymbol{X}+\boldsymbol{C}^{\mathrm{T}}\boldsymbol{C})\mathrm{e}^{(\boldsymbol{A}-\boldsymbol{B}\boldsymbol{B}^{\mathrm{T}}\boldsymbol{X})t}\,\mathrm{d}t \tag{4.25}$$

因为 $(\boldsymbol{X}\boldsymbol{B}\boldsymbol{B}^{\mathrm{T}}\boldsymbol{X}+\boldsymbol{C}^{\mathrm{T}}\boldsymbol{C})\geqslant 0$,所以 $\boldsymbol{X}$ 阵也是半正定的。若$(\boldsymbol{C},\boldsymbol{A})$ 可观测,$\boldsymbol{C}^{\mathrm{T}}\boldsymbol{C}>0$,则 $\boldsymbol{X}>0$。

证毕

其实引理 4.3 的背景是 LQR 问题。设

$$J=\int_0^{\infty}(\boldsymbol{x}^{\mathrm{T}}\boldsymbol{Q}\boldsymbol{x}+\boldsymbol{u}^{\mathrm{T}}\boldsymbol{R}\boldsymbol{u})\mathrm{d}t,\quad \boldsymbol{Q}=\boldsymbol{C}^{\mathrm{T}}\boldsymbol{C}\geqslant 0,\quad \boldsymbol{R}=\boldsymbol{R}^{\mathrm{T}}>0$$

这个最优问题要求解的代数 Riccati 方程为

$$\boldsymbol{A}^{\mathrm{T}}\boldsymbol{P}+\boldsymbol{P}\boldsymbol{A}-\boldsymbol{P}\boldsymbol{B}\boldsymbol{R}^{-1}\boldsymbol{B}^{\mathrm{T}}\boldsymbol{P}+\boldsymbol{Q}=\boldsymbol{0}$$

设 $\boldsymbol{R}=\boldsymbol{I}$,这个 Riccati 方程就是式(4.21),所以引理 4.3 是以 LQR 为背景讨论了一类典型的哈密顿阵的解 $\boldsymbol{X}$ 的性质。证明中用的都是 Lyapunov 方程已有的结果,不过证明中所得到的一些结论对下面的讨论都是有用的。

4.1.2 H_∞ 范数的计算

H_∞ 设计时系统的性能要求是在频域(传递函数) 上给出的,而设计计算则是在状态空间中进行的。所以这里还需要讨论状态空间描述下的 H_∞ 范数的一些特性和计算问题。

下面先对状态空间描述下的传递函数阵的运算做一简短的介绍。

设系统的状态方程式为

$$\begin{cases}\dot{\boldsymbol{x}}=\boldsymbol{A}\boldsymbol{x}+\boldsymbol{B}\boldsymbol{u}\\ \boldsymbol{y}=\boldsymbol{C}\boldsymbol{x}+\boldsymbol{D}\boldsymbol{u}\end{cases} \tag{4.26}$$

对应的传递函数阵为

$$\boldsymbol{G}(s)=\boldsymbol{C}(s\boldsymbol{I}-\boldsymbol{A})^{-1}\boldsymbol{B}+\boldsymbol{D} \tag{4.27}$$

式(4.26) 的传递函数阵也常用如下的数据结构来表示:

$$\mathbf{G}(s)=\left[\begin{array}{c|c}\mathbf{A}&\mathbf{B}\\ \hline \mathbf{C}&\mathbf{D}\end{array}\right] \tag{4.28}$$

或

$$\boldsymbol{G}(s)=[\boldsymbol{A},\boldsymbol{B},\boldsymbol{C},\boldsymbol{D}] \tag{4.29}$$

这里先来看用状态空间实现表示的传递函数阵 $\boldsymbol{G}(s)$ 的求逆。这时，$\boldsymbol{y}$ 成为输入，而 $\boldsymbol{u}$ 为输出。设 $\boldsymbol{D}$ 是可逆的，根据式(4.26)可得

$$\boldsymbol{u}=-\boldsymbol{D}^{-1}\boldsymbol{C}\boldsymbol{x}+\boldsymbol{D}^{-1}\boldsymbol{y}$$

代入式(4.26)的第一个式子，得

$$\dot{\boldsymbol{x}}=\boldsymbol{A}\boldsymbol{x}+\boldsymbol{B}(-\boldsymbol{D}^{-1}\boldsymbol{C}\boldsymbol{x}+\boldsymbol{D}^{-1}\boldsymbol{y})=(\boldsymbol{A}-\boldsymbol{B}\boldsymbol{D}^{-1}\boldsymbol{C})\boldsymbol{x}+\boldsymbol{B}\boldsymbol{D}^{-1}\boldsymbol{y}$$

这两个式子就是 $\boldsymbol{G}(s)$ 逆的状态方程式，写成式(4.28)的形式为

$$\boldsymbol{G}(s)^{-1}=\left[\begin{array}{c|c}\boldsymbol{A}-\boldsymbol{B}\boldsymbol{D}^{-1}\boldsymbol{C} & \boldsymbol{B}\boldsymbol{D}^{-1}\\ \hline -\boldsymbol{D}^{-1}\boldsymbol{C} & \boldsymbol{D}^{-1}\end{array}\right] \tag{4.30}$$

根据同样的思路，可得常用的一些运算结果如下：

$$[\boldsymbol{A},\boldsymbol{B},\boldsymbol{C},\boldsymbol{D}]^{\sim}=[-\boldsymbol{A}^{\mathrm{T}},-\boldsymbol{C}^{\mathrm{T}},\boldsymbol{B}^{\mathrm{T}},\boldsymbol{D}^{\mathrm{T}}] \tag{4.31}$$

式中，波浪号(～)表示 s 加负号后再转置，$\boldsymbol{G}(s)^{\sim}=\boldsymbol{G}(-s)^{\mathrm{T}}$。

$$\begin{aligned}&[\boldsymbol{A}_1,\boldsymbol{B}_1,\boldsymbol{C}_1,\boldsymbol{D}_1]\times[\boldsymbol{A}_2,\boldsymbol{B}_2,\boldsymbol{C}_2,\boldsymbol{D}_2]=\\&\left[\begin{bmatrix}\boldsymbol{A}_1 & \boldsymbol{B}_1\boldsymbol{C}_2\\ \boldsymbol{0} & \boldsymbol{A}_2\end{bmatrix},\begin{bmatrix}\boldsymbol{B}_1\boldsymbol{D}_2\\ \boldsymbol{B}_2\end{bmatrix},[\boldsymbol{C}_1\quad \boldsymbol{D}_1\boldsymbol{C}_2],\boldsymbol{D}_1\boldsymbol{D}_2\right]=\\&\left[\begin{bmatrix}\boldsymbol{A}_2 & \boldsymbol{0}\\ \boldsymbol{B}_1\boldsymbol{C}_2 & \boldsymbol{A}_1\end{bmatrix},\begin{bmatrix}\boldsymbol{B}_2\\ \boldsymbol{B}_1\boldsymbol{D}_2\end{bmatrix},[\boldsymbol{D}_1\boldsymbol{C}_2\quad \boldsymbol{C}_1],\boldsymbol{D}_1\boldsymbol{D}_2\right]\end{aligned} \tag{4.32}$$

$$\begin{aligned}&[\boldsymbol{A}_1,\ \boldsymbol{B}_1,\ \boldsymbol{C}_1,\ \boldsymbol{D}_1]+[\boldsymbol{A}_2,\ \boldsymbol{B}_2,\ \boldsymbol{C}_2,\ \boldsymbol{D}_2]=\\&\left[\begin{bmatrix}\boldsymbol{A}_1 & \boldsymbol{0}\\ \boldsymbol{0} & \boldsymbol{A}_2\end{bmatrix},\begin{bmatrix}\boldsymbol{B}_1\\ \boldsymbol{B}_2\end{bmatrix},[\boldsymbol{C}_1\quad \boldsymbol{C}_2],\boldsymbol{D}_1+\boldsymbol{D}_2\right]\end{aligned} \tag{4.33}$$

现在就可以来讨论传递函数阵 $\boldsymbol{G}(s)$ 的 H_∞ 范数了。设

$$\boldsymbol{G}(s)=\left[\begin{array}{c|c}\boldsymbol{A} & \boldsymbol{B}\\ \hline \boldsymbol{C} & \boldsymbol{0}\end{array}\right] \tag{4.34}$$

式中，$\boldsymbol{A}$ 是稳定的。当 $\gamma>0$ 时，定义一哈密顿阵为

$$\boldsymbol{H}:=\begin{bmatrix}\boldsymbol{A} & \gamma^{-2}\boldsymbol{B}\boldsymbol{B}^{\mathrm{T}}\\ -\boldsymbol{C}^{\mathrm{T}}\boldsymbol{C} & -\boldsymbol{A}^{\mathrm{T}}\end{bmatrix} \tag{4.35}$$

引理 4.4 下列各条件是等价的。

(ⅰ) $\|\boldsymbol{G}\|_\infty<\gamma$。

(ⅱ) $\boldsymbol{H}$ 在虚轴上无特征值。

(ⅲ) $\boldsymbol{H}\in\mathrm{dom(Ric)}$。

(ⅳ) $\boldsymbol{H}\in\mathrm{dom(Ric)}$ 和 $\mathrm{Ric}(\boldsymbol{H})\geqslant 0$ [如果 $(\boldsymbol{C},\boldsymbol{A})$ 可观测，则是 $\mathrm{Ric}(\boldsymbol{H})>0$]。

证明 不失一般性，取 $\gamma=1$。这是因为只要相应改变一下比例，$\boldsymbol{G}\to\gamma^{-1}\boldsymbol{G}$，$\boldsymbol{B}\to\gamma^{-1}\boldsymbol{B}$，即

可做到。基于这个说明,下面的定理和引理在提出时都带有 γ,而在证明时 γ 都取 1。

现在先证明(ⅰ)与(ⅱ)等价。根据推导,$(\boldsymbol{I}-\boldsymbol{G}^{\sim}\boldsymbol{G})^{-1}$ 传递函数具有以下形式:

$$(\boldsymbol{I}-\boldsymbol{G}^{\sim}\boldsymbol{G})^{-1}(s)=\left[\begin{array}{cc|c}\boldsymbol{A} & \boldsymbol{B}\boldsymbol{B}^{\mathrm{T}} & \boldsymbol{B}\\ -\boldsymbol{C}^{\mathrm{T}}\boldsymbol{C} & -\boldsymbol{A}^{\mathrm{T}} & \boldsymbol{0}\\ \hline \boldsymbol{0} & \boldsymbol{B}^{\mathrm{T}} & \boldsymbol{I}\end{array}\right] \tag{4.36}$$

这里先将 $\boldsymbol{G}$ 代入式(4.31)得 $\boldsymbol{G}^{\sim}$,$\boldsymbol{G}^{\sim}$ 和 $\boldsymbol{G}$ 相乘是根据式(4.32),加 $\boldsymbol{I}$ 后再利用求逆式(4.30)便可得式(4.36)。注意到式(4.36)这个传递函数阵的 $\boldsymbol{A}$ 阵就是这里所讨论的哈密顿阵 $\boldsymbol{H}$,故 $\boldsymbol{H}$ 阵在虚轴上无特征值就等价于 $(\boldsymbol{I}-\boldsymbol{G}^{\sim}\boldsymbol{G})^{-1}$ 无虚轴上的极点,即 $(\boldsymbol{I}-\boldsymbol{G}^{\sim}\boldsymbol{G})^{-1}\in RL_\infty$,所以现在只需证明

$$\|\boldsymbol{G}\|_\infty<1 \quad \Leftrightarrow \quad (\boldsymbol{I}-\boldsymbol{G}^{\sim}\boldsymbol{G})^{-1}\in RL_\infty$$

如果 $\|\boldsymbol{G}\|_\infty<1$,则 $\boldsymbol{I}-\boldsymbol{G}(\mathrm{j}\omega)^*\boldsymbol{G}(\mathrm{j}\omega)>\boldsymbol{0},\forall\omega$,所以有 $(\boldsymbol{I}-\boldsymbol{G}^{\sim}\boldsymbol{G})^{-1}\in RL_\infty$。反之,若 $\|\boldsymbol{G}\|_\infty\geqslant 1$,则在某个 ω 下有 $\sigma_{\max}[\boldsymbol{G}(\mathrm{j}\omega)]=1$,即 $\boldsymbol{G}(\mathrm{j}\omega)^*\boldsymbol{G}(\mathrm{j}\omega)$ 有一个特征值是 1,也就是说,$\boldsymbol{I}-\boldsymbol{G}(\mathrm{j}\omega)^*\boldsymbol{G}(\mathrm{j}\omega)$ 奇异,所以(ⅰ)与(ⅱ)等价。

(ⅱ)与(ⅲ)的等价可从引理 4.2 得到,而(ⅲ)与(ⅳ)的等价可从引理 4.1 得出。引理 4.1 中的 Riccati 方程在本例中为

$$\boldsymbol{A}^{\mathrm{T}}\boldsymbol{X}+\boldsymbol{X}\boldsymbol{A}+\boldsymbol{X}\boldsymbol{B}\boldsymbol{B}^{\mathrm{T}}\boldsymbol{X}+\boldsymbol{C}^{\mathrm{T}}\boldsymbol{C}=\boldsymbol{0} \tag{4.37}$$

故根据引理 4.3 同样的证明[参见式(4.25)],得 $\mathrm{Ric}(\boldsymbol{H})\geqslant 0$。

证毕

引理 4.4 可用来计算 H_∞ 范数:根据 $\boldsymbol{H}$ 在虚轴上是否有特征值来判断 $\|\boldsymbol{G}\|_\infty$ 是否小于 γ,然后修正 γ 值,再重复判断。例如,先取 $\gamma=1$,如无虚轴上的特征值,表明 $\|\boldsymbol{G}\|_\infty<1$。减小 γ 值,如果 $\gamma=0.9$ 时仍无虚轴上的特征值,可再减小 γ。如果 $\gamma=0.89$ 时有虚轴上的特征值,则表明 $0.89<\|\boldsymbol{G}\|_\infty<0.9$。这样,缩小搜索范围就可达到所要求的精度。由此可见,H_∞ 范数的计算需要进行搜索,在状态空间描述下就是沿 γ 值搜索,而在频域中则是沿 ω 进行搜索。

这里讨论的虽是一个开环系统

$$\begin{cases}\dot{\boldsymbol{x}}=\boldsymbol{A}\boldsymbol{x}+\boldsymbol{B}\boldsymbol{w}\\ \boldsymbol{z}=\boldsymbol{C}\boldsymbol{x}\end{cases} \tag{4.38}$$

实际上这是 DGKF 法提出之前就已经在研究的 H_∞ 状态反馈的基础。因为如果给对象加上控制项 $\boldsymbol{u}$,并取状态反馈

$$\begin{cases}\dot{\boldsymbol{x}}=\boldsymbol{A}\boldsymbol{x}+\boldsymbol{B}_1\boldsymbol{w}+\boldsymbol{B}_2\boldsymbol{u}\\ \boldsymbol{u}=-\boldsymbol{F}\boldsymbol{x}\end{cases} \tag{4.39}$$

此系统整理后为

$$\begin{cases}\dot{\boldsymbol{x}}=(\boldsymbol{A}-\boldsymbol{B}_2F)\boldsymbol{x}+\boldsymbol{B}_1\boldsymbol{w}\\ \boldsymbol{z}=C\boldsymbol{x}\end{cases} \tag{4.40}$$

就具有式(4.38)的形式。

所以 H_∞ 范数小于 γ 的条件在DGKF法之前是已经有的，当时的提法是[4]：系统(4.34)的 H_∞ 范数小于 γ，当且仅当存在 $\boldsymbol{P}\geqslant 0$ 满足 Riccati 方程

$$\boldsymbol{A}^{\mathrm{T}}\boldsymbol{P}+\boldsymbol{P}\boldsymbol{A}+\gamma^{-2}\boldsymbol{P}\boldsymbol{B}\boldsymbol{B}^{\mathrm{T}}\boldsymbol{P}+\boldsymbol{C}^{\mathrm{T}}\boldsymbol{C}=\boldsymbol{0} \tag{4.41}$$

且 $\boldsymbol{A}+\gamma^{-2}\boldsymbol{B}\boldsymbol{B}^{\mathrm{T}}\boldsymbol{P}$ 是稳定的。

这里是将这个条件归结为哈密顿阵 $\boldsymbol{H}$ 是否在虚轴上有特征值，将 $\|\cdot\|_\infty<\gamma$ 与 $\boldsymbol{H}\in\mathrm{dom(Ric)}$ 和 $\mathrm{Ric}(\boldsymbol{H})\geqslant 0$ 联系起来。引理4.4也像引理4.3一样，是将已有的结果归入到哈密顿阵的框架内来讨论，将范数 γ 与哈密顿阵的性质联系起来。这些都是 DGKF 法里的一些最基本的概念，是为进一步的讨论做准备的。

4.2 对象 G 的假设

H_∞ 设计是指系统的综合(synthesis)。综合是指根据要求的性能指标直接设计出满足要求的控制器，而不是已知控制器结构(或形式)来确定其参数的分析法设计。由于是从无到有的设计，如何保证设计所得的控制器 $\boldsymbol{K}(s)$ 确实是真有理的？另外，H_∞ 设计是根据对输入输出的传递函数 $\boldsymbol{T}_{zw}$ 要求来进行的，如何保证当所设计的 $\boldsymbol{T}_{zw}\in RH_\infty$ 时系统是内稳定的？由于有这两个要求的约束，因此 H_∞ 设计中对对象的特性要有一定的约束，即对象要满足一定的假设条件。

图4.1所示是 H_∞ 设计时的系统框图，图中 $\boldsymbol{G}$ 表示广义对象，$\boldsymbol{K}$ 是所要求设计的控制器，$\boldsymbol{w}$ 是外界作用在系统上的信号，$\boldsymbol{u}$ 是对象的控制输入，$\boldsymbol{z}$ 是表示性能的输出，$\boldsymbol{y}$ 则是可测到的，加到控制器上的对象输出信号。图中还标出了各信号的相应的维数。

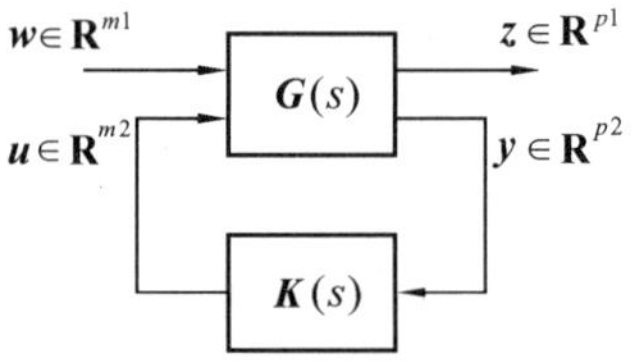

图4.1　H_∞ 设计时的系统结构

这个广义对象 $\boldsymbol{G}$ 有2个输入，2个输出，式(4.42)所示就是这分块表示的传递函数阵和相应的状态空间实现。

$$\mathbf{G}=\begin{bmatrix}\mathbf{G}_{11} & \mathbf{G}_{12}\\ \mathbf{G}_{21} & \mathbf{G}_{22}\end{bmatrix}=\left[\begin{array}{c|cc}\mathbf{A} & \mathbf{B}_1 & \mathbf{B}_2\\ \hline \mathbf{C}_1 & \mathbf{D}_{11} & \mathbf{D}_{12}\\ \mathbf{C}_2 & \mathbf{D}_{21} & \mathbf{D}_{22}\end{array}\right] \tag{4.42}$$

加上控制器 $\boldsymbol{K}$ 后，这个系统从输入 $\boldsymbol{w}$ 到输出 $\boldsymbol{z}$ 的闭环传递函数阵为(详见第2章)

$$\boldsymbol{T}_{zw}=\boldsymbol{G}_{11}+\boldsymbol{G}_{12}\boldsymbol{K}(\boldsymbol{I}-\boldsymbol{G}_{22}\boldsymbol{K})^{-1}\boldsymbol{G}_{21} \tag{4.43}$$

H_∞ 设计是对闭环传递函数阵 $\boldsymbol{T}_{zw}$ 的设计,但 $\boldsymbol{T}_{zw}$ 是真有理时,并不能保证 $\boldsymbol{K}$ 也是真有理的。因为从式(4.43)可以看到,如果 $\boldsymbol{G}_{12}$ 或 $\boldsymbol{G}_{21}$ 出现降秩,$\boldsymbol{K}$ 可以不是真有理的,所以要保证设计出的 $\boldsymbol{K}$ 是真有理的,就需要对对象的 $\boldsymbol{G}_{12}$ 和 $\boldsymbol{G}_{21}$ 的秩提出要求。这里主要是看 $\boldsymbol{G}$ 的状态空间实现中 $\boldsymbol{D}$ 项的秩。对于控制器 $\boldsymbol{K}$ 来说,其输出 $\boldsymbol{u}$ 为 m_2 维(图 4.1),输入 $\boldsymbol{y}$ 为 p_2 维,所以要保证 $\boldsymbol{K}$ 是真有理阵的充分条件是

$$\operatorname{rank}\boldsymbol{D}_{12}=m_2,\quad \operatorname{rank}\boldsymbol{D}_{21}=p_2 \tag{4.44}$$

由于 $\boldsymbol{D}_{12}$ 所对应的输入信号是 $\boldsymbol{u}\in\mathbf{R}^{m_2}$,因此 $\boldsymbol{D}_{12}$ 有 m_2 列,$\operatorname{rank}\boldsymbol{D}_{12}=m_2$ 就是指 $\boldsymbol{D}_{12}$ 应是列满秩的。同理,$\operatorname{rank}\boldsymbol{D}_{21}=p_2$ 就是指 $\boldsymbol{D}_{21}$ 应该是行满秩的。对于列满秩的矩阵来说,其行数一定大于或等于列的数目,所以从形状上来说 $\boldsymbol{D}_{12}$ 是一种高而窄的矩阵,而 $\boldsymbol{D}_{21}$ 则是扁平形的。

除了真有理的要求外,还有内稳定的要求,下面的引理就是关于内稳定与输入输出稳定等价的一个判据。引理中将真有理的,且能使系统内稳定的控制器称为容许的控制器。先定义引理中要用到的两个秩

$$n_{12}(\lambda):=\operatorname{rank}\begin{bmatrix}\boldsymbol{A}-\lambda\boldsymbol{I} & \boldsymbol{B}_2\\ \boldsymbol{C}_1 & \boldsymbol{D}_{12}\end{bmatrix} \tag{4.45}$$

$$n_{21}(\lambda):=\operatorname{rank}\begin{bmatrix}\boldsymbol{A}-\lambda\boldsymbol{I} & \boldsymbol{B}_1\\ \boldsymbol{C}_2 & \boldsymbol{D}_{21}\end{bmatrix} \tag{4.46}$$

引理 4.5　设对于所有 $\operatorname{Re}\lambda\geqslant 0$ 的 λ,有 $n_{12}(\lambda)=n+m_2$ 和 $n_{21}(\lambda)=n+p_2$。那么当且仅当 $\boldsymbol{T}_{zw}\in RH_\infty$ 时,$\boldsymbol{K}$ 就是容许的控制器。

证明　这里要用到常规的用于检验能控性和能观测性的 PBH 秩检验法[5],即

$$(\boldsymbol{A},\boldsymbol{B})\text{ 能控}\Leftrightarrow\operatorname{rank}[\lambda\boldsymbol{I}-\boldsymbol{A}\ \vdots\ \boldsymbol{B}]=n,\quad\forall\lambda\in\mathbf{C}$$

$$(\boldsymbol{C},\boldsymbol{A})\text{ 能观测}\Leftrightarrow\operatorname{rank}\begin{bmatrix}\boldsymbol{C}\\ \lambda\boldsymbol{I}-\boldsymbol{A}\end{bmatrix}=n,\quad\forall\lambda\in\mathbf{C}$$

注意到如果 λ 不是 $\boldsymbol{A}$ 的特征值,则上述的秩的条件都是满足的,所以 PBH 法主要检验 λ 是 $\boldsymbol{A}$ 的特征值时的秩。结合这里的问题来说,如果包括虚轴在内的整个右半面内($\operatorname{Re}\lambda\geqslant 0$)没有不能控和不能观的特征值,则对应所有 $\operatorname{Re}\lambda\geqslant 0$ 的 λ,下列的秩都是 n。

$$\operatorname{rank}\ [\boldsymbol{A}-\lambda\boldsymbol{I}\quad \boldsymbol{B}_i]=n,\quad i=1,2 \tag{4.47}$$

$$\operatorname{rank}\begin{bmatrix}\boldsymbol{A}-\lambda\boldsymbol{I}\\ \boldsymbol{C}_i\end{bmatrix}=n,\quad i=1,2 \tag{4.48}$$

由此可见,根据式(4.47)、式(4.48),再加上式(4.44),如果 $n_{12}=n+m_2$,$n_{21}=n+p_2$,就可说明 $\boldsymbol{A}$ 阵在右半面没有不能控和不能观的特征值,且满足关于控制器 $\boldsymbol{K}$ 真有理的秩的条件。反之,就会破坏 n_{12} 和 n_{21} 的秩的条件。满足 n_{12} 和 n_{21} 的条件就表明从这个对象 $\boldsymbol{G}$ 的两个输入来说[见图 4.1 和式(4.42)]不存在不可控的不稳定模态,对 $\boldsymbol{G}$ 的两个输出来说,也不存在不能观测

的不稳定模态。如果一个对象不存在不可控和不能观的不稳定模态，那么当它和控制器形成闭环控制系统时，如果从输入到输出的 $\boldsymbol{T}_{zw}$ 是稳定的，那么这个系统一定是内稳定的，而且因为也同时满足式(4.44)，所以这时的控制器也就是容许的控制器。

证毕

有了引理 4.5 的判据，就可以来讨论 H_∞ 设计中对对象 $\boldsymbol{G}$ 的要求了。本章中所讨论的对象为

$$\boldsymbol{G}=\left[\begin{array}{c|cc}\mathbf{A} & \mathbf{B}_1 & \mathbf{B}_2 \\ \hline \mathbf{C}_1 & \mathbf{0} & \mathbf{D}_{12} \\ \mathbf{C}_2 & \mathbf{D}_{21} & \mathbf{0}\end{array}\right] \tag{4.49}$$

与式(4.42) 相比，这里的 $\boldsymbol{D}_{11}=\boldsymbol{D}_{22}=\boldsymbol{0}$。并要求这个 $\boldsymbol{G}$ 满足下列假设条件：

(ⅰ) $(\boldsymbol{A},\boldsymbol{B}_1)$ 是可镇定的，且$(\boldsymbol{C}_1,\boldsymbol{A})$ 是可检测的。

(ⅱ) $(\boldsymbol{A},\boldsymbol{B}_2)$ 是可镇定的，且$(\boldsymbol{C}_2,\boldsymbol{A})$ 是可检测的。

(ⅲ) $\boldsymbol{D}_{12}^{\mathrm{T}}[\boldsymbol{C}_1\quad \boldsymbol{D}_{12}]=[\boldsymbol{0}\quad \boldsymbol{I}]$。

(ⅳ) $\begin{bmatrix}\boldsymbol{B}_1\\ \boldsymbol{D}_{21}\end{bmatrix}\boldsymbol{D}_{21}^{\mathrm{T}}=\begin{bmatrix}\boldsymbol{0}\\ \boldsymbol{I}\end{bmatrix}$。

这里 $\boldsymbol{B}_2$ 和 $\boldsymbol{C}_2$ 分别对应于对象的第二个输入和第二个输出(图 4.1)，是与控制器 $\boldsymbol{K}$ 相连的，所以假设(ⅱ)本来就是这个对象能够镇定的充要条件。假设(ⅰ)则是技术上的原因，与(ⅱ)一起可以保证本章下面 H_2 问题中的两个哈密顿阵($\boldsymbol{H}_2$ 和 $\boldsymbol{J}_2$)都没有虚轴上的特征值(参见引理 4.3 的证明)，都属于 dom(Ric)。而且这些假设的一个更重要的结果是使内稳定等价于输入输出稳定($\boldsymbol{T}_{zw}\in RH_\infty$)，使得整个理论更为简单明了。这一点反映为下列的引理。

引理 4.6 设假设条件(ⅰ),(ⅲ),(ⅳ)成立。那么当且仅当 $\boldsymbol{T}_{zw}\in RH_\infty$，控制器 $\boldsymbol{K}$ 就是容许的。

证明 先检验 $n_{12}(\lambda)$。将式(4.45) 的第二行左乘 $\boldsymbol{D}_{12}^{\mathrm{T}}$，因为这是准初等变换，所以秩不变，即

$$n_{12}(\lambda)=\operatorname{rank}\begin{bmatrix}\boldsymbol{A}-\lambda\boldsymbol{I} & \boldsymbol{B}_2\\ \boldsymbol{C}_1 & \boldsymbol{D}_{12}\end{bmatrix}=\operatorname{rank}\begin{bmatrix}\boldsymbol{A}-\lambda\boldsymbol{I} & \boldsymbol{B}_2\\ \boldsymbol{D}_{12}^{\mathrm{T}}\boldsymbol{C}_1 & \boldsymbol{D}_{12}^{\mathrm{T}}\boldsymbol{D}_{12}\end{bmatrix}$$

将假设(ⅲ)代入上式，并注意到 $\boldsymbol{D}_{12}^{\mathrm{T}}\boldsymbol{D}_{12}=\boldsymbol{I}$ 阵的维数是 m_2[见式(4.42) 和图 4.1]，或写作 $\boldsymbol{I}_{m2}$，则上式可进一步写成

$$n_{12}(\lambda)=\operatorname{rank}\begin{bmatrix}\boldsymbol{A}-\lambda\boldsymbol{I} & \boldsymbol{B}_2\\ \boldsymbol{0} & \boldsymbol{I}_{m2}\end{bmatrix}=n+m_2,\quad \operatorname{Re}\lambda\geqslant 0$$

上式的第二个等号是根据假设(ⅱ) 而有 $\operatorname{rank}[\boldsymbol{A}-\lambda\boldsymbol{I}\quad \boldsymbol{B}_2]=n$。如果根据式(4.44) 的 $\operatorname{rank}\boldsymbol{D}_{12}=m_2$，加上$(\boldsymbol{C}_1,\boldsymbol{A})$ 是可检测的，也可从式(4.45) 的表达式直接写得 $n_{12}(\lambda)=n+m_2$，

$\mathrm{Re}\,\lambda \geqslant 0$。同理,根据假设(ⅳ)和(ⅰ)的($\boldsymbol{A}$,$\boldsymbol{B}_1$)是可镇定的,可证得 $n_{21}(\lambda)=n+p_2$。由于满足这些假设条件,也就满足了引理 4.5 的判据要求,因此只要 $\boldsymbol{T}_{zw}\in RH_\infty$,控制器 $\boldsymbol{K}$ 就是容许的。

证毕

假设条件(ⅰ)~(ⅳ)是本章中 DGKF 法对对象的要求。这些假设较为严格,主要是为了使内稳定能等价于输入输出稳定,使理论得以简化。实际 H_∞ 设计时可采用 MATLAB 工具箱中的各函数,那里对对象的要求可以有一定的放松,但是下列三条要求则是一定要遵守的。

A1. ($\boldsymbol{A}$,$\boldsymbol{B}_2$,$\boldsymbol{C}_2$)是可镇定和可检测的(这是保证内稳定的充要条件)。

A2. $$\mathrm{rank}\begin{bmatrix}\boldsymbol{A}-\mathrm{j}\omega\boldsymbol{I} & \boldsymbol{B}_2\\ \boldsymbol{C}_1 & \boldsymbol{D}_{12}\end{bmatrix}=n+m_2,\quad \forall\,\omega\in\mathbf{R} \tag{4.50}$$

$$\mathrm{rank}\begin{bmatrix}\boldsymbol{A}-\mathrm{j}\omega\boldsymbol{I} & \boldsymbol{B}_1\\ \boldsymbol{C}_2 & \boldsymbol{D}_{21}\end{bmatrix}=n+p_2,\quad \forall\,\omega\in\mathbf{R} \tag{4.51}$$

A3. 式(4.44)的秩的条件(这是保证 $\boldsymbol{K}$ 是真有理的充分条件)。

根据引理 4.5 的证明可以知道,式(4.50)和式(4.51)就是要求 $\boldsymbol{G}_{12}(s)$ 和 $\boldsymbol{G}_{21}(s)$ 中没有虚轴上的不可控和不能观的极点,否则相应的哈密顿阵就会有虚轴上的特征值,而不属于 dom(Ric)。

A1 ~ A3 是一般采用哈密顿阵来进行 H_∞ 设计(synthesis)时都要遵守的条件,而本章中所讨论的对象则采用前面的较为严格的假设条件。当满足这些条件时,只要 $\boldsymbol{T}_{zw}\in RH_\infty$,就一定是内稳定的。这样可以只根据 $\boldsymbol{T}_{zw}$ 来进行研究,既保留了 H_∞ 理论的基本特征,又简化了证明过程。

例 4.1 LQG 问题中的广义对象。

经典的 LQG 问题中系统的方程式是

$$\begin{cases}\dot{\boldsymbol{x}}=\boldsymbol{A}\boldsymbol{x}+\boldsymbol{B}_2\boldsymbol{u}+\boldsymbol{\xi}\\ \boldsymbol{y}=\boldsymbol{C}_2\boldsymbol{x}+\boldsymbol{\eta}\end{cases} \tag{4.52}$$

式中,$\boldsymbol{\xi}$ 和 $\boldsymbol{\eta}$ 均为白噪声。

系统的性能指标是

$$J=\lim_{t\to\infty}\mathrm{E}\{\boldsymbol{x}(t)^{\mathrm{T}}\boldsymbol{Q}\boldsymbol{x}(t)+\boldsymbol{u}(t)^{\mathrm{T}}\boldsymbol{R}\boldsymbol{u}(t)\} \tag{4.53}$$

式中,E 表示均值。

令式(4.53)中的 $\boldsymbol{Q}=\boldsymbol{H}^{\mathrm{T}}\boldsymbol{H}$,$\boldsymbol{R}=\boldsymbol{M}^{\mathrm{T}}\boldsymbol{M}$,则指标函数 J 可写成

$$J=\mathrm{E}(|\boldsymbol{z}|^2) \tag{4.54}$$

式中,$\boldsymbol{z}$ 为性能输出

$$\boldsymbol{z}=\begin{bmatrix}\boldsymbol{H}\boldsymbol{x}\\ \boldsymbol{M}\boldsymbol{u}\end{bmatrix} \tag{4.55}$$

如果将噪声 $\boldsymbol{\xi}$ 和 $\boldsymbol{\eta}$ 归成一个输入向量 $\boldsymbol{w}=[\boldsymbol{\xi}^{\mathrm{T}},\quad \boldsymbol{\eta}^{\mathrm{T}}]^{\mathrm{T}}$，则系统的方程式(4.52)便可整理为

$$\begin{cases}\dot{\boldsymbol{x}}=\boldsymbol{A}\boldsymbol{x}+[\boldsymbol{I}\quad \boldsymbol{0}]\begin{bmatrix}\boldsymbol{\xi}\\ \boldsymbol{\eta}\end{bmatrix}+\boldsymbol{B}_2\boldsymbol{u}\\ \boldsymbol{z}=\begin{bmatrix}\boldsymbol{H}\\ \boldsymbol{0}\end{bmatrix}\boldsymbol{x}+\begin{bmatrix}\boldsymbol{0}\\ \boldsymbol{M}\end{bmatrix}\boldsymbol{u}\\ \boldsymbol{y}=\boldsymbol{C}_2\boldsymbol{x}+[\boldsymbol{0}\quad \boldsymbol{I}]\begin{bmatrix}\boldsymbol{\xi}\\ \boldsymbol{\eta}\end{bmatrix}\end{cases}\tag{4.56}$$

对应的广义对象 $\boldsymbol{G}$ 就是

$$\mathbf{G}=\left[\begin{array}{c|cc}\mathbf{A} & \mathbf{B}_1 & \mathbf{B}_2\\ \hline \mathbf{C}_1 & \mathbf{0} & \mathbf{D}_{12}\\ \mathbf{C}_2 & \mathbf{D}_{21} & \mathbf{0}\end{array}\right]=\left[\begin{array}{c|cc}\mathbf{A} & [\mathbf{I}\quad \mathbf{0}] & \mathbf{B}_2\\ \hline \begin{bmatrix}\mathbf{H}\\ \mathbf{0}\end{bmatrix} & \mathbf{0} & \begin{bmatrix}\mathbf{0}\\ \mathbf{M}\end{bmatrix}\\ \mathbf{C}_2 & [\mathbf{0}\quad \mathbf{I}] & \mathbf{0}\end{array}\right]\tag{4.57}$$

这个 $\boldsymbol{G}$ 满足上面的假设条件。以条件(ⅲ)来说

$$\boldsymbol{D}_{12}^{\mathrm{T}}[\boldsymbol{C}_1\quad \boldsymbol{D}_{12}]=[\boldsymbol{0}\quad \boldsymbol{M}^{\mathrm{T}}]\begin{bmatrix}\boldsymbol{H} & \boldsymbol{0}\\ \boldsymbol{0} & \boldsymbol{M}\end{bmatrix}=[\boldsymbol{0}\quad \boldsymbol{M}^{\mathrm{T}}\boldsymbol{M}]=[\boldsymbol{0}\quad \boldsymbol{R}]$$

与对象的假设条件(ⅲ)对比，可知上面所假设的对象相当于 LQG 问题中性能指标式(4.53)中的加权阵

$$\boldsymbol{R}=\boldsymbol{M}^{\mathrm{T}}\boldsymbol{M}=\boldsymbol{I}$$

而条件(ⅳ)则是

$$\begin{bmatrix}\boldsymbol{B}_1\\ \boldsymbol{D}_{21}\end{bmatrix}\boldsymbol{D}_{21}^{\mathrm{T}}=\begin{bmatrix}\boldsymbol{I} & \boldsymbol{0}\\ \boldsymbol{0} & \boldsymbol{I}\end{bmatrix}\begin{bmatrix}\boldsymbol{0}\\ \boldsymbol{I}\end{bmatrix}=\begin{bmatrix}\boldsymbol{0}\\ \boldsymbol{I}\end{bmatrix}$$

由此可见，经典的 LQG 问题中的对象符合这里所规定的假设条件。图 4.2 所示就是与式(4.56)所对应的系统的信号流图。图中还加上了一个从 $\boldsymbol{y}$ 到 $\boldsymbol{u}$ 的控制器 $\boldsymbol{K}$ 的通道。

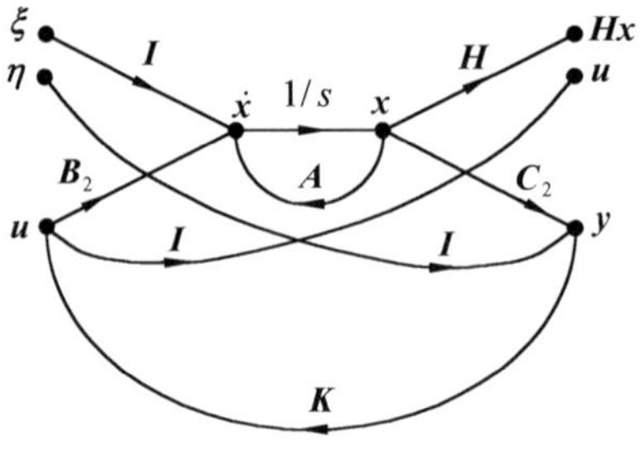

图 4.2 LQG 系统的信号流图

假设条件(ⅲ)表示了输出 $\boldsymbol{z}=\boldsymbol{C}_1\boldsymbol{x}+\boldsymbol{D}_{12}\boldsymbol{u}$ 的两个分量是正交的:$(\boldsymbol{D}_{12}\boldsymbol{u})^{\mathrm{T}}\boldsymbol{C}_1\boldsymbol{x}=\boldsymbol{0}$。图 4.2 表明,所谓正交,是构成 $\boldsymbol{z}$ 的这两个分量各自独立输出:$\boldsymbol{x}$ 通过 $\boldsymbol{H}$ 阵,$\boldsymbol{u}$ 通过 $\boldsymbol{I}$ 阵输出。而条件(ⅳ)与(ⅲ)是对偶的,表示了外输入信号 $\boldsymbol{w}$ 的两个分量是分别独立地作用到对象上来的。图 4.2 还表明,控制器 $\boldsymbol{K}$ 的输入端上有一个经过直通通道直接加过来的外信号 $\boldsymbol{\eta}$,控制器的输出端 $\boldsymbol{u}$ 也有一个直通通道作用到输出端 $\boldsymbol{z}$。由于 $\boldsymbol{K}$ 的两端直接与系统的输入输出相连,因此根据输入输出 $\boldsymbol{T}_{zw}$ 所设计的系统自然也就保证了 $\boldsymbol{K}$ 必定是真有理的。

例 4.2　伺服设计中的对象。

伺服系统是指机械运动的控制系统,一般都是采用电机来控制的,电机的速度与角位置之间是一种积分关系,所以伺服系统的对象方程式中总存在一个积分环节。如果这个电机的驱动级是电流源的,那么这个对象特性还是双积分的。

图 4.3 所示是 H_∞ 设计时的一个典型的系统框图。图中 P 为对象,K 为待设计的 H_∞ 控制器,W_1 和 W_2 为权函数,w 为扰动输入,z_1 和 z_2 为性能输出。这里作为伺服系统来讨论,故设对象特性是一个双积分特性,如图中所示。

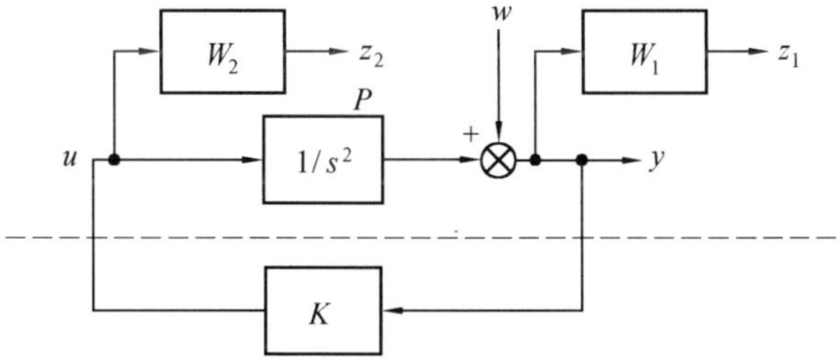

图 4.3　伺服系统的设计框图

当作为 H_∞ 设计来考虑时,图 4.3 虚线以上部分为系统的广义对象。广义对象的第一个输入 w 到第二个输出 y 的传递函数为 $\boldsymbol{G}_{21}$。从图可见,w 并未作用在对象 P 上,即对象虚轴上的极点是 $(\boldsymbol{A},\boldsymbol{B}_1)$ 的不可控模态。即这个 H_∞ 设计框图不满足 A2 条件中的式(4.51),不能直接进行 H_∞ 设计。

这个虚轴上有不可控或不可观极点的问题,对伺服系统来说是普遍存在的。而且这里还牵涉一个零极点对消的问题,这个问题要留待第 6 章再来处理(见例 6.1)。

例 4.3　灵敏度问题中的对象。

图 4.4 所示是一个 H_∞ 灵敏度设计的系统框图,图中 W_1 是灵敏度的权函数,F 是抗混叠滤波器,是为了下一步实现数字控制器而配置的,P 是对象,K 是待设计的 H_∞ 控制器。已知[6]

$$P(s)=\frac{20-s}{(s+0.01)(s+20)}$$

$$F(s)=\frac{1}{(0.5/\pi)+1}$$

根据 $P(s)$ 和 $F(s)$ 可以知道,图 4.4 中从 w_1 到 y 的传递函数 $\boldsymbol{G}_{21}(s)$ 和从 u 到 z_1 的传递函数 $\boldsymbol{G}_{12}(s)$ 都是严格真有理的,即 $\boldsymbol{D}_{21}=\boldsymbol{D}_{12}=\boldsymbol{0}$,不满足 H_∞ 设计中对对象的秩的要求。

为此,可以在这个系统上人为增加一个输入 w_2 和一个输出 z_2,并增设两个权系数 ε_1 和 ε_2,如图 4.5 所示。现在系统的输入是 $\boldsymbol{w}=[w_1 \quad w_2]^{\mathrm{T}}$,输出 $\boldsymbol{z}=[z_1 \quad z_2]^{\mathrm{T}}$,控制器 K 通过 ε_1 和 ε_2 直接与输入输出相连,具有与 LQG 相似的系统结构(参见图 4.2),保证了关于对象的秩的条件。当然 ε_1 和 ε_2 应该取较小的值以免改变系统的性质,如可取 $\varepsilon_1=\varepsilon_2=0.01$[6]。

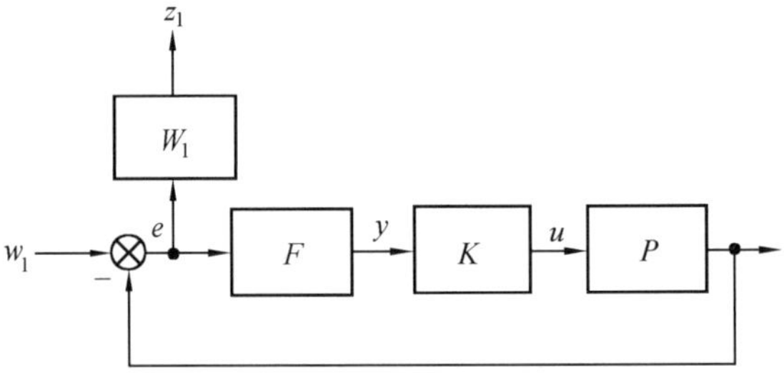

图 4.4 灵敏度问题中的系统框图

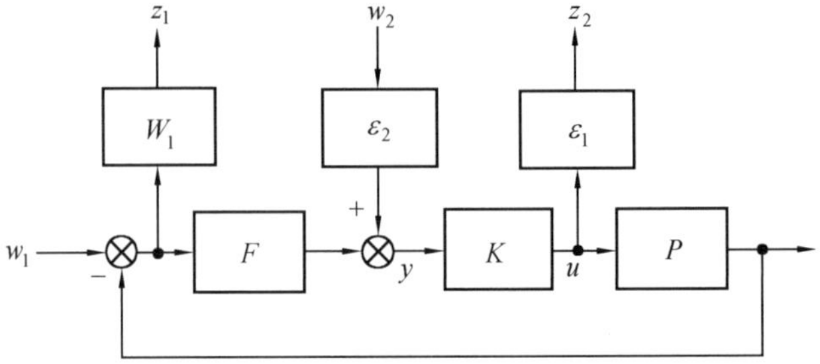

图 4.5 增加通道后的灵敏度问题

4.3 状态空间求解中的特殊问题

4.3.1 引言

DGKF 的状态空间法处理的是输出反馈问题。这里称输出反馈或状态反馈不是简单地指设计方法,而是指系统的构成。例如一个对象的状态无法测得,但却可以按状态反馈法设计,再加状态观测器。但状态观测器在硬件实现中是控制器的一个组成部分,状态估计值只是控制器的一个内部变量,而加到控制器上的信号一定是能够测量得到的对象的输出 $\boldsymbol{y}$。这时系统的结构如图 4.1 所示,仍是一种输出反馈的结构。

总之,构成控制系统所需要的所有外加上去的环节,都要另外去设计和实现,都应该归属于控制器 $\boldsymbol{K}(s)$。控制系统就是由对象和控制器这两部分所组成的,如图 4.1 所示。这种关于系统结构的观点对鲁棒性分析尤为重要。因为只有对象中才存在未建模动态问题。鲁棒稳定性的充要条件(小增益定理)也只适用于图 4.1 的系统结构。对参数摄动来说,对象的参数摄动引起的是鲁棒稳定性问题,而控制器参数的微小摄动则属脆弱性问题,二者是明显不同的[7]。所以从实际的系统设计来说,图 4.1 的输出反馈问题是一种更为普遍的控制问题。作为以实际设计为背景的 DGKF 法来说,自然就以这种输出反馈问题作为其研究对象。

DGKF 法将输出反馈的解看成是由一些单个的特殊问题所构成,本节先来介绍这些特殊问题。这些特殊问题中也会涉及状态反馈等问题,但应该注意的是 DGKF 法的整个思路是输出反馈,这些单个问题最终都是为输出反馈的解来服务的。只有当所有的状态都能测到时,单一的状态反馈问题才具有独立的意义。

这里要讨论的特殊问题共有 4 个,每个问题都包含下列 5 项内容:

(1) 系统所能做到的 $\|\boldsymbol{T}_{zw}\|_2$ 的最小值。

(2) $\|\boldsymbol{T}_{zw}\|_2$ 最小时的控制器。

(3) 所有 $\|\boldsymbol{T}_{zw}\|_2<\gamma$ 的控制器族。

(4) $\|\boldsymbol{T}_{zw}\|_\infty<\gamma$ 的控制器存在的充要条件。

(5) 所有 $\|\boldsymbol{T}_{zw}\|_\infty<\gamma$ 的控制器族。

这些问题中的前三项是有关 H_2 问题的结果,给出了 H_2 最优控制器。当然第(3)项控制器族所对应的 H_2 范数 γ 是大于最小值的。第(4)、(5)项是 H_∞ 问题的结果,但 H_∞ 问题与 H_2 问题不同,给出的并不是最优解。DGKF 法只给出 H_∞ 范数小于 γ 的控制器,此 γ 值大于最优值 γ_0。不过像计算 H_∞ 范数一样,γ 可尽量逼近最优的 γ_0。这类问题称为次优 H_∞ 控制问题。这里要说明的是,H_2 问题本是一种最优问题,上面第(3)项的内容是文献[1]为了与 H_∞ 次优控制进行对比而列入的,不是本章的重点。不过由于这些内容的顺序安排已经定型,这里也将按照这样的顺序来进行讨论,只是空缺第(3)项。

因为整个 H_∞ 输出反馈的解是由这些特殊问题来构成的,所以这些特殊问题中的对象也只是在 4.2 节的对象上加一些改动,没有变动的部分仍然要满足式(4.49)中的一些假设条件。但是由于改动以后,式(4.49)中的 4 个假设条件就不可能同时得到满足,不能保证输入输出稳定与内稳定等价,因此在这些问题的讨论中还需要分别来考虑系统的内稳定问题。当然这些问题中的控制器都应该是容许的。

4.3.2　全信息问题

全信息(Full Information, FI)问题中对象的结构形式为

$$\mathbf{G}(s)=\left[\begin{array}{c|cc}\mathbf{A} & \mathbf{B}_1 & \mathbf{B}_2\\ \hline \mathbf{C}_1 & \mathbf{0} & \mathbf{D}_{12}\\ \begin{bmatrix}\mathbf{I}\\ \mathbf{0}\end{bmatrix} & \begin{bmatrix}\mathbf{0}\\ \mathbf{I}\end{bmatrix} & \begin{bmatrix}\mathbf{0}\\ \mathbf{0}\end{bmatrix}\end{array}\right] \tag{4.58}$$

这个对象的第二个输出

$$\boldsymbol{y}=\begin{bmatrix}\boldsymbol{I}\\ \mathbf{0}\end{bmatrix}\boldsymbol{x}+\begin{bmatrix}\mathbf{0}\\ \boldsymbol{I}\end{bmatrix}\boldsymbol{w}=\begin{bmatrix}\boldsymbol{x}\\ \boldsymbol{w}\end{bmatrix} \tag{4.59}$$

$\boldsymbol{y}$ 是加到控制器上的信号。这就是说，向控制器提供了全部信息。当然在 H_2 问题中最优控制器只要求状态信息 $\boldsymbol{x}$，而 $\boldsymbol{w}$ 是一种冗余的信息。在 H_∞ 问题中也有只用 $\boldsymbol{x}$ 的次优控制器，这就相当于状态反馈。不过当考虑控制器族时，全信息的概念更具一般性。

在全信息问题中，根据式(4.58)的结构，对象的假设条件剩下如下 3 条：

(ⅰ) $(\boldsymbol{A},\boldsymbol{B}_1)$ 是可镇定的，且$(\boldsymbol{C}_1,\boldsymbol{A})$ 是可检测的。

(ⅱ) $(\boldsymbol{A},\boldsymbol{B}_2)$ 是可镇定的。

(ⅲ) $\boldsymbol{D}_{12}^{\mathrm{T}}[\boldsymbol{C}_1\quad \boldsymbol{D}_{12}]=[\mathbf{0}\quad \boldsymbol{I}]$。

原假设条件(ⅳ)已经被现在的 $\boldsymbol{C}_2$ 和 $\boldsymbol{D}_{21}$ 强化了。

在全信息问题中，前三项都是 H_2 问题的结果，这里的 H_2 问题的哈密顿阵为

$$\boldsymbol{H}_2:=\begin{bmatrix}\boldsymbol{A} & -\boldsymbol{B}_2\boldsymbol{B}_2^{\mathrm{T}}\\ -\boldsymbol{C}_1^{\mathrm{T}}\boldsymbol{C}_1 & -\boldsymbol{A}^{\mathrm{T}}\end{bmatrix} \tag{4.60}$$

根据引理 4.3，$\boldsymbol{H}_2\in\mathrm{dom(Ric)}$，且 $\boldsymbol{X}_2:=\mathrm{Ric}(\boldsymbol{H}_2)\geqslant 0$，故可定义一个反馈增益阵 $\boldsymbol{F}_2:=-\boldsymbol{B}_2^{\mathrm{T}}\boldsymbol{X}_2$，并定义

$$\boldsymbol{A}_{F2}:=\boldsymbol{A}+\boldsymbol{B}_2\boldsymbol{F}_2,\quad \boldsymbol{C}_{1F2}:=\boldsymbol{C}_1+\boldsymbol{D}_{12}\boldsymbol{F}_2 \tag{4.61}$$

根据式(4.60)的 $\boldsymbol{H}_2$ 阵和引理 4.1 的(ⅲ)可知，这个 $\boldsymbol{A}_{F2}$ 阵是稳定的。下面就是 H_2 问题的求解结果。

FI.1：$\min\ \|\boldsymbol{T}_{zw}\|_2=\|\boldsymbol{G}_c\boldsymbol{B}_1\|_2$。

FI.2：$\boldsymbol{T}_{zw2}$ 最小时的控制器 $\boldsymbol{K}(s)=[\boldsymbol{F}_2\quad \mathbf{0}]$。

证明 定义一个新的控制输入 $\boldsymbol{v}:=\boldsymbol{u}-\boldsymbol{F}_2\boldsymbol{x}$，则根据式(4.58)可写得从 $\boldsymbol{w}$ 和 $\boldsymbol{v}$ 到 $\boldsymbol{z}$ 的传递函数关系为

$$\boldsymbol{z}=\left[\begin{array}{c|cc}\mathbf{A}_{F2} & \mathbf{B}_1 & \mathbf{B}_2\\ \hline \mathbf{C}_{1F2} & \mathbf{0} & \mathbf{D}_{12}\end{array}\right]\begin{bmatrix}\boldsymbol{w}\\ \boldsymbol{v}\end{bmatrix}=\mathbf{G}_c\mathbf{B}_1\boldsymbol{w}+\mathbf{U}\boldsymbol{v} \tag{4.62}$$

式中

$$\mathbf{G}_c(s):=\left[\begin{array}{c|c}\mathbf{A}_{F2} & \mathbf{I}\\ \hline \mathbf{C}_{1F2} & \mathbf{0}\end{array}\right]$$

$$\mathbf{U}(s):=\left[\begin{array}{c|c}\mathbf{A}_{F2} & \mathbf{B}_2\\ \hline \mathbf{C}_{1F2} & \mathbf{D}_{12}\end{array}\right]$$

后面的引理 4.11 证明了 $\boldsymbol{U}$ 阵的两个性质:$\boldsymbol{U}$ 是内矩阵(即 $\boldsymbol{U}^\sim\boldsymbol{U}=\boldsymbol{I}$) 和 $\boldsymbol{U}^\sim\boldsymbol{G}_c$ 属于 $RH_2^\perp$。因为 $\boldsymbol{U}^\sim\boldsymbol{G}_c \in RH_2^\perp$,所以式(4.62) 中的 $\boldsymbol{G}_c\boldsymbol{B}_1$ 和 $\boldsymbol{U}$ 是正交的,又因为 $\boldsymbol{U}^\sim\boldsymbol{U}=\boldsymbol{I}$,故根据式(4.62)可得

$$\min \|\boldsymbol{T}_{zw}\|_2^2 = \|\boldsymbol{G}_c\boldsymbol{B}_1\|_2^2 + \min \|\boldsymbol{T}_{vw}\|_2^2 \tag{4.63}$$

式中,$\boldsymbol{T}_{vw}$ 是 $\boldsymbol{w}$ 到新定义的信号 $\boldsymbol{v}$ 之间的传递函数。

注意在全信息问题中可以使 T_{vw} 等于零。这是因为这个对象可向控制器提供 x 的信息,所以可取 $u=\boldsymbol{F}_2\boldsymbol{x}$ 而使 $\boldsymbol{v}=\boldsymbol{u}-\boldsymbol{F}_2\boldsymbol{x}=\boldsymbol{0}$。这样就使 $\|\boldsymbol{T}_{zw}\|_2$ 达到极小值$\boldsymbol{G}_c\boldsymbol{B}_{12}$。

又因为

$$\boldsymbol{u}=\boldsymbol{F}_2\boldsymbol{x}=[\boldsymbol{F}_2\quad \boldsymbol{0}]\begin{bmatrix}\boldsymbol{x}\\ \boldsymbol{w}\end{bmatrix}=[\boldsymbol{F}_2\quad \boldsymbol{0}]\,\boldsymbol{y}$$

所以对应的控制器就是 $\boldsymbol{K}(s)=[\boldsymbol{F}_2\quad \boldsymbol{0}]$。

证毕

全信息问题中的第三项内容 FI.3 主要是为了与 H_∞ 次优控制器进行对比而列入的[1],不是本书的重点,故不再讨论。全信息问题的最后两项是关于 H_∞ 问题的结果,问题中要用到的哈密顿阵为

$$\boldsymbol{H}_\infty := \begin{bmatrix}\boldsymbol{A} & \gamma^{-2}\boldsymbol{B}_1\boldsymbol{B}_1^{\mathrm{T}}-\boldsymbol{B}_2\boldsymbol{B}_2^{\mathrm{T}}\\ -\boldsymbol{C}_1^{\mathrm{T}}\boldsymbol{C}_1 & -\boldsymbol{A}^{\mathrm{T}}\end{bmatrix} \tag{4.64}$$

注意到式(4.64) 中的(1,2) 块是符号不定的,所以不能用引理 4.2 或引理 4.3 来保证 $H_\infty \in \mathrm{dom(Ric)}$ 或 $\mathrm{Ric}(H_\infty)\geqslant 0$。事实上,这两条要求正是 H_∞ 次优控制器存在的条件。

FI.4:$\|\boldsymbol{T}_{zw}\|_\infty<\gamma$ 的控制器存在的充要条件是 $H_\infty \in \mathrm{dom(Ric)}$,$\mathrm{Ric}(H_\infty)\geqslant 0$。

FI.5:$\boldsymbol{K}(s)=[\boldsymbol{F}_\infty-\boldsymbol{Q}(s)\gamma^{-2}\boldsymbol{B}_1^{\mathrm{T}}\boldsymbol{X}_\infty\quad \boldsymbol{Q}(s)]$,式中,$\boldsymbol{F}_\infty := -\boldsymbol{B}_2^{\mathrm{T}}\boldsymbol{X}_\infty$,$\boldsymbol{Q}\in RH_\infty$,$\|\boldsymbol{Q}\|_\infty<\gamma$。

这里充要条件的证明还需要一些数学准备。本节先对 FI.4 的条件本身做一说明。$H_\infty \in \mathrm{dom(Ric)}$ 这一条件是指存在 $\boldsymbol{X}_\infty := \mathrm{Ric}(H_\infty)$。这样,就可以用 FI.5 所给出的中心控制器 $\boldsymbol{K}(s)=[\boldsymbol{F}_\infty\quad \boldsymbol{0}]$ 和对象 $\boldsymbol{G}(s)$ 来组成一个系统 $\boldsymbol{T}_{zw}$,且其 $\|\boldsymbol{T}_{zw}\|_\infty<\gamma$。

$$\mathbf{T}_{zw}=\left[\begin{array}{c|c}\boldsymbol{A}_{F\infty} & \boldsymbol{B}_1\\ \hline \boldsymbol{C}_{1F\infty} & \boldsymbol{0}\end{array}\right] \tag{4.65}$$

式中

$$\boldsymbol{A}_{F\infty} := \boldsymbol{A}+\boldsymbol{B}_2\boldsymbol{F}_\infty$$
$$\boldsymbol{C}_{1F\infty} := \boldsymbol{C}_1+\boldsymbol{D}_{12}\boldsymbol{F}_\infty$$
$$\boldsymbol{F}_\infty := -\boldsymbol{B}_2^{\mathrm{T}}\boldsymbol{X}_\infty$$

这个 $\boldsymbol{T}_{zw}$ 就是下面引理 4.10 的 $\boldsymbol{P}=[\boldsymbol{P}_{ij}]$ 中的 $\boldsymbol{P}_{11}$ 块阵。引理 4.10 证明了 $\boldsymbol{P}^\sim\boldsymbol{P}=\boldsymbol{I}$,故有 $\|\boldsymbol{T}_{zw}\|_\infty<1$(注:证明中均取 $\gamma=1$)。而 FI.4 中的条件 $\boldsymbol{X}_\infty\geqslant 0$ 则是该中心控制器 K 能镇定此 $\boldsymbol{T}_{zw}$ 的充要条件。为便于引用,现用引理的形式进行表述。

引理 4.7 设 $H_\infty \in \mathrm{dom}(\mathrm{Ric})$，则式(4.65) 中 $\boldsymbol{A}_{F\infty}$ 稳定的充要条件是 $\boldsymbol{X}_\infty \geqslant 0$。

证明 将 $\boldsymbol{X}_\infty$ 的 Riccati 方程整理为

$$\boldsymbol{A}^{\mathrm{T}}\boldsymbol{X}_\infty + \boldsymbol{X}_\infty\boldsymbol{A} + \boldsymbol{X}_\infty(\gamma^{-2}\boldsymbol{B}_1\boldsymbol{B}_1^{\mathrm{T}} - \boldsymbol{B}_2\boldsymbol{B}_2^{\mathrm{T}})\boldsymbol{X}_\infty + \boldsymbol{C}_1^{\mathrm{T}}\boldsymbol{C}_1 = \boldsymbol{0}$$

$$(\boldsymbol{A} - \boldsymbol{B}_2\boldsymbol{B}_2^{\mathrm{T}}\boldsymbol{X}_\infty)^{\mathrm{T}}\boldsymbol{X}_\infty + \boldsymbol{X}_\infty(\boldsymbol{A} - \boldsymbol{B}_2\boldsymbol{B}_2^{\mathrm{T}}\boldsymbol{X}_\infty) + \boldsymbol{C}_1^{\mathrm{T}}\boldsymbol{C}_1 + \boldsymbol{X}_\infty\boldsymbol{B}_2\boldsymbol{B}_2^{\mathrm{T}}\boldsymbol{X}_\infty + \gamma^{-2}\boldsymbol{X}_\infty\boldsymbol{B}_1\boldsymbol{B}_1^{\mathrm{T}}\boldsymbol{X}_\infty = \boldsymbol{0}$$

将式(4.65) 中的各符号代入上式，得

$$\boldsymbol{A}_{F\infty}^{\mathrm{T}}\boldsymbol{X}_\infty + \boldsymbol{X}_\infty\boldsymbol{A}_{F\infty} + \boldsymbol{C}_{1F\infty}^{\mathrm{T}}\boldsymbol{C}_{1F\infty} + \gamma^{-2}\boldsymbol{X}_\infty\boldsymbol{B}_1\boldsymbol{B}_1^{\mathrm{T}}\boldsymbol{X}_\infty = \boldsymbol{0} \tag{4.66}$$

对于本例中的哈密顿阵 $\boldsymbol{H}_\infty$，根据引理 4.1(ⅲ)，可知 $\boldsymbol{A} + (\gamma^{-2}\boldsymbol{B}_1\boldsymbol{B}_1^{\mathrm{T}} - \boldsymbol{B}_2\boldsymbol{B}_2^{\mathrm{T}})\boldsymbol{X}_\infty$ 是稳定的，即 $\boldsymbol{A}_{F\infty} + \gamma^{-2}\boldsymbol{B}_1\boldsymbol{B}_1^{\mathrm{T}}\boldsymbol{X}_\infty$ 是稳定的，由此可以证明($\boldsymbol{B}_1^{\mathrm{T}}\boldsymbol{X}_\infty$，$\boldsymbol{A}_{F\infty}$) 是可检测的(注：可用 PBH 秩检验法来证明)。这样，式(4.66) 可满足引理 4.8 的条件，故根据引理 4.8(ⅰ) 可得 $\boldsymbol{A}_{F\infty}$ 稳定的充要条件是 $\boldsymbol{X}_\infty \geqslant 0$。

证毕

全信息问题中的控制器，在 H_2 问题中就是最优状态反馈(见 FI.2)，对 H_∞ 问题来说，如果是 $\boldsymbol{Q} = \boldsymbol{0}$ 时的中心控制器，$\boldsymbol{K}(s) = [\boldsymbol{F}_\infty \quad \boldsymbol{0}]$，也是状态反馈。但二者却有根本性的不同，$H_2$ 问题中的反馈增益 $\boldsymbol{F}_2$ 是由 $\mathrm{Ric}(H_2)$ 确定的，这个 H_2 阵的(1,2) 块中只有反馈通道的 $\boldsymbol{B}_2$，可是在 H_∞ 问题中，其哈密顿阵 H_∞ 的(1,2) 块中还有输入通道的 $\boldsymbol{B}_1$，也就是说，H_∞ 问题的次优控制器还与输入通道有关。这种性质的差别将贯穿在 H_∞ 控制器讨论的始终。

4.3.3 数学准备(1)

对全信息 H_∞ 问题充要条件的证明需要一些数学上的准备，本节先介绍一些有关内矩阵的引理。

设 $\boldsymbol{G} \in RH_\infty$，若 $\boldsymbol{G}^{\sim}\boldsymbol{G} = \boldsymbol{I}$，则称其为内矩阵。因为对所有 ω，$\boldsymbol{G}(\mathrm{j}\omega)^*\boldsymbol{G}(\mathrm{j}\omega) = \boldsymbol{I}$，所以若有 $\boldsymbol{q} \in \mathbf{C}^m$，则 $\|\boldsymbol{G}(\mathrm{j}\omega)\boldsymbol{q}\| = \|\boldsymbol{q}\|$，$\forall \omega$，即内矩阵具有保范性质。

内矩阵本是频域上的概念，而 DGKF 法是将所有的求解问题都放在状态空间中进行，所以也需要将内矩阵的性质用状态空间来描述，这就是下面的引理，这一引理属于等价的特性的描述，很容易进行验证。

引理 4.8 设

$$\mathbf{G} = \left[\begin{array}{c|c} \mathbf{A} & \mathbf{B} \\ \hline \mathbf{C} & \mathbf{D} \end{array}\right]$$

式中，($\boldsymbol{C}$,$\boldsymbol{A}$) 可检测，并有 $\boldsymbol{L}_0 = \boldsymbol{L}_0^{\mathrm{T}}$ 满足

$$\boldsymbol{A}^{\mathrm{T}}\boldsymbol{L}_0 + \boldsymbol{L}_0\boldsymbol{A} + \boldsymbol{C}^{\mathrm{T}}\boldsymbol{C} = \boldsymbol{0}$$

则下列各条成立。

(ⅰ) $\boldsymbol{A}$ 稳定的充要条件是 $\boldsymbol{L}_0 \geqslant 0$。

（ⅱ）$D^TC+B^TL_0=0$ 意味着 $G^{\sim}G=D^TD$。

（ⅲ）$L_0\geqslant 0$,(A,B) 可控且 $G^{\sim}G=D^TD$ 意味着 $D^TC+B^TL_0=0$。

下一个引理是关于内矩阵的线性分式变换的性质。

引理 4.9　设一反馈系统,如图 4.6 所示。

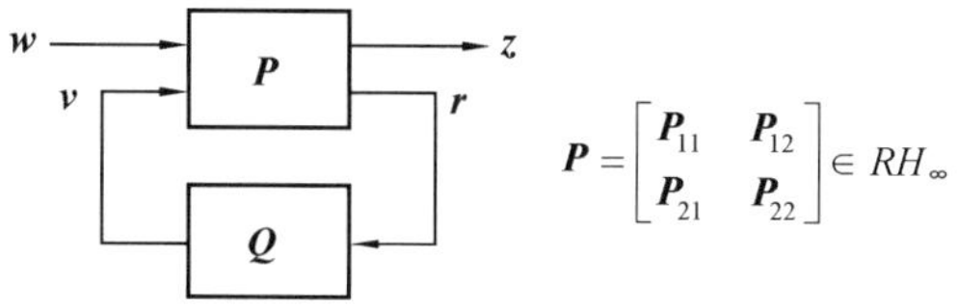

图 4.6　引理 4.9 的反馈系统

设 $P^{\sim}P=I$, $P_{21}^{-1}\in RH_\infty$,且 Q 为一真有理阵,则下列的(a) 和(b) 是等价的。

(a) 系统内稳定并是适定的(well-posed),而且 $\|T_{zw}\|_\infty<1$。

(b)$Q\in RH_\infty$,且 $\|Q\|_\infty<1$。

证明　(b)⇒(a)。因为 $P,Q\in RH_\infty$, $\|P_{22}\|_\infty\leqslant 1$ 和 $\|Q\|_\infty<1$,所以根据小增益定理,系统是内稳定的,且是适定的。再来看 $\|T_{zw}\|_\infty<1$。P 是内矩阵,这意味着 $\|z\|^2+\|r\|^2=\|w\|^2+\|v\|^2$。设 $\varepsilon:=\|Q\|_\infty$,则输入输出向量的范数之间有如下关系:

$$\|v\|\leqslant\varepsilon\|r\|,\quad \varepsilon<1$$

因此可以写得

$$\|z\|^2\leqslant\|w\|^2-(1-\varepsilon^2)\|r\|^2$$

设从 w 到第二个输出 r 的传递函数为

$$T_{rw}=(I-P_{22}Q)^{-1}P_{21}$$

根据假设,其逆 $T_{wr}=P_{21}^{-1}(I-P_{22}Q)\in RH_\infty$,设其范数为 $k:=\|T_{wr}\|_\infty$,则 w 和 r 向量的范数之间有如下关系:

$$\|w\|\leqslant k\|r\|$$

代入上面的不等式,得

$$\|z\|^2\leqslant[1-(1-\varepsilon^2)k^{-2}]\|w\|^2$$

这意味着 $\|T_{zw}\|_\infty<1$。

(a)⇒(b) 的证明略。[1]

证毕

4.3.4　FI 的充分性证明

现在来对全信息 H_∞ 控制器的 FI.4 的充分性部分进行证明。即要证明:如果 $H_\infty\in\text{dom(Ric)}$ 和 $X_\infty=\text{Ric}(H_\infty)\geqslant 0$,则用 FI.5 的控制器

$$K(s)=[F_\infty - Q(s)B_1^T X_\infty \quad Q(s)],\quad Q\in RH_\infty,\ \|Q\|_\infty<1$$

就可得到 $\|T_{zw}\|_\infty<1$。

证明 定义一个新的输入变量 v 和一个新的输出变量 r

$$v:=u-F_\infty x \tag{4.67}$$

$$r:=w-B_1^T X_\infty x \tag{4.68}$$

将控制器 $K(s)$ 的表达式代入到 u 的式子中，可得出 v 和 r 之间的关系为

$$\begin{aligned} v &= u-F_\infty x = Ky - F_\infty x = \\ & [F_\infty - QB_1^T X_\infty \quad Q]\begin{bmatrix} x \\ w \end{bmatrix} - F_\infty x = \\ & Q[-B_1^T X_\infty \quad I]\begin{bmatrix} x \\ w \end{bmatrix} = Q r \end{aligned} \tag{4.69}$$

式(4.69)表明，新的输出 r 乘 Q 得到输入 v。这就是说，现在的 v 是输出 r 通过 Q 反馈过来得到的。由此可见，引入这两个新的变量为的是将这个全信息反馈系统变换成一个由 P,Q 所构成的反馈系统，如图 4.7 所示。

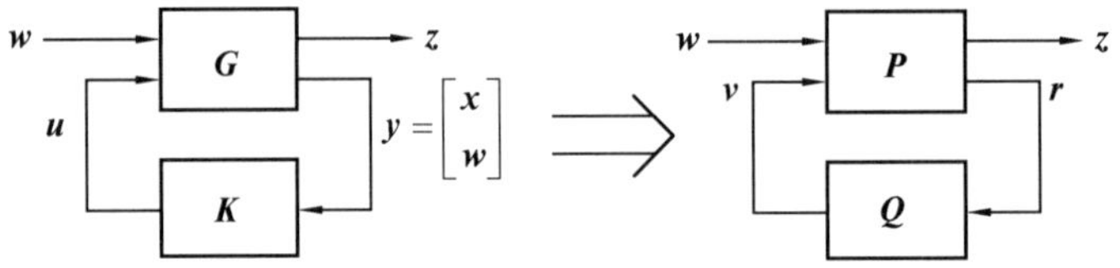

图 4.7 全信息反馈系统的变换

根据式(4.58)和式(4.67)、式(4.68)可得变换后的对象 P 为

$$P(s)=\begin{bmatrix} P_{11} & P_{12} \\ P_{21} & P_{22} \end{bmatrix} = \left[\begin{array}{c|cc} A_{F2} & B_1 & B_2 \\ \hline C_{1F\infty} & 0 & D_{12} \\ -B_1^T X_\infty & I & 0 \end{array}\right] \tag{4.70}$$

$$A_{F\infty}:=A+B_2F_\infty$$

$$C_{1F\infty}:=C_1+D_{12}F_\infty$$

式(4.70) P 的第二个输出就是与式(4.68)相对应的，而式(4.67)表示的是一种反馈作用，影响到 $A_{F\infty}$ 和 $C_{1F\infty}$ 阵。根据证明中的假设，$X_\infty\geqslant 0$，所以 $A_{F\infty}$ 是稳定的(见引理 4.7)，故式(4.70)的 $P\in RH_\infty$。又根据如下计算

$$D^TC+B^TL_0=\begin{bmatrix} 0 & I \\ D_{12}^T & 0 \end{bmatrix}\begin{bmatrix} C_{1F\infty} \\ -B_1^T X_\infty \end{bmatrix} + \begin{bmatrix} B_1^T \\ B_2^T \end{bmatrix} X_\infty = 0$$

引理 4.8 的条件(b)也是满足的，可见这个 P 阵就是内矩阵。这个中间结果在下面的证明中还要用到，所以这里先用引理的形式固定下来。

引理 4.10　若 $\boldsymbol{X}_\infty$ 存在且 $\boldsymbol{X}_\infty \geqslant 0$,则式(4.70)的 $\boldsymbol{P}$ 阵属于 RH_∞ 且是内矩阵,而且 $\boldsymbol{P}_{21}^{-1} \in RH_\infty$。

上面的推导就是这个引理的证明,只是尚需补充一个 $\boldsymbol{P}_{21}^{-1}$ 稳定性的证明。其实式(4.70)中的 $\boldsymbol{P}_{21}$ 阵是

$$\mathbf{P}_{21}(s) = \left[\begin{array}{c|c} \mathbf{A}_{F\infty} & \mathbf{B}_1 \\ \hline -\mathbf{B}_1^{\mathrm{T}}\mathbf{X}_\infty & \boldsymbol{I} \end{array}\right]$$

根据矩阵求逆公式(4.30)和引理 4.1 的(ⅲ)就可证得 $\boldsymbol{P}_{21}^{-1} \in RH_\infty$[1]。

现在再回到式(4.70)。由于图 4.7 中的 $\boldsymbol{P}$ 阵是内矩阵,那么根据引理 4.9,只要 $\boldsymbol{Q} \in RH_\infty$ 和 $\|\boldsymbol{Q}\|_\infty < 1$,就有 $\boldsymbol{T}_{zw} \in RH_\infty$,而且 $\|\boldsymbol{T}_{zw}\|_\infty < 1$,故 FI 的充分性得证。

证毕

4.3.5　数学准备(2)

要对全信息 H_∞ 问题的必要性进行证明,还需要另外一些数学准备。

A. Hankel-Toeplitz 混合算子。

我们知道,L_2 信号的两个子空间可写成直和的形式,即

$$L_2(-\infty,\infty) = L_2(-\infty,0] \oplus L_2[0,\infty)$$

在频域中则是

$$L_2 = H_2^\perp \oplus H_2$$

这里要用到正交投影的概念。正交投影 P_+ 和 P_- 表示的是将 L_2 映射到相应的 H_2 和 $H_2^\perp$(或 L_{2+} 和 L_{2-})。

设 $\boldsymbol{G} \in L_\infty$,如输入为频域信号 $\boldsymbol{w} \in L_2$,则其输出为 $\boldsymbol{Gw}$。用算子来表示时为 $\boldsymbol{M}_G\boldsymbol{w} = \boldsymbol{Gw}$。这个算子称为 Laurent 算子或乘性(multiplication)算子 $\boldsymbol{M}_G: L_2 \to L_2$。

现在设输入信号

$$\boldsymbol{q} \in W := \left\{ \begin{bmatrix} \boldsymbol{q}_1 \\ \boldsymbol{q}_2 \end{bmatrix} \middle| \boldsymbol{q}_1 \in H_2^\perp,\ \boldsymbol{q}_2 \in L_2 \right\} \tag{4.71}$$

对应的系统也分块为

$$\boldsymbol{G}(s) = [\boldsymbol{G}_1(s) \quad \boldsymbol{G}_2(s)] \tag{4.72}$$

定义如下的一个算子

$$\Gamma = P_+ [\boldsymbol{M}_{G1} \quad \boldsymbol{M}_{G2}]: W \to H_2 \tag{4.73}$$

即

$$\Gamma \begin{bmatrix} \boldsymbol{q}_1 \\ \boldsymbol{q}_2 \end{bmatrix} = P_+ [\boldsymbol{G}_1 \quad \boldsymbol{G}_2] \begin{bmatrix} \boldsymbol{q}_1 \\ \boldsymbol{q}_2 \end{bmatrix},\quad \boldsymbol{q}_1 \in H_2^\perp,\ \boldsymbol{q}_2 \in L_2 \tag{4.74}$$

式(4.74)也可写成

$$\Gamma \boldsymbol{q} = P_+ \ [\boldsymbol{G}_1 \quad \boldsymbol{G}_2] P_- \boldsymbol{q} + P_+ \boldsymbol{G}_2 P_+ \boldsymbol{q}_2 \tag{4.75}$$

式中,$P_+ \boldsymbol{M}_G P_-$ 是从 $H_2^\perp$ 到 H_2 的映射,称为 Hankel 算子,而 $P_+ \boldsymbol{M}_{G2} P_+$ 则是从 H_2 到 H_2 的映射,为 Toeplitz 算子,而 Γ 为二者之和,故称为 Hankel－Toeplitz 混合算子。

B. 内矩阵 $[\boldsymbol{U} \quad \boldsymbol{U}_\perp]$。

第 4.3.2 节中的 H_2 问题中曾定义一个新的控制输入 $\boldsymbol{v} := \boldsymbol{u} - \boldsymbol{F}_2 \boldsymbol{x}$,这时输入到输出 $\boldsymbol{z}$ 的传递函数为式(4.62),即

$$\mathbf{z} = \left[\begin{array}{c|cc} \mathbf{A}_{F2} & \mathbf{B}_1 & \mathbf{B}_2 \\ \hline \mathbf{C}_{1F2} & \mathbf{0} & \mathbf{D}_{12} \end{array}\right] \begin{bmatrix} \boldsymbol{w} \\ \boldsymbol{v} \end{bmatrix} = \mathbf{G}_c \mathbf{B}_1 \boldsymbol{w} + \mathbf{U} \boldsymbol{v}$$

式中

$$\mathbf{G}_c(s) := \left[\begin{array}{c|c} \mathbf{A}_{F2} & \mathbf{I} \\ \hline \mathbf{C}_{1F2} & \mathbf{0} \end{array}\right]$$

$$\mathbf{U}(s) := \left[\begin{array}{c|c} \mathbf{A}_{F2} & \mathbf{B}_2 \\ \hline \mathbf{C}_{1F2} & \mathbf{D}_{12} \end{array}\right]$$

令 $\boldsymbol{D}_\perp$ 使 $[\boldsymbol{D}_{12} \quad \boldsymbol{D}_\perp]$ 成为正交矩阵,并定义

$$\mathbf{U}_\perp = \left[\begin{array}{c|c} \mathbf{A}_{F2} & -\mathbf{X}_2^{-1} \mathbf{C}_1^{\mathrm{T}} \mathbf{D}_\perp \\ \hline \mathbf{C}_{1F2} & \mathbf{D}_\perp \end{array}\right] \tag{4.76}$$

根据所求得的状态空间实现,利用引理 4.8 和关于 $\boldsymbol{X}_2$ 的 Riccati 方程,并进行一些代数运算消去系统的不可控状态后,便可证得如下的引理。

引理 4.11 $[\boldsymbol{U} \quad \boldsymbol{U}_\perp]$ 为一方的内矩阵,而且 $\boldsymbol{G}_c^{\sim} [\boldsymbol{U} \quad \boldsymbol{U}_\perp]$ 的一个实现为

$$\mathbf{G}_c^{\sim} [\mathbf{U} \quad \mathbf{U}_\perp] = \left[\begin{array}{c|cc} \mathbf{A}_{F2} & -\mathbf{B}_2 & \mathbf{X}_2^{-1} \mathbf{C}_1^{\mathrm{T}} \mathbf{D}_\perp \\ \hline \mathbf{X}_2 & \mathbf{0} & \mathbf{0} \end{array}\right] \in RH_2 \tag{4.77}$$

这意味着 $\boldsymbol{U}$ 和 $\boldsymbol{U}_\perp$ 均为内矩阵,且 $\boldsymbol{U}_\perp^{\sim} \boldsymbol{G}_c$ 和 $\boldsymbol{U}^{\sim} \boldsymbol{G}_c$ 均属于 $RH_2^\perp$。

4.3.6 FI 的必要性证明

现在要证明的是 FI.4 的必要性部分,即如果有一(容许的)控制器能使 $\| \boldsymbol{T}_{zw} \|_\infty < 1$,则

$$H_\infty \in \mathrm{dom(Ric)}, \quad \boldsymbol{X}_\infty := \mathrm{Ric}(H_\infty) \geqslant 0 \tag{4.78}$$

证明的思路是,先将对象的$(\boldsymbol{C}_1, \boldsymbol{A})$可检测条件强化为能观测的,根据 $(\boldsymbol{C}_1, \boldsymbol{A})$ 能观测来证明当 $\| \boldsymbol{T}_{zw} \|_\infty < 1$ 时有 $\boldsymbol{X}_\infty > 0$,再说明如何回到 $(\boldsymbol{C}_1, \boldsymbol{A})$ 可检测时的 $\boldsymbol{X}_\infty \geqslant 0$[1]。不过这里只给出主要证明,即只证明到 $\boldsymbol{X}_\infty > 0$。

这个必要性的证明是通过证明下面一个更强一些的结果来给出的,即只要求 $\boldsymbol{u}$ 是一个

L_{2+}中的函数,并不限它一定要由 $\boldsymbol{y}$ 来产生。而且因为已假设$(\boldsymbol{C}_1,\boldsymbol{A})$是能观测的,那么根据引理 4.3,有 $\boldsymbol{X}_2>0$。证明的最后要用这个 $\boldsymbol{X}_2>0$ 来证明 $\boldsymbol{X}_\infty>0$。

命题 4.1　如果 $\sup_{w\in BL_2}\min_{u\in L_2}\|\boldsymbol{z}\|_2<1$,则 $\boldsymbol{H}_\infty\in\mathrm{dom}(\mathrm{Ric})$,且 $\mathrm{Ric}(\boldsymbol{H}_\infty)>0$。

证明　同样定义 $\boldsymbol{v}:=\boldsymbol{u}-\boldsymbol{F}_2\boldsymbol{x}$ 得 $\boldsymbol{z}=\boldsymbol{G}_c\boldsymbol{B}_1\boldsymbol{w}+\boldsymbol{U}\boldsymbol{v}$。因为 $\boldsymbol{F}_2=-\boldsymbol{B}_2^{\mathrm{T}}\boldsymbol{X}_2$,而 $\boldsymbol{X}_2>0$,故命题中的假设可表示成如下的不等式:

$$\sup_{w\in BH_2}\min_{v\in H_2}\|\boldsymbol{z}\|_2<1 \tag{4.79}$$

定义如下一个从 W 空间[见式(4.71)]到 H_2 空间的算子 $\boldsymbol{\Gamma}$: $W\rightarrow H_2$ 为

$$\boldsymbol{\Gamma}\begin{bmatrix}\boldsymbol{q}_1\\ \boldsymbol{q}_2\end{bmatrix}=\boldsymbol{P}_+(\boldsymbol{B}_1^{\mathrm{T}}\boldsymbol{G}_c^{\sim}(\boldsymbol{U}\boldsymbol{q}_1+\boldsymbol{U}_\perp\boldsymbol{q}_2))=\boldsymbol{P}_+\boldsymbol{B}_1^{\mathrm{T}}G_c^{\sim}[\boldsymbol{U}\quad\boldsymbol{U}_\perp]\begin{bmatrix}\boldsymbol{q}_1\\ \boldsymbol{q}_2\end{bmatrix} \tag{4.80}$$

式中$[\boldsymbol{U}\quad\boldsymbol{U}_\perp]$见式(4.76),而 $\boldsymbol{G}_c^{\sim}[\boldsymbol{U}\quad\boldsymbol{U}_\perp]$的状态空间实现见式(4.77)。对应的伴随算子 $\boldsymbol{\Gamma}^*:H_2\rightarrow W$ 则是

$$\boldsymbol{\Gamma}^*\boldsymbol{w}=\begin{bmatrix}\boldsymbol{P}_-(\boldsymbol{U}^{\sim}\boldsymbol{G}_c\boldsymbol{B}_1\boldsymbol{w})\\ \boldsymbol{U}_\perp^{\sim}\boldsymbol{G}_c\boldsymbol{B}_1\boldsymbol{w}\end{bmatrix}=\begin{bmatrix}\boldsymbol{P}_-\boldsymbol{U}^{\sim}\\ \boldsymbol{U}_\perp^{\sim}\end{bmatrix}\boldsymbol{G}_c\boldsymbol{B}_1\boldsymbol{w} \tag{4.81}$$

注意到$[\boldsymbol{U}\quad\boldsymbol{U}_\perp]$为一方的内矩阵(见引理4.11),故有 $\|\boldsymbol{z}\|_2=\|[\boldsymbol{U}\quad\boldsymbol{U}_\perp]^{\sim}\boldsymbol{z}\|_2$。再将 $\boldsymbol{z}$ 的传递函数关系式(4.62)代入,得

$$[\boldsymbol{U}\quad\boldsymbol{U}_\perp]^{\sim}\boldsymbol{z}=\begin{bmatrix}\boldsymbol{U}^{\sim}\boldsymbol{G}_c\boldsymbol{B}_1\boldsymbol{w}+\boldsymbol{v}\\ \boldsymbol{U}_\perp^{\sim}\boldsymbol{G}_c\boldsymbol{B}_1\boldsymbol{w}\end{bmatrix} \tag{4.82}$$

这样,式(4.79)中 $\boldsymbol{z}$ 的 H_2 范数就是式(4.82)的 H_2 范数。式(4.79)要求对 $\boldsymbol{v}$ 求 min,而全信息问题中 $\boldsymbol{v}$ 可取为零(见 FI.1 的证明),$\boldsymbol{v}=\boldsymbol{0}$ 时式(4.82)的范数达到极小值,而这时式(4.82)的范数就等于式(4.81)的范数,所以命题中的式(4.79)就等于是

$$\sup_{w\in BH_2}\|\boldsymbol{\Gamma}^*\boldsymbol{w}\|_2<1 \tag{4.83}$$

或等价于

$$\sup_{q\in BW}\|\boldsymbol{\Gamma}\boldsymbol{q}\|_2<1 \tag{4.84}$$

式中,$\boldsymbol{\Gamma}$ 为 Hankel-Toeplitz 混合算子[见式(4.75)]。根据式(4.84)可知,式(4.75)第二项信号的范数必定是小于 1 的,即 $\boldsymbol{G}_2$ 的 H_∞ 范数

$$\|\boldsymbol{G}_2\|_\infty<1 \tag{4.85}$$

根据式(4.80)和式(4.77),$\boldsymbol{G}_2$ 为

$$\mathbf{G}_2=\mathbf{B}_1^{\mathrm{T}}\mathbf{G}_c^{\sim}\mathbf{U}_\perp=\left[\begin{array}{c|c}\mathbf{A}_{F2} & \mathbf{X}_2^{-1}\mathbf{C}_1^{\mathrm{T}}\mathbf{D}_2\\ \hline \mathbf{B}_1^{\mathrm{T}}\mathbf{X}_2 & \mathbf{0}\end{array}\right] \tag{4.86}$$

要求 $\|\boldsymbol{G}_2\|_\infty<1$,则根据引理 4.4 的式(4.35)可知,下列的哈密顿阵 $\boldsymbol{H}_w\in\mathrm{dom}(\mathrm{Ric})$,即

$$\mathbf{H}_w:=\begin{bmatrix}\mathbf{A}_{F2} & \mathbf{X}_2^{-1}\mathbf{C}_1^{\mathrm{T}}\mathbf{C}_1\mathbf{X}_2^{-1}\\ -\mathbf{X}_2\mathbf{B}_1\mathbf{B}_1^{\mathrm{T}}\mathbf{X}_2 & -\mathbf{A}_{F2}^{\mathrm{T}}\end{bmatrix}\in\mathrm{dom}(\mathrm{Ric}) \tag{4.87}$$

而且 $\boldsymbol{W}=\mathrm{Ric}(\boldsymbol{H}_w)\geqslant 0$。进一步还可证明 $\boldsymbol{X}_2>\boldsymbol{W}$[1]。

根据 $\boldsymbol{X}_2$ 的 Riccati 方程，又可以证明 $\boldsymbol{H}_\infty$ 阵和 $\boldsymbol{H}_w$ 阵之间的相似变换关系为

$$\boldsymbol{H}_\infty=\boldsymbol{T}\boldsymbol{H}_w\boldsymbol{T}^{-1} \tag{4.88}$$

式中

$$\boldsymbol{T}=\begin{bmatrix}-\boldsymbol{I} & \boldsymbol{X}_2^{-1}\\ -\boldsymbol{X}_2 & \boldsymbol{0}\end{bmatrix}$$

由此可得

$$\boldsymbol{X}_-(\boldsymbol{H}_\infty)=\boldsymbol{T}\boldsymbol{X}_-(\boldsymbol{H}_w)=\boldsymbol{T}\ \mathrm{Im}\begin{bmatrix}\boldsymbol{I}\\ \boldsymbol{W}\end{bmatrix}=\mathrm{Im}\begin{bmatrix}\boldsymbol{I}-\boldsymbol{X}_2^{-1}\boldsymbol{W}\\ \boldsymbol{X}_2\end{bmatrix}$$

这样，根据上式和式(4.88)可知

$$\boldsymbol{H}_\infty\in\mathrm{dom}(\mathrm{Ric}),\quad 且\ \boldsymbol{X}_\infty=\boldsymbol{X}_2(\boldsymbol{X}_2-\boldsymbol{W})^{-1}\boldsymbol{X}_2>0$$

证毕

4.3.7 全控制问题

状态空间求解中的第二个特殊问题是全控制(Full Control，FC)问题，FC 的对象具有如下的结构：

$$\boldsymbol{G}(s)=\left[\begin{array}{c|cc}\boldsymbol{A} & \boldsymbol{B}_1 & [\boldsymbol{I}\ \ \boldsymbol{0}]\\ \hline \boldsymbol{C}_1 & \boldsymbol{0} & [\boldsymbol{0}\ \ \boldsymbol{I}]\\ \boldsymbol{C}_2 & \boldsymbol{D}_{21} & [\boldsymbol{0}\ \ \boldsymbol{0}]\end{array}\right] \tag{4.89}$$

与全信息问题的对象[式(4.58)]对比可以看到，这个 FC 的 $\boldsymbol{G}$ 的结构与 FI 的 $\boldsymbol{G}$ 是一种转置关系，故全控制是全信息的一个对偶问题。

式(4.89)表明，这个对象的控制输入 $\boldsymbol{u}$ 有两个分量，即

$$\boldsymbol{u}=\begin{bmatrix}\boldsymbol{u}_1\\ \boldsymbol{u}_2\end{bmatrix} \tag{4.90}$$

与式(4.89)对应的对象的状态方程和性能输出方程为

$$\begin{cases}\dot{\boldsymbol{x}}=\boldsymbol{A}\boldsymbol{x}+\boldsymbol{B}_1\boldsymbol{w}+\boldsymbol{u}_1\\ \boldsymbol{z}=\boldsymbol{C}_1\boldsymbol{x}+\boldsymbol{u}_2\end{cases} \tag{4.91}$$

式(4.91)表明控制器输出的两个分量中，一个作用到状态 $\boldsymbol{x}$，另一个施加到性能输出 $\boldsymbol{z}$，故称全控制。根据对式(4.49)对象的条件，FC 问题中的假设与 FI 问题是对偶的，为

(ⅰ) $(\boldsymbol{A},\boldsymbol{B}_1)$ 是可镇定的，且 $(\boldsymbol{C}_1,\boldsymbol{A})$ 是可检测的。

(ⅱ) $(\boldsymbol{C}_2,\boldsymbol{A})$ 是可检测的。

(ⅲ) $\begin{bmatrix}\boldsymbol{B}_1\\ \boldsymbol{D}_{21}\end{bmatrix}\boldsymbol{D}_{21}^{\mathrm{T}}=\begin{bmatrix}\boldsymbol{0}\\ \boldsymbol{I}\end{bmatrix}$。

在全控制问题的讨论中,前面的两项也是关于 H_2 问题的结果。这里的 H_2 问题的哈密顿阵为

$$\boldsymbol{J}_2 := \begin{bmatrix} \boldsymbol{A}^{\mathrm{T}} & -\boldsymbol{C}_2^{\mathrm{T}}\boldsymbol{C}_2 \\ -\boldsymbol{B}_1\boldsymbol{B}_1^{\mathrm{T}} & -\boldsymbol{A} \end{bmatrix} \tag{4.92}$$

同样也是根据引理 4.3,$\boldsymbol{J}_2 \in \mathrm{dom(Ric)}$,且 $\boldsymbol{Y}_2 := \mathrm{Ric}(\boldsymbol{J}_2) \geqslant 0$,故可定义一个增益阵 $\boldsymbol{L}_2 := -\boldsymbol{Y}_2\boldsymbol{C}_2^{\mathrm{T}}$,并定义

$$\boldsymbol{A}_{L2} := \boldsymbol{A} + \boldsymbol{L}_2\boldsymbol{C}_2, \quad \boldsymbol{B}_{1L2} := \boldsymbol{B}_1 + \boldsymbol{L}_2\boldsymbol{D}_{21} \tag{4.93}$$

下面就是全控制 H_2 问题的解。

FC.1:$\min \|\boldsymbol{T}_{zw}\|_2 = \|\boldsymbol{C}_1\boldsymbol{G}_f\|_2$,式中

$$\boldsymbol{G}_f(s) := \left[\begin{array}{c|c} \boldsymbol{A}_{L2} & \boldsymbol{B}_{1L2} \\ \hline \boldsymbol{I} & \boldsymbol{0} \end{array}\right]$$

FC.2:$\|\boldsymbol{T}_{zw}\|_2$ 最小时的控制器为

$$\boldsymbol{K}(s) = \begin{bmatrix} \boldsymbol{L}_2 \\ \boldsymbol{0} \end{bmatrix}$$

因为 FC 问题与 FI 问题是对偶的,所以上面的结果根据对偶关系均可直接写得,不再证明。

根据式(4.90)和 FC.2 可以知道,最优控制时 $\boldsymbol{u}_2 = \boldsymbol{0}$,$\boldsymbol{u}_1 = \boldsymbol{L}_2\boldsymbol{y}$,而从式(4.91)可以看到,输出 $\boldsymbol{y}$ 通过 $\boldsymbol{L}_2$ 直接作用于状态变量 $\boldsymbol{x}$,这种反馈方式称为输出注入(output injection)。输出注入与状态反馈是对偶的。在 FI 的 H_2 问题中最优状态反馈则是直接将状态通过 $\boldsymbol{F}_2$ 反馈到对象的输入 $\boldsymbol{u}$。另外,$\boldsymbol{F}_2$ 是最优状态反馈阵而 $\boldsymbol{L}_2$ 实际上就是 Kalman 滤波器的解(见 4.3.9 节),这两者也存在着对偶关系。总之,两者的对偶关系可以从多方面来说明。由于存在着对偶关系,因此包括下面的 H_∞ 问题的结果,都是直接写得的,不再进行证明。

全控制 H_∞ 问题中的哈密顿阵为

$$\boldsymbol{J}_\infty := \begin{bmatrix} \boldsymbol{A}^{\mathrm{T}} & \gamma^{-2}\boldsymbol{C}_1^{\mathrm{T}}\boldsymbol{C}_1 - \boldsymbol{C}_2^{\mathrm{T}}\boldsymbol{C}_2 \\ -\boldsymbol{B}_1\boldsymbol{B}_1^{\mathrm{T}} & -\boldsymbol{A} \end{bmatrix} \tag{4.94}$$

式(4.94)中的(1,2)块是符号不定的,所以不能用 4.1 节中的引理来保证 $\boldsymbol{J}_\infty \in \mathrm{dom(Ric)}$ 或 $\mathrm{Ric}(\boldsymbol{J}_\infty) \geqslant 0$。如果存在 $\boldsymbol{Y}_\infty := \mathrm{Ric}(\boldsymbol{J}_\infty) \geqslant 0$,则可以定义 $\boldsymbol{L}_\infty := -\boldsymbol{Y}_\infty\boldsymbol{C}_2^{\mathrm{T}}$。下面两项就是全控制 H_∞ 问题的结果。

FC.4:$\boldsymbol{J}_\infty \in \mathrm{dom(Ric)}$,$\mathrm{Ric}(\boldsymbol{J}_\infty) \geqslant 0$。

FC.5:$\boldsymbol{K}(s) = \begin{bmatrix} \boldsymbol{L}_\infty - \gamma^{-2}\boldsymbol{Y}_\infty\boldsymbol{C}_1^{\mathrm{T}}\boldsymbol{Q}(s) \\ \boldsymbol{Q}(s) \end{bmatrix}$,式中,$\boldsymbol{Q} \in RH_\infty$,$\|\boldsymbol{Q}\|_\infty < \gamma$。

4.3.8　扰动前馈问题

第三个特殊问题是扰动前馈(Disturbance Feedforward, DF)问题,DF 的对象结构为

$$
\mathbf{G}(s)=\left[\begin{array}{c|cc}\mathbf{A} & \mathbf{B}_1 & \mathbf{B}_2 \\ \hline \mathbf{C}_1 & \mathbf{0} & \mathbf{D}_{12} \\ \mathbf{C}_2 & \mathbf{I} & \mathbf{0}\end{array}\right] \tag{4.95}
$$

这个问题中对象的假设与FI问题中的三条假设是一样的，不过为了内稳定，需要将假设（ⅰ）中的$(\boldsymbol{A},\boldsymbol{B}_1)$可镇定加强为$\mathbf{A}-\boldsymbol{B}_1\boldsymbol{C}_2$是稳定的。这么一改，可以使系统的内稳定重新等价于$\boldsymbol{T}_{zw}\in RH_\infty$。因为在最后的输出反馈的解中要用到这个性质，其证明将在对偶问题中给出（引理4.12）。

如果式(4.95)中的$\boldsymbol{C}_2=\mathbf{0}$，则第二个输出$\boldsymbol{y}=\boldsymbol{w}$。这说明加到控制器的信号$\boldsymbol{y}$中并没有$\boldsymbol{x}$的信息，而只有扰动信号$\boldsymbol{w}$，故称此为扰动前馈。若$\boldsymbol{C}_2\neq\mathbf{0}$，因为系统是内稳定的，即使加上$\boldsymbol{C}_2$的反馈项也不会影响系统的范数指标（注：范数是一种稳态性能）。下面将证明DF实质上等价于FI，DF的一些结果都可以从FI直接写得。所以这里先将H_2问题和H_∞问题的结果一起列出，然后再从等价性上来进行证明。

DF的H_2最优控制的结果为：

DF.1：$\min\|\boldsymbol{T}_{zw}\|_2=\|\boldsymbol{G}_c\boldsymbol{B}_1\|_2$。

DF.2：$\boldsymbol{K}(s):=\left[\begin{array}{c|c}\mathbf{A}+\mathbf{B}_2\mathbf{F}_2-\mathbf{B}_1\mathbf{C}_2 & \mathbf{B}_1 \\ \hline \mathbf{F}_2 & \mathbf{0}\end{array}\right]$。

DF的H_∞次优控制器存在的充要条件和控制器为：

DF.4：$\boldsymbol{H}_\infty\in\mathrm{dom(Ric)},\mathrm{Ric}(\boldsymbol{H}_\infty)\geqslant 0$。

DF.5：H_∞次优控制器族具有图4.8所示的LFT结构，其中

$$
\mathbf{M}_\infty(s)=\left[\begin{array}{c|cc}\mathbf{A}+\mathbf{B}_2\mathbf{F}_\infty-\mathbf{B}_1\mathbf{C}_2 & \mathbf{B}_1 & \mathbf{B}_2 \\ \hline \mathbf{F}_\infty & \mathbf{0} & \mathbf{I} \\ -\mathbf{C}_2-\gamma^{-2}\mathbf{B}_1^{\mathrm{T}}\mathbf{X}_\infty & \mathbf{I} & \mathbf{0}\end{array}\right]
$$

$$
\boldsymbol{Q}\in RH_\infty,\quad \|\boldsymbol{Q}\|_\infty<\gamma
$$

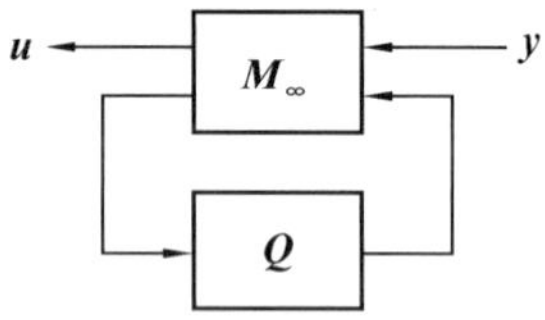

图4.8 DF问题的H_∞次优控制器

现在来看DF问题的证明。这里主要是要证明两个命题。证明前先将FI问题和DF问题并行列出如下，并用不同的角标进行区分。

$$\mathbf{G}_{\mathrm{FI}}(s)=\left[\begin{array}{c|cc}\mathbf{A} & \mathbf{B}_1 & \mathbf{B}_2\\ \hline \mathbf{C}_1 & \mathbf{0} & \mathbf{D}_{12}\\ \begin{bmatrix}\mathbf{I}\\ \mathbf{0}\end{bmatrix} & \begin{bmatrix}\mathbf{0}\\ \mathbf{I}\end{bmatrix} & \begin{bmatrix}\mathbf{0}\\ \mathbf{0}\end{bmatrix}\end{array}\right]$$

$$\mathbf{G}_{\mathrm{DF}}(s)=\left[\begin{array}{c|cc}\mathbf{A} & \mathbf{B}_1 & \mathbf{B}_2\\ \hline \mathbf{C}_1 & \mathbf{0} & \mathbf{D}_{12}\\ \mathbf{C}_2 & \mathbf{I} & \mathbf{0}\end{array}\right]$$

相应的控制器也用角标分开,如图 4.9 所示。闭环传递函数 $\boldsymbol{T}_{zw}$ 也用 $\boldsymbol{T}_{\mathrm{FI}}$ 和 $\boldsymbol{T}_{\mathrm{DF}}$ 加以区分。

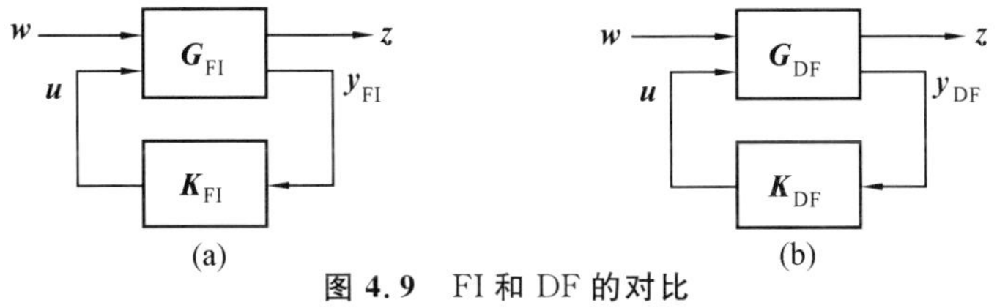

图 4.9　FI 和 DF 的对比

因为 $\boldsymbol{G}_{\mathrm{FI}}$ 的输出 $\boldsymbol{y}_{\mathrm{FI}}=\begin{bmatrix}\boldsymbol{x}\\ \boldsymbol{w}\end{bmatrix}$,而 $\boldsymbol{G}_{\mathrm{DF}}$ 的输出 $\boldsymbol{y}_{\mathrm{DF}}=\boldsymbol{C}_2\boldsymbol{x}+\boldsymbol{w}$,所以下列命题是显然的。

命题 4.2　控制器 $\boldsymbol{K}_{\mathrm{DF}}$ 能内稳定 $\boldsymbol{G}_{\mathrm{DF}}$ 的充要条件是 $\boldsymbol{K}_{\mathrm{FI}}=\boldsymbol{K}_{\mathrm{DF}}[\boldsymbol{C}_2\quad \boldsymbol{I}]$ 能内稳定 $\boldsymbol{G}_{\mathrm{FI}}$,而且 $\boldsymbol{T}_{\mathrm{FI}}=\boldsymbol{T}_{\mathrm{DF}}$。

上面的命题虽然很清楚,但没有使用价值。因为这个命题中要求先知道 $\boldsymbol{K}_{\mathrm{DF}}$,而现在的问题中 $\boldsymbol{K}_{\mathrm{DF}}$ 却是待求的,所以应该将这个命题倒过来用,从已知的 $\boldsymbol{K}_{\mathrm{FI}}$ 来求 $\boldsymbol{K}_{\mathrm{DF}}$。设图 4.10 所示就是这样的 $\hat{\boldsymbol{K}}_{\mathrm{DF}}$,这里在 $\boldsymbol{K}_{\mathrm{DF}}$ 和 $\boldsymbol{K}_{\mathrm{FI}}$ 的符号上都加一个 ∧ 号,以区分于命题 4.2 中的控制器。图中

$$\mathbf{P}_{\mathrm{DF}}=\left[\begin{array}{c|cc}\mathbf{A}-\mathbf{B}_1\mathbf{C}_2 & \mathbf{B}_1 & \mathbf{B}_2\\ \hline \mathbf{0} & \mathbf{0} & \mathbf{I}\\ \begin{bmatrix}\mathbf{I}\\ -\mathbf{C}_2\end{bmatrix} & \begin{bmatrix}\mathbf{0}\\ \mathbf{I}\end{bmatrix} & \begin{bmatrix}\mathbf{0}\\ \mathbf{0}\end{bmatrix}\end{array}\right] \tag{4.96}$$

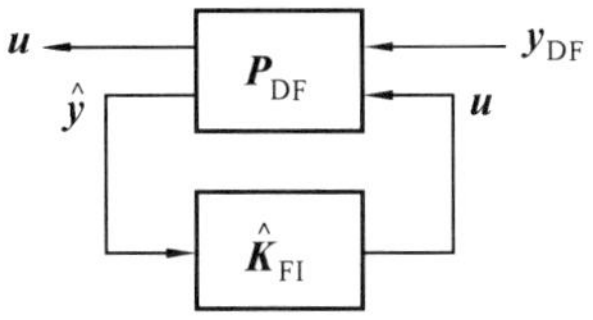

图 4.10　**控制器 $\hat{\boldsymbol{K}}_{\mathrm{DF}}$ 的构成**

命题 4.3　控制器 $\hat{\boldsymbol{K}}_{\mathrm{FI}}$ 能内稳定 $\boldsymbol{G}_{\mathrm{FI}}$ 的充要条件是 $\hat{\boldsymbol{K}}_{\mathrm{DF}}$ 能内稳定 $\boldsymbol{G}_{\mathrm{DF}}$,而且 $\boldsymbol{T}_{\mathrm{FI}}=\boldsymbol{T}_{\mathrm{DF}}$。

证明　将图 4.10 的控制器 $\hat{\boldsymbol{K}}_{\mathrm{DF}}$ 与对象 $\boldsymbol{G}_{\mathrm{DF}}$ 相连，设 $\boldsymbol{G}_{\mathrm{DF}}$ 的状态为 $\boldsymbol{x}$，$\boldsymbol{P}_{\mathrm{DF}}$ 的状态为 $\hat{\boldsymbol{x}}$。根据式(4.96) 可写得 $\boldsymbol{P}_{\mathrm{DF}}$ 的状态方程式为

$$\frac{\mathrm{d}}{\mathrm{d}t}\hat{\boldsymbol{x}}=(\boldsymbol{A}-\boldsymbol{B}_1\boldsymbol{C}_2)\hat{\boldsymbol{x}}+\boldsymbol{B}_1 y_{\mathrm{DF}}+\boldsymbol{B}_2 u=\boldsymbol{A}\hat{\boldsymbol{x}}-\boldsymbol{B}_1\boldsymbol{C}_2\hat{\boldsymbol{x}}+\boldsymbol{B}_1(\boldsymbol{C}_2\boldsymbol{x}+w)+\boldsymbol{B}_2\boldsymbol{u}$$

整理后，得

$$\frac{\mathrm{d}}{\mathrm{d}t}\hat{\boldsymbol{x}}=\boldsymbol{A}\hat{\boldsymbol{x}}+\boldsymbol{B}_1\boldsymbol{C}_2\boldsymbol{e}+\boldsymbol{B}_1\boldsymbol{w}+\boldsymbol{B}_2\boldsymbol{u}\tag{4.97}$$

式中

$$\boldsymbol{e}:=\boldsymbol{x}-\hat{\boldsymbol{x}}$$

已知 $\boldsymbol{G}_{\mathrm{DF}}$ 的状态方程式为

$$\frac{\mathrm{d}}{\mathrm{d}t}\boldsymbol{x}=\boldsymbol{A}\boldsymbol{x}+\boldsymbol{B}_1\boldsymbol{w}+\boldsymbol{B}_2\boldsymbol{u}$$

与式(4.97) 相减，得

$$\dot{\boldsymbol{e}}=(\boldsymbol{A}-\boldsymbol{B}_1\boldsymbol{C}_2)\boldsymbol{e}\tag{4.98}$$

根据 DF 的假设条件(ⅰ)，这个误差信号(系统) 是稳定的。

令 $\hat{\boldsymbol{w}}=\boldsymbol{w}+\boldsymbol{C}_2\boldsymbol{e}$，则可将式(4.97) 写成

$$\frac{\mathrm{d}}{\mathrm{d}t}\hat{\boldsymbol{x}}=\boldsymbol{A}\hat{\boldsymbol{x}}+\boldsymbol{B}_1\hat{\boldsymbol{w}}+\boldsymbol{B}_2\boldsymbol{u}\tag{4.99}$$

根据式(4.96)，可写得 $\boldsymbol{P}_{\mathrm{DF}}$ 的第二个输出

$$\hat{\boldsymbol{y}}=\begin{bmatrix}\boldsymbol{I}\\-\boldsymbol{C}_2\end{bmatrix}\hat{\boldsymbol{x}}+\begin{bmatrix}\boldsymbol{0}\\I\end{bmatrix}\boldsymbol{y}_{\mathrm{DF}}=\begin{bmatrix}\hat{\boldsymbol{x}}\\\hat{\boldsymbol{w}}\end{bmatrix}$$

而根据图 4.10，有

$$\boldsymbol{u}=\hat{\boldsymbol{K}}_{\mathrm{FI}}\hat{\boldsymbol{y}}=\hat{\boldsymbol{K}}_{\mathrm{FI}}\begin{bmatrix}\hat{\boldsymbol{x}}\\\hat{\boldsymbol{w}}\end{bmatrix}\tag{4.100}$$

上面讨论的本是 $\hat{\boldsymbol{K}}_{\mathrm{DF}}$ 与 $\boldsymbol{G}_{\mathrm{DF}}$ 所组成的系统，如果将变量转换成 $\hat{\boldsymbol{x}}$ 和 $\hat{\boldsymbol{w}}$，就相当于式(4.99)、式(4.100) 所表示的 FI 问题了，所以只要 $\hat{\boldsymbol{K}}_{\mathrm{DF}}$ 对 $\boldsymbol{G}_{\mathrm{DF}}$ 是内稳定的，则 $\hat{\boldsymbol{K}}_{\mathrm{FI}}$ 对 $\boldsymbol{G}_{\mathrm{FI}}$ 也必然是内稳定的。另外，式(4.98) 为不可控的稳定模态，不会影响闭环传递函数 $\boldsymbol{T}_{\mathrm{DF}}$，故 $\boldsymbol{T}_{\mathrm{DF}}=\boldsymbol{T}_{\mathrm{FI}}$。

证毕

命题 4.2 和命题 4.3 表明，DF 问题实质上等价于 FI 问题，所以上面的 DF.1 和 DF.4 与 FI.1 和 FI.4 是一样的。而且根据命题 4.3，将前面 FI 问题中的控制器代入图 4.10 的框图中就可得出 DF.2 和 DF.5 的控制器。

4.3.9　输出估计问题

最后的一个特殊问题是输出估计(Output Estimation, OE) 问题，OE 的对象结构为

$$G(s)=\left[\begin{array}{c|cc} A & B_1 & B_2 \\ \hline C_1 & 0 & I \\ C_2 & D_{21} & 0 \end{array}\right] \tag{4.101}$$

这里称此为估计问题只限制使用在输出反馈问题上。本例中如果式(4.101)中的 $\boldsymbol{B}_2=\boldsymbol{0}$,即没有 $\boldsymbol{u}$ 的反馈作用,那么根据测量得到的 $\boldsymbol{y}$ 来估计输出 $\boldsymbol{z}$ 就是常规的估计问题。故本节称为输出估计。其实这个常规估计器也可从后面的结果中得出(注:图 4.12 中取 $\boldsymbol{B}_2=\boldsymbol{0}$)。

将式(4.101)与式(4.95)对比可以看到,OE 与 DF 是对偶的。前面关于 FC 与 FI 对偶的讨论也适用于此。现在 OE 问题的假设条件是:

(ⅰ)$(\boldsymbol{A},\boldsymbol{B}_1)$ 是可镇定的,且 $\boldsymbol{A}-\boldsymbol{B}_2\boldsymbol{C}_1$ 是稳定的。

(ⅱ)$(\boldsymbol{C}_2,\boldsymbol{A})$ 是可检测的。

(ⅳ)$\begin{bmatrix}\boldsymbol{B}_1\\ \boldsymbol{D}_{21}\end{bmatrix}\boldsymbol{D}_{21}^{\mathrm{T}}=\begin{bmatrix}\boldsymbol{0}\\ \boldsymbol{I}\end{bmatrix}$。

这里的假设条件是对原输出反馈问题[式(4.49)]假设条件的修改,是为了使输出估计问题中系统的内稳定仍等价于 $\boldsymbol{T}_{zw}\in RH_\infty$。这一点因为在下面输出反馈解的证明中还要用到,所以用引理的形式给出如下。

引理 4.12　设假设条件(ⅰ)和(ⅳ)成立。那么 OE 问题中的 $\boldsymbol{K}$ 是容许的,当且仅当 $\boldsymbol{T}_{zw}\in RH_\infty$。

证明　按引理 4.5,先检验秩 $n_{12}(\lambda)$。

$$n_{12}(\lambda)=\operatorname{rank}\begin{bmatrix}\boldsymbol{A}-\lambda\boldsymbol{I} & \boldsymbol{B}_2\\ \boldsymbol{C}_1 & \boldsymbol{D}_{12}\end{bmatrix}$$

注意到 OE 问题中的 $\boldsymbol{D}_{12}=\boldsymbol{I}$,将上式中第 1 列减去第 2 列右乘 $\boldsymbol{C}_1$。因为这是准初等变换,所以秩不变,得

$$n_{12}(\lambda)=\operatorname{rank}\begin{bmatrix}\boldsymbol{A}-\boldsymbol{B}_2\boldsymbol{C}_1-\lambda\boldsymbol{I} & \boldsymbol{B}_2\\ \boldsymbol{C}_1-\boldsymbol{C}_1 & \boldsymbol{I}\end{bmatrix}=\operatorname{rank}\begin{bmatrix}\boldsymbol{A}-\boldsymbol{B}_2\boldsymbol{C}_1-\lambda\boldsymbol{I} & \boldsymbol{B}_2\\ \boldsymbol{0} & \boldsymbol{I}_{m2}\end{bmatrix}=n+m_2,$$
$$\text{for}\quad \operatorname{Re}\lambda\geqslant 0$$

根据 OE 的假设(ⅰ),$\boldsymbol{A}-\boldsymbol{B}_2\boldsymbol{C}_1$ 是稳定的,故有上式的第三个等号,满足引理 4.5 的条件。

另外,OE 问题假设(ⅰ)中的$(\boldsymbol{A},\boldsymbol{B}_1)$可镇定和假设(ⅳ)都是原对象的假设,故 $n_{21}(\lambda)=n+p_2$ 仍满足引理 4.5 的秩的条件。

证毕

因为是对偶关系,所以 OE 问题的结果可以根据 DF 的对偶直接写得。

OE 的 H_2 最优控制的结果为:

OE. 1: $\min\|\boldsymbol{T}_{zw}\|_2=\|\boldsymbol{C}_1\boldsymbol{G}_f\|_2$。

OE. 2: $\boldsymbol{K}(s)=\left[\begin{array}{c|c}\boldsymbol{A}+\boldsymbol{L}_2\boldsymbol{C}_2-\boldsymbol{B}_2\boldsymbol{C}_1 & \boldsymbol{L}_2\\ \hline \boldsymbol{C}_1 & \boldsymbol{0}\end{array}\right]$,式中 $\boldsymbol{L}_2:=-\boldsymbol{Y}_2\boldsymbol{C}_2^{\mathrm{T}}$,$\boldsymbol{Y}_2:=\operatorname{Ric}(\boldsymbol{J}_2)\geqslant 0$。

OE 的 H_∞ 次优控制的条件和控制器为：

OE. 4：$\boldsymbol{J}_\infty \in \mathrm{dom}(\mathrm{Ric})$，$\mathrm{Ric}(\boldsymbol{J}_\infty) \geqslant 0$。

OE. 5：H_∞ 次优控制器族具有图 4.11 所示的 LFT 结构，其中

$$\mathbf{M}_\infty(s) = \left[\begin{array}{c|cc} \mathbf{A}+\mathbf{L}_\infty\mathbf{C}_2-\mathbf{B}_2\mathbf{C}_1 & \mathbf{L}_\infty & -\mathbf{B}_2-\gamma^{-2}\mathbf{Y}_\infty\mathbf{C}_1^{\mathrm{T}} \\ \hline \mathbf{C}_1 & \mathbf{0} & \mathbf{I} \\ \mathbf{C}_2 & \mathbf{I} & \mathbf{0} \end{array}\right]$$

$$\boldsymbol{Q} \in RH_\infty, \quad \|\boldsymbol{Q}\|_\infty < \gamma$$

式中，$\boldsymbol{L}_\infty := -\boldsymbol{Y}_\infty \boldsymbol{C}_2^{\mathrm{T}}$；$\boldsymbol{Y}_\infty := \mathrm{Ric}(\boldsymbol{J}_\infty) \geqslant 0$。

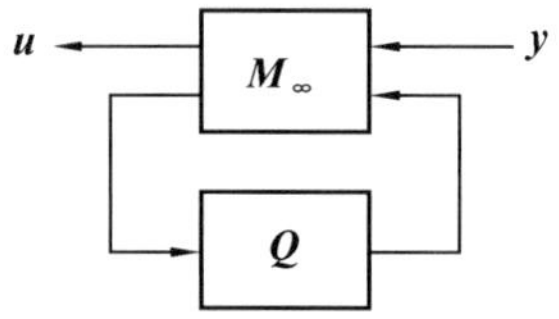

图 4.11 OE 问题的 H_∞ 次优控制器

现在再来说明一下 OE 问题中 H_∞ 控制器的特点。这里只看 $\boldsymbol{Q}=\boldsymbol{0}$ 时的中心控制器。OE. 5 的中心控制器为

$$\mathbf{K}(s) = \left[\begin{array}{c|c} \mathbf{A}+\mathbf{L}_\infty\mathbf{C}_2-\mathbf{B}_2\mathbf{C}_1 & -\mathbf{L}_\infty \\ \hline -\mathbf{C}_1 & \mathbf{0} \end{array}\right] \tag{4.102}$$

这里为了说明方便，对输入阵和输出阵都加了一个负号。

式(4.102) 的控制器方程式可以整理成标准的观测器方程

$$\frac{\mathrm{d}}{\mathrm{d}t}\hat{\boldsymbol{x}} = A\hat{\boldsymbol{x}} + \boldsymbol{B}_2\boldsymbol{u} + (-\boldsymbol{L}_\infty)(\boldsymbol{y} - \boldsymbol{C}_2\hat{\boldsymbol{x}})$$
$$\boldsymbol{u} = -\boldsymbol{C}_1\hat{\boldsymbol{x}} \tag{4.103}$$

图 4.12 所示就是此控制器的结构框图。

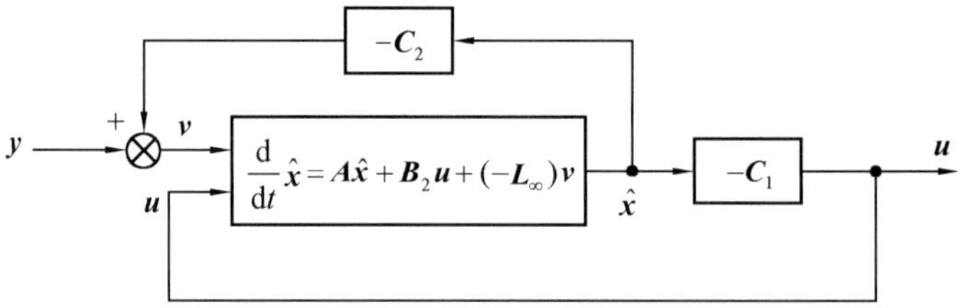

图 4.12 OE 的 H_∞ 控制器

将式(4.102) 与 OE. 2 的控制器进行对比可以看到，两者都是一种观测器结构，观测器的增益分别由 $\mathrm{Ric}(\boldsymbol{J}_\infty)$ 和 $\mathrm{Ric}(\boldsymbol{J}_2)$ 来确定。对 H_2 问题来说，控制器的结构也与图 4.12 所示的结

构一样,只是观测器增益为 $\boldsymbol{L}_2$,观测器输出是状态估计 $\hat{\boldsymbol{x}}$ 乘一个输出阵 $\boldsymbol{C}_1$。更确切地说,H_2 的状态估计是一个与输出通道($\boldsymbol{C}_1$)无关的独立环节。可是对 H_∞ 控制器来说,就不是这种状态估计的概念了。因为这里的 $\boldsymbol{L}_\infty$ 是由 $\mathrm{Ric}(\boldsymbol{J}_\infty)$ 确定的,而哈密顿阵 $\boldsymbol{J}_\infty$ 中包含有 C_1 项[见式(4.94)]。也就是说,图 4.12 中的 $\hat{\boldsymbol{x}}$ 是与输出通道($\boldsymbol{C}_1$)有关的,$\hat{\boldsymbol{x}}$ 并不是一个独立于输出通道的状态估计,这个 $\hat{\boldsymbol{x}}$ 不是一个独立的概念。对图 4.12 来说,只能说 $\boldsymbol{u}$ 是系统输出 $\boldsymbol{C}_1\boldsymbol{x}$ 的一个估计,$\boldsymbol{u}=-\boldsymbol{C}_1\hat{\boldsymbol{x}}$,并称为输出估计。故而图 4.12 中的 H_∞ 控制器也称为输出估计器。

4.4　主要定理

前面的特殊问题和相关的一些引理都是为输出反馈控制器证明做的前期准备工作。这一节要将输出反馈问题分解(分离)为全信息问题和输出估计问题,用分离的观点来给出关于 H_∞ 输出反馈控制器的定理。

4.4.1　H_2 控制器

H_2 问题(LQG 问题)的分离性质都是熟知的,这里用统一的观点来进行说明。H_2 问题是要求解一个容许的控制器 $\boldsymbol{K}$,使系统的 H_2 范数 $\|\boldsymbol{T}_{zw}\|_2$ 最小。

定理 4.1　H_2 最优控制器为

$$\mathbf{K}_2(s):=\left[\begin{array}{c|c}\hat{\mathbf{A}}_2 & -\mathbf{L}_2\\ \hline \mathbf{F}_2 & \mathbf{0}\end{array}\right]=\left[\begin{array}{c|c}\mathbf{A}+\mathbf{B}_2\mathbf{F}_2+\mathbf{L}_2\mathbf{C}_2 & \mathbf{Y}_2\mathbf{C}_2^{\mathrm{T}}\\ \hline -\mathbf{B}_2^{\mathrm{T}}\mathbf{X}_2 & \mathbf{0}\end{array}\right]$$

而且,$\min\|\boldsymbol{T}_{zw}\|_2^2=\|\boldsymbol{G}_c\boldsymbol{B}_1\|_2^2+\|\boldsymbol{F}_2\boldsymbol{G}_f\|_2^2$。

式中,$\boldsymbol{X}_2:=\mathrm{Ric}(\boldsymbol{H}_2)$;$\boldsymbol{Y}_2:=\mathrm{Ric}(\boldsymbol{J}_2)$。式中的 min 是在所有能使系统稳定的控制器中求得的,而且这个最优控制器是唯一的。

证明　定义一个新的控制输入

$$\boldsymbol{v}:=\boldsymbol{u}-\boldsymbol{F}_2\boldsymbol{x}\tag{4.104}$$

在 FI.1 的证明中已经得到了从 $\boldsymbol{w}$ 和 $\boldsymbol{v}$ 到 $\boldsymbol{z}$ 的传递函数关系为

$$\boldsymbol{z}=\left[\begin{array}{c|cc}\mathbf{A}_{F2} & \mathbf{B}_1 & \mathbf{B}_2\\ \hline \mathbf{C}_{1F2} & \mathbf{0} & \mathbf{D}_{12}\end{array}\right]\begin{bmatrix}\boldsymbol{w}\\ \boldsymbol{v}\end{bmatrix}=\mathbf{G}_c\mathbf{B}_1\boldsymbol{w}+\mathbf{U}\boldsymbol{v}\tag{4.105}$$

和

$$\min\|\boldsymbol{T}_{zw}\|_2^2=\|\boldsymbol{G}_c\boldsymbol{B}_1\|_2^2+\min\|\boldsymbol{T}_{vw}\|_2^2\tag{4.106}$$

式中,$\boldsymbol{T}_{vw}$ 是 $\boldsymbol{w}$ 到新定义的信号 $\boldsymbol{v}$ 之间的传递函数。

根据本章所用的 DGKF 法的对象[式(4.49)]和式(4.104)可以写得与 $\boldsymbol{v}$ 生成有关的各变量之间的关系为

$$\dot{\boldsymbol{x}} = \boldsymbol{A}\boldsymbol{x} + \boldsymbol{B}_1\boldsymbol{w} + \boldsymbol{B}_2\boldsymbol{u}$$
$$\boldsymbol{v} = -F_2\boldsymbol{x} + \boldsymbol{u}$$
$$\boldsymbol{y} = \boldsymbol{C}_2\boldsymbol{x} + \boldsymbol{D}_{21}\boldsymbol{w}$$

设用传递函数 $\boldsymbol{G}_v(s)$ 来表示这些信号关系

$$\mathbf{G}_v = \left[\begin{array}{c|cc} \mathbf{A} & \mathbf{B}_1 & \mathbf{B}_2 \\ \hline -\mathbf{F}_2 & \mathbf{0} & \boldsymbol{I} \\ \mathbf{C}_2 & \mathbf{D}_{21} & \mathbf{0} \end{array}\right] \tag{4.107}$$

再考虑到 $\boldsymbol{u}$ 和 $\boldsymbol{y}$ 之间的反馈关系 $\boldsymbol{u}=\boldsymbol{K}\boldsymbol{y}$，可得到一个从 $\boldsymbol{w}$ 到 $\boldsymbol{v}$ 的闭环的关系，如图 4.13 所示。

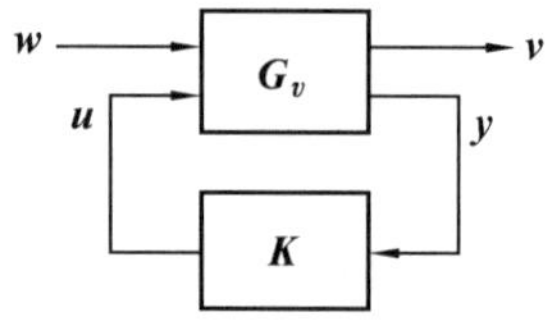

图 4.13　w 到 v 之间的信号关系

根据式(4.106)可知，要求 $\|\boldsymbol{T}_{zw}\|_2$ 最小，就是要求 $\|\boldsymbol{T}_{vw}\|_2$ 最小。注意到这个 $\boldsymbol{G}_v$ 具有输出估计问题的结构[见式(4.101)]，根据 OE.2 可得 $\|\boldsymbol{T}_{vw}\|_2$ 最小时的控制器为

$$\mathbf{K}(s) = \left[\begin{array}{c|c} \mathbf{A}+\mathbf{L}_2\mathbf{C}_2-\mathbf{B}_2\mathbf{C}_1 & \mathbf{L}_2 \\ \hline \mathbf{C}_1 & \mathbf{0} \end{array}\right] = \left[\begin{array}{c|c} \mathbf{A}+\mathbf{L}_2\mathbf{C}_2+\mathbf{B}_2\mathbf{F}_2 & -\mathbf{L}_2 \\ \hline \mathbf{F}_2 & \mathbf{0} \end{array}\right]$$

而且，根据 OE.1 得

$$\min\|\boldsymbol{T}_{vw}\|_2 = \|\boldsymbol{C}_1\boldsymbol{G}_f\|_2 = \|\boldsymbol{F}_2\boldsymbol{G}_f\|_2$$

公式中的 $\boldsymbol{C}_1$ 在本例中[式(4.107)]为 $-\boldsymbol{F}_2$。注意到 $\boldsymbol{G}_v$ 的状态阵 $\boldsymbol{A}$ 阵就是这个 H_2 问题中的 $\boldsymbol{A}$ 阵，而且式(4.107)中的 $(\boldsymbol{A},\boldsymbol{B}_2,\boldsymbol{C}_2)$ 就是原对象 $\boldsymbol{G}$ 的 $(\boldsymbol{A},\boldsymbol{B}_2,\boldsymbol{C}_2)$，所以只要这个 OE 问题中的 $\boldsymbol{K}$ 能镇定 $\boldsymbol{G}_v$，那么这个 $\boldsymbol{K}$ 就一定能镇定 $\boldsymbol{G}$。也就是说，这个 $\mathbf{K}(s)$ 就是 H_2 问题中的 $\mathbf{K}_2(s)$。

证毕

这个定理的证明表明，H_2 问题中的控制器就是输出估计器。将这个 $\boldsymbol{K}(s)$ 进一步展开成状态方程的形式

$$\frac{\mathrm{d}}{\mathrm{d}t}\hat{\boldsymbol{x}} = \boldsymbol{A}\hat{\boldsymbol{x}} + \boldsymbol{B}_2 u + \boldsymbol{L}_2(\boldsymbol{C}_2\hat{\boldsymbol{x}} - \boldsymbol{y})$$
$$\boldsymbol{u} = \boldsymbol{F}_2\hat{\boldsymbol{x}} \tag{4.108}$$

可以看到，这个输出估计器的输出是 $\boldsymbol{F}_2\hat{\boldsymbol{x}}$。这里是认为FI的控制律 $\boldsymbol{F}_2\boldsymbol{x}$ 是最优控制律，而在输出反馈的场合，就要用输出估计器来给出这个控制律的输出估计 $\boldsymbol{F}_2\hat{\boldsymbol{x}}$。这个定理还表明性能指标 $\|\boldsymbol{T}_{zw}\|_2^2$ 的最小值就等于 FI 问题的指标 (FI.1) 加上对 $\boldsymbol{F}_2\boldsymbol{x}$ 估计的 OE 的指标 (OE.1)。这就是将输出反馈问题分解为全信息问题和输出估计问题的分离观点。对这里的

H_2 问题来说,这个 $\boldsymbol{F}_2\hat{\boldsymbol{x}}$ 还可简单地分解为状态估计 $\hat{\boldsymbol{x}}$ 与反馈增益 $\boldsymbol{F}_2$ 的乘积(见 4.3.9 节的讨论)。这就是通常所说的状态估计加状态反馈的 LQG 的分离观点。不过对输出反馈来说,这里的这种输出估计器的解释比状态反馈概念的实际意义更大。第 1 章中分析 LQG 鲁棒性时用的就是这种输出估计器结构[见式(1.53)、式(1.54)],只是当时不能谈得这么深。

4.4.2　H_∞ 控制器

H_∞ 控制器的理论要比 H_2 控制器复杂,这是因为哈密顿阵 $\boldsymbol{H}_\infty$ 和 $\boldsymbol{J}_\infty$[见式(4.64)、式(4.94)]中的(1,2)块是符号不定的,不能保证这两个阵都属于 dom(Ric),所以是否存在 H_∞ 控制器是有条件要求的。

H_∞ 控制器通过定理 4.2 来给出,而定理的证明还需要引理 4.13 和引理 4.14。

这里先定义一个新的输入量 $\boldsymbol{r}$ 和一个新的控制量 $\boldsymbol{v}$。

$$\boldsymbol{r}:=\boldsymbol{w}-\gamma^{-2}\boldsymbol{B}_1^{\mathrm{T}}\boldsymbol{X}_\infty\boldsymbol{x}$$

$$\boldsymbol{v}:=\boldsymbol{u}+\boldsymbol{B}_2^{\mathrm{T}}\boldsymbol{X}_\infty\boldsymbol{x}$$

将 $\boldsymbol{r}$ 和 $\boldsymbol{v}$ 代入对象 $\boldsymbol{G}$ 的方程式,可写得

$$\dot{\boldsymbol{x}}=\boldsymbol{A}\boldsymbol{x}+\boldsymbol{B}_1\boldsymbol{w}+\boldsymbol{B}_2\boldsymbol{u}=(\boldsymbol{A}+\gamma^{-2}\boldsymbol{B}_1\boldsymbol{B}_1^{\mathrm{T}}\boldsymbol{X}_\infty)\boldsymbol{x}+\boldsymbol{B}_1\boldsymbol{r}+\boldsymbol{B}_2\boldsymbol{u}$$

$$\boldsymbol{v}=\boldsymbol{B}_2^{\mathrm{T}}\boldsymbol{X}_\infty\boldsymbol{x}+\boldsymbol{u}$$

$$\boldsymbol{y}=\boldsymbol{C}_2\boldsymbol{x}+\boldsymbol{D}_{21}\boldsymbol{w}=\boldsymbol{C}_2\boldsymbol{x}+\boldsymbol{D}_{21}\boldsymbol{r}$$

上式中已考虑了 $\boldsymbol{D}_{21}\boldsymbol{B}_1^{\mathrm{T}}=\boldsymbol{0}$。写成传递函数形式为

$$\begin{bmatrix}\boldsymbol{v}\\ \boldsymbol{y}\end{bmatrix}=\boldsymbol{G}_{\mathrm{tmp}}\begin{bmatrix}\boldsymbol{r}\\ \boldsymbol{u}\end{bmatrix}=\left[\begin{array}{c|cc}\boldsymbol{A}_{\mathrm{tmp}} & \boldsymbol{B}_1 & \boldsymbol{B}_2\\ \hline -\boldsymbol{F}_\infty & \boldsymbol{0} & \boldsymbol{I}\\ \boldsymbol{C}_2 & \boldsymbol{D}_{21} & \boldsymbol{0}\end{array}\right]\begin{bmatrix}\boldsymbol{r}\\ \boldsymbol{u}\end{bmatrix}\tag{4.109}$$

式中

$$\boldsymbol{A}_{\mathrm{tmp}}:=\boldsymbol{A}+\gamma^{-2}\boldsymbol{B}_1\boldsymbol{B}_1^{\mathrm{T}}\boldsymbol{X}_\infty$$

$$\boldsymbol{F}_\infty=-\boldsymbol{B}_2^{\mathrm{T}}\boldsymbol{X}_\infty$$

注意到 $\boldsymbol{r}$ 和 $\boldsymbol{v}$ 这两个变量在全信息问题中就已经引入过,用来形成内矩阵 $\boldsymbol{P}$[见式(4.70)和图 4.7]。所以这里引入 $\boldsymbol{G}_{\mathrm{tmp}}$ 的目的是要将原问题中的 $\boldsymbol{G}$ 分解为两个 LFT,如图 4.14 所示。根据图中(a)、(b) 两个系统的状态方程式,通过简单的运算,便可证明这两个系统是等价的。式(4.109) 表明这个 $\boldsymbol{G}_{\mathrm{tmp}}$ 具有 OE 问题的结构。下面的引理 4.13 可说明,图 4.14(a) 原系统的 H_∞ 问题的解等价于图 4.14(b) 虚线以下部分的 OE 问题的解。

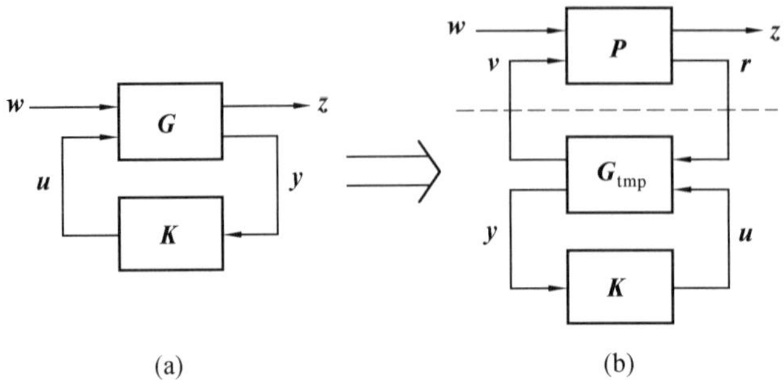

图 4.14 G的分解

引理 4.13 设 $\boldsymbol{X}_\infty$ 存在且 $\boldsymbol{X}_\infty \geqslant 0$，则 $\boldsymbol{K}$ 对 $\boldsymbol{G}$ 也是容许的，且 $\|\boldsymbol{T}_{zw}\|_\infty < \gamma$，当且仅当 $\boldsymbol{K}$ 对 $\boldsymbol{G}_{\rm tmp}$ 是容许的和 $\|\boldsymbol{T}_{vr}\|_\infty < \gamma$。

证明 根据对原对象 $\boldsymbol{G}$ 的假设知道，内稳定等价于 $\boldsymbol{T}_{zw} \in RH_\infty$。而对 $\boldsymbol{G}_{\rm tmp}$ 来说，根据引理 4.12，只要 OE 的假设满足，内稳定也等价于 $\boldsymbol{T}_{vr} \in RH_\infty$。这就是说，无论是对 $\boldsymbol{G}$ 或 $\boldsymbol{G}_{\rm tmp}$，只要输入输出稳定，系统都是内稳定的，即 $\boldsymbol{K}$ 都将是容许的。引理中的 $\boldsymbol{X}_\infty \geqslant 0$ 保证了 $\boldsymbol{P}$ 的内矩阵性质（引理 4.10），而 $\boldsymbol{T}_{vr}$ 则相当于 $\boldsymbol{Q}$ 阵，故根据引理 4.9 便可证得。

证毕

其实上面的证明中还留下了一个条件，即要求 $\boldsymbol{G}_{\rm tmp}$ 要满足如下 OE 问题的假设条件。

（i）$(\boldsymbol{A}_{\rm tmp}, \boldsymbol{B}_1)$ 是可镇定的，且 $\boldsymbol{A}_{\rm tmp} + \boldsymbol{B}_2\boldsymbol{F}_\infty$ 是稳定的。

（ii）$(\boldsymbol{C}_2, \boldsymbol{A}_{\rm tmp})$ 是可检测的。

（iv）$\begin{bmatrix} \boldsymbol{B}_1 \\ \boldsymbol{D}_{21} \end{bmatrix} \boldsymbol{D}_{21}^{\rm T} = \begin{bmatrix} \boldsymbol{0} \\ \boldsymbol{I} \end{bmatrix}$。

上面的（iv）和（i）中的 $(\boldsymbol{A}_{\rm tmp}, \boldsymbol{B}_1)$ 实际上就是原来对 $\boldsymbol{G}$ 的假设条件，所以现在要给出的是满足假设（ii）和（i）后一半的条件，即引理 4.14。当然，对 $\boldsymbol{G}_{\rm tmp}$ 来说，存在容许的控制器就意味着假设（ii）是成立的。设 $\boldsymbol{J}_{\rm tmp}$ 是 $\boldsymbol{G}_{\rm tmp}$ 的 OE 问题中的哈密顿阵为

$$\boldsymbol{J}_{\rm tmp} := \begin{bmatrix} \boldsymbol{A}_{\rm tmp}^{\rm T} & \gamma^{-2}\boldsymbol{F}_\infty^{\rm T}\boldsymbol{F}_\infty - \boldsymbol{C}_2^{\rm T}\boldsymbol{C}_2 \\ -\boldsymbol{B}_1\boldsymbol{B}_1^{\rm T} & -\boldsymbol{A}_{\rm tmp} \end{bmatrix} \tag{4.110}$$

引理 4.14 (a) 若 $\boldsymbol{H}_\infty \in \mathrm{dom(Ric)}$，则 $\boldsymbol{A}_{\rm tmp} + \boldsymbol{B}_2\boldsymbol{F}_\infty$ 是稳定的。(b) 若 $\boldsymbol{J}_{\rm tmp} \in \mathrm{dom(Ric)}$ 和 $\boldsymbol{Y}_{\rm tmp} := \mathrm{Ric}(\boldsymbol{J}_{\rm tmp}) \geqslant 0$，则 $(\boldsymbol{C}_2, \boldsymbol{A}_{\rm tmp})$ 是可检测的。

证明 根据哈密顿阵 $\boldsymbol{H}_\infty$ 和引理 4.1 之(c) 直接就可得出上面的(a)。对于(b)的部分，引理 4.7 证明了 $\boldsymbol{X}_\infty \geqslant 0 \Rightarrow \boldsymbol{A}_{F\infty} = \boldsymbol{A} - \boldsymbol{B}_2\boldsymbol{B}_2^{\rm T}\boldsymbol{X}_\infty$ 是稳定的。它的对偶是：$\boldsymbol{Y}_{\rm tmp} \geqslant 0 \Rightarrow \boldsymbol{A}_{\rm tmp} - \boldsymbol{Y}_{\rm tmp}\boldsymbol{C}_2^{\rm T}\boldsymbol{C}_2$ 是稳定的，再根据 PBH 秩检验法可证明 $(\boldsymbol{C}_2, \boldsymbol{A}_{\rm tmp})$ 是可检测的。

证毕

现在就可以来给出 H_∞ 控制器了。

定理 4.2　$\|\boldsymbol{T}_{zw}\|_\infty < \gamma$ 的控制器存在的充要条件是:

(ⅰ) $H_\infty \in \mathrm{dom(Ric)}$ 且 $\boldsymbol{X}_\infty := \mathrm{Ric}(H_\infty) \geqslant 0$;

(ⅱ) $\boldsymbol{J}_\infty \in \mathrm{dom(Ric)}$ 且 $\boldsymbol{Y}_\infty := \mathrm{Ric}(\boldsymbol{J}_\infty) \geqslant 0$;

(ⅲ) $\rho(\boldsymbol{X}_\infty \boldsymbol{Y}_\infty) < \gamma^2$。

式中,ρ 为谱半径。这些条件成立时的一个控制器是

$$\mathbf{K}_{\mathrm{sub}}(s) := \left[\begin{array}{c|c} \hat{\mathbf{A}}_\infty & -\mathbf{Z}_\infty \mathbf{L}_\infty \\ \hline \mathbf{F}_\infty & \mathbf{0} \end{array}\right]$$

式中

$$\hat{\mathbf{A}}_\infty := \boldsymbol{A} + \gamma^{-2}\boldsymbol{B}_1\boldsymbol{B}_1^{\mathrm{T}}\boldsymbol{X}_\infty + \boldsymbol{B}_2\boldsymbol{F}_\infty + \boldsymbol{Z}_\infty\boldsymbol{L}_\infty\boldsymbol{C}_2$$

$$\boldsymbol{F}_\infty := -\boldsymbol{B}_2^{\mathrm{T}}\boldsymbol{X}_\infty, \quad \boldsymbol{L}_\infty := -\boldsymbol{Y}_\infty\boldsymbol{C}_2^{\mathrm{T}}$$

$$\boldsymbol{Z}_\infty := (\boldsymbol{I} - \gamma^{-2}\boldsymbol{Y}_\infty\boldsymbol{X}_\infty)^{-1}$$

这个控制器称为中心控制器。当然定理中的控制器都是指容许的控制器。

在定理的证明之前,下面先给出一个引理。这个引理是相对独立的,在定理的必要性证明中要用到。

引理 4.15　设存在有 $\|\boldsymbol{T}_{zw}\|_\infty < \gamma$ 的控制器,则上述条件(ⅰ)和(ⅱ)成立。

证明　设 $\boldsymbol{K}$ 是一容许的控制器,能使 $\|\boldsymbol{T}_{zw}\|_\infty < \gamma$,那么控制器 $\boldsymbol{K}[\boldsymbol{C}_2 \quad \boldsymbol{D}_{21}]$ 就可解 FI 问题。而 FI 控制器存在的充要条件 FI.4 就是 $H_\infty \in \mathrm{dom(Ric)}$ 和 $\boldsymbol{X}_\infty := \mathrm{Ric}(H_\infty) \geqslant 0$。条件(ⅱ)也可根据对偶证得。

证毕

定理 4.2 的证明(充分性)　设条件(ⅰ)~(ⅲ)成立。利用 $\boldsymbol{X}_\infty$ 的 Riccati 方程,很容易验证 $\boldsymbol{J}_{\mathrm{tmp}}$ 和 $\boldsymbol{J}_\infty$ 之间是一种相似变换关系,即 $\boldsymbol{T}^{-1}\boldsymbol{J}_{\mathrm{tmp}}\boldsymbol{T} = \boldsymbol{J}_\infty$。

$$\boldsymbol{T} := \begin{bmatrix} \boldsymbol{I} & -\gamma^{-2}\boldsymbol{X}_\infty \\ \boldsymbol{0} & \boldsymbol{I} \end{bmatrix}$$

因此

$$\boldsymbol{X}_-(\boldsymbol{J}_{\mathrm{tmp}}) = \boldsymbol{T}\boldsymbol{X}_-(\boldsymbol{J}_\infty) = \boldsymbol{T}\,\mathrm{Im}\begin{bmatrix} \boldsymbol{I} \\ \boldsymbol{Y}_\infty \end{bmatrix} = \mathrm{Im}\begin{bmatrix} \boldsymbol{I} - \gamma^{-2}\boldsymbol{X}_\infty\boldsymbol{Y}_\infty \\ \boldsymbol{Y}_\infty \end{bmatrix}$$

故可写得

$$\boldsymbol{Y}_{\mathrm{tmp}} := \mathrm{Ric}(\boldsymbol{J}_{\mathrm{tmp}}) = \boldsymbol{Y}_\infty(\boldsymbol{I} - \gamma^{-2}\boldsymbol{X}_\infty\boldsymbol{Y}_\infty)^{-1} \tag{4.111}$$

而式(4.111)表明,$\rho(\boldsymbol{X}_\infty\boldsymbol{Y}_\infty) < \gamma^2$ 就意味着 $\boldsymbol{Y}_{\mathrm{tmp}} \geqslant 0$。这样,根据引理 4.14,$\boldsymbol{G}_{\mathrm{tmp}}$ 满足 OE 的假设条件,并且根据 OE.4 可知,此 OE 问题是可解的。$\boldsymbol{Q} = \boldsymbol{0}$ 时的中心控制器就是它的一个解。将 $\boldsymbol{G}_{\mathrm{tmp}}$ 的参数代入到式(4.102)可得此控制器为

$$\mathbf{K}(s) = \left[\begin{array}{c|c} \mathbf{A} + \gamma^{-2}\mathbf{B}_1\mathbf{B}_1^{\mathrm{T}}\mathbf{X}_\infty - \mathbf{Y}_{\mathrm{tmp}}\mathbf{C}_2^{\mathrm{T}}\mathbf{C}_2 + \mathbf{B}_2\mathbf{F}_\infty & \mathbf{Y}_{\mathrm{tmp}}\mathbf{C}_2^{\mathrm{T}} \\ \hline \mathbf{F}_\infty & \mathbf{0} \end{array}\right] \tag{4.112}$$

将式(4.112) 的 $\boldsymbol{Y}_{\text{tmp}}$ 整理为

$$\boldsymbol{Y}_{\text{tmp}}=\boldsymbol{Y}_\infty(\boldsymbol{I}-\gamma^{-2}\boldsymbol{X}_\infty\boldsymbol{Y}_\infty)^{-1}=(\boldsymbol{I}-\gamma^{-2}\boldsymbol{Y}_\infty\boldsymbol{X}_\infty)^{-1}\boldsymbol{Y}_\infty=\boldsymbol{Z}_\infty\boldsymbol{Y}_\infty$$

并考虑到 $\boldsymbol{L}_\infty=-\boldsymbol{Y}_\infty\boldsymbol{C}_2^{\mathrm{T}}$,代入式(4.112) 得

$$\mathbf{K}(s)=\left[\begin{array}{c|c}\mathbf{A}+\gamma^{-2}\mathbf{B}_1\mathbf{B}_1^{\mathrm{T}}\mathbf{X}_\infty+\mathbf{B}_2\mathbf{F}_\infty+\mathbf{Z}_\infty\mathbf{L}_\infty\mathbf{C}_2 & -\mathbf{Z}_\infty\mathbf{L}_\infty\\ \hline \mathbf{F}_\infty & \mathbf{0}\end{array}\right] \tag{4.113}$$

这就是定理中所定义的 $\boldsymbol{K}_{\text{sub}}$。不过到这一步还只是证明了 $\boldsymbol{K}_{\text{sub}}$ 可镇定 $\boldsymbol{G}_{\text{tmp}}$ 且 $\|\boldsymbol{T}_{vr}\|_\infty<\gamma$。再根据引理 4.13,得 $\boldsymbol{K}_{\text{sub}}$ 镇定 $\boldsymbol{G}$ 且 $\|\boldsymbol{T}_{zw}\|_\infty<\gamma$。

(必要性) 设 $\boldsymbol{K}$ 是一个能使 $\|\boldsymbol{T}_{zw}\|_\infty<\gamma$ 的容许控制器,则根据引理 4.15 有 $\boldsymbol{H}_\infty\in\mathrm{dom(Ric)}$,$\boldsymbol{X}_\infty:=\mathrm{Ric}(H_\infty)\geqslant 0$,$\boldsymbol{J}_\infty\in\mathrm{dom(Ric)}$ 和 $\boldsymbol{Y}_\infty:=\mathrm{Ric}(\boldsymbol{J}_\infty)\geqslant 0$。再根据引理 4.13,这个 $\boldsymbol{K}$ 对 $\boldsymbol{G}_{\text{tmp}}$ 也是容许的,且 $\|\boldsymbol{T}_{vr}\|_\infty<\gamma$,这就意味着 $\boldsymbol{G}_{\text{tmp}}$ 的 $(\boldsymbol{C}_2,\boldsymbol{A}_{\text{tmp}})$ 是可检测的。再加上引理 4.14 之(a),可以知道,$\boldsymbol{G}_{\text{tmp}}$ 的 OE 假设(ⅰ)是成立的,OE 问题是可解的。这样,将 OE.4 运用于 $\boldsymbol{G}_{\text{tmp}}$ 就有 $\boldsymbol{J}_{\text{tmp}}\in\mathrm{dom(Ric)}$ 和 $\boldsymbol{Y}_{\text{tmp}}=\mathrm{Ric}(\boldsymbol{J}_{\text{tmp}})\geqslant 0$。用上面充分性证明中同样的分析法,$\boldsymbol{Y}_{\text{tmp}}=(\boldsymbol{I}-\gamma^{-2}\boldsymbol{Y}_\infty\boldsymbol{X}_\infty)^{-1}\boldsymbol{Y}_\infty\geqslant 0$ 就意味着 $\rho(\boldsymbol{X}_\infty\boldsymbol{Y}_\infty)<\gamma^2$。

证毕

下面再从控制器的结构上来说明这个 H_∞ 输出反馈控制器的特点。将式(4.113)展开,得控制器的方程式为

$$\frac{\mathrm{d}}{\mathrm{d}t}\hat{\boldsymbol{x}}=A\hat{\boldsymbol{x}}+\gamma^{-2}\boldsymbol{B}_1\boldsymbol{B}_1^{\mathrm{T}}\boldsymbol{X}_\infty\hat{\boldsymbol{x}}+\boldsymbol{B}_2\boldsymbol{F}_\infty\hat{\boldsymbol{x}}+\boldsymbol{Z}_\infty\boldsymbol{L}_\infty\boldsymbol{C}_2\hat{\boldsymbol{x}}-\boldsymbol{Z}_\infty\boldsymbol{L}_\infty\boldsymbol{y}$$

$$\boldsymbol{u}=\boldsymbol{F}_\infty\hat{\boldsymbol{x}}$$

整理后可得

$$\begin{cases}\dfrac{\mathrm{d}}{\mathrm{d}t}\hat{\boldsymbol{x}}=A\hat{\boldsymbol{x}}+\boldsymbol{B}_1\hat{\boldsymbol{w}}_{\text{worst}}+\boldsymbol{B}_2\boldsymbol{u}+\boldsymbol{Z}_\infty\boldsymbol{L}_\infty(\boldsymbol{C}_2\hat{\boldsymbol{x}}-\boldsymbol{y})\\ \boldsymbol{u}=\boldsymbol{F}_\infty\hat{\boldsymbol{x}}\end{cases} \tag{4.114}$$

式中

$$\hat{\boldsymbol{w}}_{\text{worst}}=\gamma^{-2}\boldsymbol{B}_1^{\mathrm{T}}\boldsymbol{X}_\infty\hat{\boldsymbol{x}} \tag{4.115}$$

这个控制器虽然仍是一种观测器结构,但是与 H_2 问题的方程式(4.108) 有明显的不同:(1) 多了一个 $\boldsymbol{B}_1\hat{\boldsymbol{\omega}}_{\text{worst}}$ 项;(2) 增益不是 $\boldsymbol{L}_\infty$,而是 $\boldsymbol{Z}_\infty\boldsymbol{L}_\infty$。要回答这个问题,还得从这个定理的证明思路说起。

如果设 $\boldsymbol{X}_\infty:=\mathrm{Ric}(H_\infty)$ 存在,则可对 $\boldsymbol{x}(t)^{\mathrm{T}}\boldsymbol{X}_\infty\boldsymbol{x}(t)$ 微分。这里 $\boldsymbol{x}(t)$ 是在给定输入 $\boldsymbol{w}$ 下的对象方程式的解。

$$\frac{\mathrm{d}}{\mathrm{d}t}\boldsymbol{x}^{\mathrm{T}}\boldsymbol{X}_\infty\boldsymbol{x}=\dot{\boldsymbol{x}}^{\mathrm{T}}\boldsymbol{X}_\infty\boldsymbol{x}+\boldsymbol{x}^{\mathrm{T}}\boldsymbol{X}_\infty\dot{\boldsymbol{x}}=$$

$$\boldsymbol{x}^{\mathrm{T}}(\boldsymbol{A}^{\mathrm{T}}\boldsymbol{X}_\infty+\boldsymbol{X}_\infty\boldsymbol{A})\boldsymbol{x}+2\langle\boldsymbol{w},\boldsymbol{B}_1^{\mathrm{T}}\boldsymbol{X}_\infty\boldsymbol{x}\rangle+2\langle\boldsymbol{u},\boldsymbol{B}_2^{\mathrm{T}}\boldsymbol{X}_\infty\boldsymbol{x}\rangle$$

而对于 $\boldsymbol{X}_\infty$ 的 Riccati 方程是

$$\boldsymbol{A}^{\mathrm{T}}\boldsymbol{X}_\infty+\boldsymbol{X}_\infty\boldsymbol{A}+\boldsymbol{C}_1^{\mathrm{T}}\boldsymbol{C}_1+\gamma^{-2}\boldsymbol{X}_\infty\boldsymbol{B}_1\boldsymbol{B}_1^{\mathrm{T}}\boldsymbol{X}_\infty-\boldsymbol{X}_\infty\boldsymbol{B}_2\boldsymbol{B}_2^{\mathrm{T}}\boldsymbol{X}_\infty=\boldsymbol{0}$$

将这个式子代入上面的 $\boldsymbol{A}^{\mathrm{T}}\boldsymbol{X}_\infty+\boldsymbol{X}_\infty\boldsymbol{A}$ 整理可得

$$\frac{\mathrm{d}}{\mathrm{d}t}\boldsymbol{x}^{\mathrm{T}}\boldsymbol{X}_\infty\boldsymbol{x}=-\|\boldsymbol{C}_1\boldsymbol{x}\|^2-\gamma^{-2}\|\boldsymbol{B}_1^{\mathrm{T}}\boldsymbol{X}_\infty\boldsymbol{x}\|^2+\|\boldsymbol{B}_2^{\mathrm{T}}\boldsymbol{X}_\infty\boldsymbol{x}\|^2+2\langle\boldsymbol{w},\boldsymbol{B}_1^{\mathrm{T}}\boldsymbol{X}_\infty\boldsymbol{x}\rangle+2\langle\boldsymbol{u},\boldsymbol{B}_2^{\mathrm{T}}\boldsymbol{X}_\infty\boldsymbol{x}\rangle$$

对上式配平方并考虑到 $\boldsymbol{C}_1\boldsymbol{x}$ 和 $\boldsymbol{D}_{12}\boldsymbol{u}$ 是正交的,可得

$$\frac{\mathrm{d}}{\mathrm{d}t}(\boldsymbol{x}^{\mathrm{T}}\boldsymbol{X}_\infty\boldsymbol{x})=-\|\boldsymbol{z}\|^2+\gamma^2\|\boldsymbol{w}\|^2-\gamma^2\|\boldsymbol{w}-\gamma^{-2}\boldsymbol{B}_1^{\mathrm{T}}\boldsymbol{X}_\infty\boldsymbol{x}\|^2+\|\boldsymbol{u}+\boldsymbol{B}_2^{\mathrm{T}}\boldsymbol{X}_\infty\boldsymbol{x}\|^2 \tag{4.116}$$

设 $\boldsymbol{x}(0)=\boldsymbol{x}(\infty)=0,\boldsymbol{w}\in L_{2+}$,将式(4.116) 从 $t=0$ 到 $t=\infty$ 积分,积分后等式右侧已是 L_2 范数了。整理后,得

$$\|\boldsymbol{z}\|_2^2-\gamma^2\|\boldsymbol{w}\|_2^2=\|\boldsymbol{u}+\boldsymbol{B}_2^{\mathrm{T}}\boldsymbol{X}_\infty\boldsymbol{x}\|_2^2-\gamma^2\|\boldsymbol{w}-\gamma^{-2}\boldsymbol{B}_1^{\mathrm{T}}\boldsymbol{X}_\infty\boldsymbol{x}\|_2^2=\|\boldsymbol{v}\|_2^2-\gamma^2\|\boldsymbol{r}\|_2^2 \tag{4.117}$$

式(4.117) 就是为什么定理证明中要将输入输出变换为 $\boldsymbol{r}$ 和 $\boldsymbol{v}$ 的原因。事实上,从式(4.117) 就已经可得 $\|\boldsymbol{T}_{zw}\|_\infty\leqslant\gamma$,当且仅当 $\|\boldsymbol{T}_{vr}\|_\infty\leqslant\gamma$。但是为了要得到一个严格不等式以及内稳定的结果(见引理 4.13),需要有以上的这些工作。

式(4.117) 中的 $\boldsymbol{u}=-\boldsymbol{B}_2^{\mathrm{T}}\boldsymbol{X}_\infty\boldsymbol{x}=\boldsymbol{F}_\infty\boldsymbol{x}$ 可以看作是使 $\|\boldsymbol{z}\|_2^2-\gamma^2\|\boldsymbol{w}\|_2^2$ 最小化,而 $\boldsymbol{w}=\gamma^{-2}\boldsymbol{B}_1^{\mathrm{T}}\boldsymbol{X}_\infty\boldsymbol{x}$ 则是使此指标最大化,故称其为最坏扰动输入 $\boldsymbol{w}_{\mathrm{worst}}:=\gamma^{-2}\boldsymbol{B}_1^{\mathrm{T}}\boldsymbol{X}_\infty\boldsymbol{x}$。从变量的关系来说,$\boldsymbol{u}$ 是使 $\boldsymbol{v}=\boldsymbol{0}$,而 $\boldsymbol{w}$ 使 $\boldsymbol{r}=\boldsymbol{0}$,是对应于鞍奇点上的值,如图 4.15 所示。从这一点上来说,式(4.114) 的输出可以看成是最优 FI 控制律 $\boldsymbol{F}_\infty\boldsymbol{x}$ 的估计 $\boldsymbol{F}_\infty\hat{\boldsymbol{x}}$,是在有最坏输入下的输出估计,而式(4.115) 的 $\hat{\boldsymbol{w}}_{\mathrm{worst}}$ 则可以看成是 $\boldsymbol{w}_{\mathrm{worst}}$ 的一个估计。而且因为是对 $\boldsymbol{G}_{\mathrm{tmp}}$ 而不是 $\boldsymbol{G}$ 的输出估计,所以估计器增益是 $\boldsymbol{Z}_\infty\boldsymbol{L}_\infty$ 而不是 $\boldsymbol{L}_\infty$。

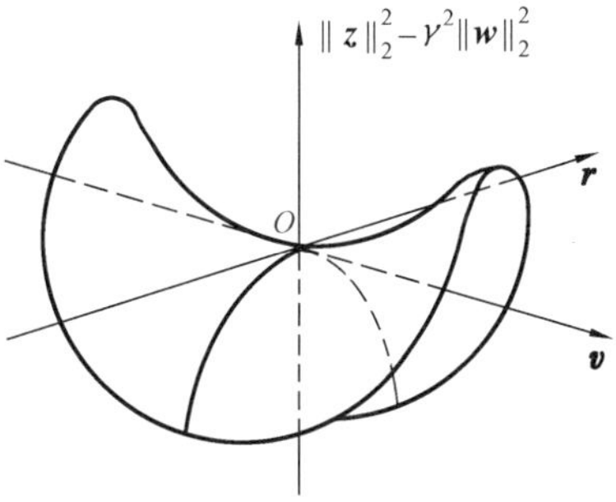

图 4.15　鞍奇点

总之,用分离的观点来解释时,H_∞ 输出反馈控制器就是存在有最坏扰动 $\boldsymbol{w}_{\mathrm{worst}}$ 时的全信息控制律的输出估计器。

下面是关于 H_∞ 次优控制器参数化的定理。

定理 4.3　如果定理 4.2 中的条件(ⅰ)～(ⅲ)均满足,则 $\|\boldsymbol{T}_{zw}\|_\infty<\gamma$ 的所有容许控制器均由如下(图 4.16)的从 $\boldsymbol{y}$ 到 $\boldsymbol{u}$ 的线性分式变换所给出,其中

$$\mathbf{M}_\infty(s)=\left[\begin{array}{c|cc}\hat{\mathbf{A}}_\infty & -\mathbf{Z}_\infty\mathbf{L}_\infty & \mathbf{Z}_\infty\mathbf{B}_2\\ \mathbf{F}_\infty & \mathbf{0} & \mathbf{I}\\ -\mathbf{C}_2 & \mathbf{I} & \mathbf{0}\end{array}\right] \tag{4.118}$$

$$Q\in RH_\infty,\ \|Q\|_\infty<\gamma$$

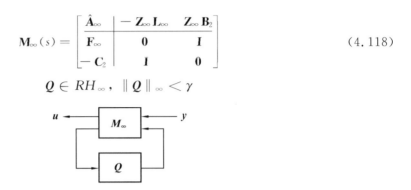

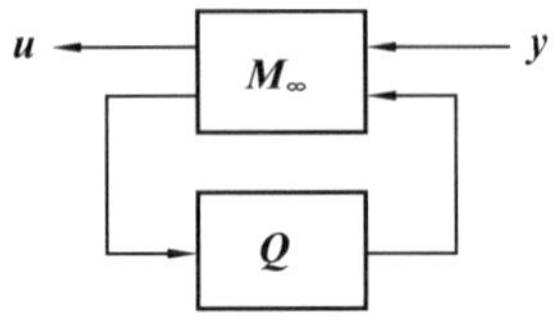

图 4.16 次优 H_∞ 控制器族

从定理 4.3 可见,这是用一个带自由参数 $\boldsymbol{Q}$ 的固定的线性分式变换关系来对这个次优控制器进行了参数化。如果 $\boldsymbol{Q}=\mathbf{0}$,这就是定理 4.2 中的中心控制器 $\boldsymbol{K}_{\text{sub}}(s)$。

证明 根据引理 4.13,能使 $\|\boldsymbol{T}_{zw}\|_\infty<\gamma$ 的所有容许控制器就是对 $\boldsymbol{G}_{\text{tmp}}$ 的使 $\|\boldsymbol{T}_{vr}\|_\infty<\gamma$ 的所有的容许控制器。根据 OE.5 便可写得 $\boldsymbol{G}_{\text{tmp}}$ 的控制器族,式(4.118)。

证毕

4.5 本章小结

注意到定理 4.2 和定理 4.3 中 H_∞ 问题有解的 3 个充要条件只与(广义)对象 $\boldsymbol{G}$[式(4.49)]的参数和所要求的范数指标 γ 值有关。如果对应的两个 Riccati 方程的解 $\boldsymbol{X}_\infty:=\text{Ric}(\boldsymbol{H}_\infty)$ 和 $\boldsymbol{Y}_\infty:=\text{Ric}(\boldsymbol{J}_\infty)$ 存在且是半正定的,并满足 $\rho(\boldsymbol{X}_\infty\boldsymbol{Y}_\infty)<\gamma^2$,这说明这个系统的 H_∞ 问题:$\|\boldsymbol{T}_{zw}\|_\infty<\gamma$ 是有解的。其解,即 H_∞ 控制器 $\boldsymbol{K}(s)$ 可根据 $\boldsymbol{X}_\infty$ 和 $\boldsymbol{Y}_\infty$ 来算得[见式(4.113)]。由此可见,上述的 H_∞ 问题可以用一种标准的算法来求解,MATLAB 的工具箱中都有相应的函数可以调用。

事实上,本章中 DGKF 法对对象要求的条件比较严格,目的是使内稳定等价于输入输出稳定,使证明大为简化(参见定理 4.2、定理 4.3 的证明),并使 H_∞ 解的特色更为突出。实际应用时的对象可不受此限制,只要满足一般性要求即可(见 4.2 节),MATLAB 中的一些算法都已经考虑到了这一点,有 hinfsyn 和 hinf 函数可供使用。其中 hinfsyn 中的 syn 表示 synthesis(即系统综合),hinfsyn 函数所根据的理论实际上就是文献[1]的 DGKF 法未简化前的原型[8],而 hinf 对对象的要求可以更放松一些。有了这些 MATLAB 的函数,再将第 2 章 H_∞ 问题的形成[见式(2.44)]联系到一起,一个实际 H_∞ 问题的求解思路就很清晰了。

本章参考文献

[1] DOYLE J C, GLOVER K, KHARGONEKAR P P, FRANCIS B A. State-space solu-

tions to standard H_2 and H_∞ control problems[J]. IEEE Transactions on Automatic Control, 1989, 34(8): 831-847.

[2] MACIEJOWSKI J M. Multivariable feedback design[M]. New York: Addison-Wesley Publishing Company, 1989.

[3] 周克敏, DOYLE J C, GLOVER K. 鲁棒与最优控制[M]. 毛剑琴, 钟宜生, 林岩, 等译. 北京: 国防工业出版社, 2002.

[4] VAN DER SCHAFT A J. L_2-gain analysis of nonlinear systems and nonlinear state feedback H_∞ control[J]. IEEE Transactions on Automatic Control, 1992, 37(6): 770-784.

[5] 张志方, 孙常胜. 线性控制系统教程[M]. 北京: 科学出版社, 1993.

[6] CHEN T, FRANCIS B A. H_∞-optimal sampled-data control: Computation and design[J]. Automatica, 1996, 32(2): 223-228.

[7] MÄKILÄ P H. Comments on "robust, fragile, or optimal?"[J]. IEEE Transactions on Automatic Control, 1998, 43(9): 1265-1267.

[8] GLOVER K, DOYLE J C. State-space formulae for all stabilizing controllers that satisfy an H_∞-norm bound and relations to risk sensitivity[J]. Systems & Control Letters, 1988, 11: 167-172.

第 5 章　H_∞ 控制中的 LMI 法

LMI 是线性矩阵不等式(Linear Matrix Inequality) 的缩写。线性矩阵不等式解的集合是凸集,因此可以用来求解各种优化问题。这是一种数值方法,很多不能用解析法求解的问题现在都可以用 LMI 来求解了。线性矩阵不等式现在已成为研究后现代控制理论的基本工具。本章主要是介绍 LMI 在 H_∞ 次优控制问题中的应用。当然 LMI 法并不能完全取代基于 Riccati 方程的方法,本章 5.4 ～ 5.6 节主要是讨论 LMI 法和 Riccati 法的各种关系。

5.1　线性矩阵不等式 (LMI)

很多控制问题可以表述成 LMI 问题,例如稳定性问题就是求解下列的 Lyapunov 不等式

$$\exists \boldsymbol{X} > 0 : \boldsymbol{A}^{\mathrm{T}}\boldsymbol{X} + \boldsymbol{X}\boldsymbol{A} < 0 \tag{5.1}$$

一般的 LMI 问题中的不等式具有形式

$$\boldsymbol{A}^{*}\boldsymbol{X}\boldsymbol{A} - \boldsymbol{B}^{*}\boldsymbol{X}\boldsymbol{B} + \boldsymbol{X}\boldsymbol{C} + \boldsymbol{C}^{*}\boldsymbol{X} + \boldsymbol{D} < 0 \tag{5.2}$$

式中,$\boldsymbol{A},\boldsymbol{B},\boldsymbol{C},\boldsymbol{D}$ 为已知的矩阵;$*$ 号表示共轭转置;$\boldsymbol{X}$ 称为矩阵变量(matrix variable),$\boldsymbol{X} = \boldsymbol{X}^{*}$。设用 $\boldsymbol{L}(\boldsymbol{X})$ 来表示式(5.2) 左侧的关系式,即

$$\boldsymbol{L}(\boldsymbol{X}) = \boldsymbol{A}^{*}\boldsymbol{X}\boldsymbol{A} - \boldsymbol{B}^{*}\boldsymbol{X}\boldsymbol{B} + \boldsymbol{X}\boldsymbol{C} + \boldsymbol{C}^{*}\boldsymbol{X} + \boldsymbol{D} \tag{5.3}$$

$\boldsymbol{L}(\boldsymbol{X})$ 是矩阵变量 $\boldsymbol{X}$ 的仿射函数(affine function),即函数中的 $\boldsymbol{X}$ 阵都是分列出来的。

但是式(5.2) 并不是真正意义上的线性矩阵不等式,线性矩阵不等式是指具有线性约束的矩阵不等式

$$\boldsymbol{L}(\boldsymbol{x}) = \boldsymbol{A}_0 + x_1\boldsymbol{A}_1 + x_2\boldsymbol{A}_2 + \cdots + x_N\boldsymbol{A}_N < 0 \tag{5.4}$$

式中,$x_1,\cdots,x_N$ 均为标量,为待求的变量,写成向量形式为 $\boldsymbol{x} = [x_1,\cdots,x_N]^{\mathrm{T}}$;$\boldsymbol{A}_0,\boldsymbol{A}_1,\cdots,\boldsymbol{A}_N$ 均为已知的对称阵。线性矩阵不等式问题是一种决策问题,即是否存在能够满足不等式的解 $(x_1,\cdots,x_N)$? 其答案为“是” 或“否”。所以 $x_1,\cdots,x_N$ 也称为决策变量(decision variables)。

式(5.4) 中 $\boldsymbol{L}(\boldsymbol{x}) < 0$ 的线性约束是凸约束,即如果有 $\boldsymbol{L}(\boldsymbol{y}) < 0$ 和 $\boldsymbol{L}(\boldsymbol{z}) < 0$,那么就有 $\boldsymbol{L}\left(\dfrac{\boldsymbol{y}+\boldsymbol{z}}{2}\right) < 0$。也就是说,其解的集合是凸集。因此线性矩阵不等式(5.4) 的求解是一种凸优化问题。

不过实际的控制问题中,直接得到的并不是式(5.4) 这种典范形式(canonical form),而是某些对称阵 $\boldsymbol{X}_i$ 的仿射函数,故为了求解这种凸优化问题,理论上需要将这种仿射函数转化成式(5.4) 的典范形式。例如设有一 Lyapunov 不等式

$$\boldsymbol{A}^{\mathrm{T}}\boldsymbol{X} + \boldsymbol{X}\boldsymbol{A} < 0 \tag{5.5}$$

式中

$$A=\begin{bmatrix}-1 & 2\\ 0 & -2\end{bmatrix},\quad X=\begin{bmatrix}x_1 & x_2\\ x_2 & x_3\end{bmatrix}$$

这里的决策变量就是 X 阵中的 x_1,x_2,x_3。整理后可以得到这个 LMI 的典范形式为

$$x_1\begin{bmatrix}-2 & 2\\ 2 & 0\end{bmatrix}+x_2\begin{bmatrix}0 & -3\\ -3 & 4\end{bmatrix}+x_3\begin{bmatrix}0 & 0\\ 0 & -4\end{bmatrix}<0 \tag{5.6}$$

实际计算时,这一步转化工作是由软件完成的,只要列出用矩阵变量 X 来表示的不等式(5.2)就可以了。

线性矩阵不等式问题中"<0"是指式(5.3)的埃尔米特(Hermite)阵 $L(X)$ 是负定的,即其最大特征值 $\lambda_{\max}$ 应该是负的,不能超过零。所以这个 LMI 问题就是如下式所示的一种优化问题。

$$\min_{X}\lambda_{\max}(L(X)) \tag{5.7}$$

而且因为是线性约束,所以是凸优化问题。凸优化问题的特点是:虽然式(5.4)一般没有解析解,但只要有解存在,其解一定可以用数值法求得。LMI 问题现在已经可以很方便地用 MATLAB 的 LMI 工具箱来求解了。这里应该说明的是,LMI 计算的复杂程度远远高出于求解一个 Riccati 方程,只是因为现在有了 LMI 工具箱这个强有力的工具,使人感觉到计算似乎比较轻松了。

注意到设计问题中可以不止一个线性约束式(5.4)。设有多个要求分别对应不同的约束:$L_1(x)<0$, $L_2(x)<0$。这些多个 LMI 的约束条件可用定义的单一 LMI $[L(x)<0]$ 来表示,即

$$L(x)=\text{Block diag}(L_1(x),\cdots,L_m(x))<0 \tag{5.8}$$

这就是说 LMI 可用于多目标的设计,在控制工程中有广泛的应用前景。

式(5.7)所表示的 LMI 问题称为可行性问题。可行性问题是指对一组已知的 LMI,$L(x)<0$,求解能满足该不等式组的决策向量 xfeas(称可行性向量)。

可行性问题具体求解的是优化问题

$$\text{Minimize } t \text{ subject to } L(x)\leqslant tI \tag{5.9}$$

如果 $t_{\min}<0$,就表明这组 LMI 约束是可行的。

可行性问题(feasibility problem)函数的调用格式为

$$[\text{tmin, xfeas}]=\text{feasp(lmisys)} \tag{5.10}$$

式中的 xfeas 就是此可行性问题的解。再利用函数 dec2mat 可从决策向量求得矩阵形式的解 X。

还有一类 LMI 问题是 LMI 约束下的线性目标优化问题,即

$$\text{Minimize}\quad c^{\mathrm T}x\quad \text{subject to}\quad L(x)<0 \tag{5.11}$$

H_∞ 设计中的 LMI 问题一般就是这类线性目标的优化问题。现以计算 H_∞ 范数的有界实

引理的 LMI（参见引理 5.3）为例来进行说明。这个 LMI 为

$$\begin{bmatrix} \boldsymbol{A}^{\mathrm{T}}\boldsymbol{P}+\boldsymbol{PA} & \boldsymbol{PB} & \boldsymbol{C}^{\mathrm{T}} \\ \boldsymbol{B}^{\mathrm{T}}\boldsymbol{P} & -\gamma\boldsymbol{I} & \boldsymbol{D}^{\mathrm{T}} \\ \boldsymbol{C} & \boldsymbol{D} & -\gamma\boldsymbol{I} \end{bmatrix} < 0 \tag{5.12}$$

这里要求解的是系统的最小的范数值 γ。现将 γ 归入到决策向量，定义新的矩阵变量

$$\boldsymbol{X}_1=\boldsymbol{P},\quad \boldsymbol{X}_2=\gamma\boldsymbol{I}_{m1+p1} \tag{5.13}$$

则可将式(5.12)整理成含有 $\boldsymbol{X}_1$ 和 $\boldsymbol{X}_2$ 的 LMI

$$\begin{bmatrix} \boldsymbol{A}^{\mathrm{T}}\boldsymbol{X}_1+\boldsymbol{X}_1\boldsymbol{A} & \boldsymbol{X}_1[\boldsymbol{B}\quad \boldsymbol{0}]+[\boldsymbol{0}\quad \boldsymbol{C}^{\mathrm{T}}] \\ \begin{bmatrix}\boldsymbol{B}^{\mathrm{T}}\\ \boldsymbol{0}\end{bmatrix}\boldsymbol{X}_1+\begin{bmatrix}\boldsymbol{0}\\ \boldsymbol{C}\end{bmatrix} & \begin{bmatrix}\boldsymbol{0} & \boldsymbol{D}^{\mathrm{T}}\\ \boldsymbol{D} & \boldsymbol{0}\end{bmatrix}-\boldsymbol{X}_2 \end{bmatrix} < 0 \tag{5.14}$$

式中，$\boldsymbol{X}_2$ 是对角阵，对角阵上的 γ 是决策变量。结合式(5.11)的优化问题来说，向量 $\boldsymbol{c}$ 中对应决策变量 γ 的元素取 1，其余均取零，就可利用式(5.11)来求解系统的 H_∞ 范数的最小值。这个线性目标优化问题的 MATLAB 函数是 mincx。

函数 fcasp 和 mincx 主要用在各种采用 LMI 方法的算法中具体 LMI 问题的求解。从上述说明中还可以看到，LMI 求解的问题都是某一种优化问题。

5.2 数学准备

在处理矩阵不等式时要用到一些重要的引理，其中引理 5.1 和引理 5.2 都已是控制界广为引用的引理，一般文献中已不再给出证明。

引理 5.1(Schur 引理)[1]

设 $\boldsymbol{\Phi}_{11}$ 和 $\boldsymbol{\Phi}_{22}$ 均为对称阵，则下列各条件等价。

(1) $\begin{bmatrix} \boldsymbol{\Phi}_{11} & \boldsymbol{\Phi}_{12} \\ \boldsymbol{\Phi}_{12}^{\mathrm{T}} & \boldsymbol{\Phi}_{22} \end{bmatrix} > 0$。

(2) $\boldsymbol{\Phi}_{11} > 0$，$\boldsymbol{\Phi}_{22} > \boldsymbol{\Phi}_{12}^{\mathrm{T}}\boldsymbol{\Phi}_{11}^{-1}\boldsymbol{\Phi}_{12}$。

(3) $\boldsymbol{\Phi}_{22} > 0$，$\boldsymbol{\Phi}_{11} > \boldsymbol{\Phi}_{12}\boldsymbol{\Phi}_{22}^{-1}\boldsymbol{\Phi}_{12}^{\mathrm{T}}$。 (5.15)

式中，$\boldsymbol{\Phi}_{11}-\boldsymbol{\Phi}_{12}\boldsymbol{\Phi}_{22}^{-1}\boldsymbol{\Phi}_{12}^{\mathrm{T}}$ 称为 $\boldsymbol{\Phi}_{22}$ 的 Schur 补。

引理 5.2(Kalman-Yakubovich 引理)[2]

设$(\boldsymbol{A},\boldsymbol{B})$可控，则下列各条件等价。

(1) 存在 $\boldsymbol{P}=\boldsymbol{P}^{\mathrm{T}}$ 满足

$$-2\boldsymbol{x}^{\mathrm{T}}\boldsymbol{P}(\boldsymbol{Ax}+\boldsymbol{Bu})+\boldsymbol{F}(\boldsymbol{x},\boldsymbol{u})>0,\quad \forall\, \boldsymbol{x}\in\mathbf{R}^n,\boldsymbol{u}\in\mathbf{R}^m \tag{5.16}$$

式中，$\boldsymbol{F}(\boldsymbol{x},\boldsymbol{u})$ 为二次型，$\boldsymbol{F}(\boldsymbol{x},\boldsymbol{u})=\boldsymbol{x}^{\mathrm{T}}\boldsymbol{Q}_{11}\boldsymbol{x}+2\boldsymbol{x}^{\mathrm{T}}\boldsymbol{Q}_{12}\boldsymbol{u}+\boldsymbol{u}^{\mathrm{T}}\boldsymbol{Q}_{22}\boldsymbol{u}$。

(2) $\boldsymbol{x},\boldsymbol{u}$ 为复向量，并满足 $\mathrm{j}\omega\boldsymbol{x}=\boldsymbol{Ax}+\boldsymbol{Bu}$，$\omega\in(-\infty,\infty)$ 时存在不等式

$$\boldsymbol{F}(\boldsymbol{x},\boldsymbol{u})>0 \tag{5.17}$$

(3) 存在矩阵 $\boldsymbol{P},\boldsymbol{H},\boldsymbol{K}$ 满足等式

$$-2\boldsymbol{x}^{\mathrm{T}}\boldsymbol{P}(\boldsymbol{Ax}+\boldsymbol{Bu})+\boldsymbol{F}(\boldsymbol{x},\boldsymbol{u})=|\boldsymbol{H}^{\mathrm{T}}\boldsymbol{x}-\boldsymbol{Ku}|^2 \tag{5.18}$$

引理 5.2 在俄文文献中称为频率定理。该引理将状态空间与频率域联系在一起，式(5.16) 是状态空间条件，式(5.17) 是频域条件。而式(5.18) 是用来求解式(5.16) 的，使式(5.18) 的对应项相等，可以将式(5.18) 分解成两个方程式来求解。这两个方程式也称为 Lurie 方程。引理5.2 最早是为了求解状态空间不等式(5.16) 而提出的。将状态空间的条件化成式(5.17) 的频域条件，然后用图解的办法来求解，例如绝对稳定性问题中的 Popov 的频域判据。或者是将状态空间问题通过式(5.18) 化成 Lurie 方程来求解。20 世纪 90 年代后期，由于线性矩阵不等式方法的发展，状态空间描述的不等式(5.16) 已经是很容易求解了，因此现在的频率定理主要是用来将频域上的性能要求(不等式约束) 转换成状态空间的 LMI。例如引理 5.3 就是用来给出传递函数阵 H_∞ 范数 $<\gamma$ 的状态空间的 LMI。

这里要说明的是频率定理经过几十年的发展已经有了多个版本，不等式有“>0”的，或“$\geqslant 0$”的。不过引理 5.2 中说的是等价关系，即如果式(5.16) 中是“$\geqslant 0$”的，那么式(5.17) 中也是“$\geqslant 0$”的。频率定理用在非线性理论中时一般都用“$\geqslant 0$”。本章主要将频率定理用于 H_∞ 次优控制，所以采用严格不等式。

引理 5.3(有界实引理，Bounded Real Lemma)

下列的条件是等价的。

(1) $\boldsymbol{A}$ 是稳定的，且 $\|\boldsymbol{D}+\boldsymbol{C}(s\boldsymbol{I}-\boldsymbol{A})^{-1}\boldsymbol{B}\|_\infty<\gamma$。

(2) 下列的 LMI 存在 $\boldsymbol{X}>0$ 的解。

$$\begin{bmatrix}\boldsymbol{A}^{\mathrm{T}}\boldsymbol{X}+\boldsymbol{XA} & \boldsymbol{XB} & \boldsymbol{C}^{\mathrm{T}}\\ \boldsymbol{B}^{\mathrm{T}}\boldsymbol{X} & -\gamma\boldsymbol{I} & \boldsymbol{D}^{\mathrm{T}}\\ \boldsymbol{C} & \boldsymbol{D} & -\gamma\boldsymbol{I}\end{bmatrix}<0 \tag{5.19}$$

证明　引理中的(1) 是系统的频域性质，因此可以根据引理 5.2 来推导其等价的状态空间不等式。

取式(5.16) 中的 $F(\boldsymbol{x},\boldsymbol{u})$ 为

$$F(\boldsymbol{x},\boldsymbol{u})=\gamma^2\boldsymbol{u}^{\mathrm{T}}\boldsymbol{u}-\boldsymbol{y}^{\mathrm{T}}\boldsymbol{y} \tag{5.20}$$

则根据 $\mathrm{j}\omega\boldsymbol{x}=\boldsymbol{Ax}+\boldsymbol{Bu}$ 和 $\boldsymbol{y}=\boldsymbol{Cx}+\boldsymbol{Du}$，有

$$\boldsymbol{y}=[\boldsymbol{C}(\mathrm{j}\omega\boldsymbol{I}-\boldsymbol{A})^{-1}\boldsymbol{B}+\boldsymbol{D}]\boldsymbol{u}=\boldsymbol{G}(\mathrm{j}\omega)\boldsymbol{u}$$

将复向量 $\boldsymbol{u}$ 和 $\boldsymbol{y}$ 代入到式(5.17)，得

$$F(\boldsymbol{x},\boldsymbol{u})=\gamma^2\boldsymbol{u}^*\boldsymbol{u}-\boldsymbol{u}^*\boldsymbol{G}(\mathrm{j}\omega)^*\boldsymbol{G}(\mathrm{j}\omega)\boldsymbol{u}>0$$

即

$$\boldsymbol{G}^*(\mathrm{j}\omega)\boldsymbol{G}(\mathrm{j}\omega)<\gamma^2\boldsymbol{I} \tag{5.21}$$

式(5.21) 表明，式(5.20) 对应于系统 $\boldsymbol{G}(\mathrm{j}\omega)$ 的 H_∞ 范数 $\|\cdot\|_\infty<\gamma$ 的频域条件。

将式(5.20) 代入式(5.16)，注意到在状态空间表达式中式(5.20) 为

$$F(x,u)=\gamma^2 u^{\mathrm T}u-(Cx+Du)^{\mathrm T}(Cx+Du)$$

而式(5.16)的第一项则可写成

$$2x^{\mathrm T}P(Ax+Bu)=x^{\mathrm T}P(Ax+Bu)+(Ax+Bu)^{\mathrm T}Px=x^{\mathrm T}(PA+A^{\mathrm T}P)x+x^{\mathrm T}PBu+u^{\mathrm T}B^{\mathrm T}Px$$

将这两项合在一起就可将式(5.16)整理成二次型形式

$$[x^{\mathrm T}\quad u^{\mathrm T}]\begin{bmatrix}-PA-A^{\mathrm T}P-C^{\mathrm T}C & -PB-C^{\mathrm T}D\\ -B^{\mathrm T}P-D^{\mathrm T}C & \gamma^2 I-D^{\mathrm T}D\end{bmatrix}\begin{bmatrix}x\\ u\end{bmatrix}>0 \tag{5.22}$$

要求这个(x,u)的二次型形式正定,乘上负号后就是要求对应的矩阵是负定的,即

$$\begin{bmatrix}A^{\mathrm T}P+PA+C^{\mathrm T}C & PB+C^{\mathrm T}D\\ B^{\mathrm T}P+D^{\mathrm T}C & D^{\mathrm T}D-\gamma^2 I\end{bmatrix}<0 \tag{5.23}$$

这个矩阵不等式有数种不同的形式。如果将式(5.23)的各项均除以γ,得

$$\begin{bmatrix}A^{\mathrm T}P\gamma^{-1}+P\gamma^{-1}A+\gamma^{-1}C^{\mathrm T}C & P\gamma^{-1}B+\gamma^{-1}C^{\mathrm T}D\\ B^{\mathrm T}P\gamma^{-1}+\gamma^{-1}D^{\mathrm T}C & \gamma^{-1}D^{\mathrm T}D-\gamma I\end{bmatrix}<0$$

上式中以$X=P\gamma^{-1}$代入后,可整理成

$$\begin{bmatrix}A^{\mathrm T}X+XA & XB\\ B^{\mathrm T}X & -\gamma I\end{bmatrix}+\gamma^{-1}\begin{bmatrix}C^{\mathrm T}\\ D^{\mathrm T}\end{bmatrix}[C\quad D]<0$$

再根据引理5.1的Schur补公式可得

$$\begin{bmatrix}A^{\mathrm T}X+XA & XB & C^{\mathrm T}\\ B^{\mathrm T}X & -\gamma I & D^{\mathrm T}\\ C & D & -\gamma I\end{bmatrix}<0 \tag{5.24}$$

这就是式(5.19)。此外,整个矩阵负定,则(1,1)项:$A^{\mathrm T}X+XA$也应该是负定的。又因为A阵是稳定的,所以$X>0$,故(1)、(2)等价。

证毕

注意到有界实引理还可以有其他形式。例如根据式(5.23),利用Schur补公式,还可将不等式写成

$$A^{\mathrm T}P+PA+C^{\mathrm T}C+(PB+C^{\mathrm T}D)(\gamma^2 I-D^{\mathrm T}D)^{-1}(B^{\mathrm T}P+D^{\mathrm T}C)<0 \tag{5.25}$$

不过本章中采用的是式(5.19)的线性矩阵不等式。

还应该说明的是,在求解H_∞控制问题时,系统的H_∞范数是指闭环系统的范数,系统的状态空间实现也是指加上控制器以后的闭环系统的实现$(A_{\mathrm{cl}},B_{\mathrm{cl}},C_{\mathrm{cl}},D_{\mathrm{cl}})$。也就是说,根据有界实引理,$H_\infty$范数小于$\gamma$的$H_\infty$次优控制问题有解是指存在能满足下列LMI的解$X_{\mathrm{cl}}>0$。

$$\begin{bmatrix}A_{\mathrm{cl}}^{\mathrm T}X_{\mathrm{cl}}+X_{\mathrm{cl}}A_{\mathrm{cl}} & X_{\mathrm{cl}}B_{\mathrm{cl}} & C_{\mathrm{cl}}^{\mathrm T}\\ B_{\mathrm{cl}}^{\mathrm T}X_{\mathrm{cl}} & -\gamma I & D_{\mathrm{cl}}^{\mathrm T}\\ C_{\mathrm{cl}} & D_{\mathrm{cl}} & -\gamma I\end{bmatrix}<0 \tag{5.26}$$

5.3　次优 H_∞ 问题

设广义对象的传递函数为

$$\mathbf{G}(s)=\left[\begin{array}{c|cc}\mathbf{A} & \mathbf{B}_1 & \mathbf{B}_2\\ \hline \mathbf{C}_1 & \mathbf{D}_{11} & \mathbf{D}_{12}\\ \mathbf{C}_2 & \mathbf{D}_{21} & \mathbf{D}_{22}\end{array}\right] \tag{5.27}$$

式中，$\boldsymbol{A}\in\mathbf{R}^{n\times n}$；$\boldsymbol{D}_{11}\in\mathbf{R}^{p_1\times m_1}$；$\boldsymbol{D}_{22}\in\mathbf{R}^{p_2\times m_2}$。

LMI 方法中由于不是利用解析式来进行分析和推导，因此对对象的假设就比较简单，只有下列两条：

(A1) $(\boldsymbol{A},\boldsymbol{B}_2,\boldsymbol{C}_2)$ 是可镇定和可检测的。

(A2) $\boldsymbol{D}_{22}=\mathbf{0}$。

设 $\boldsymbol{K}(s)$ 为待求的控制器，其传递函数为

$$\mathbf{K}(s)=\left[\begin{array}{c|c}\mathbf{A}_K & \mathbf{B}_K\\ \hline \mathbf{C}_K & \mathbf{D}_K\end{array}\right],\quad \mathbf{A}_K\in\mathbf{R}^{k\times k} \tag{5.28}$$

根据 $\boldsymbol{G}(s)$，$\boldsymbol{K}(s)$ 可得系统从 $\boldsymbol{w}$ 到 $\boldsymbol{z}$ 的闭环传递函数为

$$\mathbf{T}_{zw}(s)=\mathbf{F}_l(\mathbf{G},\mathbf{K})=\left[\begin{array}{c|c}\mathbf{A}_{\mathrm{cl}} & \mathbf{B}_{\mathrm{cl}}\\ \hline \mathbf{C}_{\mathrm{cl}} & \mathbf{D}_{\mathrm{cl}}\end{array}\right] \tag{5.29}$$

式中

$$\boldsymbol{A}_{\mathrm{cl}}=\begin{bmatrix}\boldsymbol{A}+\boldsymbol{B}_2\boldsymbol{D}_K\boldsymbol{C}_2 & \boldsymbol{B}_2\boldsymbol{C}_K\\ \boldsymbol{B}_K\boldsymbol{C}_2 & \boldsymbol{A}_K\end{bmatrix},\quad \boldsymbol{B}_{\mathrm{cl}}=\begin{bmatrix}\boldsymbol{B}_1+\boldsymbol{B}_2\boldsymbol{D}_K\boldsymbol{D}_{21}\\ \boldsymbol{B}_K\boldsymbol{D}_{21}\end{bmatrix}$$

$$\boldsymbol{C}_{\mathrm{cl}}=[\boldsymbol{C}_1+\boldsymbol{D}_{12}\boldsymbol{D}_K\boldsymbol{C}_2\quad \boldsymbol{D}_{12}\boldsymbol{C}_K],\quad \boldsymbol{D}_{\mathrm{cl}}=\boldsymbol{D}_{11}+\boldsymbol{D}_{12}\boldsymbol{D}_K\boldsymbol{D}_{21}$$

现将控制器的所有参数集中为一个变量

$$\boldsymbol{\theta}:=\begin{bmatrix}\boldsymbol{A}_K & \boldsymbol{B}_K\\ \boldsymbol{C}_K & \boldsymbol{D}_K\end{bmatrix}\in\mathbf{R}^{(k+m_2)\times(k+p_2)} \tag{5.30}$$

并采用下列符号以便将控制器与对象的参数分开。

$$\begin{gathered}\boldsymbol{A}_0=\begin{bmatrix}\boldsymbol{A} & \mathbf{0}\\ \mathbf{0} & \mathbf{0}_k\end{bmatrix},\quad \boldsymbol{B}_0=\begin{bmatrix}\boldsymbol{B}_1\\ \mathbf{0}\end{bmatrix},\quad \boldsymbol{C}_0=[\boldsymbol{C}_1\quad \mathbf{0}]\\ \mathscr{B}=\begin{bmatrix}\mathbf{0} & \boldsymbol{B}_2\\ \boldsymbol{I}_k & \mathbf{0}\end{bmatrix},\quad \mathscr{C}=\begin{bmatrix}\mathbf{0} & \boldsymbol{I}_k\\ \boldsymbol{C}_2 & \mathbf{0}\end{bmatrix},\quad \mathscr{D}_{12}=[\mathbf{0}\quad \boldsymbol{D}_{12}],\quad \mathscr{D}_{21}=\begin{bmatrix}\mathbf{0}\\ \boldsymbol{D}_{21}\end{bmatrix}\end{gathered} \tag{5.31}$$

这时闭环的各矩阵可写成

$$\begin{cases}\boldsymbol{A}_{\mathrm{cl}}=\boldsymbol{A}_0+\mathscr{B}\boldsymbol{\theta}\mathscr{C}, & \boldsymbol{B}_{\mathrm{cl}}=\boldsymbol{B}_0+\mathscr{B}\boldsymbol{\theta}\mathscr{D}_{21}\\ \boldsymbol{C}_{\mathrm{cl}}=\boldsymbol{C}_0+\mathscr{D}_{12}\boldsymbol{\theta}\mathscr{C}, & \boldsymbol{D}_{\mathrm{cl}}=\boldsymbol{D}_{11}+\mathscr{D}_{12}\boldsymbol{\theta}\mathscr{D}_{21}\end{cases} \tag{5.32}$$

将闭环系统 $F(\boldsymbol{G},\boldsymbol{K})$ 的这个实现$(\boldsymbol{A}_{\rm cl},\boldsymbol{B}_{\rm cl},\boldsymbol{C}_{\rm cl},\boldsymbol{D}_{\rm cl})$ 代入有界实引理的式(5.26),整理后得

$$\boldsymbol{\Psi}_{\boldsymbol{X}_{\rm cl}}+\mathscr{Q}^{\rm T}\boldsymbol{\theta}^{\rm T}\mathscr{P}\boldsymbol{D}_{\boldsymbol{X}_{\rm cl}}+\boldsymbol{D}_{\boldsymbol{X}_{\rm cl}}\mathscr{P}^{\rm T}\boldsymbol{\theta}\mathscr{Q}<0 \tag{5.33}$$

式中

$$\mathscr{P}:=\begin{bmatrix}\mathscr{B}^{\rm T} & \boldsymbol{0} & \mathscr{D}_{12}^{\rm T}\end{bmatrix},\quad \mathscr{Q}:=\begin{bmatrix}\mathscr{C} & \mathscr{D}_{21} & \boldsymbol{0}\end{bmatrix},\quad \boldsymbol{D}_{\boldsymbol{X}_{\rm cl}}=\mathrm{diag}(\boldsymbol{X}_{\rm cl}\quad I\quad I) \tag{5.34}$$

$$\boldsymbol{\Psi}_{\boldsymbol{X}_{\rm cl}}=\begin{bmatrix}\boldsymbol{A}_0^{\rm T}\boldsymbol{X}_{\rm cl}+\boldsymbol{X}_{\rm cl}\boldsymbol{A}_0 & \boldsymbol{X}_{\rm cl}\boldsymbol{B}_0 & \boldsymbol{C}_0^{\rm T}\\ \boldsymbol{B}_0^{\rm T}\boldsymbol{X}_{\rm cl} & -\gamma\boldsymbol{I} & \boldsymbol{D}_{11}^{\rm T}\\ \boldsymbol{C}_0 & \boldsymbol{D}_{11} & -\gamma\boldsymbol{I}\end{bmatrix} \tag{5.35}$$

式(5.35) 表明 $\boldsymbol{\Psi}_{\boldsymbol{X}_{\rm cl}}$ 中只包含对象的参数,控制器参数 $\boldsymbol{\theta}$ 都只出现在式(5.33) 的后两项中,且呈仿射关系。

引理 5.4 (投影引理[3]**,Projection lemma)**

已知对称阵 $\boldsymbol{\Psi}\in\mathbf{R}^{m\times m}$ 和列的维数均为 m 的两个矩阵 $\boldsymbol{P}$ 和 $\boldsymbol{Q}$,现在来考虑满足下列不等式的具有适当维数的 $\boldsymbol{\theta}$ 阵的求解问题。

$$\boldsymbol{\Psi}+\boldsymbol{P}^{\rm T}\boldsymbol{\theta}^{\rm T}\boldsymbol{Q}+\boldsymbol{Q}^{\rm T}\boldsymbol{\theta}\boldsymbol{P}<0 \tag{5.36}$$

设 $\boldsymbol{P}$ 和 $\boldsymbol{Q}$ 的零空间是由 $\boldsymbol{W}_P$ 和 $\boldsymbol{W}_Q$ 阵的各列所生成的,则式(5.36) 可解的充要条件是

$$\begin{cases}\boldsymbol{W}_P^{\rm T}\boldsymbol{\Psi}\boldsymbol{W}_P<0\\ \boldsymbol{W}_Q^{\rm T}\boldsymbol{\Psi}\boldsymbol{W}_Q<0\end{cases} \tag{5.37}$$

证明 式(5.37) 的必要性是清楚的。例如,因为 $\boldsymbol{P}\boldsymbol{W}_P=0$,所以对式(5.36) 左乘 $\boldsymbol{W}_P^{\rm T}$ 和右乘 $\boldsymbol{W}_P$ 就可得 $\boldsymbol{W}_P^{\rm T}\boldsymbol{\Psi}\boldsymbol{W}_P<0$。充分性的证明详见文献[1]。

证毕

利用引理5.4消去式(5.33)中的控制器参数 $\boldsymbol{\theta}$,从而可得出该 H_∞ 次优问题有解的条件。

为此引入引理 5.4 中的 $\boldsymbol{W}_{\mathscr{P}}$ 和 $\boldsymbol{W}_{\mathscr{Q}}$ 阵来生成 $\mathscr{P}$ 阵和 $\mathscr{Q}$ 阵的零空间。注意到式(5.33) 中 $\mathscr{P}\boldsymbol{D}_{\boldsymbol{X}_{\rm cl}}$ 的零空间是 $\boldsymbol{D}_{\boldsymbol{X}_{\rm cl}}^{-1}\boldsymbol{W}_{\mathscr{P}}$,所以根据式(5.37) 和有界实引理的式(5.33) 及式(5.35),可得次优控制器存在的充要条件是下列两式存在正定解 $\boldsymbol{X}_{\rm cl}\in\mathbf{R}^{(n+k)\times(n+k)}$。

$$\boldsymbol{W}_{\mathscr{P}}^{\rm T}\{\boldsymbol{D}_{\boldsymbol{X}_{\rm cl}}^{-1}\boldsymbol{\Psi}_{\boldsymbol{X}_{\rm cl}}\boldsymbol{D}_{\boldsymbol{X}_{\rm cl}}^{-1}\}\boldsymbol{W}_{\mathscr{P}}<0,\quad \boldsymbol{W}_{\mathscr{Q}}^{\rm T}\boldsymbol{\Psi}_{\boldsymbol{X}_{\rm cl}}\boldsymbol{W}_{\mathscr{Q}}<0 \tag{5.38}$$

现在来给出这第一个式子中的 $\boldsymbol{W}_{\mathscr{P}}$。根据式(5.34) 和式(5.31) 可写得

$$\mathscr{P}=\begin{bmatrix}\boldsymbol{0} & \boldsymbol{I}_k & \boldsymbol{0} & \boldsymbol{0}\\ \boldsymbol{B}_2^{\rm T} & \boldsymbol{0} & \boldsymbol{0} & \boldsymbol{D}_{12}^{\rm T}\end{bmatrix} \tag{5.39}$$

如果定义 $\begin{bmatrix}\boldsymbol{B}_2^{\rm T} & \boldsymbol{D}_{12}^{\rm T}\end{bmatrix}$ 的零空间的标准正交基为

$$\mathscr{N}_R:=\begin{bmatrix}\boldsymbol{W}_1\\ \boldsymbol{W}_2\end{bmatrix} \tag{5.40}$$

则可选取如下的 $\boldsymbol{W}_{\mathscr{P}}$ 为 $\mathscr{P}$ 阵零空间的基

$$\boldsymbol{W}_{\mathscr{P}}=\begin{bmatrix}\boldsymbol{W}_1 & \boldsymbol{0}\\ \boldsymbol{0} & \boldsymbol{0}\\ \boldsymbol{0} & \boldsymbol{I}_{m1}\\ \boldsymbol{W}_2 & \boldsymbol{0}\end{bmatrix} \tag{5.41}$$

再进一步，将式(5.35) 中的 $\boldsymbol{X}_{\mathrm{cl}}$ 和 $\boldsymbol{X}_{\mathrm{cl}}^{-1}$ 分块

$$\boldsymbol{X}_{\mathrm{cl}} := \begin{bmatrix} \boldsymbol{S} & \boldsymbol{N} \\ \boldsymbol{N}^{\mathrm{T}} & * \end{bmatrix}, \quad \boldsymbol{X}_{\mathrm{cl}}^{-1} := \begin{bmatrix} \boldsymbol{R} & \boldsymbol{M} \\ \boldsymbol{M}^{\mathrm{T}} & * \end{bmatrix} \tag{5.42}$$

式中，$\boldsymbol{R},\boldsymbol{S} \in \mathbf{R}^{n\times n}$ 和 $\boldsymbol{M},\boldsymbol{N} \in \mathbf{R}^{n\times k}$。将式(5.35)、式(5.41) 和式(5.42) 代入式(5.38) 的第一个不等式。注意到所代入的式(5.31) 和式(5.41) 的各矩阵中有众多的零阵，化简后式(5.38) 的第一个不等式就成为包含一个 $\boldsymbol{R}$ 阵的线性矩阵不等式

$$\begin{bmatrix} \mathcal{N}_R & \boldsymbol{0} \\ \boldsymbol{0} & \boldsymbol{I}_{m1} \end{bmatrix}^{\mathrm{T}} \begin{bmatrix} \boldsymbol{AR}+\boldsymbol{RA}^{\mathrm{T}} & \boldsymbol{RC}_1^{\mathrm{T}} & \boldsymbol{B}_1 \\ \boldsymbol{C}_1\boldsymbol{R} & -\gamma\boldsymbol{I} & \boldsymbol{D}_{11} \\ \boldsymbol{B}_1^{\mathrm{T}} & \boldsymbol{D}_{11}^{\mathrm{T}} & -\gamma\boldsymbol{I} \end{bmatrix} \begin{bmatrix} \mathcal{N}_R & \boldsymbol{0} \\ \boldsymbol{0} & \boldsymbol{I}_{m1} \end{bmatrix} < 0$$

同理，式(5.38) 的第二个不等式可简化为一个只含有 $\boldsymbol{S}$ 阵的线性矩阵不等式。另外，可以证明[4]，$\boldsymbol{X}_{\mathrm{cl}} > 0$ 等价于 $\begin{bmatrix} \boldsymbol{R} & \boldsymbol{I} \\ \boldsymbol{I} & \boldsymbol{S} \end{bmatrix} \geqslant 0$。

根据上述推导，可得定理如下：

定理 5.1　设一 n 阶的对象 $\boldsymbol{P}(s)$ 如式(5.27) 所示，且有假设(A1) 和(A2)。并设 $\mathcal{N}_R$ 和 $\mathcal{N}_S$ 分别为$(\boldsymbol{B}_2^{\mathrm{T}} \quad \boldsymbol{D}_{12}^{\mathrm{T}})$ 和$(\boldsymbol{C}_2 \quad \boldsymbol{D}_{21})$ 的零空间的标准正交基。

性能指标为 γ 的 H_∞ 问题可解的充要条件是存在满足下列三个 LMI 组的对称阵 $\boldsymbol{R},\boldsymbol{S} \in \mathbf{R}^{n\times n}$。

$$\begin{bmatrix} \mathcal{N}_R & \boldsymbol{0} \\ \boldsymbol{0} & \boldsymbol{I} \end{bmatrix}^{\mathrm{T}} \left[\begin{array}{cc|c} \boldsymbol{AR}+\boldsymbol{RA}^{\mathrm{T}} & \boldsymbol{RC}_1^{\mathrm{T}} & \boldsymbol{B}_1 \\ \boldsymbol{C}_1\boldsymbol{R} & -\gamma\boldsymbol{I} & \boldsymbol{D}_{11} \\ \hline \boldsymbol{B}_1^{\mathrm{T}} & \boldsymbol{D}_{11}^{\mathrm{T}} & -\gamma\boldsymbol{I} \end{array}\right] \begin{bmatrix} \mathcal{N}_R & \boldsymbol{0} \\ \boldsymbol{0} & \boldsymbol{I} \end{bmatrix} < 0 \tag{5.43}$$

$$\begin{bmatrix} \mathcal{N}_S & \boldsymbol{0} \\ \boldsymbol{0} & \boldsymbol{I} \end{bmatrix}^{\mathrm{T}} \left[\begin{array}{cc|c} \boldsymbol{A}^{\mathrm{T}}\boldsymbol{S}+\boldsymbol{SA} & \boldsymbol{SB}_1 & \boldsymbol{C}_1^{\mathrm{T}} \\ \boldsymbol{B}_1^{\mathrm{T}}\boldsymbol{S} & -\gamma\boldsymbol{I} & \boldsymbol{D}_{11}^{\mathrm{T}} \\ \hline \boldsymbol{C}_1 & \boldsymbol{D}_{11} & -\gamma\boldsymbol{I} \end{array}\right] \begin{bmatrix} \mathcal{N}_S & \boldsymbol{0} \\ \boldsymbol{0} & \boldsymbol{I} \end{bmatrix} < 0 \tag{5.44}$$

$$\begin{bmatrix} \boldsymbol{R} & \boldsymbol{I} \\ \boldsymbol{I} & \boldsymbol{S} \end{bmatrix} \geqslant 0 \tag{5.45}$$

此外，关于降阶的 k 阶控制器$(k < n)$ 存在的充要条件则还要补充秩的条件

$$\mathrm{rank}(\boldsymbol{I}-\boldsymbol{RS}) \leqslant k \tag{5.46}$$

证毕

这 3 个 LMI 求解所得的 $\boldsymbol{R},\boldsymbol{S}$ 阵将进一步用于确定控制器。也就是说，这 3 个 LMI 给出了范数小于 γ 的所有控制器。这就是 H_∞ 次优控制问题，即找出能使闭环系统内稳定，且其 H_∞ 范数 $\|\boldsymbol{T}_{zw}\|_\infty < \gamma$ 的所有控制器[5]。注意到式(5.43) ～(5.45) 对 $\boldsymbol{R},\boldsymbol{S}$ 和 γ 来说都是仿射的，所以根据这 3 个 LMI 来求最小的 γ 是一个凸优化问题。具体来说，是线性目标优化问题 $\min \boldsymbol{c}^{\mathrm{T}}\boldsymbol{x}$。这个最小的 γ 值在 LMI 法中称为 γ_{opt}。但是对于降阶控制器来说，由于增加了一个

秩的条件[式(5.46)],所以降阶问题就不是凸问题了。应用时一般是先求解式(5.43)~(5.45)(LMI 的凸优化问题),如果所得的 $\boldsymbol{R},\boldsymbol{S}$ 阵满足降阶的秩的条件[式(5.46)],函数 hinflmi 就会自动给出降阶的控制器。

5.4 次优问题的 Riccati 不等式

从式(5.43)~(5.45)的 LMI 可整理出一组等价的 Riccati 不等式,而且这一组不等式与 DGKF 法的 H_∞ 问题中的 Riccati 方程式是平行的。这说明基于 ARE 的方法和基于 LMI 的方法是有联系的。事实上,如果是非奇异 H_∞ 问题,即如果 $\boldsymbol{D}_{12}$ 和 $\boldsymbol{D}_{21}^{\mathrm{T}}$ 都是列满秩的,则式(5.43)~(5.45)的 LMI 就可以化成两个 Riccati 不等式和一个范数界 γ 的约束条件[1]。作为例子,取 $\boldsymbol{X}:=\gamma\boldsymbol{R}^{-1}$ 和 $\boldsymbol{Y}:=\gamma\boldsymbol{S}^{-1}$,并设广义对象满足文献中 DGKF 法的假设条件[见式(4.49)],则

$$\boldsymbol{D}_{11}=\boldsymbol{0},\quad \boldsymbol{D}_{12}^{\mathrm{T}}[\boldsymbol{D}_{12}\quad \boldsymbol{C}_1]=[\boldsymbol{I}\quad \boldsymbol{0}],\quad \boldsymbol{D}_{21}[\boldsymbol{D}_{21}^{\mathrm{T}}\quad \boldsymbol{B}_1^{\mathrm{T}}]=[\boldsymbol{I}\quad \boldsymbol{0}]$$

那么式(5.43)~(5.45)就可整理成

$$\boldsymbol{A}^{\mathrm{T}}\boldsymbol{X}+\boldsymbol{X}\boldsymbol{A}+\boldsymbol{X}(\gamma^{-2}\boldsymbol{B}_1\boldsymbol{B}_1^{\mathrm{T}}-\boldsymbol{B}_2\boldsymbol{B}_2^{\mathrm{T}})\boldsymbol{X}+\boldsymbol{C}_1^{\mathrm{T}}\boldsymbol{C}_1<0 \tag{5.47}$$

$$\boldsymbol{A}\boldsymbol{Y}+\boldsymbol{Y}\boldsymbol{A}^{\mathrm{T}}+\boldsymbol{Y}(\gamma^{-2}\boldsymbol{C}_1^{\mathrm{T}}\boldsymbol{C}_1-\boldsymbol{C}_2^{\mathrm{T}}\boldsymbol{C}_2)\boldsymbol{Y}+\boldsymbol{B}_1\boldsymbol{B}_1^{\mathrm{T}}<0 \tag{5.48}$$

$$\boldsymbol{X}>0,\quad \boldsymbol{Y}>0,\quad \rho(\boldsymbol{X}\boldsymbol{Y})\leqslant\gamma^2 \tag{5.49}$$

式(5.47)、式(5.48)左侧就是常见的 H_∞ 问题中的 Riccati 表达式,而式(5.49)的约束条件也完全是与文献[5]中的条件平行的。文献[1]给出了 Riccati 不等式的证明。这里主要是对取 $\boldsymbol{R}^{-1}$ 和 $\boldsymbol{S}^{-1}$ 做一说明,使之对采用 LMI 法有更进一步的了解。

上面在求解次优 H_∞ 问题时用 $\boldsymbol{R},\boldsymbol{S}$ 阵作为待求的对称阵而不用 $\boldsymbol{X},\boldsymbol{Y}$ 阵,是因为在 H_∞ 问题中用 $\boldsymbol{X}$ 和 $\boldsymbol{Y}$ 来表示的 Riccati 不等式并不构成凸问题。当用 $\boldsymbol{R}$ 和 $\boldsymbol{S}$ 来表示时,这个不等式才是仿射的,即构成了线性矩阵不等式,才可以用凸优化的方法来求解。现结合式(5.47)这一 H_∞ 问题中典型的 Riccati 方程来进行说明。

将 $\boldsymbol{X}=\gamma\boldsymbol{R}^{-1}$ 代入式(5.47),并对该不等式左乘和右乘 $\boldsymbol{R}$,得

$$\boldsymbol{R}\boldsymbol{A}^{\mathrm{T}}\gamma+\gamma\boldsymbol{A}\boldsymbol{R}+\boldsymbol{B}_1\boldsymbol{B}_1^{\mathrm{T}}-\gamma^2\boldsymbol{B}_2\boldsymbol{B}_2^{\mathrm{T}}+\boldsymbol{R}\boldsymbol{C}_1^{\mathrm{T}}\boldsymbol{C}_1\boldsymbol{R}<0$$

考虑到 $\boldsymbol{D}_{12}^{\mathrm{T}}[\boldsymbol{D}_{12}\quad \boldsymbol{C}_1]=[\boldsymbol{I}\quad \boldsymbol{0}]$ 的假设条件,可将上式整理成

$$\boldsymbol{R}\boldsymbol{A}^{\mathrm{T}}+\boldsymbol{A}\boldsymbol{R}-\gamma\boldsymbol{B}_2\boldsymbol{B}_2^{\mathrm{T}}+\gamma^{-1}(\boldsymbol{R}\boldsymbol{C}_1+\boldsymbol{B}_1\boldsymbol{D}_{12}^{\mathrm{T}})(\boldsymbol{C}_1\boldsymbol{R}+\boldsymbol{D}_{12}\boldsymbol{B}_1^{\mathrm{T}})<0$$

这样,根据 Schur 引理(引理 5.1)可进一步将上式写成

$$\begin{bmatrix}\boldsymbol{R}\boldsymbol{A}^{\mathrm{T}}+\boldsymbol{A}\boldsymbol{R}-\gamma\boldsymbol{B}_2\boldsymbol{B}_2^{\mathrm{T}} & \boldsymbol{R}\boldsymbol{C}_1+\boldsymbol{B}_1\boldsymbol{D}_{12}^{\mathrm{T}}\\ \boldsymbol{C}_1\boldsymbol{R}+\boldsymbol{D}_{12}\boldsymbol{B}_1^{\mathrm{T}} & -\gamma\boldsymbol{I}\end{bmatrix}<0 \tag{5.50}$$

式(5.50)左侧的矩阵对待求的参数 $\boldsymbol{R}$ 阵来说是仿射的。由此可见,H_∞ 问题中的 Riccati 不等式并不构成凸问题,只有对 $\boldsymbol{X}$ 阵和 $\boldsymbol{Y}$ 阵取逆以后才能形成线性矩阵不等式。

5.5　H_∞ 次优控制器

定理5.1是 H_∞ 次优控制器有解的条件，只要根据式(5.43)～(5.45)解得 $\boldsymbol{R},\boldsymbol{S}\in\mathbf{R}^{n\times n}$，并根据 $\boldsymbol{R},\boldsymbol{S}$ 阵计算出的控制器就是 γ 次优 H_∞ 控制器。所以 $\boldsymbol{R},\boldsymbol{S}$ 表示了所有 H_∞ 范数小于 γ 的控制器，这种通过参数 $\boldsymbol{R},\boldsymbol{S}$ 来表示也称为 H_∞ 次优控制器的参数化。

具体计算时先根据所得到的 $\boldsymbol{R},\boldsymbol{S}$ 阵来计算出有界实引理式(5.26)中的 $\boldsymbol{X}_{\rm cl}\in\mathbf{R}^{(n+k)\times(n+k)}$。这里为了简单起见，只研究全阶控制器，即控制器的阶次与对象相同，$k=n$。

先计算出满足下式的任何两个可逆阵 $\boldsymbol{M},\boldsymbol{N}\in\mathbf{R}^{n\times n}$，最简单的情形就是本节下面例子中的取 $\boldsymbol{M}=\boldsymbol{R}$ 和 $\boldsymbol{N}=\boldsymbol{R}^{-1}-\boldsymbol{S}$。

$$\boldsymbol{M}\boldsymbol{N}^{\rm T}=\boldsymbol{I}-\boldsymbol{R}\boldsymbol{S} \tag{5.51}$$

式中的各符号见式(5.42)。这样，$\boldsymbol{X}_{\rm cl}$ 就是下列的线性方程的唯一解[3]

$$\boldsymbol{X}_{\rm cl}\begin{bmatrix}\boldsymbol{R} & \boldsymbol{I}\\ \boldsymbol{M}^{\rm T} & \boldsymbol{0}\end{bmatrix}=\begin{bmatrix}\boldsymbol{I} & \boldsymbol{S}\\ \boldsymbol{0} & \boldsymbol{N}^{\rm T}\end{bmatrix}$$

这里 $\boldsymbol{M},\boldsymbol{N}$ 的具体值不会影响最终的结果。

注意到式(5.45)还保证了 $\boldsymbol{X}_{\rm cl}>0$[3]。有了 $\boldsymbol{X}_{\rm cl}$，式(5.33)中就只有控制器的参数 $\boldsymbol{\theta}$(见式(5.30))是未知的，而且这个不等式对 $\boldsymbol{\theta}$ 来说还是仿射的。所以控制器的参数($\boldsymbol{A}_K,\boldsymbol{B}_K,\boldsymbol{C}_K,\boldsymbol{D}_K$)就可以用凸优化的算法来求得。因为式(5.33)是用来计算控制器的，所以式(5.33)也称为控制器的线性矩阵不等式。具体在求解这个控制器的LMI时还要考虑所用算法的效率和数值稳定性问题，文献[3]对此有详尽的分析和讨论，其最终的成果体现在MATLAB的LMI Toolbox的hinflmi函数上。

随着控制器算法研究的进展，还发现了LMI控制器与基于Riccati方程的控制器在控制器参数计算的公式上是相通的[3]。作为例子，仍以DGKF法的典型 H_∞ 控制问题为例[5]来进行说明。

设对对象的假设为

$$\boldsymbol{D}_{11}=\boldsymbol{0},\quad \boldsymbol{D}_{12}^{\rm T}[\boldsymbol{D}_{12}\quad \boldsymbol{C}_1]=[\boldsymbol{I}\quad \boldsymbol{0}],\ \boldsymbol{D}_{21}[\boldsymbol{D}_{21}^{\rm T}\quad \boldsymbol{B}_1^{\rm T}]=[\boldsymbol{I}\quad \boldsymbol{0}]$$

5.4节已经说明，这时与DGKF法的Riccati方程对应的Riccati不等式的解就是 $\boldsymbol{X}=\gamma\boldsymbol{R}^{-1}$ 和 $\boldsymbol{Y}=\gamma\boldsymbol{S}^{-1}$。现在设Riccati方程的镇定解为 $\boldsymbol{X}_\infty$ 和 $\boldsymbol{Y}_\infty$，并且从形式上用 $\gamma^{-1}(\boldsymbol{X}_\infty,\boldsymbol{Y}_\infty)$ 代替($\boldsymbol{R}^{-1},\boldsymbol{S}^{-1}$)来计算这里的LMI控制器。

设将式(5.51)分解为 $\boldsymbol{M}=\boldsymbol{R}$ 和 $\boldsymbol{N}=\boldsymbol{R}^{-1}-\boldsymbol{S}$，并取控制器的直通项 $\boldsymbol{D}_K=\boldsymbol{0}$。将 $\boldsymbol{R}^{-1}\rightarrow\gamma^{-1}\boldsymbol{X}_\infty$ 和 $\boldsymbol{S}^{-1}\rightarrow\gamma^{-1}\boldsymbol{Y}_\infty$ 代入到文献[3]给出的LMI控制器的状态空间参数 $\boldsymbol{A}_K,\boldsymbol{B}_K$ 和 $\boldsymbol{C}_K$ 的计算公式，可算得

$$\boldsymbol{A}_K=\boldsymbol{A}+(\gamma^{-2}\boldsymbol{B}_1\boldsymbol{B}_1^{\rm T}-\boldsymbol{B}_2\boldsymbol{B}_2^{\rm T})\boldsymbol{X}_\infty+(\gamma^{-2}\boldsymbol{Y}_\infty\boldsymbol{X}_\infty-\boldsymbol{I})^{-1}\boldsymbol{Y}_\infty\boldsymbol{C}_2^{\rm T}\boldsymbol{C}_2,$$

$$\boldsymbol{B}_K=-(\gamma^{-2}\boldsymbol{Y}_\infty\boldsymbol{X}_\infty-\boldsymbol{I})^{-1}\boldsymbol{Y}_\infty\boldsymbol{C}_2^{\rm T},$$

$$C_K = -B_2^{\mathrm{T}} X_\infty$$

这与基于Riccati方程的 H_∞ 控制中中心控制器的公式[5]是一样的。由此可见，利用LMI法也能给出在形式上与基于Riccati法相同的 H_∞ 控制器。这样，LMI Toolbox中就有两个可用来求解 H_∞ 控制问题的函数：hinflmi和hinfric。由于hinfric中 MN^{T} 的分解受到一定约束，因此两者的计算结果并不完全一样。

下面是关于 hinflmi 和 hinfric 的具体说明。

（1）hinflmi 的调用格式是

[gopt,K,x1,x2,y1,y2]=hinflmi(P,r)

其中，P是对象 $\boldsymbol{P}(s)$ 状态空间表示的系统矩阵；r是行矩阵 r=[p2　m2]，p2 是对象第二个输出 $\boldsymbol{y}$ 的维数，m2 是第二个输入 $\boldsymbol{u}$ 的维数；gopt 就是所得的 H_∞ 性能指标 γ 值；K 是次优控制器；x1，y1 就是 LMI 的解 $\boldsymbol{R}=\mathrm{x1}$，$\boldsymbol{S}=\mathrm{y1}$；$\mathrm{x2}=\mathrm{y2}=\gamma\boldsymbol{I}$。

（2）hinfric 的调用格式是

[gopt,K,x1,x2,y1,y2]=hinfric(P, r)

其中，各符号所代表的意义与 hinflmi 中基本一致，只是这里的 $\boldsymbol{X}_\infty=\mathrm{x2/x1}$ 和 $\boldsymbol{Y}_\infty=\mathrm{y2/y1}$ 称为 H_∞－Riccati 方程的镇定解。

5.6　LMI 法的其他一些设计特点

上面几节主要是介绍原理，讨论的都是一些最基本的问题，所以给人的印象似乎 LMI 法只是一种与 Riccati 法平行的方法。其实这两种方法各有特色，正确地理解和利用其特点才能充分发挥 H_∞ 设计的优点。

基于 Riccati 方程的方法是一种解析法，其最优解是一条全通特性，所以适合于进行系统的综合(synthesis)：通过指定权函数来实现所要求的性能。而且 Riccati 法的解是一种解析表达式，便于对设计的结果进行分析，避免可能出现的设计问题。基于 LMI 的方法则是一种数值求解的方法，可以处理一组不等式问题，也就是说还可以增加其他的设计要求或约束来解决 Riccati 法所遇到的问题，扩大了 H_∞ 设计的应用范围。

这里以一个挠性结构的 H_∞ 控制为例来进行说明。这个例子比较简单，因为简单才能将问题说透。相信这里所传达的一些设计思想对解决更为复杂的问题是会有帮助的。

设一二阶挠性系统，其传递函数为

$$P(s)=\frac{\omega_0^2}{s^2+2\zeta\omega_0 s+\omega_0^2} \tag{5.52}$$

式中，$\zeta=0.000\,1$；$\omega_0=100$ rad/s。

现要求解如下的 H_∞ 混合灵敏度问题

$$\left\| \begin{bmatrix} W_1 S \\ W_2 KS \\ W_3 T \end{bmatrix} \right\|_\infty < \gamma \tag{5.53}$$

式中，K 为控制器；S 为灵敏度函数；T 为闭环传递函数。$S=(I+PK)^{-1}$，$T=PKS$。相应的权函数分别取为[1]

$$W_1(s)=\frac{1}{s},\quad W_2(s)=0.01,\quad W_3(s)=\frac{50s}{s+5\ 000} \tag{5.54}$$

图 5.1 所示为此混合灵敏度问题的系统框图。系统中除去控制器 $K(s)$ 以外的部分就是 H_∞ 问题中的广义对象 $\boldsymbol{G}(s)$（图 5.2）。广义对象的传递函数关系为

$$\begin{bmatrix} \boldsymbol{z} \\ y \end{bmatrix} = \boldsymbol{G}(s) \begin{bmatrix} w \\ u \end{bmatrix},\quad \boldsymbol{z}=\begin{bmatrix} z_1 \\ z_2 \\ z_3 \end{bmatrix} \tag{5.55}$$

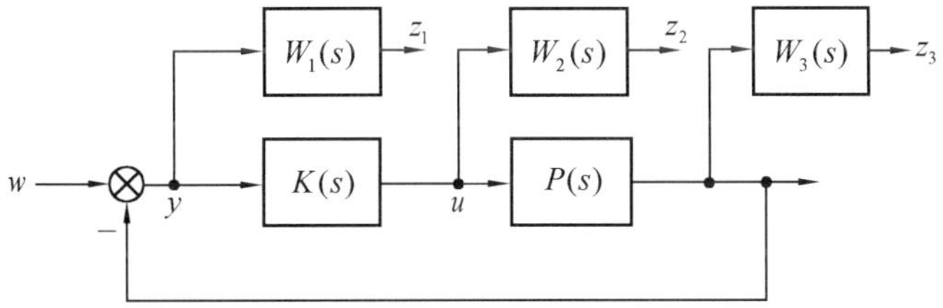

图 5.1　控制系统的结构框图

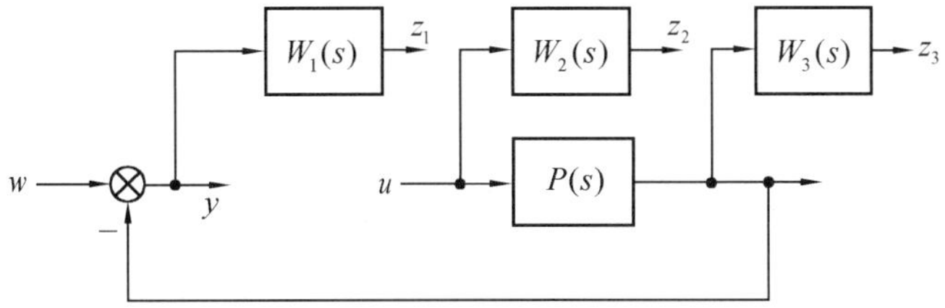

图 5.2　H_∞ 问题中的广义对象

$$\mathbf{G}(s)=\left[\begin{array}{c|cc} \mathbf{A} & \mathbf{B}_1 & \mathbf{B}_2 \\ \hline \mathbf{C}_1 & \mathbf{0} & \mathbf{D}_{12} \\ \mathbf{C}_2 & \mathbf{D}_{21} & \mathbf{0} \end{array}\right]=\begin{bmatrix} \mathbf{G}_{11}(s) & \mathbf{G}_{12}(s) \\ \mathbf{G}_{21}(s) & \mathbf{G}_{22}(s) \end{bmatrix} \tag{5.56}$$

式(5.56)中的 $\boldsymbol{G}_{21}(s)$ 是广义对象的第一个输入 $\boldsymbol{w}$ 到第二个输出 $\boldsymbol{y}$ 的传递函数。从图 5.2 可见，这个 $\boldsymbol{G}_{21}(s)$ 的通道中并不包含对象 $\boldsymbol{P}(s)$，即 $\boldsymbol{P}(s)$ 的极点是 $(\boldsymbol{A},\boldsymbol{B}_1)$ 的不能控模态。这就是说，$\boldsymbol{P}(s)$ 的一对弱阻尼谐振模态是 $\boldsymbol{G}_{21}(s)$ 的不变零点。

如果本例采用基于 Riccati 方程的 DGKF 法，那么 DGKF 法的理论已经证明[6]，H_∞ 中心控制器对 $\boldsymbol{G}_{12}(s)$ 和 $\boldsymbol{G}_{21}(s)$ 的所有稳定的不变零点都是对消的。因此，如果采用 Riccati 法，H_∞

控制器将有一对复数零点与 $\boldsymbol{P}(s)$ 的一对弱阻尼极点相对消。作为例子，文献[1]中当 $\gamma=1$ 时所算得的控制器为

$$K_1(s)=100.8\,\frac{(s+5\,000)(s^2+0.02s+10^4)}{(s+0.01)(s+14.2)(s^2+1.12\times10^4s+5\times10^7)} \tag{5.57}$$

式(5.57)分子中的$(s^2+0.02s+10^4)$就是要与 $\boldsymbol{P}(s)$ 的极点相对消的零点。

对于一般的稳定的不变零点来说，这种零极点对消的设计本来不会带来问题。但是对于弱阻尼模态，这种零极点对消的设计是不允许的。因为弱阻尼的极点本来就已经非常贴近虚轴了，如果谐振模态的参数略有变化，而没有做到精确对消，那么错开的零极点之间形成的根轨迹很可能绕过虚轴进入右半面。用现在的术语来说，系统的鲁棒稳定性将是非常差的。

上述的零极点对消是因为 $\boldsymbol{G}_{21}(s)$ 通道的$(\boldsymbol{A},\boldsymbol{B}_1)$不是能控对所造成的。从 Riccati 法来说，这主要影响到第二个 Riccati 方程。事实上，文献[7]证明，对式(5.53)这种标准的混合灵敏度问题来说，如果对象 P 是稳定的，那么第二个 Riccati 方程的解为 $\boldsymbol{Y}_\infty=\boldsymbol{0}$。这里正是要根据 $\boldsymbol{Y}_\infty=\boldsymbol{0}$ 解的这个特点，从 LMI 法上来进行补救。

理论上说，LMI 法与 Riccati 法是并行的，Riccati 法里出现的问题在 LMI 法上也是会反映出来的。但是 LMI 法的 3 个 LMI 只是一种约束，在凸优化的求解过程中尚可对参数 $\boldsymbol{R},\boldsymbol{S}$ 施加约束，从而可以避免 Riccati 法中上述的 $\boldsymbol{Y}_\infty=\boldsymbol{0}$ 的极限情况。5.4 节已经讨论过 Riccati 不等式。设 Riccati 不等式的解为 $\boldsymbol{X}$，并设对应的 Riccati 方程式的解为 $\boldsymbol{X}_\infty$，那么文献[1]证明了

$$\boldsymbol{X}>\boldsymbol{X}_\infty\geqslant0 \tag{5.58}$$

注意，Riccati 不等式中的 $\boldsymbol{X},\boldsymbol{Y}$ 与 LMI 中 $\boldsymbol{R},\boldsymbol{S}$ 存在着一定的倒数关系，即

$$\boldsymbol{X}=\gamma\boldsymbol{R}^{-1},\quad \boldsymbol{Y}=\gamma\boldsymbol{S}^{-1} \tag{5.59}$$

当 H_∞ 优化解出现零极点对消时，即出现 $\boldsymbol{X}_\infty=\boldsymbol{0}$ 或 $\boldsymbol{Y}_\infty=\boldsymbol{0}$ 时，对应的 LMI 法中的 $\boldsymbol{R}$ 阵或 $\boldsymbol{S}$ 阵就会很大，即 $\lambda_{\max}(\boldsymbol{R})\gg1$ 或 $\lambda_{\max}(\boldsymbol{S})\gg1$。因此，可以限制相应的 $\boldsymbol{R}$ 阵或 $\boldsymbol{S}$ 阵来避免零极点对消。事实上，函数 hinflmi 中另有选项可以来控制解的范数。加上选项时 hinflmi 的调用格式为

```
[gopt,k,x1,x2,y1,y2]=hinflmi(P,r,g,tol,options)
```

options 包含了 3 项：

options(1)：在[0,1]之间取值(默认值为 0)，该值增加，$\boldsymbol{R}$ 的范数减小；

options(2)：在[0,1]之间取值(默认值为 0)，该值增加，$\boldsymbol{S}$ 的范数减小；

options(3)：默认值为 1e−3，当 $\rho(\boldsymbol{XY})\geqslant(1-\text{option}(3))\times\text{gopt}^2$ 时，则执行降阶设计。

本例中的零极点对消是由于 $\boldsymbol{P}_{21}(s)$ 的不变零点造成的，即是由于 $\boldsymbol{Y}_\infty$ 奇异而造成的，故要用 options(2) 选项来调节 $\boldsymbol{S}$ 的范数。本例当调整 options(2)=0.605 时，可得到 H_∞ 范数 gopt=0.99，此时 options(1)=0。所得到的 H_∞ 控制器为[8]

$$K_2(s)=-2.1\times10^3\,\frac{(s-6\,618)(s^2-145.6s+6\,356)}{s(s+31.3)(s+5\,013)(s+8.9\times10^4)} \tag{5.60}$$

图 5.3 所示是控制器 $K_2(s)$ 加上对象 $P(s)$ 后的系统的 Bode 图，可以看到对象的谐振模态并未被对消掉。图 5.4 所示是对象上加脉冲扰动时的闭环响应 $y(t)$ 以及控制输入 $u(t)$。

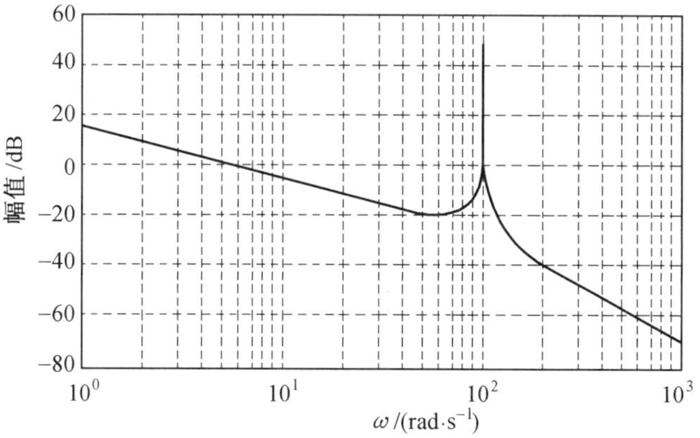

图 5.3　PK_2 的 Bode 图

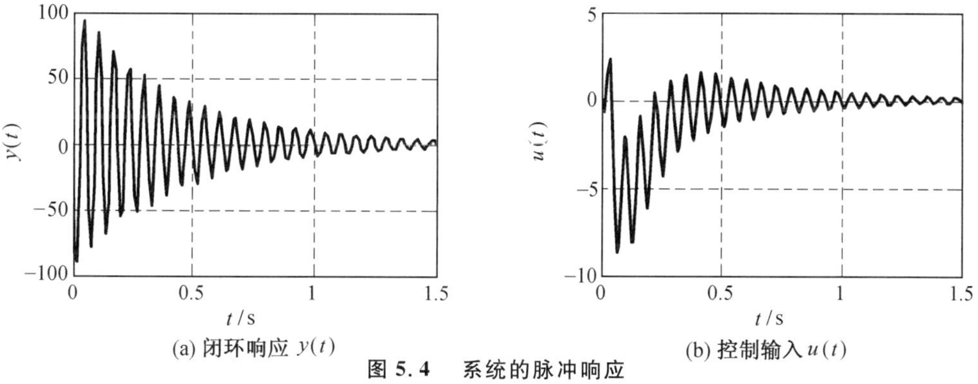

图 5.4　系统的脉冲响应

注意到式(5.60)控制器中的高频模态是可以去掉的，降阶后为

$$K_3(s)=0.031\frac{s^2-145.6s+6356}{s(s+31.3)} \tag{5.61}$$

由此控制器和对象所构成的系统的特征方程为

$$1+K_3(s)P(s)=0$$

对应的极点为

$$-2.31\pm \mathrm{j}99.926,\quad -13.35\pm \mathrm{j}4.4697 \tag{5.62}$$

式(5.62)表明，控制后对象的弱阻尼复数极点的实数部分已从 $\sigma=-0.01$[见式(5.52)]往左拉到 $\sigma=-2.31$，对应的过渡过程时间约为 1.5 s(图 5.4)，系统已具有足够的阻尼。而且因为权函数 $W_1(s)=1/s$，所以设计所得的控制器 $K_3(s)$ 具有了积分控制律。

由此可见，充分利用 Riccati 法和 LMI 法各自的特点，才有可能做出一个较完美的设计。

5.7 本章小结

前面第 4 章求解 H_∞ 优化问题的 Riccati 方程的方法是一种解析法，其解是根据严格的充要条件来得出的。LMI 方法则是一种数值求解的方法，当用 LMI 法来求解 H_∞ 问题时，因为利用的是 Kalman-Yakubovich 引理，所以基本的 LMI[式(5.26)]也是充要条件。不过如果像 5.6 节所说的，加上其他约束时，则所得的就不再是 H_∞ 问题的最优解了。再进一步，如果在范数界的条件上再加其他 LMI 约束[见式(5.8)]而形成多目标问题时，虽然问题是可以求解的，但一般都只是一种充分性条件，保守性有时是很大的。这一点在使用时应该注意。

本章参考文献

[1] GAHINET P, APKARIAN P. A linear matrix inequality approach to H_∞ control[J]. International Journal of Robust and Nonlinear Control, 1994, 4(1): 421-448.

[2] 王广雄，张静. 控制理论中的频率定理：Kalman-Yakubovich 引理[J]. 电机与控制学报，2002，6(4)：301-303.

[3] GAHINET P. Explicit controller formulas for LMI-based H_∞ synthesis[J]. Automatica, 1996, 32(7): 1007-1014.

[4] GAHINET P. A convex parametrization of H_∞ suboptimal controllers[C]. Proc. CDC, 1992: 937-942.

[5] DOYLE J C, GLOVER K, KHARGONEKAR P P, et al. State-space solutions to standard H_2 and H_∞ control problems[J]. IEEE Transactions on Automatic Control, 1989, 34(8): 831-847.

[6] SEFTON J, GLOVER K. Pole/zero cancellations in the general H_∞ problem with reference to a two block design[J]. Systems & Control Letters, 1990, 14:295-306.

[7] HVOSTOV H S. Simplifying H_∞ controller synthesis via classical feedback system structure[J]. IEEE Transactions on Automatic Control, 1990, 35(4): 485-488.

[8] 王广雄，王新生，林愈银，等. H_∞ 控制问题中 RIC 法和 LMI 法的一个比较[J]. 电机与控制学报，2000，4(2)：65-68.

第 6 章　典型 H_∞ 设计问题

到现在为止，前面各章介绍的是 H_∞ 问题形成和求解的一般问题。实际求解设计问题时各类问题都还有其本身的特殊性。本章将结合典型的设计问题来进行说明。另外，H_∞ 设计的成功与否还与权函数的选择有很大关系，结合实例来介绍权函数的确定，以及如何在设计中满足秩的条件，也是本章的目的。

6.1　设计问题分类

这里的分类是指从 H_∞ 问题的角度来进行的分类。H_∞ 设计问题的难易与输入输出信号维数之间的相对关系有关。图 6.1 所示是 H_∞ 标准问题的框图，图中还标出了广义对象输入输出信号(向量)的维数。

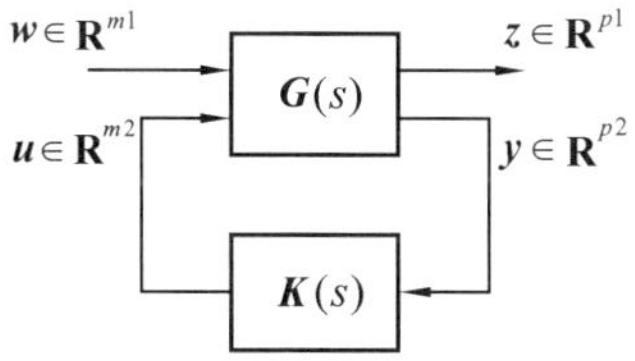

图 6.1　H_∞ 标准问题的框图

如果向量 $\boldsymbol{w}$ 和 $\boldsymbol{y}$ 的维数相同，向量 $\boldsymbol{u}$ 和 $\boldsymbol{z}$ 的维数也相同，则称此设计问题为 1 块 (1－block) 问题。如果 $\boldsymbol{w}$ 的维数 m_1 大于 $\boldsymbol{y}$ 的维数 p_2，或者 $\boldsymbol{z}$ 的维数 p_1 大于 $\boldsymbol{u}$ 的维数 m_2，则称为 2 块问题。

作为例子，设有图 6.2 所示的系统，从 $\boldsymbol{w}$ 到 $\boldsymbol{z}_1$ 的 H_∞ 范数 $\|\boldsymbol{W}_1\boldsymbol{S}\|_\infty$ 代表了性能要求，从 $\boldsymbol{w}$ 到 $\boldsymbol{z}_2$ 的 H_∞ 范数 $\|\boldsymbol{W}_2\boldsymbol{T}\|_\infty$ 代表了鲁棒稳定性要求(也可见图 2.11)。将这两个要求合写到一起就是

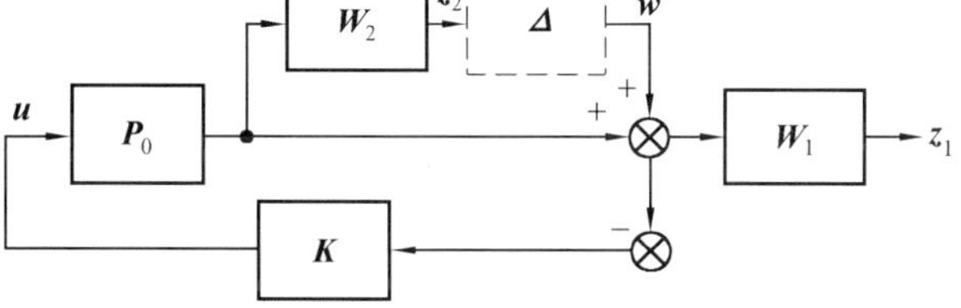

图 6.2　S/T 问题框图

$$\left\| \begin{matrix} \boldsymbol{W}_1\boldsymbol{S} \\ \boldsymbol{W}_2\boldsymbol{T} \end{matrix} \right\|_\infty \leqslant 1 \tag{6.1}$$

式(6.1) 称为 $\boldsymbol{S}/\boldsymbol{T}$ 混合灵敏度问题。设所研究的系统是个标量系统,即 $m_2=p_2=1$,输入的维数 $m_1=1$,而输出 $[z_1 \quad z_2]^{\mathrm{T}}$ 的维数 $p_1=2$,$p_1>m_2$,故这个问题是一个 2 块问题。从传递函数的观点来说,式(6.1) 代表了一个 1 入 2 出的问题。当然一般来说,输入输出的信号都是指向量信号。

如果图 6.2 的设计问题中没有性能要求,即只有鲁棒稳定性要求

$$\| \boldsymbol{W}_2\boldsymbol{T} \|_\infty \leqslant 1 \tag{6.2}$$

则是1块问题。上面第2章2.2.4节已经指出,1块问题的设计结果有可能是没有意义的,实际的设计问题一般都是如式(6.1) 所示的有约束的设计问题,所以下面对1块问题也不再进行讨论。

对 2 块问题来说,如果是标量系统,那么这时的 2 块问题就是 $p_1>m_2=1$,或者是 $m_1>p_2=1$。更形象一点说,就是1入多出,或多入单出。图 6.3 所示就是最一般情形下的1入3出的系统框图[1]。

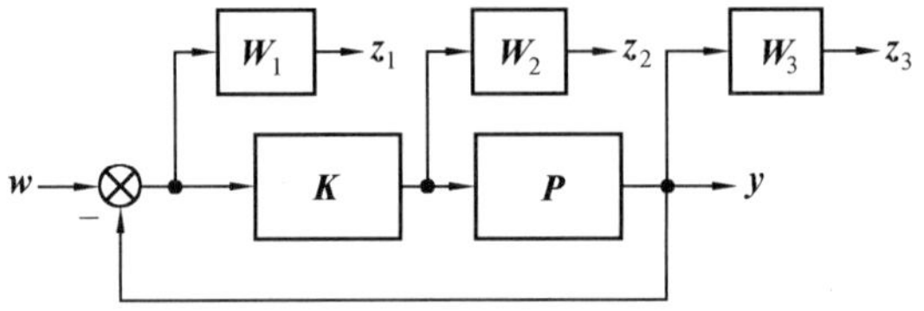

图 6.3　混合灵敏度问题的系统框图

图 6.3 所示系统从输入 $\boldsymbol{w}$ 到输出 $\boldsymbol{z}=[z_1 \quad z_2 \quad z_3]^{\mathrm{T}}$ 的传递函数为

$$\boldsymbol{T}_{zw} = \begin{bmatrix} \boldsymbol{W}_1\boldsymbol{S} \\ \boldsymbol{W}_2\boldsymbol{R} \\ \boldsymbol{W}_3\boldsymbol{T} \end{bmatrix} \tag{6.3}$$

式中,$\boldsymbol{S}=(\boldsymbol{I}+\boldsymbol{PK})^{-1}$ 为系统的灵敏度;$\boldsymbol{T}=\boldsymbol{PK}(\boldsymbol{I}+\boldsymbol{PK})^{-1}$,为补灵敏度;$\boldsymbol{R}=\boldsymbol{K}(\boldsymbol{I}+\boldsymbol{PK})^{-1}$,称为控制器灵敏度,所以图 6.3 所示系统的 H_∞ 设计问题也称为混合灵敏度问题。

如果广义对象(图 6.1) 的 $\boldsymbol{w}$ 的维数 m_1 大于 $\boldsymbol{y}$ 的维数 p_2,同时 $\boldsymbol{z}$ 的维数 p_1 也大于 $\boldsymbol{u}$ 的维数 m_2,这样的设计问题就称为 4 块问题。图 6.4 所示就是一个 4 块问题的例子。这是一个大型的空间结构的例子[2],控制的目的是通过作用在斜杆上的 3 个执行机构来抑制下端面上的挠性模态的振幅(相当于增加挠性模态的阻尼)。传感器是安装在下端面的三个加速度计,一个沿 x 轴,一个沿 y 轴,第三个与 x,y 均成 45° 夹角。

图 6.5 所示是这个空间结构控制系统的框图,图中 $\boldsymbol{W}_a$ 是对象加性不确定性的权函数(界

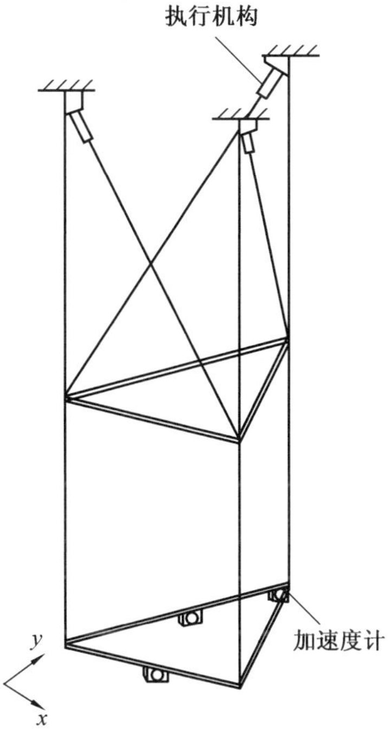

图 6.4　空间结构的振动抑制

函数)，用以控制系统穿越 0 dB 线的频率。设计要求是在扰动力 $\boldsymbol{w}_1$ 作用下尽量减小挠性模态振动的振幅，$\boldsymbol{W}_p$ 是性能权函数。这个系统的输入是 $\boldsymbol{w}=\begin{bmatrix}\boldsymbol{w}_1\\ \boldsymbol{w}_2\end{bmatrix}$，输出是 $\boldsymbol{z}=\begin{bmatrix}\boldsymbol{z}_1\\ \boldsymbol{z}_2\end{bmatrix}$。注意到这是一个 MIMO 系统，各个信号都是向量，如 $\boldsymbol{u}$ 是三维，$\boldsymbol{z}_1$ 和 $\boldsymbol{z}_2$ 也都是三维的。从图中可以看到，$\boldsymbol{z}$ 的维数大于 $\boldsymbol{u}$ 的维数，$\boldsymbol{w}$ 的维数大于 $\boldsymbol{y}$ 的维数，所以这是一个 4 块问题。

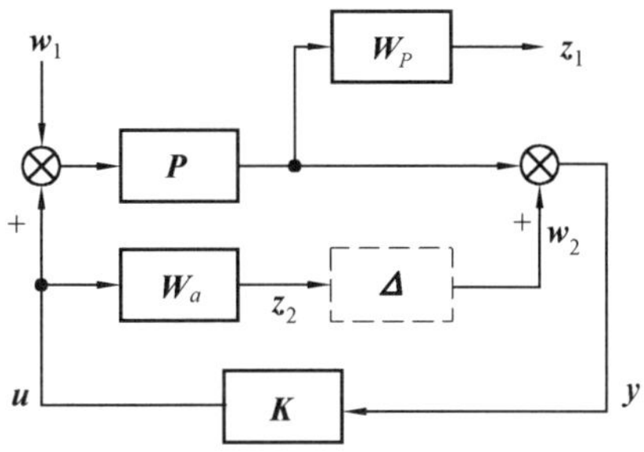

图 6.5　控制系统的框图

这个系统的设计要求是：

(1) 鲁棒稳定性要求。

$$\| \boldsymbol{T}_{z_2 w_2} \|_\infty \leqslant 1, \quad \bar{\sigma}(\boldsymbol{\Delta}) < 1 \tag{6.4}$$

(2) 性能要求。

$$\| \boldsymbol{T}_{z_1 w_1} \|_\infty \leqslant 1 \tag{6.5}$$

这个性能要求式(6.5)可以看作相当于有一个虚拟的性能块 $\boldsymbol{\Delta}_P$ 时的鲁棒稳定性问题，$\bar{\sigma}(\boldsymbol{\Delta}_P) < 1$。这样，这个设计问题就可转化成图 6.6 所示的鲁棒稳定性问题。图中的 $\boldsymbol{G}$ 是包含有权函数的广义对象。

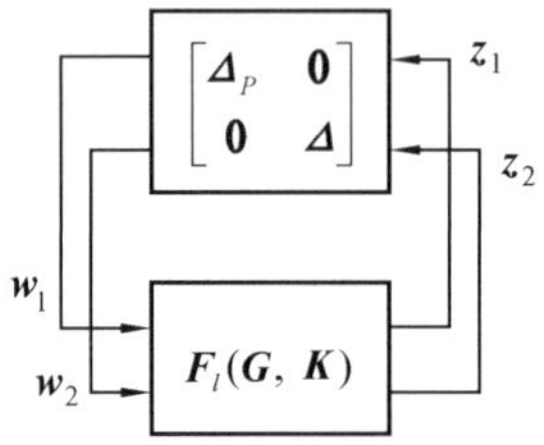

图 6.6　图 6.5 的等效分析框图

图 6.6 表明，4 块问题的不确定性是一种块对角结构的不确定性，已经不是简单地用一个范数就能描述的不确定性。对于这种块对角结构的不确定性，基于小增益定理的鲁棒稳定性条件已经不再是充要条件了。这种系统需要用第 8 章的结构奇异值才能分析。

将 H_∞ 问题分为 1 块、2 块和 4 块问题的分类是早年 H_∞ 优化理论发展初期根据数值求解的难易程度来划分的。上面则从设计的角度给这几类问题赋予了新的含义，即 1 入多出(或多入单出)的混合灵敏度问题和结构化不确定性的结构奇异值问题。结构奇异值问题要等到在第 8 章中才能解决，现在所能处理的设计问题还只能是混合灵敏度问题，这就是下面 6.2 节的内容。

虽然从 DGKF 法的观点来说，H_∞ 控制一般都是输出反馈控制，但如果状态全部可测，也可采用状态反馈。本章 6.3 节是关于 H_∞ 状态反馈设计的内容。

6.2　混合灵敏度问题

图 6.3 所示是一般表示混合灵敏度问题的框图，对应的传递函数为

$$\boldsymbol{T}_{zw} = \begin{bmatrix} \boldsymbol{W}_1 \boldsymbol{S} \\ \boldsymbol{W}_2 \boldsymbol{R} \\ \boldsymbol{W}_3 \boldsymbol{T} \end{bmatrix} = \begin{bmatrix} \boldsymbol{W}_1 \boldsymbol{S} \\ \boldsymbol{W}_2 \boldsymbol{K}\boldsymbol{S} \\ \boldsymbol{W}_3 \boldsymbol{T} \end{bmatrix} \tag{6.6}$$

不过实际的设计问题中并不是这三项都要用上。因为设计问题要处理的一般是一种折中问题，是在两者之间找一个最佳的折中，例如 $\boldsymbol{S}/\boldsymbol{T}$ 问题。而第三项一般是不用的，用的时候也只是起一些辅助的作用。例如在 $\boldsymbol{S}/\boldsymbol{T}$ 问题中这第三项 $\boldsymbol{W}_2\boldsymbol{R}$ 中的 $\boldsymbol{W}_2$ 往往是一个很小的常数，是为了满足 H_∞ 设计中秩的条件而附加的。所以混合灵敏度问题一般都只是两项，例如 $\boldsymbol{S}/\boldsymbol{T}$ 问

题，$\boldsymbol{S/KS}$ 问题，或者是类似的其他的变型。当然，也有例外的，见例 6.3。

混合灵敏度设计中还有一个特有的问题是零极点对消的问题。这是指控制器的零极点可能会与对象或权函数的零极点相对消。文献[3]对各种对消的条件都做了充分的证明。在这些对消情况中影响最大的是控制器的零点与对象的(稳定的)极点相对消的情况。这里只是从物理概念上来进行说明，理论上的证明可见文献[3]。

现在以最常见的 $\boldsymbol{S/T}$ 问题（图 6.7）来进行说明。$\boldsymbol{S/T}$ 问题要求解的 H_∞ 优化问题是

$$\min\left\|\begin{matrix}\boldsymbol{W}_1\boldsymbol{S}\\ \boldsymbol{W}_2\boldsymbol{T}\end{matrix}\right\|_\infty=\min\left\|\begin{matrix}\boldsymbol{W}_1(\boldsymbol{I}-\boldsymbol{PK})^{-1}\\ \boldsymbol{W}_2\boldsymbol{PK}(\boldsymbol{I}-\boldsymbol{PK})^{-1}\end{matrix}\right\|_\infty \tag{6.7}$$

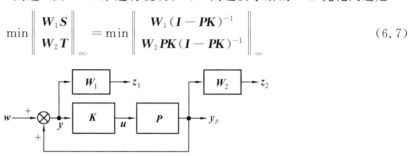

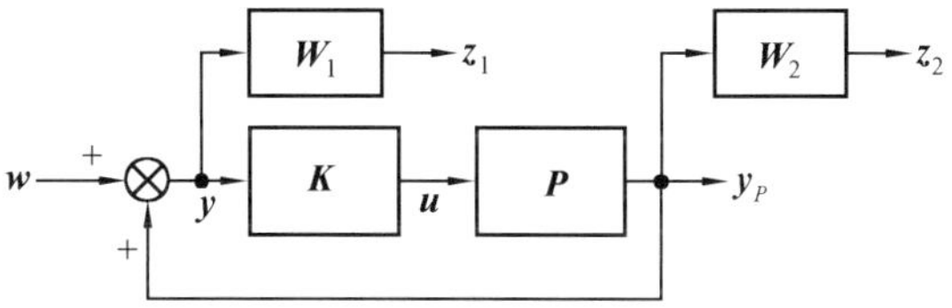

图 6.7　S/T 问题的框图

这里要说明的是，图中各信号之间的连接都用（+）号。这是因为 H_∞ 设计问题中的信号关系一般都比较复杂，故不特别对某一信号标一个(−)号。如果综合(synthesis)结果的控制器 $\boldsymbol{K}$ 是负的，就表明是负反馈。因为都用(+)号，所以 H_∞ 设计的框图上有时就不另外再标正负号。

式(6.7)表明，$\boldsymbol{S/T}$ 问题中 $\boldsymbol{PK}$ 是以乘积的形式出现的，性能要求上无法将 $\boldsymbol{P}$ 从 $\boldsymbol{PK}$ 中区分出来，所以设计结果往往是靠 $\boldsymbol{K}$ 的零点去对消对象 $\boldsymbol{P}$ 的极点而达到设计要求。这就是零极点对消的实质。这种零极点对消将直接影响伺服系统的设计结果，会使 H_∞ 控制器无法使用，见例 6.1。

例 6.1　H_∞ 伺服控制器设计。

伺服系统一般是指控制机械运动的系统，故其对象具有一个或两个积分环节[4]。现设对象为

$$P(s)=\frac{1}{s^2} \tag{6.8}$$

设对此系统采用 S/T 设计，求解式(6.7)的优化问题。

根据图 6.7 可写得此问题的广义对象为

$$\mathbf{G}(s)=\begin{bmatrix}\mathbf{G}_{11}(s) & \mathbf{G}_{12}(s)\\ \mathbf{G}_{21}(s) & \mathbf{G}_{22}(s)\end{bmatrix}=\left[\begin{array}{c|c}\mathrm{W}_1 & \mathrm{W}_1\mathrm{P}\\ 0 & \mathrm{W}_2\mathrm{P}\\ \hline \mathrm{I} & \mathrm{P}\end{array}\right] \tag{6.9}$$

式中，W_1 为性能权函数，设按常规做法，取 $W_1=\frac{\rho}{s}$，ρ 为待选参数；W_2 为不确定性权函数，设

要限制系统的带宽小于100 rad/s,故可取 $W_2(s)=0.01(s+1)$,但因为对象 $P(s)$ 为二阶,所以 W_2 过 0 dB 线后的斜率宜取为 +40 dB/dec,故在 W_2 上再增加一项,取

$$W_2(s)=0.01(s+1)(0.005s+1)$$

一般权函数均为真有理函数,故最终取

$$W_2(s)=\frac{0.01(s+1)(0.005s+1)}{(0.002s+1)^2} \tag{6.10}$$

从图 6.7 可以看到,广义对象第 1 个输入($\boldsymbol{w}$)到第 2 个输出($\boldsymbol{y}$)的通道中并不包含 $\boldsymbol{P}$,所以 $\boldsymbol{P}$ 中的极点对于 $(\boldsymbol{A},\boldsymbol{B}_1)$ 来说是不可控模态。因为这是伺服设计,P 中含有积分环节,即对象中 $s=0$ 的极点是广义对象 $\boldsymbol{G}$ 中的 (2, 1) 块的不可控模态,因而不满足对象的假设条件式(4.51)。对于这个问题,常用的做法是给这个极点加一摄动 ε,使其脱离虚轴进入左半面,即

$$\frac{1}{s}\rightarrow\frac{1}{s+\varepsilon}$$

这样就可满足 DGKF 法的假设条件,可以采用标准的 MATLAB 函数来求解。求得 H_∞ 控制器后再将 $s+\varepsilon$ 复原为 s。所以本例中要将 P 和 W_1 摄动为

$$P(s)=\frac{1}{(s+0.001)^2} \tag{6.11}$$

$$W_1(s)=\frac{\rho}{s+0.01} \tag{6.12}$$

这里取不同的摄动量 ε 是为了在结果中能区分出各自极点的影响。

除了加摄动以避开虚轴上的极点以外,H_∞ 设计中还有一个秩的问题。从式(6.8) 可见,P 的状态实现中无直通项 D,故式(6.9) 中的 $\boldsymbol{G}_{12}$ 块不满足秩的条件式(4.44)。常见的解决办法是在 $P(s)$ 的分子上加一个小时间常数项,使 $P(s)$ 的分子分母阶次相等,又不影响其在主要频段上的特性。本例中最终的 $P(s)$ 取为

$$P(s)=\frac{(0.001s+1)^2}{(s+0.001)^2} \tag{6.13}$$

式(6.10) ~ (6.13) 就是为了满足 H_∞ 设计对对象的假设条件而对原数据做了修改后的 W_1, W_2 和 P。现在式(6.9) 的广义对象已满足所要求的条件,可以进行 H_∞ 优化设计了。

本例采用 MATLAB的 hinfsyn() 函数来求解此 S/T 问题。当性能权函数 W_1 中的 $\rho=96$ 时,得到式(6.7) 的 H_∞ 范数 $\gamma=1.0179$。对应的 H_∞ 控制器为

$$K(s)=-\frac{6\,944\,882\,554.653\,4(s^2+0.002\,007s+1.06\times10^{-6})(s^2+1\,000s+2.5\times10^5)}{(s+7.841\times10^4)(s+1\,007)(s+992.7)(s+234.8)(s+0.01)} \tag{6.14}$$

考虑到式(6.13) 中零极点数值相差达 10^6,经过大量的运算后会带来一定的数值计算误差,现将式(6.14) 中的部分数据取整,得

$$K(s)=-\frac{7\ 127\ 952\ 125(s+0.001)^2(s+500)^2}{(s+7.841\times 10^4)(s+1\ 000)^2(s+234.8)(s+0.01)} \tag{6.15}$$

（注:数据整理中要保持 $K(s)$ 的静态增益不变，下同）

为了进一步分析这种 S/T 设计的特点，再略去式(6.15) 中的小时间常数项，整理后得

$$K(s)=-96.791\frac{(s+0.001)^2}{(0.001s+1)^2}\frac{(0.002s+1)^2}{s+0.01} \tag{6.16}$$

将式(6.16) 与式(6.13) 对比可以看到，控制器 K 的零点中包含对象 P 的极点，K 的极点中包含对象的零点，控制器的零点中包含权函数 W_2 的极点。控制器的极点中还包含性能权函数 W_1 的极点，所以如果需要控制器有积分控制律，一般就在 W_1 中设置积分环节。上述的零极点对消的关系在文献[3] 中都有证明，不过对设计结果影响最为严重的要算 $P(s)$ 中 $s=0$ 的极点的对消问题。现在来进一步分析式(6.16) 中的控制器 $K(s)$。

式(6.16) 中的两个小时间常数项 (0.001 和 0.002) 是因为秩的条件而额外加进来的，不影响主要工作频段上的特性，所以在讨论控制器的基本特性时可略去。式(6.16) 中 $s+0.001$ 和 $s+0.01$ 则是因为 H_∞ 设计中不能有虚轴上的极点而加的摄动，设计后理应将这个摄动量还原，即 $s+\varepsilon\rightarrow s$。这样处理后得到的最终的 H_∞ 控制器为

$$K(s)=-96.791s \tag{6.17}$$

式(6.17) 表明，设计所得的控制律是一个纯微分的控制律，是不能使用的。这是因为如果出现任何静态误差，控制器都不会有输出。

这里要说明的是，除了伺服系统会出现式(6.17) 那样明显不合理的控制律外，零极点对消对一些弱阻尼的挠性系统也会带来问题。这是因为零极点对消是指串联的传递函数之间的零极点对消，从输入输出的特性来看是对消掉了。但是从可控性的角度来说，这个被对消掉的极点成了不可控极点。所以如果有一对很靠近虚轴的弱阻尼极点，采用了零极点对消的设计后，成了不可控极点，遇到各种扰动后就会持续振荡，不受控制。

总之，由于 S/T 问题中会出现控制器零点与对象极点相对消的现象，因此伺服系统或弱阻尼的挠性系统都不能采用 S/T 来进行设计。对这类系统可以采用例 6.2 中的 PS/T 问题来进行设计。

例 6.2　卫星姿态控制。

本例的对象中也有积分环节，具有与伺服系统同样的设计问题，现采用 PS/T 问题来设计。

图 6.8 所示是 PS/T 问题的框图。这是一个 1 入 2 出的问题，对应的 H_∞ 优化问题是

$$\min\left\|\begin{matrix}W_1P(I-KP)^{-1}\\ W_2KP(I-KP)^{-1}\end{matrix}\right\|_\infty=\min\left\|\begin{matrix}W_1PS\\ W_2T\end{matrix}\right\|_\infty \tag{6.18}$$

式(6.18) 表明对象 P 以单独的形式出现在性能指标中，而不像 S/T 问题中以 PK 的乘积形式出现，所以 P 的极点不会被对消掉。当然这是从物理概念上来解释的，也可参照文献[3] 从理

论上来进行证明。

这里要说明的是，PS 就是扰动输入 w 到对象 P 输出的闭环系统的传递函数，代表了系统对扰动的抑制特性，或称扰动衰减(disturbance attenuation)特性，所以 $\|W_1PS\|_\infty$ 本身也代表了系统的一个很重要的性能指标。

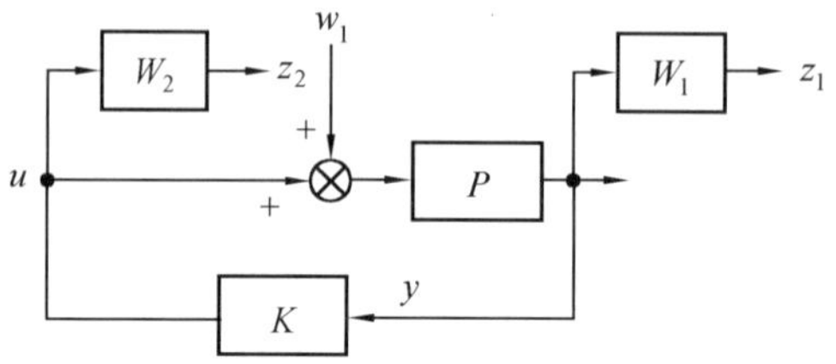

图 6.8 PS/T 问题的框图(1)

从图 6.8 可写得此 PS/T 问题的广义对象为

$$G(s)=\begin{bmatrix}G_{11}(s) & G_{12}(s)\\ G_{21}(s) & G_{22}(s)\end{bmatrix}=\left[\begin{array}{c|c}W_1P & W_1P\\ 0 & W_2\\ \hline P & P\end{array}\right] \tag{6.19}$$

一般对象 P 是严格真有理的，即其状态实现中的直通项 $D=0$。所以从式(6.19)可以看到，此问题中的 G_{21} 不满足秩的条件。因此，可以采取图 6.9 的方案，在 K 之前另外加一个很小的输入，例如可取 $W_3=10^{-6}$。同时还应使权函数 W_2 的分子、分母阶次相同，即 W_2 的状态实现中具有直通项 D。更明确地说，只要保证控制器 K 与系统的输入和输出均有直通项相连就可满足秩的要求，详见第 4 章例 4.3。而且这样的结构对防止零极点对消也是有利的。因为从图 6.9 可以看到，w_1 和 w_2 分别作用于 P 和 K 相互连接的通路上，而且连接通路上也各有信号引出，这样的输入输出结构可以保证 P 和 K 之间不会出现零极点对消[见第 2 章 2.2.2]。这里还要说明的是，加上输入 w_2 后这个系统实际上已是一种 4 块 H_∞ 问题的结构，只是因为权系数 W_3 非常小，仍可以按 2 块问题来讨论。当然在具体进行 H_∞ 设计时还应该根据图 6.9 的广义对象来求解 H_∞ 控制器。

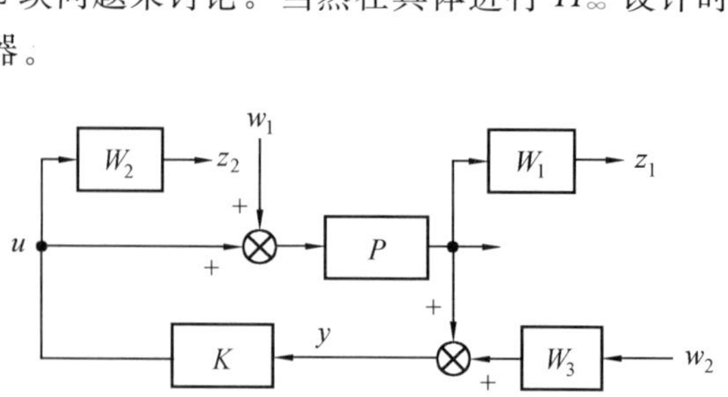

图 6.9 PS/T 问题的框图(2)

现在将上述的设计思想具体用于一卫星的姿态控制系统的设计。本例中的卫星可以看作是由两个部件所构成的，一个是卫星主体(J_1)，所有的电源、能源、控制和通信设备等都在 J_1 上，另一个部件是执行卫星任务的光学仪表舱(J_2)。所有扰动等干扰源都在 J_1 上，而控制的目标是 J_2 的指向精度。这两个部件通过杆件相连，杆件的结构具有一定的弹性，用以对扰动起到一种隔离的作用，其数学模型可以用一个带阻尼(d) 的弹簧(k) 来表示。

这个二物体的卫星的运动方程为[5]

$$\begin{cases} J_1\ddot{\theta}_1 + d(\dot{\theta}_1 - \dot{\theta}_2) + k(\theta_1 - \theta_2) = T_c \\ J_2\ddot{\theta}_2 + d(\dot{\theta}_2 - \dot{\theta}_1) + k(\theta_2 - \theta_1) = 0 \end{cases} \tag{6.20}$$

式中，θ_1 为 J_1 的转角；θ_2 为所要控制的 J_2 的指向；T_c 为控制力矩，即控制输入。设取状态向量为

$$\boldsymbol{x} = \begin{bmatrix} \theta_2 & \dot{\theta}_2 & \theta_1 & \dot{\theta}_1 \end{bmatrix}^{\mathrm{T}}$$

则可写得相应的状态方程式为

$$\dot{\boldsymbol{x}} = \begin{bmatrix} 0 & 1 & 0 & 0 \\ -k/J_2 & -d/J_2 & k/J_2 & d/J_2 \\ 0 & 0 & 0 & 1 \\ k/J_1 & d/J_1 & -k/J_1 & -d/J_1 \end{bmatrix}\boldsymbol{x} + \begin{bmatrix} 0 \\ 0 \\ 0 \\ 1/J_1 \end{bmatrix}u \tag{6.21}$$

$$y = \begin{bmatrix} 1 & 0 & 0 & 0 \end{bmatrix}\boldsymbol{x}$$

式中，$u = T_c$。

设 $J_1 = 1, J_2 = 0.1$，则从式(6.21) 可得对象的传递函数为

$$P(s) = \frac{10ds + 10k}{s^2(s^2 + 11ds + 11k)} \tag{6.22}$$

对连接杆件的分析表明[5]，其系数 k 和 d 随温度波动而有变化，变化范围为

$$\begin{cases} 0.09 \leqslant k \leqslant 0.4 \\ 0.038\sqrt{\dfrac{k}{10}} \leqslant d \leqslant 0.2\sqrt{\dfrac{k}{10}} \end{cases} \tag{6.23}$$

这表明这个卫星的谐振频率 ω_n 会在 $1 \sim 2$ rad/s 之间发生变化，其阻尼比 ξ 的变化则是在 $0.02 \sim 0.1$ 之间。对于这类弱阻尼系统的控制设计来说，宜按最低值来进行设计，这样当参数变大时尚可在一定程度上保持其性能。所以本例中按 $\omega_n = 1, \xi = 0.02$ 来进行设计，这对应于式(6.22) 中的 $k = 0.091$ 和 $d = 0.003\,6$，即其传递函数为

$$P(s) = \frac{0.036(s + 25)}{s^2(s^2 + 0.04s + 1)} \tag{6.24}$$

式(6.18) 中的 $W_1(s)$ 是扰动衰减性能的权函数。设要求控制器具有积分规律，故 $W_1(s)$ 中应配有积分环节。为了使控制规律中的积分环节不致影响(中频段的) 稳定性，希望其在 0.2 rad/s 后能衰减掉，故取性能权函数 $W_1(s)$ 为

$$W_1(s)=\frac{\rho(s+0.2)}{s+0.0001} \tag{6.25}$$

式中，0.000 1是为了避免出现虚轴上的极点而附加的一个摄动量；ρ 是 H_∞ 优化设计中的待选参数。

权函数 $W_2(s)$ 是考虑到系统中可能存在的各种未建模动态而对系统带宽所加的一种限制，本例中取

$$W_2(s)=\frac{s^2}{4/3} \tag{6.26}$$

式(6.26)中取 s^2 是要求过带宽以后的闭环特性能按−40 dB/dec衰减。另外，因为 H_∞ 设计中还有对 $G_{12}(s)$ 的秩的要求，$W_2(s)$ 中还应加上两个小时间常数，使 $W_2(s)$ 的分子分母阶次相等，故其最终形式为

$$W_2(s)=\frac{3s^2}{4(0.001s+1)^2} \tag{6.27}$$

$W_3(s)$ 则是为了满足 $G_{21}(s)$ 的秩的要求而附加的一个输入通道，本例中取

$$W_3=10^{-6} \tag{6.28}$$

现在广义对象式(6.19)已满足 H_∞ 对对象的假设要求。利用MATLAB的hinfsyn( )函数，就可来求解式(6.18)的 H_∞ 优化解。得 $\rho=0.1225$ 时 $\gamma=1.0008$，对应的 H_∞ 控制器为

$$K_\infty(s)=\frac{19\,803\,229.103\,7(s+1\,000)^2(s^2+0.318\,3s+0.034\,36)(s^2-0.052\,13s+0.860\,9)}{(s+1.484\times10^7)(s+1.795)(s+0.000\,1)(s^2+53.87s+742.3)(s^2+31.59s+1\,210)}$$

如果略去极点为 10^3 以上的高次项，并将设计计算中附加的摄动项(0.000 1)去掉，便可得降阶后控制器为

$$K(s)=\frac{1.334\,4\times10^6(s^2+0.318\,3s+0.034\,36)(s^2-0.052\,13s+0.860\,9)}{s(s+1.795)(s^2+53.87s+742.3)(s^2+31.59s+1\,210)} \tag{6.29}$$

图6.10所示为控制器 $K(s)$ 的Bode图，从图中可以看到 $K(s)$ 的积分特性在0.2 rad/s后已消失，具有事先由权函数所指定的特性。图6.10呈现出明显的陷波滤波特性。这是挠性系统控制器所特有的性能。

图6.11所示是本设计在 $\theta_2(0)=0.2$ rad下的调节过程，图6.12所示是参数摄动后的调节过程，对应卫星的谐振频率从 $\omega_n=1$ 变为 $\omega_n=2$ rad/s，ξ 仍为0.02。图6.12表明参数摄动后的系统仍是稳定的。所以对于弱阻尼系统来说，应该是根据谐振频率的最小值来进行设计，这样当参数摄动时仍可保持一定的性能。

例6.3 船舶舵减摇系统的 H_∞ 设计。

舰船的摇摆会影响货物的安全、乘员的工作效率和舒适感。为了减小船的摇摆，一般是采用减摇鳍，不过近年来开始出现用舵来减摇的方案。舵减摇是利用操舵所产生的横摇运动来抵消波浪产生的横摇。这样可以不再安装减摇鳍等主动减摇装置，或者是与减摇鳍配合来加强减摇效果。减摇系统的设计要求与一般的反馈控制系统的设计要求是不一样的，有其特殊

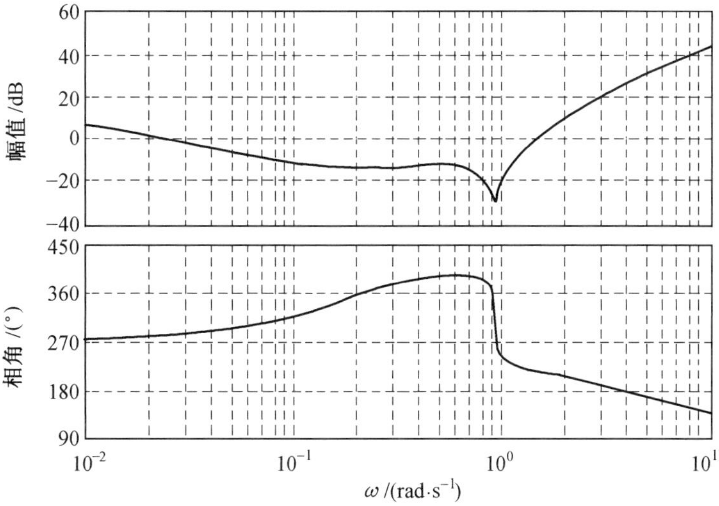

图 6.10　控制器 K 的 Bode 图

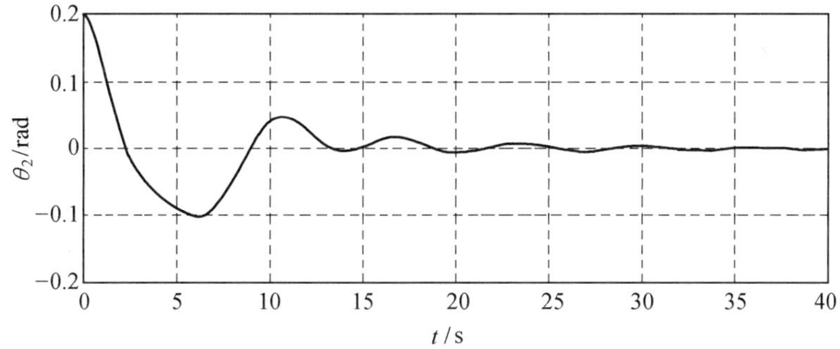

图 6.11　名义系统的调节过程

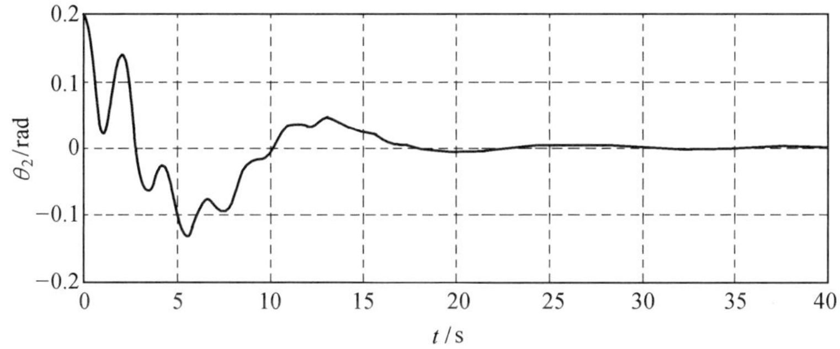

图 6.12　摄动系统的调节过程

性。不过根据设计要求来确定权函数的 H_∞ 设计的思路则都是一样的。

设 $\boldsymbol{x}$ 为状态向量，$\boldsymbol{x}=[v \quad r \quad p \quad \varphi \quad \psi]^{\mathrm{T}}$，式中，$v$ 为横荡速度；r 为艏摇角速度；p 为横摇角速度；φ 为横摇角；ψ 为艏摇角。则由舵角 δ 引起的船舶的线性化方程为[6]

$$\dot{\boldsymbol{x}}=\boldsymbol{A}\boldsymbol{x}+\boldsymbol{B}\delta \tag{6.30}$$

$$\boldsymbol{y}=\boldsymbol{C}\boldsymbol{x} \tag{6.31}$$

式中

$$\boldsymbol{A}=\begin{bmatrix} -0.1795 & -0.8404 & 0.2115 & 0.9665 & 0 \\ -0.0159 & -0.4492 & 0.0053 & 0.0151 & 0 \\ 0.0354 & -1.5594 & -0.1714 & -0.7883 & 0 \\ 0 & 0 & 1 & 0 & 0 \\ 0 & 1 & 0 & 0 & 0 \end{bmatrix}$$

$$\boldsymbol{B}=[0.2784 \quad -0.0334 \quad -0.0894 \quad 0 \quad 0]^{\mathrm{T}}$$

$$\boldsymbol{C}=\begin{bmatrix} 0 & 0 & 0 & 1 & 0 \\ 0 & 0 & 0 & 0 & 1 \end{bmatrix}$$

式(6.31) 表明，系统的输出为 $\boldsymbol{y}=[\varphi \quad \psi]^{\mathrm{T}}$，其中第 2 个分量 ψ 是航向系统的信号，呈低频特性，是一个比较慢的过程。$\boldsymbol{y}$ 的第一个分量 φ 就是本例中的横摇角信号。由此可见，舵对船体的影响有两个信号通道，当要用舵来减摇时，要求不影响低频段的航向特性。

根据式(6.30)、式(6.31) 可以得到舵角到横摇角的传递函数为

$$P(s)=\frac{\varphi(s)}{\delta(s)}=\frac{0.0894(0.1334-s)}{(s+0.4745)(s^2+0.1461s+0.796)} \tag{6.32}$$

现在采用 H_∞ 混合灵敏度问题(图 6.3) 来设计此舵减摇系统[7]。混合灵敏度问题要求解的优化问题为

$$\min_K \left\| \begin{matrix} W_1 S \\ W_2 KS \\ W_3 T \end{matrix} \right\|_\infty \leqslant 1 \tag{6.33}$$

式(6.33) 中的第一项 W_1S 反映了系统的性能要求。对舵减摇系统来说，设计要求是使系统开环特性的峰值出现在船横摇的自然频率 ω_0 处，且此峰值应落在正实轴上，使 $1+K(\mathrm{j}\omega_0)P(\mathrm{j}\omega_0)$ 的幅值最大，达到最大的减摇效果[7]。本例中 $\omega_0=\sqrt{0.796}=0.892$ (rad/s) [见式(6.32)]。

根据这个设计要求，性能权函数 W_1 应取为

$$W_1(s)=\frac{\rho_1\omega_0^2 s}{s^2+2\omega_0 s+\omega_0^2} \tag{6.34}$$

式(6.34) 中分母部分的阻尼比 $\xi=1$，如果 $\rho_1\omega_0^2=4$，则此 W_1 在 ω_0 处的幅值等于 2，H_∞ 设计后系统的灵敏度 S 就应该为 1/2，减摇率等于 50%，故根据 $\rho_1\omega_0^2=4$ 得本例中 $\rho_1=5.027$。

式(6.33)第二项中的 KS 在高频和低频段反映了控制器 $K(s)$ 的特性。这是因为在舵减摇的这个特例中灵敏度 S 在高低频段都趋近于 1(图 6.13)。舵减摇系统的设计要求是要求 $K(s)$ 在低频段呈微分特性以消除舵减摇系统与航向系统之间的耦合,所以要求权函数 W_2 在低频段呈积分特性。而 W_2 的高频段特性则用来限制 $K(s)$ 的高频段增益不要过大以避免舵机饱和,高频段的幅值 $|W_2|$ 要求具有上扬的特性。所以 W_2 应该由这样两部分来构成。不过这两部分的要求应该说是一种定性的要求,在规定了权函数的形式以后具体的参数是可调的,使其不影响中频段由式(6.34)所指定的性能。本例中在求解式(6.33)优化问题中最后确定的构成 W_2 的这两部分的参数为

$$W_2(s)=\frac{33.6}{10\ 000s}+\frac{2.8s+31.36}{10\ 000}$$

为避免虚轴上的极点,将上式中积分项的 s 进行摄动:$s\rightarrow s+10^{-5}$,并使分母增加为二阶后得

$$W_2(s)=\frac{2.8s^2+31.36s+33.6}{3.5s^2+10\ 000s+0.1} \tag{6.35}$$

式(6.33)第三项的 W_3 是对未建模动态的限制。因为 $K(\mathrm{j}\omega_0)P(\mathrm{j}\omega_0)$ 在 ω_0 处为零相位,系统的闭环频率特性 $T(\mathrm{j}\omega)$ 在 ω_0 处也是零相位。所以限制 $T(\mathrm{j}\omega)$ 的不确定性权函数 W_3 在 ω_0 处也应是零相位才能起到约束作用,因此 W_3 取为

$$W_3(s)=\rho_3\ \frac{s^2+2\omega_0 s+\omega_0^2}{\omega_0^2 s}$$

式中,ρ_3 应使 W_3 在 ω_0 处的幅值 $|W_3|=1$,这样在 $10\omega_0=8.92$ rad/s 处对应的乘性不确定性为 10%。考虑到对式中的积分项 s 应该加摄动,而且 W_3 应是真有理函数,故最终的 W_3 为

$$W_3(s)=\frac{s^2+1.78s+0.796}{0.2s^2+180s+0.155} \tag{6.36}$$

根据式(6.32)的对象 P 和式(6.34)～(6.36)的权函数,求解式(6.33)的混合灵敏度问题,得 H_∞ 范数 $\gamma=0.972\ 8$,所得的 H_∞ 控制器为

$$K_\infty(s)=\frac{60.797\ 2(s+10^{-5})(s+2\ 857)(91.18-s)(s+0.474\ 5)(s^2+0.146s+0.796)}{(s+0.042\ 46)(s^2+1.78s+0.796)(s^2+107.9s+4\ 568)(s^2+18.8s+133.9)} \tag{6.37}$$

注意到式(6.37)分子的后两项就是对象 P 的分母部分,式(6.37)分子中的 $(s+10^{-5})(s+2\ 857)$ 对应于 W_2 的极点,分母中的 $s^2+1.78s+0.796$ 就是 W_1 的分母。这些就是混合灵敏度问题中零极点对消设计的结果。如果略去式(6.37)中超出系统带宽的高频分量,并将 $s+\varepsilon$ 的摄动量复原,可得降阶后的控制器为

$$K_\infty(s)=\frac{3\ 467.107\ 5s(s+0.474\ 5)(s^2+0.146s+0.796)}{(s+0.042\ 46)(s^2+1.78s+0.796)(s^2+18.8s+133.9)} \tag{6.38}$$

图 6.13 所示是此舵减摇系统的 Nyquist 图 $-K(\mathrm{j}\omega)P(\mathrm{j}\omega)$。$K$ 前面的(—)号是因为 H_∞ 标准问题中的信号连接都是用(+)号,而 Nyquist 图是负反馈系统的特性,所以要加(—)号。从

图 6.13 可以看到,设计后系统在 $\omega=\omega_0=0.892$ rad/s 时的开环特性基本上落在正实轴上,符合所提出的设计要求。

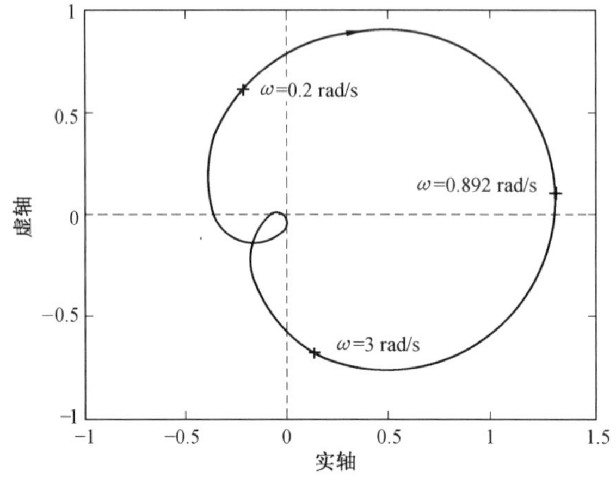

图 6.13 舵减摇系统的 Nyquist **图**

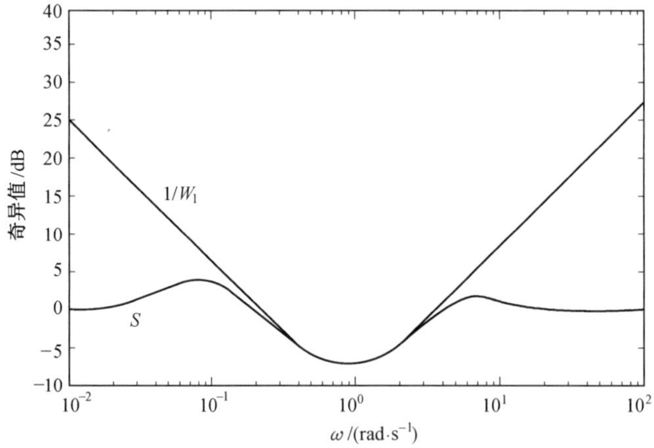

图 6.14 灵敏度函数 S **的奇异值** Bode **图**

图 6.14、图 6.15 分别给出了灵敏度函数 S 和控制器灵敏度函数 KS 的奇异值 Bode 图和相应的权函数。从图 6.14 可见,权函数 W_1 决定了中频段的性能,而图 6.15 中权函数 W_2 在低频段决定了 K 具有微分特性,在高频段则起到了限制 K 增益的作用。图 6.16 对应于混合灵敏度式(6.33) 中的第三项 W_3T,该图表明 $\bar{\sigma}[W_2T]<1$。这一项反映了系统对不确定性的鲁棒性。由于本文的设计是一种类似正实性的设计,系统的 Nyquist 图主要分布在右半平面,如图 6.13 所示,对于对象的摄动具有极强的鲁棒性,因此 $\bar{\sigma}[T(\mathrm{j}\omega)]$ 特性离不确定约束 $1/|W_3|$ 有

相当的距离。

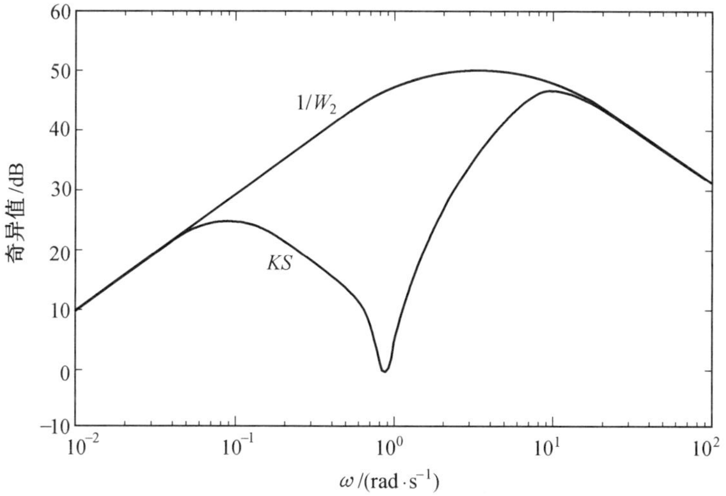

图 6.15 KS 的奇异值 Bode 图

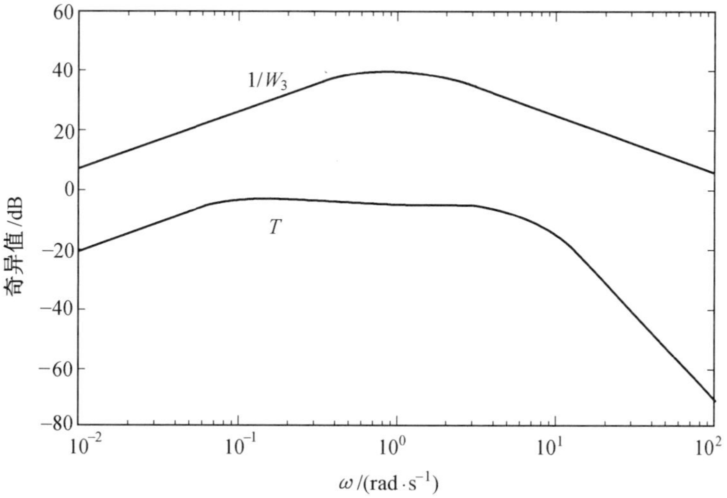

图 6.16 闭环传递函数 T 的奇异值 Bode 图

注意到灵敏度 S 就是系统对输出端扰动的抑制特性，因此舵减摇系统的减摇率也可由 S 求得。由于海浪谱的峰值频率一般与船体的固有频率 ω_0 接近，$\omega=\omega_0$ 时的灵敏度函数为

$$|S(\mathrm{j}\omega_0)|=\left|\frac{1}{1+K(\mathrm{j}\omega_0)P(\mathrm{j}\omega_0)}\right|$$

从图 6.13 可读得 $|K(\mathrm{j}\omega_0)P(\mathrm{j}\omega_0)|=1.31$，故可得 $|S(\mathrm{j}\omega_0)|=0.433$。对应的减摇率 γ 为[7]

$$\gamma = [1 - |S(j\omega_0)|] \times 100\% = 56.7\% \tag{6.39}$$

文献[7]中还附有此舵减摇系统在海浪扰动下的仿真分析，对仿真数据的统计计算所得的减摇率与式(6.39)基本上是一致的。

6.3 H_∞ 状态反馈

如果一个系统的状态全部可测，也可以采用状态反馈来进行控制。不过状态反馈并不属于 H_∞ 标准问题。H_∞ 标准问题是一种在频域上设计，在状态空间上进行计算的设计方法。所以性能要求都是在频域上表示的，如用灵敏度函数 $S(j\omega)$ 来表示系统的性能。鲁棒稳定性问题中不确定性的界也是在频域上表示的。但设计问题中的性能要求并不都是用灵敏度函数来表示的，例如有时要求限制外扰作用下的输出，即要求从扰动输入 $\boldsymbol{w}$ 到加权的性能输出 $\boldsymbol{q}$ 的 L_2 增益小于等于 γ。这类问题称为扰动抑制问题，常用 H_∞ 状态反馈来解决。下面将结合磁悬浮系统的 H_∞ 状态反馈设计[8]来进行说明。

6.3.1 系统的描述

图 6.17 所示是一磁悬浮列车模型的示意图，设所要悬浮的质量 $m=15$ kg，有效磁极面积 $a_m=1.024\times10^{-2}\,\mathrm{m}^2$，电磁铁上线圈的匝数 $N=280$ 匝，线圈的电阻 $R_m=1.1\ \Omega$，工作点为 $z_0=4.0\times10^{-3}$ m，工作点电流 $i_0=3.054$ A。

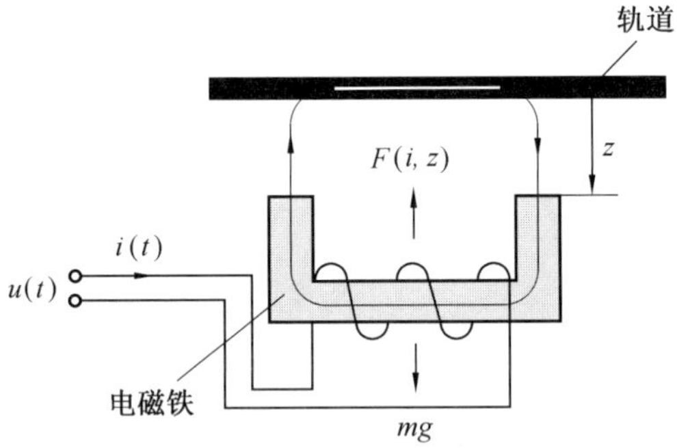

图 6.17 磁悬浮列车模型的示意图

此磁悬浮系统的线性化方程为

$$\dot{\boldsymbol{x}} = \boldsymbol{A}\boldsymbol{x} + \boldsymbol{B}_1 w + \boldsymbol{B}_2 u =$$

$$\begin{bmatrix} 0 & 1 & 0 \\ 4\,900 & 0 & -6.418\,4 \\ 0 & 763.45 & -8.722\,8 \end{bmatrix}\boldsymbol{x} + \begin{bmatrix} 0 \\ 1/15 \\ 0 \end{bmatrix} w + \begin{bmatrix} 0 \\ 0 \\ 7.929\,8 \end{bmatrix} u \tag{6.40}$$

式中，$\boldsymbol{x}=[x_1\quad x_2\quad x_3]^{\mathrm{T}}$，$x_1=z$ 为电磁铁与轨道之间的间隙，$x_2=\dot{z}$，$x_3=i$，为线圈中的电流；w 为作用在磁悬浮列车上的外扰动力；u 为作用在线圈上的电压。图 6.18 为状态反馈系统的信号流图。

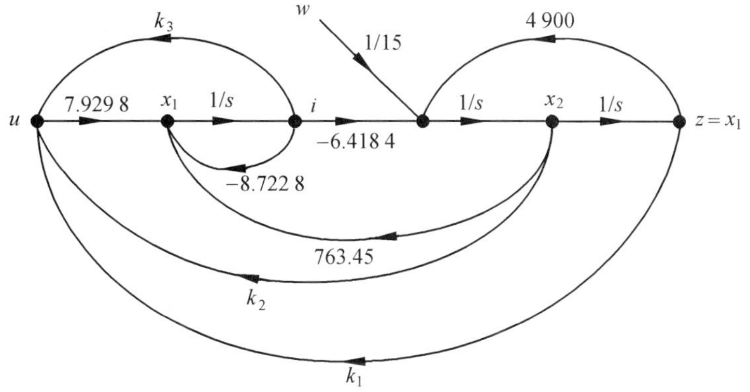

图 6.18　状态反馈系统的信号流图

6.3.2　状态反馈的 H_∞ 范数指标 γ

H_∞ 状态反馈设计中先要确定一个加权的性能输出。设系统的性能输出 $\boldsymbol{q}$ 为

$$\boldsymbol{q}=\boldsymbol{C}_1\boldsymbol{x}+\boldsymbol{D}_{12}u=\begin{bmatrix}\beta_1 & 0 & 0\\ 0 & \beta_2 & 0\\ 0 & 0 & \beta_3\\ 0 & 0 & 0\end{bmatrix}\begin{bmatrix}x_1\\ x_2\\ x_3\end{bmatrix}+\begin{bmatrix}0\\ 0\\ 0\\ W_u\end{bmatrix}u \tag{6.41}$$

式中，β_i 和 W_u 均为相应的加权系数。

设从输入 w 到输出 $\boldsymbol{q}$ 的传递函数为 $\boldsymbol{T}_{qw}$，则 H_∞ 设计的目标是 $\boldsymbol{T}_{qw}$ 的 H_∞ 范数小于 γ，即

$$\|\boldsymbol{T}_{qw}\|_\infty<\gamma \tag{6.42}$$

H_∞ 状态反馈的解也是 H_∞ 全信息问题的中心控制器[9,10]。全信息问题中的 Riccati 方程为

$$\boldsymbol{A}^{\mathrm{T}}\boldsymbol{P}+\boldsymbol{P}\boldsymbol{A}+\boldsymbol{P}(\gamma^{-2}\boldsymbol{B}_1\boldsymbol{B}_1^{\mathrm{T}}-\boldsymbol{B}_2\boldsymbol{D}^{-1}\boldsymbol{B}_2^{\mathrm{T}})\boldsymbol{P}+\boldsymbol{C}_1^{\mathrm{T}}\boldsymbol{C}_1=\boldsymbol{0} \tag{6.43}$$

式中，$\boldsymbol{D}=\boldsymbol{D}_{12}^{\mathrm{T}}\boldsymbol{D}_{12}$。虽然 H_∞ 状态反馈解可以归入到全信息问题，但是 H_∞ 状态反馈解已经定型，也可以用下面的定理来给出。

定理 6.1　设$(\boldsymbol{C}_1,\boldsymbol{A})$是可检测的，则存在状态反馈控制律

$$\boldsymbol{u}=\boldsymbol{K}\boldsymbol{x} \tag{6.44}$$

使系统渐近稳定，且 $\|\boldsymbol{T}_{qw}\|_\infty<\gamma$ 的充要条件是式(6.43)的解 $\boldsymbol{P}\geqslant 0$。此时

$$\boldsymbol{K}=-\boldsymbol{D}^{-1}\boldsymbol{B}_2^{\mathrm{T}}\boldsymbol{P} \tag{6.45}$$

此定理已是一种标准结果，故证明略。

从式(6.43)和定理6.1可知，如果式(6.41)的各加权系数和 γ 值都已经确定，则利用MATLAB的全信息(Full Information)问题的函数 hinffi( )求解式(6.43)，就可得出反馈控制律(式6.44)。所以 H_∞ 设计中的主要问题是确定加权系数和范数指标 γ。这里要指出的是，H_∞ 状态反馈中的范数指标 γ 不能随意取为1，因为这个性能指标 γ 是有量纲的，式(6.40)中的外扰动力 w 的量纲是牛顿(N)，位移的量纲是米(m)，γ 等于1就是指1 N对应1 m，即要求系统的性能小于1 m/N=10^3 mm/N。这个要求对于用毫米(mm)来衡量的系统来说都是能够达到的，或者说相当于对系统提出了一个 $\gamma=\infty$ 的设计指标，没有任何实际意义。

由此可见，性能指标 γ 应结合实际问题来确定。注意到性能输出 $\boldsymbol{q}$ 是 $\boldsymbol{x}$ 和 u 的加权输出[式(6.41)]。这里暂以 x_1(即位移量)为例来讨论。实际上位移量 x_1 是以毫米来计算的，如果加权系数 β_1 取为1 000，那么 $\gamma=1$ 已相当于1 mm/N，所以取 $\gamma=0.1$ 或0.2才是一个比较合理的设计指标。

6.3.3 状态反馈设计中的鲁棒性约束

虽然 H_∞ 状态反馈设计只是求解一个Riccati方程(6.43)，性能指标 γ 值可以做到理论上的最小值。但是因为没有其他约束，这样的设计往往是没有意义的，例如这时的系统带宽会大大超出正常值。所以设计中要再加上鲁棒性约束，才是一个完善的设计。鲁棒性问题有两个方面：一是未建模动态，二是建模误差(注：这里是指模型参数的摄动)。未建模动态引起的鲁棒稳定性可以通过系统的带宽来控制，而对建模误差的鲁棒性则是通过系统的灵敏度 $\boldsymbol{S}$ 来表示的。

注意到 H_∞ 状态反馈是在状态反馈的框架下来考虑对扰动信号 $\boldsymbol{w}$ 的抑制作用，所以系统的带宽可以采用最优调节问题，即LQR问题中的方法来确定[11]。

结合式(6.41)的加权输出，对应的最优调节问题中的性能指标为

$$J=\int_0^\infty(\boldsymbol{x}^{\mathrm{T}}\boldsymbol{Q}\boldsymbol{x}+\boldsymbol{u}^{\mathrm{T}}\boldsymbol{R}\boldsymbol{u})\mathrm{d}t \tag{6.46}$$

式中，$\boldsymbol{Q}=\boldsymbol{C}_1^{\mathrm{T}}\boldsymbol{C}_1$；$\boldsymbol{R}=\boldsymbol{D}_{12}^{\mathrm{T}}\boldsymbol{D}_{12}$。

根据文献[11][也可见式(1.52)]，系统开环过0 dB线的穿越频率近似为

$$\omega_{\mathrm{c}}=\bar{\sigma}[\boldsymbol{C}_1\boldsymbol{B}_2]/\sqrt{\rho} \tag{6.47}$$

式中，$\bar{\sigma}$ 表示最大奇异值；$\rho=\boldsymbol{D}_{12}^{\mathrm{T}}\boldsymbol{D}_{12}$。

将式(6.40)、式(6.41)的数据代入式(6.47)，得

$$\omega_{\mathrm{c}}=\bar{\sigma}\left(\begin{bmatrix}\beta_1 & 0 & 0\\ 0 & \beta_2 & 0\\ 0 & 0 & \beta_3\\ 0 & 0 & 0\end{bmatrix}\begin{bmatrix}0\\ 0\\ 7.929\ 8\end{bmatrix}\right)/\boldsymbol{W}_u=\frac{7.929\ 8\ \beta_3}{\boldsymbol{W}_u} \tag{6.48}$$

如果取权系数为

$$\beta_3=1,\quad W_u=0.12 \tag{6.49}$$

则穿越频率为

$$\omega_c=66.08\ \mathrm{rad/s} \tag{6.50}$$

这个 ω_c 值对本例来说是个合理的值。因为从式(6.40)可知，这个不稳定对象的固有频率 $\omega_0=\sqrt{4\ 900}=70\ \mathrm{rad/s}$，如果系统的 ω_c 也是这个数量级的，与名义系统的数学模型相匹配，系统的性能就不会受到高频未建模动态的困扰，即不会出现由于未建模动态引起的鲁棒稳定性问题。

用式(6.49)的权系数控制住了系统的带宽，那么系统的鲁棒性就主要反映在灵敏度 S 上了。灵敏度的传递函数形式是

$$S(s)=\frac{1}{1+K(s)G(s)} \tag{6.51}$$

式中，$K(s)$ 是控制器；$G(s)$ 是对象。结合图 6.18 来说，系统的对象应该是指电磁铁线圈电流以后的这一段，即对象的控制输入是电流 i。功放级以及各状态变量的取出和放大电路都是属于控制器(实物部件)的。也就是说，在鲁棒性分析中这个状态反馈系统的控制器方程式(参见图 6.18)为

$$\frac{\mathrm{d}i}{\mathrm{d}t}=-8.722\ 8i+7.929\ 8(k_3 i+k_2\dot{z}+k_1 z) \tag{6.52}$$

对应的传递函数为

$$K(s)=\frac{I(s)}{Z(s)}=\frac{7.929\ 8(k_1+k_2 s)}{s+(8.722\ 8-7.929\ 8k_3)} \tag{6.53}$$

而对象的从电流 i 到输出 z 的传递函数为

$$G(s)=\frac{6.418\ 4}{s^2-4\ 900}\ \mathrm{m/A} \tag{6.54}$$

[注：按负反馈来考虑时，这个 $G(s)$ 前面的符号是(+)的。]这里在列写对象传递函数式(6.54)时并没有包括耦合项[式(6.40)中的 763.45]，这一项相当于是速率 $\dot{z}$ 引起的反电势(图 6.18)，在具体分析时将其与反馈增益 k_2 合并在一起计算。用式(6.53)的 $K(s)$ 和式(6.54)的 $G(s)$ 来表示的灵敏度 S 既反映了系统对建模误差的鲁棒性，又反映了这个系统的扰动抑制特性。

6.3.4　H_∞ 状态反馈设计

H_∞ 状态反馈设计的主要问题是确定权系数和 H_∞ 范数指标 γ。根据 6.3.2 节的分析，本例中性能指标取 $\gamma=0.2$ 较为合理，此时 β_1 应该取 1 000。为了限制带宽，根据式(6.49)，$\beta_3=1$ 和 $W_u=0.12$ 也可确定下来。这样，设计中所需要的加权系数除 β_2 外都已确定，选择不同的

β_2 值求解 Riccati 方程式(6.43)后，根据所得出系统的 $S(j\omega)$ 就可最终将 β_2 确定下来。

图 6.19 所示就是在其他加权系数确定后，选择 $\beta_2=25$ 而得到的一条较为平坦的灵敏度函数 $S(j\omega)$。现将这个设计中的各参数归纳为

$$\beta_1=1\ 000,\quad \beta_2=25,\quad \beta_3=1 \tag{6.55}$$

在这组参数下，利用 MATLAB 的 hinffi( ) 函数所得的状态反馈阵为

$$\boldsymbol{K}=[30\ 954.68\quad 387.86\quad -25.40] \tag{6.56}$$

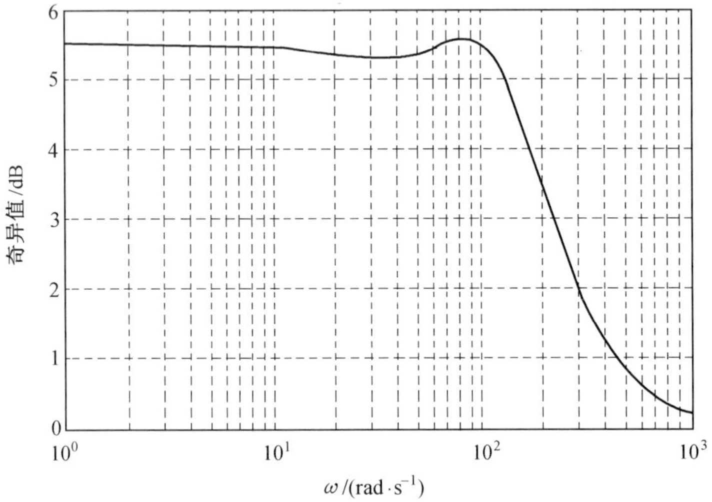

图 6.19 灵敏度函数 $S(j\omega)$ 的 Bode 图

这条较为平坦的灵敏度函数的平均高度 $|S(j\omega)|\approx 1.9=5.57$ dB，是本例中采用状态反馈所能达到的最小值。在带宽限制下使 $|S|$ 的峰值达到最小就是 H_∞ 状态反馈设计中的约束条件。在这个约束条件下做到的性能指标 γ 值才是有意义的，是一个可以实现的指标。

对 H_∞ 状态反馈来说，所要解决的是一种扰动抑制问题[见式(6.42)]，即要求扰动输入 $\boldsymbol{w}$ 到输出 $\boldsymbol{q}$ 的范数小于 γ。本例设计时的 γ 值为 0.2。图 6.20 中的曲线 1 是上一节设计后所得到的闭环传递函数的奇异值特性 $\bar{\sigma}[\boldsymbol{T}_{qw}]$，从图中可读得系统实际上的范数值 $\|\boldsymbol{T}_{qw}\|_\infty=-28\text{ dB}=0.039\ 8<0.2$，注意到 $\boldsymbol{q}$ 是一个设计时用的加权的综合输出[见式(6.41)]，真正的输出是磁悬浮系统的位移量变化 z。由于 $\boldsymbol{q}$ 中的 $z=x_1$ 已经放大了 $\beta_1=1\ 000$ 倍，为了便于比较，图6.20 的曲线 2 是表示乘 β_1 后的输出特性 $\beta_1\bar{\sigma}[T_{zw}]$，其范数等于 -31.8 dB，数值上则等于0.025 7。所以实际上的 $\|T_{zw}\|_\infty=0.025\ 7\times 10^{-3}$ m/N，相当于扰动力波动 10 N 时，该磁悬浮系统间隙的变化量小于 0.257 mm。这是这个系统所能做到的最好性能。

注意到扰动抑制的传递函数为

$$T_{zw}(s)=\frac{G_w(s)}{1+K(s)G(s)}=G_w(s)S(s) \tag{6.57}$$

式中，$G_w(s)$ 是从扰动输入 w 到输出 z 的对象部分的传递函数(参见图 6.18)。由此可见，扰动抑制特性直接取决于灵敏度函数，上面关于灵敏度最小值的设计也就直接导致扰动抑制的最佳性能。

根据上面的讨论可以看到，设计所用的 Riccati 方程式(6.43) 中的范数指标 γ 的值并不是真正的设计指标，状态反馈设计计算中的 γ 值和各加权系数实际上都只是设计中的调试参数，为的是得到一个如图 6.19 所示的比较满意的结果。由此可见，H_∞ 状态反馈的设计思路与前面各节的 H_∞ 输出反馈的设计思路是完全不同的，而本节所讨论的就是如何能更为合理地选择这些设计参数。

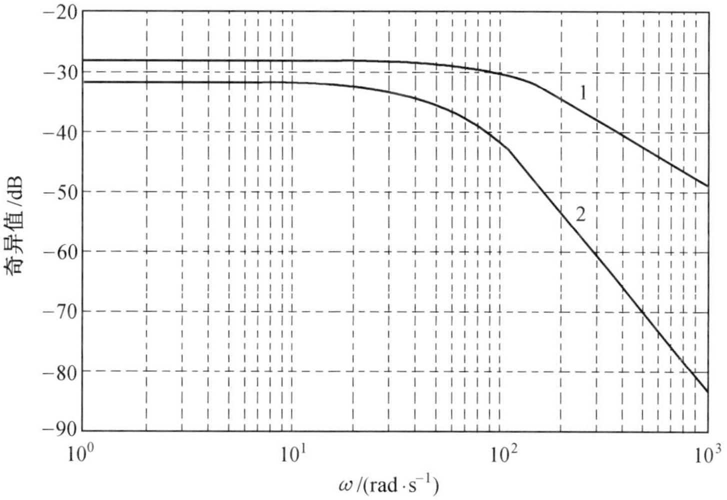

图 6.20　系统的扰动抑制性能

6.4　本章小结

本章介绍了几类 H_∞ 设计中的问题及设计的处理方法。从介绍中可以看到，H_∞ 设计并不是追求 H_∞ 范数指标 γ 的最小值。在输出反馈中是用权函数来达到所要求的性能。在状态反馈设计中 H_∞ 范数指标 γ 和加权系数都只是设计中的一些调试参数，为的是得到一个比较满意的设计结果。

本章参考文献

[1] HVOSTOV H S. Simplifying H_∞ controller synthesis via classical feedback system structure[J]. IEEE Transactions on Automatic Control, 1990,35(4): 485-488.

[2] BALAS G J, DOYLE J C. Control of lightly damped, flexible modes in the controller crossover region[J]. Journal of Guidance, Control, and Dynamics, 1994, 17(2): 370-377.

[3] SEFTON J, GLOVER K. Pole/zero cancellations in the general H_∞ problem with reference to a two block design[J]. Systems & Control Letters, 1990, 14: 295-306.

[4] 王广雄，何朕. 控制系统设计[M]. 北京：清华大学出版社，2008.

[5] FRANKLIN G F, POWELL J D, EMAMI-NAEINI A. Feedback control of dynamic systems[M]. 4th ed. Beijing: Higher Education Press, 2003

[6] GOODWIN G C, GRAEBE S F, SALGADO M E. Control system design[M]. Beijing: Tsinghua University Press, 2002.

[7] 刘彦文，刘胜，王毅. 船舶舵减摇的 H_∞ 控制设计[J]. 电机与控制学报，2009, 13(1): 133-137.

[8] 孟范伟，何朕，王毅，等. 磁悬浮系统的 H_∞ 状态反馈设计[J]. 电机与控制学报，2009, 13(2): 282-286.

[9] DOYLE J C, GLOVER K, KHARGONEKAR P P, et al. State-space solutions to standard H_2 and H_∞ control problems[J]. IEEE Transactions on Automatic Control, 1989, 34(8): 831-847.

[10] GLOVER K, DOYLE J C. State-space formulae for all stabilizing controllers that satisfy an H_∞-norm bound and relations to relations to risk sensitivity[J]. Systems & Control Letters, 1988, 11(3): 167-172.

[11] DOYLE J C, STEIN G. Multivariable feedback design: Concepts for a classical/modern synthesis[J]. IEEE Transactions on Automatic Control, 1981, 26(1): 4-16.

第 7 章　H_∞ 回路成形

回路成形对系统设计来说是另一种设计思路，这是先按要求来指定系统的高频段和低频段特性，然后再来设计控制器以保证系统的稳定性和鲁棒性。本章介绍的回路成形设计仍采用 H_∞ 控制的基本概念和方法，故称 H_∞ 回路成形。

7.1　挠性系统的控制与 H_∞ 回路成形

英文文献中将开环传递函数称为回路传递函数(loop transfer function)，所以回路成形就是指根据要求来给出系统的开环传递函数，对 MIMO 系统来说就是要设计出开环的奇异值曲线 $\sigma(\cdot)$。图 7.1 所示就是系统的开环奇异值曲线 $\bar{\sigma}(\boldsymbol{GK})$ 和 $\underline{\sigma}(\boldsymbol{GK})$，其低频段的形状决定了系统的性能(performance)，高频段的特性则与系统的鲁棒稳定性有关，要求系统的奇异值曲线不能进入图中的阴影区[1]。系统所要求的低频段特性和高频段特性一般都可以比较直观地列写出来，问题是要保证闭环系统的稳定性。这里要介绍的是用 H_∞ 方法来进行设计。用 H_∞ 方法既保证了稳定性，又可使设计具有鲁棒性。

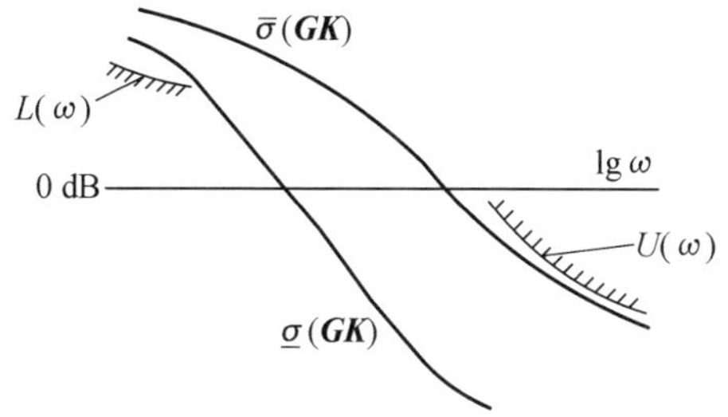

图 7.1　系统的设计要求与限制

应该说 H_∞ 回路成形更适用于挠性系统的设计，所以这里先来说明挠性系统。H_∞ 回路成形法设计的是控制器，而本节则是先对系统中的挠性对象做出交代。挠性是指刚性构件在受力作用下的弹性变形。当外力(或力矩)突然消失时构件的端部会呈现出谐振运动(线振动或扭转振荡)，即出现各种谐振模态。挠性部件会使控制系统的输出呈现出弱阻尼的振荡，甚至使系统不稳定。

物体的弯曲变形一般都是用偏微分方程来描述的，这表明其数学模型是无穷维的。当用传递函数来表示时，从受力端到偏转位移端的传递函数具有如下的形式：

$$\sum_{i=0}^{\infty} \frac{c_i}{s^2 + \omega_i^2}$$

引入阻尼系数后,则为

$$\sum_{i=0}^{\infty} \frac{c_i}{s^2 + 2\xi_i\omega_i s + \omega_i^2} \tag{7.1}$$

这里第一项是 c_0/s^2,相应于刚体运动,第二项为

$$\frac{c_1}{s^2 + 2\xi_1\omega_1 s + \omega_i^2}$$

相应于一次谐振模态。模态的频率越低,其幅值就越大,一般近似分析中只看前 3 ~ 4 个模态就足够了。这种数学模型一般是通过有限元分析和辨识实验来获得的。作为例子,式(7.2)是一个硬盘驱动器上的音圈电机(VCM)的磁头驱动系统的数学模型[2]

$$P(s) = K_p \sum_{i=0}^{4} \frac{c_1}{s^2 + 2\xi_i\omega_i s + \omega_i^2} \tag{7.2}$$

式中,K_p 是对象的增益,$K_p = 3.7 \times 10^7$,式中的其他参数见表 7.1。

表 7.1　$P(s)$ 的参数

模态(i)	$\omega_i/(\text{rad} \cdot \text{s}^{-1})$	c_i	ξ_i
Mode 0	0	1.0	0
Mode 1	$2\pi \times 3\ 950$	−1.0	0.035
Mode 2	$2\pi \times 5\ 400$	0.4	0.015
Mode 3	$2\pi \times 6\ 100$	−1.2	0.015
Mode 4	$2\pi \times 7\ 100$	0.9	0.060

图 7.2 为此对象 $P(s)$ 的频率响应曲线,从表 7.1 和图 7.2 可以看出,挠性系统的模态一般来说不是一个单次的模态,而是频率差别比较接近的一组模态,这给控制设计带来了相当的难度。

从理论上说,所有可动部件都存在着不同程度的挠性。这是因为并不存在绝对的刚体。不过一般系统的部件都是以刚性特性为主,其挠性特性只是一种寄生现象。当要求快速动作时(加速度大,或者说力较大)才会呈现出挠性特性。这类系统设计时其带宽要受谐振模态的限制,使其在工作过程中不会将谐振模态激发起来。具体来说,应使系统在过 0 dB 线前的 Bode 图犹如无谐振模态的刚体模型,而使谐振模态出现在过 0 dB 线的穿越频率 ω_c 之后。一般来说,谐振模态的频率在 ω_c 的 4 倍以上,视阻尼比 ξ_i 而定,主要是使过 0 dB线以后幅频特性在谐振频率处不再超出 0 dB 线,即谐振模态不致被激发。

除了上述的以刚性特性为主的系统外,还有一些系统的控制对象本身就是挠性的。例如航天器为了减轻重量一般采用桁架结构。桁架结构从外形上看似一个刚体,但刚度很低,结构上很容易起振。又例如卫星上的太阳能电池帆板就是一种薄板形的挠性结构。这类系统具有

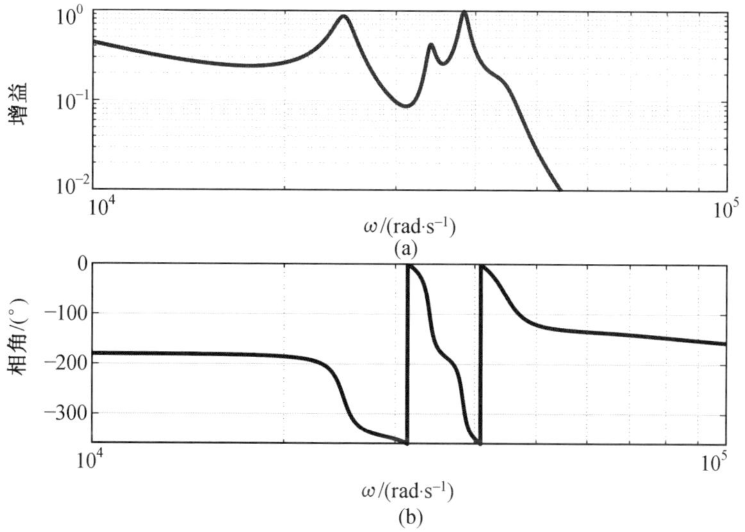

图 7.2　读写头的频率特性

明显的谐振特性，其基本特性常可以用一次谐振模态来近似表示。本章所指的挠性系统就是这种本质上是挠性的系统。对这种挠性系统来说，系统的带宽一般要与一次模态相当。因为如果带宽过窄，一次模态处于带宽之外，说明反馈系统对该模态并未起到控制作用。系统上只要有任何干扰都会激起这弱阻尼的一次模态起振。如果带宽高出一次模态，就会包含其他高次模态，系统在众多密集的弱阻尼模态作用下，其稳定性是很难保证的。所以挠性系统设计的带宽应与一次模态相当，过一次模态后控制器的增益要迅速衰减，使在高次模态的频段上整个回路的增益能小于 1。这样，高次模态的存在就不再会影响系统的稳定性了。由于挠性系统的模态往往是成组出现的，实际的动特性很复杂，而 H_∞ 回路成形法的设计就是针对过 0 dB 线前后频段上的鲁棒稳定性设计，因此挠性系统的控制就很自然地成为 H_∞ 回路成形法的一个典型应用了。

这里要说明的是，作为教材，本章选用的是一个比较简单的实例，并没有采用一族模态来进行设计分析。真正的应用场合应该是那些无法用直观概念来设计的，多(谐振)模态的系统。

7.2　互质因式摄动下的稳定性分析

本节要给出 H_∞ 回路成形法中对象摄动下的系统的稳定性分析。

H_∞ 回路成形法中的对象是用互质因式分解来描述的。例如，设采用右互质分解($r.\ c.\ f.$)，则对象就是

$$G = NM^{-1} \tag{7.3}$$

这里要求采用标称互质分解(normalized coprime factorization),即式(7.3)中的 $\boldsymbol{N},\boldsymbol{M} \in RH_\infty$ 要满足

$$\boldsymbol{N}^\sim \boldsymbol{N} + \boldsymbol{M}^\sim \boldsymbol{M} = \boldsymbol{I} \tag{7.4}$$

式中的波纹号角标表示 $\boldsymbol{N}^\sim = [\boldsymbol{N}(-s)]^{\mathrm{T}}$。式(7.4)等价于要求 $\begin{bmatrix}\boldsymbol{N}\\ \boldsymbol{M}\end{bmatrix}$ 是内矩阵。互质因式的计算见本书3.1节。

当对象是用互质因式表示时,摄动的对象就用互质因式的加性摄动来表示,即

$$\boldsymbol{G}_\Delta = (\boldsymbol{N} + \boldsymbol{\Delta}_N)(\boldsymbol{M} + \boldsymbol{\Delta}_M)^{-1} \tag{7.5}$$

式中,$\boldsymbol{\Delta}_N, \boldsymbol{\Delta}_M \in H_\infty$ 为稳定的传递函数。图7.3中的 $\boldsymbol{G}_\Delta$ 就是用互质因式的摄动来表示的(摄动)对象。由图可见,这个对象的不确定性是1入($\boldsymbol{z}$)2出($\boldsymbol{w}_1$ 和 $\boldsymbol{w}_2$),对应的矩阵表达式为

$$\boldsymbol{\Delta} = \begin{bmatrix}\boldsymbol{\Delta}_N\\ \boldsymbol{\Delta}_M\end{bmatrix} \tag{7.6}$$

这个不确定性就称为互质因式不确定性。

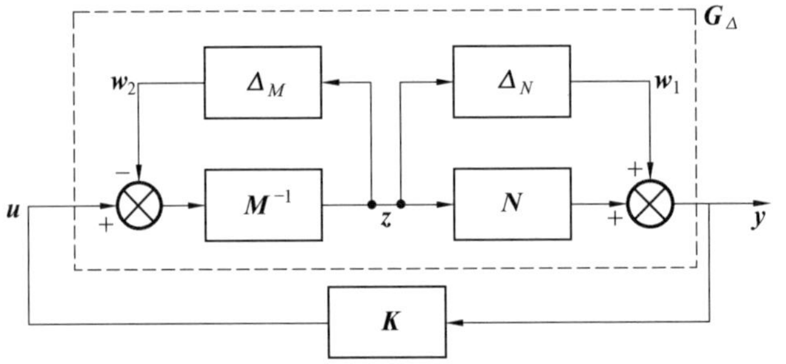

图7.3 互质因式不确定性的系统

一般来说,对象的不确定性常用加性或乘性不确定性来表示。加性不确定性或乘性不确定性的物理概念比较清晰,但是要表示某些不确定性还是有困难的。例如,设挠性系统的一对弱阻尼的谐振极点存在摄动,即设

$$G = \frac{2\sqrt{2}}{s^2 + 1} \tag{7.7}$$

摄动后成为

$$G_\Delta = \frac{2\sqrt{2}}{s^2 + 1 + \alpha} \tag{7.8}$$

这里设谐振模态的阻尼非常小,式(7.7)、式(7.8)是阻尼比 $\xi = 0$ 的极端情况。

当采用加性不确定性来描述时,是用 $G + \Delta$ 代替 G_Δ,则由式(7.7)、式(7.8)可得

$$|\boldsymbol{\Delta}|=\left|\frac{2\sqrt{2}\alpha}{(s^2+1)(s^2+1+\alpha)}\right|_{s=\mathrm{j}\omega} \tag{7.9}$$

显然，这个加性不确定性的界是非常大的。

现在改用互质因式的摄动来表示这对弱阻尼极点的摄动。根据式(7.7) 可得 G 所对应的标称互质分解为

$$\begin{bmatrix} N \\ M \end{bmatrix}=\frac{1}{s^2+2s+3}\begin{bmatrix} 2\sqrt{2} \\ s^2+1 \end{bmatrix} \tag{7.10}$$

而摄动对象 G_Δ 则可表示为

$$G_\Delta=\frac{2\sqrt{2}}{s^2+2s+3}\left(\frac{s^2+1}{s^2+2s+3}+\frac{\alpha}{s^2+2s+3}\right)^{-1} \tag{7.11}$$

将式(7.11) 与式(7.5) 对比，可得互质因式的摄动为

$$\Delta_N=0,\quad \Delta_M=\frac{\alpha}{s^2+2s+3} \tag{7.12}$$

根据式(7.12)，可得此互质因式不确性的 H_∞ 范数(即 $|\Delta_M(\mathrm{j}\omega)|$ 的峰值) 等于 $\alpha/2\sqrt{2}$。例如，设 $\alpha=0.44$，即设式(7.8) 的固有频率变化 20%，则对应的 Δ 的范数为 0.16。这个摄动的数据已进入到正常的设计处理的范围内了。另外，加性不确定性或乘性不确定性在应用时也还有一些条件限制，例如要求摄动前后对象的不稳定极点数不能有变化(见第 1 章)。总之，互质因式摄动所表示的摄动类型可以更广一些，更具普遍性。

现在将互质因式的对象及其摄动纳入到 H_∞ 标准问题的框架中来讨论。按 H_∞ 标准问题中广义对象的定义，图 7.3 中对象的第一个输出是 $\boldsymbol{z}$，第二个输出是 $\boldsymbol{y}$，对象的第一个输入是 $\begin{bmatrix} \boldsymbol{w}_1 \\ \boldsymbol{w}_2 \end{bmatrix}$，第二个输入是 $\boldsymbol{u}$，所以广义对象的传递函数阵为

$$\boldsymbol{P}=\begin{bmatrix} \boldsymbol{P}_{11} & \boldsymbol{P}_{12} \\ \boldsymbol{P}_{21} & \boldsymbol{P}_{22} \end{bmatrix}=\left[\begin{array}{cc:c} \boldsymbol{0} & -\boldsymbol{M}^{-1} & \boldsymbol{M}^{-1} \\ \hdashline \boldsymbol{I} & -\boldsymbol{G} & \boldsymbol{G} \end{array}\right] \tag{7.13}$$

这个对象 $\boldsymbol{P}$ 与互质因式不确定性 $\boldsymbol{\Delta}$[见式(7.6)] 构成的上线性分式变换式，整理后为

$$\begin{aligned} \boldsymbol{F}_{\mathrm{u}}(\boldsymbol{P},\boldsymbol{\Delta}):=&\boldsymbol{P}_{22}+\boldsymbol{P}_{21}\boldsymbol{\Delta}(\boldsymbol{I}-\boldsymbol{P}_{11}\boldsymbol{\Delta})^{-1}\boldsymbol{P}_{12}= \\ &(\boldsymbol{N}+\boldsymbol{\Delta}_N)(\boldsymbol{M}+\boldsymbol{\Delta}_M)^{-1} \end{aligned} \tag{7.14}$$

这就是图 7.3 虚线所框的 $\boldsymbol{G}_\Delta$。式(7.13) 的这个广义对象 $\boldsymbol{P}$ 与控制器 $\boldsymbol{K}$ 构成下线性分式变换时，则有

$$\begin{aligned} \boldsymbol{F}_{\mathrm{l}}(\boldsymbol{P},\boldsymbol{K}):=&\boldsymbol{P}_{11}+\boldsymbol{P}_{12}\boldsymbol{K}(\boldsymbol{I}-\boldsymbol{P}_{22}\boldsymbol{K})^{-1}\boldsymbol{P}_{21}= \\ &\boldsymbol{M}^{-1}(\boldsymbol{I}-\boldsymbol{K}\boldsymbol{G})^{-1}[\boldsymbol{K}\quad -\boldsymbol{I}] \end{aligned} \tag{7.15}$$

式(7.15) 就是不带摄动的名义系统的输入输出特性。这个 $\boldsymbol{F}_{\mathrm{l}}(\boldsymbol{P},\boldsymbol{K})$ 与互质因式摄动 $\boldsymbol{\Delta}=\begin{bmatrix} \boldsymbol{\Delta}_N \\ \boldsymbol{\Delta}_M \end{bmatrix}$ 就构成了图 7.4 所示的鲁棒稳定性问题。

设对图 7.4 的名义系统进行 H_∞ 设计，得

$$\min_{K} \| \boldsymbol{F}_1(\boldsymbol{P},\boldsymbol{K}) \|_\infty = \gamma = \varepsilon_{\max}^{-1} \tag{7.16}$$

那么根据小增益定理可知，如果对象的互质因式摄动小于 ε，且 $\varepsilon \leqslant \varepsilon_{\max}$，即

$$\left\| \begin{matrix} \boldsymbol{\Delta}_N \\ \boldsymbol{\Delta}_M \end{matrix} \right\| < \varepsilon < \varepsilon_{\max} \tag{7.17}$$

则系统仍是稳定的，即具有鲁棒稳定性。

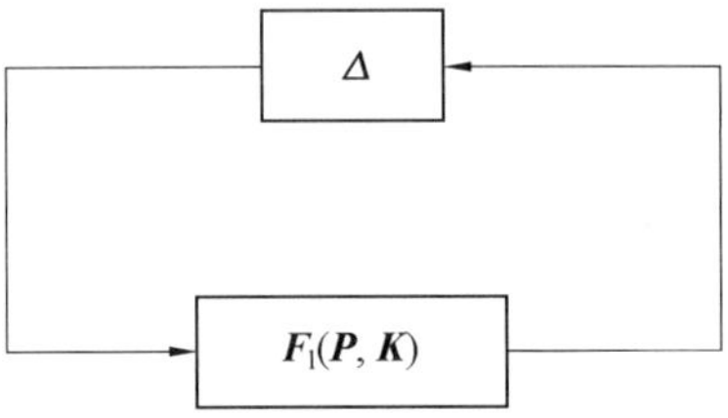

图 7.4　鲁棒稳定性问题的框图

图 7.3 和式(7.15)的鲁棒稳定性问题还可以有另外一种表述方式。因为传递函数左乘一个内矩阵后其范数是不变的，所以式(7.15)左乘 $\begin{bmatrix} \boldsymbol{N} \\ \boldsymbol{M} \end{bmatrix}$ 后其 H_∞ 范数并不改变，即

$$\begin{aligned} \| \boldsymbol{F}_1(\boldsymbol{P},\boldsymbol{K}) \|_\infty &= \left\| \begin{bmatrix} \boldsymbol{N} \\ \boldsymbol{M} \end{bmatrix} \boldsymbol{M}^{-1} (\boldsymbol{I}-\boldsymbol{K}\boldsymbol{G})^{-1} [\boldsymbol{K} \quad -\boldsymbol{I}] \right\|_\infty = \\ & \left\| \begin{bmatrix} \boldsymbol{G} \\ \boldsymbol{I} \end{bmatrix} (\boldsymbol{I}-\boldsymbol{K}\boldsymbol{G})^{-1} [\boldsymbol{K} \quad -\boldsymbol{I}] \right\|_\infty \end{aligned} \tag{7.18}$$

原来的式(7.15)所表示的系统只有一个输出 $\boldsymbol{z}$(图 7.3)，乘内矩阵 $\begin{bmatrix} \boldsymbol{N} \\ \boldsymbol{M} \end{bmatrix}$ 后成为两个输出，第一个输出($\boldsymbol{z}_1$)是 $\boldsymbol{z}$ 乘 $\boldsymbol{N}$ 阵所得，在 $\boldsymbol{N}$ 输出端输出[图 7.5(a)]，第二个输出($\boldsymbol{z}_2$)是 $\boldsymbol{z}$ 乘 $\boldsymbol{M}$ 阵所得，故输出点是在 $\boldsymbol{M}^{-1}$ 的输入端上。图 7.5(a)还可以画成图 7.5(b)的更为简洁的形式。图 7.5 所示已是一个 2 入 2 出的系统，其 H_∞ 范数仍等于式(7.16)的 γ。图 7.5(b)中 $\boldsymbol{w}_2$ 对系统的作用已改用正号，因为对 H_∞ 范数来说，输入信号作用的符号已无实质上的影响。

图 7.5 所对应的不确定性已是一个 2 入 2 出的 4 块结构，所以更具普遍性[3]。设用 $\boldsymbol{\Delta}_{LS}$ 表示这个 2 入 2 出的不确定性，则图 7.5 可进一步简化成图 7.6。图 7.6 表明，互质因式摄动下的 H_∞ 设计，实质上是一个鲁棒稳定性问题。文献[3]将这 4 块不确定系统的 $\| \boldsymbol{T}_{zw} \|_\infty^{-1} = \gamma^{-1}$ 定义为稳定裕度(stability margin)。γ^{-1} 就是前面式(7.16)中的 $\varepsilon_{\max}$。$\varepsilon_{\max}$ 值越小，允许的摄动就越小。H_∞ 范数在一般的 H_∞ 设计中都是一种性能指标，不过在这里的 H_∞ 回路成形设计中却是一个鲁棒稳定性的指标。这个概念对正确认识回路成形法很重要。

因为图 7.5(b)和式(7.18)中已经没有了互质因式的显式表示式，所以虽然回路成形设计是一种基于互质因式分解的思想，但是在实际设计时并不需要去进行互质分解。这里还要说

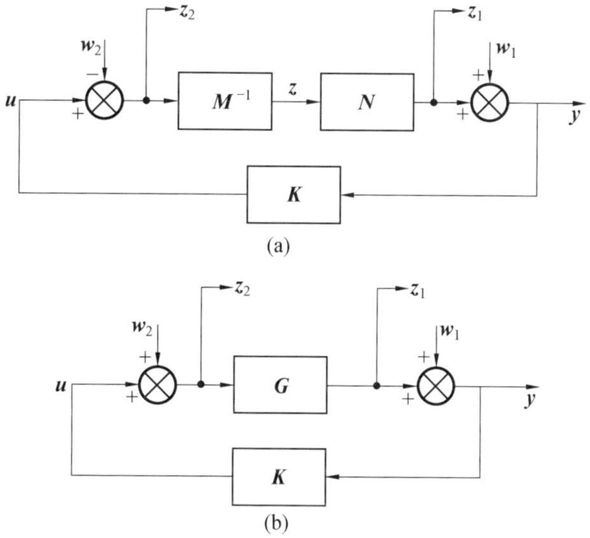

图 7.5　变换后的名义系统

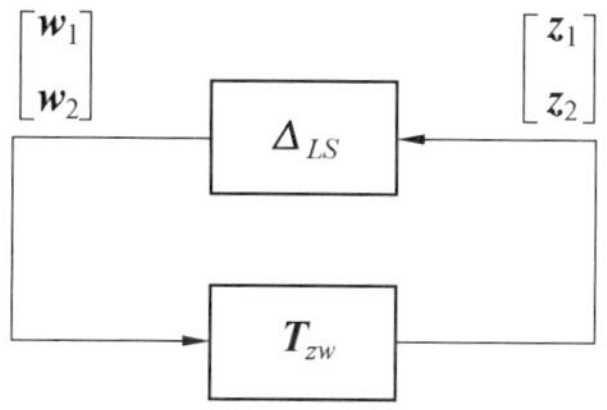

图 7.6　2 入 2 出的不确定性系统

明的是，本节中的这些公式都是根据右互质分解［见式(7.3)］来推导的。有些文献中采用的是左互质分解，最后的结果在形式上会有所不同，但本质上都是一样的。

7.3　H_∞ 回路成形设计

H_∞ 回路成形设计分两步进行。第一步是成形设计，是指系统高低频段特性的设计。设计时系统低频段和高频段特性的要求一般都是明确的。例如，对低频段来说，系统的增益大小以及是否需要积分规律，高频段的未建模动态约束等都是可以知道的。这些要求和约束可以通过加补偿环节来满足。这些补偿环节的传递函数在这里也称为权函数，这些权函数与对象的传递函数 $\boldsymbol{G}$ 相乘就构成了所要求的(开环)系统特性，称为成形(后)的对象(shaped plant)，并用 $\boldsymbol{G}_S$ 来表示

$$\boldsymbol{G}_S = \boldsymbol{W}_2 \boldsymbol{G} \boldsymbol{W}_1 \tag{7.19}$$

式中，$\boldsymbol{W}_1$ 和 $\boldsymbol{W}_2$ 就是根据性能要求和高频段约束列写出来的权函数阵。因为矩阵相乘有左乘和右乘之分，所以式(7.19)有左右两个权函数。$\boldsymbol{W}_1$ 称为前补偿，$\boldsymbol{W}_2$ 称为后补偿。为保证成形设计系统的稳定性，第二步是对 $\boldsymbol{G}_S$ 进行 H_∞ 设计，设计一个 H_∞ 控制器 $\boldsymbol{K}_\infty$，如图7.7所示。然后，再将开始设计时加到对象上的权函数与 $\boldsymbol{K}_\infty$ 归到一起，得到最终的控制器为

$$\boldsymbol{K}=\boldsymbol{W}_1\boldsymbol{K}_\infty\boldsymbol{W}_2 \tag{7.20}$$

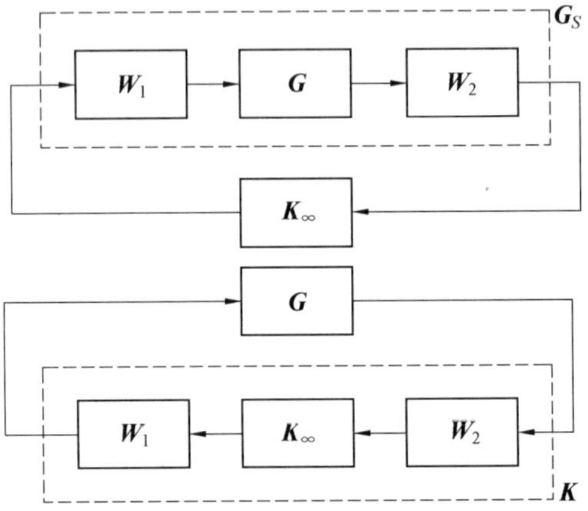

图 7.7 成形设计时的对象和最终的控制器 $\boldsymbol{K}$

从式(7.19)到式(7.20)虽然可直接用 MATLAB 的函数 loopsyn 来进行设计，但下面的分析对正确理解和使用回路成形方法是有益的。

H_∞ 设计时用的框图，如图7.5(b)所示，其中对象 $\boldsymbol{G}$ 现在应该是成形后的对象 $\boldsymbol{G}_S$[见式(7.19)]。对此成形后的对象进行 H_∞ 优化设计，得

$$\min_K \left\| \begin{bmatrix} \boldsymbol{G} \\ \boldsymbol{I} \end{bmatrix} (\boldsymbol{I}-\boldsymbol{KG})^{-1} [\boldsymbol{K} \quad -\boldsymbol{I}] \right\|_\infty = \gamma = \varepsilon_{\max}^{-1} \tag{7.21}$$

式(7.21)中的这个 $\varepsilon_{\max}$ 就是上面已定义的稳定裕度。从式(7.21)可以看到，这个2入2出特性包含了所有与 $\boldsymbol{G}$ 的输出有关的4个闭环系统的传递函数阵。例如，$\boldsymbol{w}_1 \rightarrow \boldsymbol{z}_1$ 就是系统的闭环传递函数阵 $\boldsymbol{T}$。因此式(7.21)的 H_∞ 范数 γ 一定是大于1的，即 $\varepsilon_{\max} \in (0,1)$。已知 $\varepsilon_{\max}$ 的值越小，允许的摄动就越小，所以设计时一般要求 $\varepsilon_{\max} > 0.2$，或 γ 值不大于 $4 \sim 5$[5,6]。

这里要说明的是，用 H_∞ 回路成形法设计后的系统开环传递函数为

$$\boldsymbol{GK}=\boldsymbol{GW}_1\boldsymbol{K}_\infty\boldsymbol{W}_2 \tag{7.22}$$

这与原来设计时用权函数来指定的成形对象 $\boldsymbol{G}_S$ 已有所不同，现在的开环传递函数中多了一个 H_∞ 控制器 $\boldsymbol{K}_\infty$。

$\boldsymbol{K}_\infty$ 主要是为了修正中频段特性，保证系统有足够的鲁棒稳定性而加进来的，对高低频段的特性(图7.1)影响并不大。文献[5]中证明了，只要不是 $\varepsilon_{\max} \ll 1$，当系统的增益较高时(对应于低频段)，或增益较低时(对应于高频段)，附加进来的 $\boldsymbol{K}_\infty$ 对系统特性的影响都比较小(见

图 7.8 之例)。这就是说,H_∞ 回路成形是在保证系统对参数摄动具有鲁棒性的同时,还保证了系统的(低频段)性能(performance)以及对高频段未建模动态的鲁棒稳定性。

7.4　设计举例

本节结合例子来进一步说明 H_∞ 回路成形的方法和特点。例题的背景是卫星的姿态控制[4]。卫星上因为有太阳帆板,所以是一种挠性系统。设本例中只有一个刚性模态和一个挠性模态,其状态方程为

$$\dot{\boldsymbol{x}} = \boldsymbol{A}\boldsymbol{x} + \boldsymbol{B}u + \boldsymbol{B}d \tag{7.23}$$

$$y = \boldsymbol{C}\boldsymbol{x} \tag{7.24}$$

式中,u 是控制力矩(N·m);d 是一常值的干扰力矩(N·m);y 是滚转角(rad)。相应的状态方程为

$$\boldsymbol{A} = \begin{bmatrix} 0 & 1 & 0 & 0 \\ 0 & 0 & 0 & 0 \\ 0 & 0 & 0 & 1 \\ 0 & 0 & -\omega_0^2 & -2\zeta\omega_0 \end{bmatrix}, \quad \boldsymbol{B} = \begin{bmatrix} 0 \\ 1.731\,9 \times 10^{-5} \\ 0 \\ 3.785\,9 \times 10^{-4} \end{bmatrix}$$

$$\boldsymbol{C} = [1 \quad 0 \quad 1 \quad 0], \qquad \boldsymbol{D} = \boldsymbol{0}$$

式中,$\omega_0 = 1.539$ rad/s 是挠性模态的频率,其阻尼比 $\zeta = 0.003$。这个对象的极点为

$$\begin{gathered} 0 \\ 0 \\ -0.004\,6 \pm \mathrm{j}1.539\,0 \end{gathered}$$

零点为

$$-0.002 \pm \mathrm{j}0.321\,9$$

从其极点可以看到,这个对象具有弱阻尼挠性模态,加上力矩时就要起振,所以需要反馈控制来改善系统的阻尼和保证指向精度。

因为对象上的干扰力矩可视为常值,所以要求有积分控制律,设为 PI 控制,即

$$W_{\mathrm{PI}}(s) = \frac{s + 0.4}{s} \tag{7.25}$$

当用回路成形法来设计时,这个 PI 控制律就是对系统低频段特性的要求,反映在权函数 W_1 和 W_2 上。本例是 SISO 系统,对传递函数没有左乘或右乘之分,所以权函数 W_1 和 W_2 都归在一起,用一个 W 来表示。

设计时还有一个增益的要求,这个增益也反映在系统的带宽上,所以权函数为

$$W = 10\,000 W_{\mathrm{PI}} = 10\,000\,\frac{s + 0.4}{s} \tag{7.26}$$

取这个权函数是为了使一次模态的频率 ω_0 位于 Bode 图过 0 dB 线的频段上(图 7.8 虚线),以便给一次模态增加阻尼,而系统的带宽又不致太宽以避免可能存在的高次谐振模态对系统稳定性的影响。

另外,对卫星来说,挠性模态的参数(ω_0)也只是一种近似的估计值,因此要求系统的设计对这种参数摄动具有鲁棒性,故采用 H_∞ 回路成形法来进行设计。图 7.8 中虚线是对象乘权函数 W 成形后的对象 $G_S=WG$ 的 Bode 图。

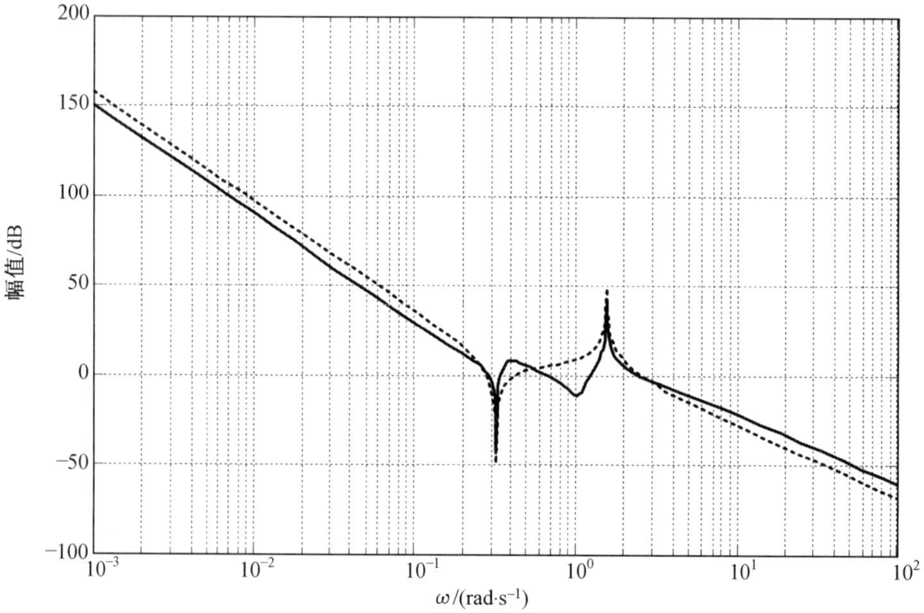

图 7.8　成形对象 G_S(虚线)和 H_∞ 设计后(实线)的 Bode 图

根据图 7.5(b) 和式(7.21) 对 G_S 进行 H_∞ 设计,得

$$\gamma=2.4817$$

对应的 $\varepsilon_{\max}=\gamma^{-1}=0.4029$。这个 $\varepsilon_{\max}$ 大于 0.2,故这个设计具有足够的鲁棒性。

设计所得的 H_∞ 控制器为

$$K_\infty(s)=-\frac{21\,700\,421.982\,5(s^2+0.279\,5s+0.045\,45)(s^2+0.179\,7s+1.041)}{(s+9.554\times10^6)(s+4.417)(s+0.404\,8)(s^2-0.088\,55s+0.136\,5)} \tag{7.27}$$

再将开始设计时加到对象上的权函数 W 与 K_∞ 归到一起,并略去其中10^6 的高频分量后可得最终的控制器为

$$K(s)=WK_\infty(s)=$$

$$-\frac{22\ 713.441\ 5(s+0.4)(s^2+0.279\ 5s+0.045\ 45)(s^2+0.179\ 7s+1.041)}{s(s+4.417)(s+0.404\ 8)(s^2-0.088\ 55s+0.136\ 5)} \tag{7.28}$$

图 7.8 中的实线就是最终的系统的 Bode 图。

图 7.9 所示是 H_∞ 设计所得的 $K_\infty(s)$ 的幅频 Bode 图。此图代表了 H_∞ 设计后对原先成形设计的 G_S 所做的修正。从图可见，主要是对中频段做出修正以保证稳定性和鲁棒性，低频段和高频段只是略微调整了一下增益，控制器仍具有积分规律，系统的带宽也基本上没有变化（图 7.8）。

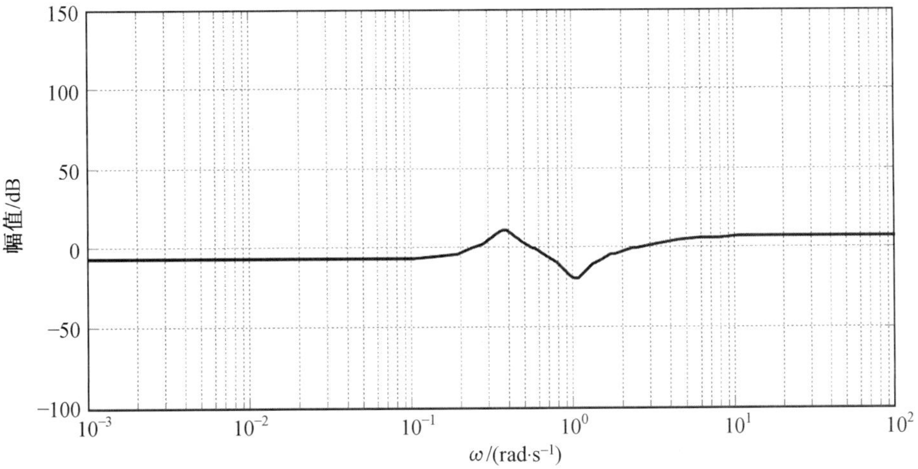

图 7.9　K_∞ 的 Bode 图

图 7.10 所示是对象输入端加阶跃扰动力矩为 0.3 N·m 时系统输出 $y(t)$ 和控制输入 $u(t)$ 的响应曲线。响应曲线表明加反馈控制后系统已有足够的阻尼，又由于具有积分控制律，因此稳态误差为零。

这个 H_∞ 回路成形设计对参数摄动是有鲁棒性的。经验证，当挠性模态的频率在 0.985 0～1.754 5 rad/s 之间时，也即在标称 ω_0 的 64%～114% 之间变动时，系统仍是稳定的。图 7.11 所示就是参数摄动接近稳定边缘上下限时的阶跃扰动响应曲线，图 7.11(a) 是挠性模态的频率从标称值 1.539 rad/s 减小至 1.0 rad/s 时的曲线，而图 7.11(b) 对应的频率则为 1.7 rad/s。

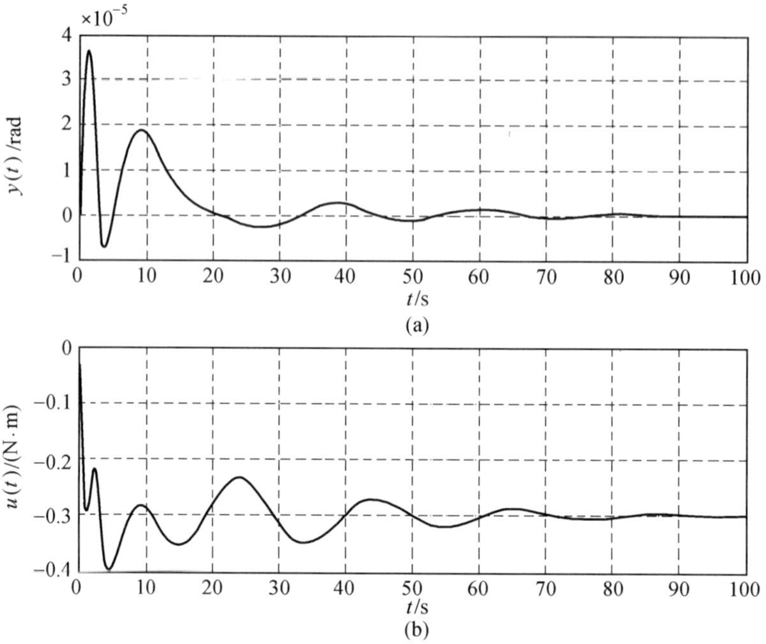

图 7.10　阶跃扰动下系统的响应曲线

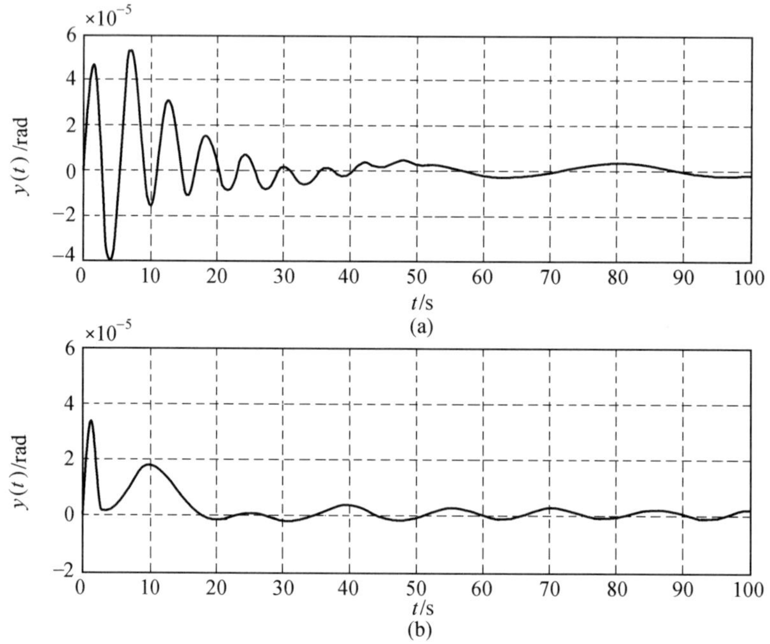

图 7.11　参数摄动接近上下限时的阶跃扰动响应曲线

7.5　本章小结

本章回路成形的设计思想不同于前面第 6 章的设计思想。这不是一种综合(synthesis)法,而是先选定系统的开环特性,观察所得的设计指标 ε_{max} 是否 $\geqslant 0.2$? 如果这个 ε_{max} 值满足要求,说明这个开环特性是可行的,且具有鲁棒性。否则得重新更改所成形的系统特性 G_S。这里这个 ε_{max} 值与 H_∞ 设计中的 H_∞ 范数是相对应的(倒数关系),所以在回路成形法中也称为性能指标,但这与前面典型问题中的 H_∞ 性能指标的概念是不一样的,应该注意区分。从系统设计来说,H_∞ 回路成形是一种与第 6 章中标准的 H_∞ 综合法并行的方法。H_∞ 回路成形法也可以进一步与第 8 章的结构奇异值 μ 结合起来对参数摄动下的系统进行鲁棒设计,见文献[6]。

本章参考文献

[1] DOYLE J C, STEIN G. Multivariable feedback design: concepts for a classical / modern synthesis[J]. IEEE Transactions on Automatic Control, 1981, 26(1): 4-16.

[2] ATSUMI T, ARISAKA T, SHIMIZU T, et al. Head-positioning control using resonant modes in hard disk drive[J]. IEEE/ASME Transactions on Mechatronics, 2005, 10(4): 378-384.

[3] LANZON A, PAPAGEORGIOU G. Distance measures for uncertain linear systems: A general theory[J]. IEEE Transations on Automatic Control, 2009, 54(7): 1532-1547.

[4] MCFARLANE D, GLOVER K. A loop shaping design procedure using H_∞ synthesis[J]. IEEE Transactions on Automatic Control, 1992,37(6): 759-769.

[5] MCFARLANE D, GLOVER K. Robust controller design using normalized coprime factor plant descriptions[M]. Lecture Notes in Control and Information Sciences, Vol. 138. New York: Springer-Verlag, 1989.

[6] LANZON A, TSIOTRAS P. A combined application of H_∞ loop shaping and μ-synthesis to control high-speed flywheels [J]. IEEE Transactions on Control Systems Technology, 2005, 13(5): 766-777.

第 8 章　结构奇异值和系统的鲁棒性能

前面各章讨论的是根据性能要求和对未建模动态的鲁棒稳定性要求的设计问题，确切地说，是一个名义系统的设计问题。但如果对象的参数存在摄动，并要求在给定的参数摄动下保证系统的稳定性或性能，这样的控制问题称为鲁棒镇定(stabilization)或鲁棒控制。这时如果仍用 H_∞ 范数来设计就会带来保守性。本章要介绍的结构奇异值就是用来处理这类参数摄动下的系统设计问题。

8.1　引　言

这里要指出的是，任何一个控制系统的设计对稳定性都有鲁棒性要求。这是因为对象的数学模型与实际系统总会存在不同程度的差异，如果一个设计不能容忍这种差异，那么这种方法所设计的系统是不可能工作的。这种鲁棒性要求在不同的时期，对不同的方法，有不同的称呼。这在经典理论中就是要求有稳定裕度(幅值裕度和相角裕度)。在经典时期以及当前的理论中也常用灵敏度函数的峰值 M_S 作为鲁棒性指标，有些作者还将 $\rho=1/M_S$ 称为稳定裕度(见 1.2.3 节)。在上一章的回路成形设计法中，这个鲁棒性指标就是 $\varepsilon_{\max}$，在回路成形法的文献中还称这个 $\varepsilon_{\max}$ 为稳定裕度。随着对反馈控制认识的深入，近年来又认识到未建模动态对系统高频段的约束，这个约束常称作鲁棒稳定性条件。不过这种约束还是针对名义系统来说的，要求名义系统的频率特性不要进入高频段未建模动态的限制区，否则会出现鲁棒稳定性问题。总之，名义系统的设计都要求具有鲁棒性，或者说要有一定的稳定裕度，而且对高频段还要有约束。这里的鲁棒性是指当系统的特性(或参数)有微小摄动时，这个系统仍应该是稳定的。

如果对象的参数确实存在变化，并要求在所规定的摄动范围内保证系统稳定，这样的设计要求就称为鲁棒镇定(robust stabilization)。如果除了稳定性以外，还有性能要求，则称为鲁棒控制或鲁棒设计。本章要讨论的就是鲁棒设计问题。根据上面的说明可以知道，鲁棒控制或鲁棒镇定问题中的不确定性就是参数的不确定性，所以 8.2 节将对参数摄动下的对象进行描述。

8.2　参数摄动下的数学模型

这里所说的参数摄动是指控制对象的物理参数，如质量、惯量等的摄动，而不是简单地指状态阵 $\mathbf{A}$ 中系数(a_{ij})的变化。这二者是不一样的。而 H_∞ 控制中讨论的都是充要条件，只有将不确定性做出正确的描述，才能充分发挥充要条件的功能。

参数摄动下对象的状态空间模型一般要用线性分式变换(LFT)来描述,这里通过一个具体的例子来进行说明[1]。图 8.1 所示为一质量－弹簧－阻尼系统。设 m,c,k 均存在不确定性,$m=\bar{m}(1+w_m\delta_m)$,$c=\bar{c}(1+w_c\delta_c)$,$k=\bar{k}(1+w_k\delta_k)$;符号上加一杠表示是名义值,而不确定性的(相对)变化范围用权系数 w 来表示:w_m,w_c,w_k;δ 则是(幅值)界为 1 的不确定性,即 $|\delta_m|\leqslant 1$,$|\delta_c|\leqslant 1$,$|\delta_k|\leqslant 1$。

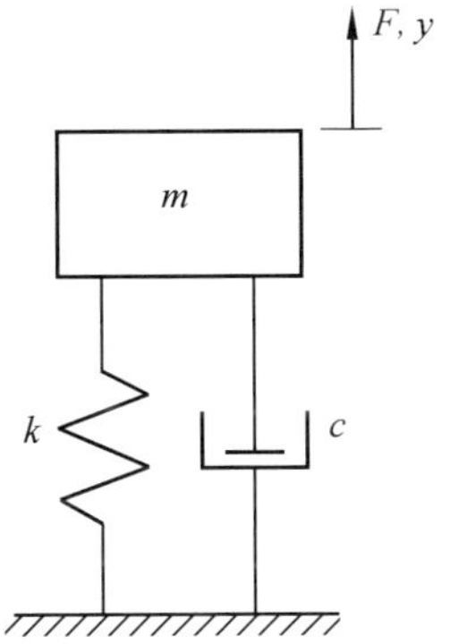

图 8.1　质量－弹簧－阻尼系统

图 8.1 所示的系统的运动方程式为

$$\ddot{y}+\frac{c}{m}\dot{y}+\frac{k}{m}y=\frac{F}{m} \tag{8.1}$$

设

$$x_1=y$$
$$x_2=m\dot{y}$$

则可写得

$$\dot{x}_1=\dot{y}=\frac{1}{m}x_2=\frac{1}{\bar{m}(1+w_m\delta_m)}x_2 \tag{8.2}$$

式(8.2)表明这个方程式具有负反馈结构,如图 8.2 所示。在本章的处理中,还需要将不确定性 δ_m 单独区分出来,并另外定义其输入输出信号 z_1 和 v_1。这样,根据图 8.2 可以将式(8.2)分解为一个方程组

$$\dot{x}_1=\frac{1}{\bar{m}}x_2-w_mv_1$$

$$z_1=\frac{1}{\bar{m}}x_2-w_mv_1$$

$$v_1=\delta_mz_1$$

同理,这个系统的第二个状态方程也可整理为

$$\dot{x}_2 = m\ddot{y} = -c\dot{y} - ky + F = -c\dot{x}_1 - kx_1 + F =$$
$$-\bar{c}(1 + w_c\delta_c)(\frac{1}{\bar{m}}x_2 - w_m v_1) - \bar{k}(1 + w_k\delta_k)x_1 + F =$$
$$-\bar{k}x_1 - \frac{\bar{c}}{\bar{m}}x_2 + \bar{c}w_m v_1 + w_k\delta_k z_2 + w_c\delta_c z_3 + F$$
$$z_2 = -\bar{k}x_1$$
$$z_3 = -\frac{\bar{c}}{\bar{m}}x_2 + \bar{c}w_m v_1$$

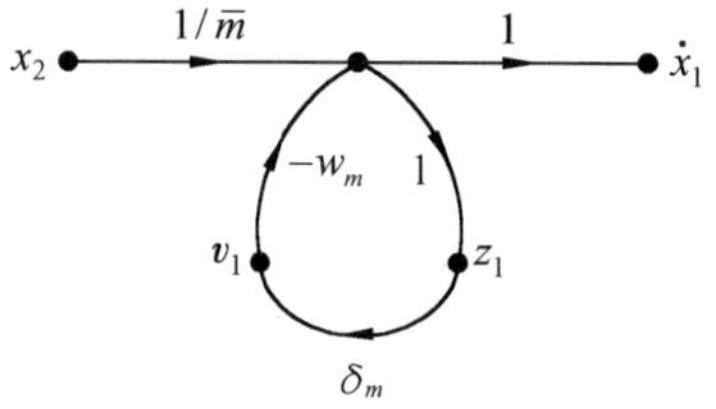

图 8.2 式(8.2)的分解

将上面两组方程组合到一起,写成矩阵和向量的关系式为

$$\begin{bmatrix} \dot{x}_1 \\ \dot{x}_2 \\ y \\ z_1 \\ z_2 \\ z_3 \end{bmatrix} = \begin{bmatrix} 0 & 1/\bar{m} & 0 & -w_m & 0 & 0 \\ -\bar{k} & -\bar{c}/\bar{m} & 1 & \bar{c}w_m & w_k & w_c \\ 1 & 0 & 0 & 0 & 0 & 0 \\ 0 & 1/\bar{m} & 0 & -w_m & 0 & 0 \\ -\bar{k} & 0 & 0 & 0 & 0 & 0 \\ 0 & -\bar{c}/\bar{m} & 0 & \bar{c}w_m & 0 & 0 \end{bmatrix} \begin{bmatrix} x_1 \\ x_2 \\ F \\ v_1 \\ v_2 \\ v_3 \end{bmatrix} \tag{8.3}$$

$$\begin{bmatrix} v_1 \\ v_2 \\ v_3 \end{bmatrix} = \begin{bmatrix} \delta_m & 0 & 0 \\ 0 & \delta_k & 0 \\ 0 & 0 & \delta_c \end{bmatrix} \begin{bmatrix} z_1 \\ z_2 \\ z_3 \end{bmatrix} \tag{8.4}$$

定义相应的向量 $\boldsymbol{x} = [x_1 \quad x_2]^T$, $\boldsymbol{v} = [v_1 \quad v_2 \quad v_3]^T$ 和 $\boldsymbol{z} = [z_1 \quad z_2 \quad z_3]^T$,则式(8.3)、式(8.4)可写成分块阵的形式

$$\begin{bmatrix} \dot{\boldsymbol{x}} \\ \boldsymbol{y} \\ \boldsymbol{z} \end{bmatrix} = \begin{bmatrix} A & B_1 & B_0 \\ C_1 & D_{11} & D_{10} \\ C_0 & D_{01} & D_{00} \end{bmatrix} \begin{bmatrix} x \\ F \\ \boldsymbol{v} \end{bmatrix} = \boldsymbol{S} \begin{bmatrix} \boldsymbol{x} \\ F \\ \boldsymbol{v} \end{bmatrix} \tag{8.5}$$

$$\boldsymbol{v} = \begin{bmatrix} \delta_m & 0 & 0 \\ 0 & \delta_k & 0 \\ 0 & 0 & \delta_c \end{bmatrix} \boldsymbol{z} = \boldsymbol{\Delta} \boldsymbol{z} \tag{8.6}$$

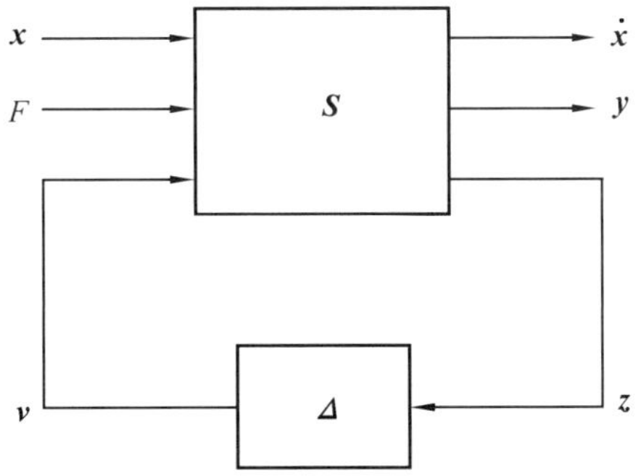

图 8.3　摄动对象的状态空间模型

图 8.3 就是与式(8.5)、式(8.6) 对应的系统结构，是摄动对象的状态空间模型。这样，系统的状态方程($\dot{\boldsymbol{x}}$) 和输出方程($\boldsymbol{y}$) 可写成线性分式的形式，即

$$\begin{bmatrix}\dot{\boldsymbol{x}}\\ \boldsymbol{y}\end{bmatrix}=\boldsymbol{F}_l(\boldsymbol{S},\boldsymbol{\Delta})\begin{bmatrix}\boldsymbol{x}\\ F\end{bmatrix} \tag{8.7}$$

$$\boldsymbol{F}_l(\boldsymbol{S},\boldsymbol{\Delta})=\begin{bmatrix}\boldsymbol{A} & \boldsymbol{B}_1\\ \boldsymbol{C}_1 & \boldsymbol{D}_{11}\end{bmatrix}+\begin{bmatrix}\boldsymbol{B}_0\\ \boldsymbol{D}_{10}\end{bmatrix}\boldsymbol{\Delta}(\boldsymbol{I}-\boldsymbol{D}_{00}\boldsymbol{\Delta})^{-1}[\boldsymbol{C}_0 \quad \boldsymbol{D}_{01}] \tag{8.8}$$

注意这里讨论的是微分方程式中的导数和变量之间的关系，见式(8.3) ～ (8.6)，而式(8.7) 则是一个(系数) 矩阵和 $\boldsymbol{\Delta}$ 的线性分式变换(LFT)，与前面 H_∞ 标准问题中传递函数矩阵的线性分式变换是不一样的，应该注意区分。

如果这个系统的参数没有摄动，即 $\boldsymbol{\Delta}=\boldsymbol{0}$，则式(8.7) 就成为

$$\begin{bmatrix}\dot{\boldsymbol{x}}\\ \boldsymbol{y}\end{bmatrix}=\begin{bmatrix}\boldsymbol{A} & \boldsymbol{B}_1\\ \boldsymbol{C}_1 & \boldsymbol{D}_{11}\end{bmatrix}\begin{bmatrix}\boldsymbol{x}\\ F\end{bmatrix} \tag{8.9}$$

这就是名义系统的状态方程式，这里只是将状态方程组写成了矩阵形式。由此可见，式(8.7) 就是系统的状态空间模型表达式，当参数有摄动时，系统的状态方程就需要用这样的 LFT 来进行描述。

有时状态阵 $\boldsymbol{A}$ 中的系数也可能是某一个有意义的物理量，如果它有摄动也应该将这个摄动整理成 LFT 的形式。例如，挠性体控制中谐振模态的频率常不能精确确定，或者说存在一定的摄动。作为例子，设 $\boldsymbol{A}$ 阵中的一个 2×2 块阵 $\boldsymbol{A}_i$ 代表了第 i 次模态

$$\boldsymbol{A}_i=\begin{bmatrix}0 & 1\\ -\omega_i^2 & -2\xi_i\omega_i\end{bmatrix} \tag{8.10}$$

若 ω_i 有摄动，$\omega_i'=\omega_i(1+w_\delta\delta)$，则摄动后的 $\boldsymbol{A}_i$ 阵可写成(注：忽略微小量的平方项 δ^2)

$$\boldsymbol{A}_i=\begin{bmatrix}0 & 1\\ -[\omega_i(1+w_\delta\delta)]^2 & -2\xi_i[\omega_i(1+w_\delta\delta)]\end{bmatrix}\approx$$

$$\begin{bmatrix} 0 & 1 \\ -\omega_i^2 & -2\xi_i\omega_i \end{bmatrix} + \begin{bmatrix} 0 \\ w_\delta \end{bmatrix}\delta\begin{bmatrix} -2\omega_i^2 & -2\xi_i\omega_i \end{bmatrix} \tag{8.11}$$

将此 $\boldsymbol{A}_i$ 与式(8.8) 比较,可知该对象的状态空间实现[见式(8.5)] 中应增加一个摄动通道,相应的输入输出阵为

$$\begin{cases} \boldsymbol{B}_0 = \begin{bmatrix} 0 \\ w_\delta \end{bmatrix}, & \boldsymbol{C}_0 = \begin{bmatrix} -2\omega_i^2 & -2\xi_i\omega_i \end{bmatrix} \\ \boldsymbol{D}_{10} = 0, \quad \boldsymbol{D}_{01} = 0, & \boldsymbol{D}_{00} = 0 \end{cases} \tag{8.12}$$

总之,对于参数摄动来说,对象的状态空间模型是带摄动块的 LFT 形式,且其摄动块是对角块阵的结构。

8.3 结构奇异值

现在先来考虑系统在参数摄动下的鲁棒稳定性问题。这时系统的框图,如图 8.4 所示,图中 $\boldsymbol{G}$ 和 $\boldsymbol{K}$ 为传递函数 $\boldsymbol{G}(s)$ 和 $\boldsymbol{K}(s)$,$\boldsymbol{G}$ 的状态空间实现就是式(8.5) 中的 $\boldsymbol{S}$ 阵。将对象 $\boldsymbol{G}$ 和控制器 $\boldsymbol{K}$ 所组成的系统用下线性分式变换 $\boldsymbol{M} = \boldsymbol{F}_l(\boldsymbol{G},\boldsymbol{K})$ 来表示,则可将图 8.4 整理成图 8.5 的形式。图中 $\boldsymbol{M}$ 就是从 $\boldsymbol{v}$ 到 $\boldsymbol{z}$ 的传递函数。图中的 $\boldsymbol{\Delta}$ 则是具有块对角结构的,表示参数摄动的不确定性。这种块对角结构代表了这个系统中不确定性的组成结构,故称为结构不确定性(structured uncertainty)。结构不确定性一般取为

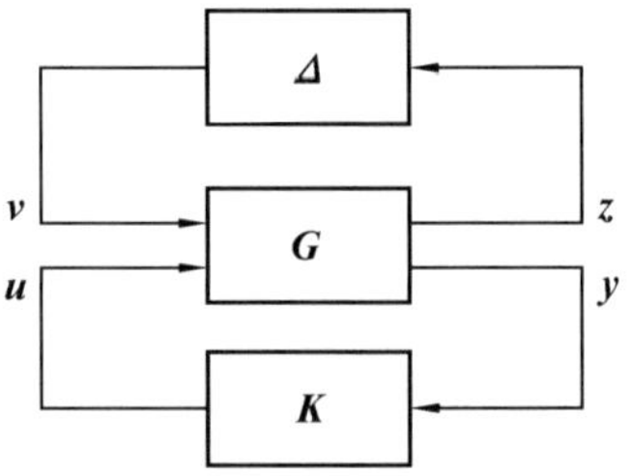

图 8.4　鲁棒稳定性问题中的系统框图

$$\mathbf{\Delta}(s) = \{\mathrm{diag}[\delta_1\boldsymbol{I}, \delta_2\boldsymbol{I}, \cdots, \delta_s\boldsymbol{I}, \boldsymbol{\Delta}_{s+1}, \cdots, \boldsymbol{\Delta}_{s+F}]\} \tag{8.13}$$

式中,前 s 个块为有相应维数的重复的标量块,后 F 个块为满块,并且都假设这些块为复数块。一般可以取适当的加权阵,使各不确定性块的范数界为 1,即

$$|\delta_i| \leqslant 1, \quad \|\boldsymbol{\Delta}_j\|_\infty \leqslant 1 \tag{8.14}$$

这时这个不确定性就属于 $\mathbf{\Delta}$ 的范数有界的子集,写成

$$\mathbf{B\Delta} = \{\boldsymbol{\Delta} \in \mathbf{\Delta}: \quad \bar{\sigma}(\boldsymbol{\Delta}) \leqslant 1\} \tag{8.15}$$

注意,这里结构不确定性的集合用正体的 $\mathbf{\Delta}$ 来表示,每一个具体的不确定性用斜体的 $\boldsymbol{\Delta}$ 来表示。

如果图 8.5 所示系统的 $\boldsymbol{\Delta}$ 不是结构不确定性,而是一个满块的不确定性,因为 $\bar{\sigma}(\boldsymbol{\Delta}) \leqslant 1$,所以根据小增益定理,系统稳定的充要条件是

$$\bar{\sigma}(\boldsymbol{M}) < 1 \tag{8.16}$$

这时对于所有的 $\boldsymbol{\Delta}(\mathrm{j}\omega)$ 均满足

$$\det[\boldsymbol{I}-\boldsymbol{M}(\mathrm{j}\omega)\boldsymbol{\Delta}(\mathrm{j}\omega)]\neq 0 \tag{8.17}$$

见第 1.2.3 节的式(1.19)。

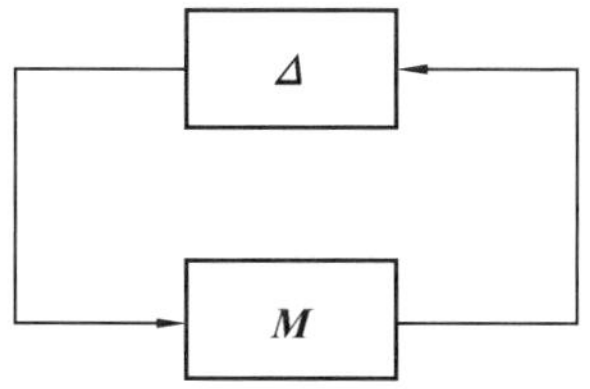

图 8.5　整理后的系统结构

现在这是一个结构不确定性，即已经知道了 $\boldsymbol{\Delta}$ 的结构信息，那么式(8.16) 的条件就只是一个充分条件，或者说 $\bar{\sigma}(\boldsymbol{M})>1$ 时系统仍可能是稳定的，为此需要定义另外一个函数来代替式(8.16) 中的奇异值函数，这就是结构奇异值。

定义 8.1　结构奇异值 $\mu_{\boldsymbol{\Delta}}(\boldsymbol{M})$ 定义为[2]

$$\mu_{\boldsymbol{\Delta}}(\boldsymbol{M}):=\frac{1}{\min\{\bar{\sigma}(\boldsymbol{\Delta}):\boldsymbol{\Delta}\in\mathbf{\Delta},\det(\boldsymbol{I}-\boldsymbol{M}\boldsymbol{\Delta})=0\}} \tag{8.18}$$

$\mu_{\boldsymbol{\Delta}}(\boldsymbol{M})$ 表示这个结构奇异值不仅是 $\boldsymbol{M}$ 阵的函数，还与不确定性的结构有关。不过为了书写方便，一般常略去下标 $\boldsymbol{\Delta}$，而只写成 $\mu(\boldsymbol{M})$。

式(8.18) 分母中的 $\min\bar{\sigma}(\boldsymbol{\Delta})$ 是指使 $\boldsymbol{I}-\boldsymbol{M}\boldsymbol{\Delta}$ 成为奇异时的最小的 $\bar{\sigma}(\boldsymbol{\Delta})$。所以如果 $\mu_{\boldsymbol{\Delta}}(\boldsymbol{M})<1$，那么能导致系统不稳定的 $\bar{\sigma}(\boldsymbol{\Delta})$ 的最小值是大于 1 的。由于鲁棒稳定性分析中的不确定性 $\boldsymbol{\Delta}$ 均是按式(8.14) 的 $\bar{\sigma}(\boldsymbol{\Delta})\leqslant 1$ 来假设的，因此当 $\mu_{\boldsymbol{\Delta}}(\boldsymbol{M})<1$ 时，图 8.5 的系统一定是稳定的。由此可见，对结构不确定性来说，鲁棒稳定性的充要条件是

$$\mu_{\boldsymbol{\Delta}}(\boldsymbol{M})<1 \tag{8.19}$$

但是式(8.18) 只是结构奇异值 μ 的定义，并不能用来进行计算。μ 一般都是通过上下界来求得的，其上下界与下列的两个特例有关。

(1) 如果不确定性是标量的对角阵，即式(8.13) 中的 $\mathbf{\Delta}=\{\delta\boldsymbol{I}:\delta\in\mathbf{C}\}$，则使 $\boldsymbol{I}-\boldsymbol{M}\boldsymbol{\Delta}$ 成为奇异时的最小的 δ 值就是 $\rho(\boldsymbol{M})$ 的倒数，式中 $\rho(\boldsymbol{M})$ 是 $\boldsymbol{M}$ 阵的谱半径，故这时的 $\mu_{\boldsymbol{\Delta}}(\boldsymbol{M})=\rho(\boldsymbol{M})$。

(2) 如果不确定性不是结构性的，而是满块的，即 $\mathbf{\Delta}=\mathbf{C}^{n\times n}$，则根据定义和式(8.16) 以及式(8.19) 可知，此时的 $\mu_{\boldsymbol{\Delta}}(\boldsymbol{M})=\bar{\sigma}(\boldsymbol{M})$。

因为一般的结构形式是介于这两个特例之间的，即

$$\{\delta\boldsymbol{I}_n:\delta\in\mathbf{C}\}\subset\mathbf{\Delta}\subset\mathbf{C}^{n\times n} \tag{8.20}$$

所以可以得出结构奇异值与这两个量的关系式为

$$\rho(\boldsymbol{M}) \leqslant \mu_{\boldsymbol{\Delta}}(\boldsymbol{M}) \leqslant \bar{\sigma}(\boldsymbol{M}) \tag{8.21}$$

式(8.21)就是计算结构奇异值的基础，不过现在还需要将不等式(8.21)两侧的范围往里压缩。考虑到式(8.21)右侧是奇异值，可以与 H_∞ 设计相通，所以这里只讨论 μ 上界的计算问题。

现定义一个与结构不确定性式(8.13)相对应的子集

$$\mathbf{D} = \left\{ \begin{array}{l} \mathrm{diag}[\boldsymbol{D}_1, \quad \cdots, \quad \boldsymbol{D}_s, \quad d_{s+1}\boldsymbol{I}, \quad \cdots, \quad d_{s+F}\boldsymbol{I}]: \\ \boldsymbol{D}_i \in \mathbf{C}^{r_i \times r_i}, \ \boldsymbol{D}_i = \boldsymbol{D}_i^* > 0, \ d_{s+j} \in \mathbf{R}, \ d_{s+j} > 0 \end{array} \right\} \tag{8.22}$$

注意到对任意 $\boldsymbol{\Delta} \in \mathbf{\Delta}$ 及 $\boldsymbol{D} \in \mathbf{D}$，其积是可以交换的，即

$$\boldsymbol{D\Delta} = \boldsymbol{\Delta D} \tag{8.23}$$

因为是可交换的，所以可以改写为

$$\det(\boldsymbol{I} - \boldsymbol{M\Delta}) = \det(\boldsymbol{I} - \boldsymbol{MD}^{-1}\boldsymbol{\Delta D}) = \det(\boldsymbol{I} - \boldsymbol{DMD}^{-1}\boldsymbol{\Delta}) \tag{8.24}$$

这样，根据式(8.18)可得

$$\mu_{\boldsymbol{\Delta}}(\boldsymbol{M}) = \mu_{\boldsymbol{\Delta}}[\boldsymbol{DMD}^{-1}] \tag{8.25}$$

再根据式(8.21)就可以得到 μ 的一个更为紧密的上界，即

$$\mu_{\boldsymbol{\Delta}}(\boldsymbol{M}) \leqslant \inf_{\boldsymbol{D}} \bar{\sigma}[\boldsymbol{DMD}^{-1}] \tag{8.26}$$

分析表明，对于一些较为简单的场合，上式中的等号是成立的，对于一些较为复杂的结构不确定性，μ 有时是小于这个上界的[2]。式(8.26)就是今后计算结构奇异值 μ 的公式。具体计算时可以用MATLAB μ-Analysis and Synthesis Toolbox 里的 mu 函数来求得这个下确界所对应的 $\boldsymbol{D}$ 阵和 μ 值(见 8.7 节)。

8.4 鲁棒性能

8.3 节通过鲁棒稳定性问题介绍了结构奇异值 μ。实际设计时一般还有性能要求，即不但要求系统在参数摄动下是稳定的，而且还要满足性能要求。现在用图 8.6 的系统来进行说明。图中的 $\boldsymbol{M}$ 是已包含有控制器 $\boldsymbol{K}$ 的系统，设

$$\boldsymbol{M} = \begin{bmatrix} \boldsymbol{M}_{11} & \boldsymbol{M}_{12} \\ \boldsymbol{M}_{21} & \boldsymbol{M}_{22} \end{bmatrix} \tag{8.27}$$

$\boldsymbol{M}$ 与 $\boldsymbol{\Delta}$ 所构成的上线性分式变换式是系统从输入 $\boldsymbol{w}$ 到输出 $\boldsymbol{e}$ 的传递函数

$$\boldsymbol{T}_{ew} = \boldsymbol{F}_{\mathrm{u}}(\boldsymbol{M}, \boldsymbol{\Delta}) = \boldsymbol{M}_{22} + \boldsymbol{M}_{21}\boldsymbol{\Delta}(\boldsymbol{I} - \boldsymbol{M}_{11}\boldsymbol{\Delta})^{-1}\boldsymbol{M}_{12} \tag{8.28}$$

式中，$\boldsymbol{\Delta}$ 是结构不确定性。要求系统在这个 $\boldsymbol{\Delta}$ 所表示的参数摄动下是稳定的，而且要求含有这个不确定性 $\boldsymbol{\Delta}$ 的系统的范数指标 $\| \boldsymbol{F}_{\mathrm{u}}(M, \boldsymbol{\Delta}) \|_\infty < 1$。这就是鲁棒性能问题。

这个性能要求也可转化为一个稳定性要求。因为如果用一个摄动块 $\boldsymbol{\Delta}_P$ 来代替性能要求

(图 8.6 虚线所示)，$\bar{\sigma}(\boldsymbol{\Delta}_P) \leqslant 1$，那么根据小增益定理，$\boldsymbol{F}_u(\boldsymbol{M},\boldsymbol{\Delta})_\infty < 1$ 也是这个系统稳定的充要条件。将摄动块归到一起，图 8.6 就可整理成图 8.7 的形式，并定义新的摄动块为

$$\widetilde{\boldsymbol{\Delta}} = \mathrm{diag}(\boldsymbol{\Delta},\boldsymbol{\Delta}_P) \tag{8.29}$$

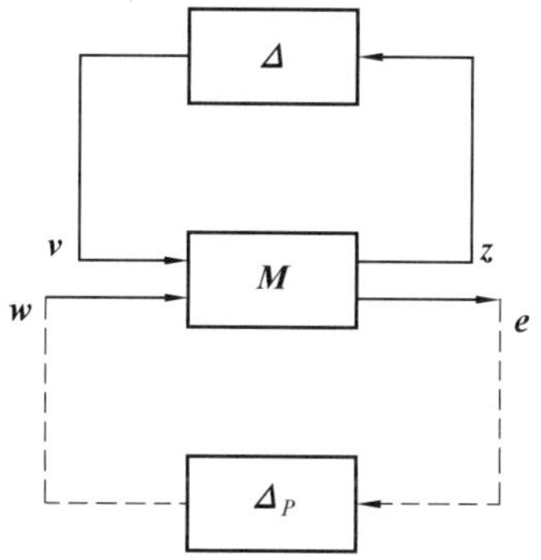

图 8.6　鲁棒性能问题的描述

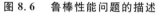

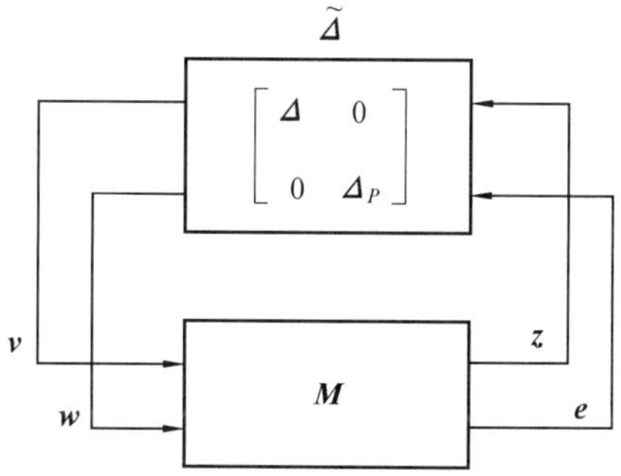

图 8.7　鲁棒性能问题中的 $\widetilde{\boldsymbol{\Delta}}$

这样，鲁棒性能问题就转化成一个结构不确定性 $\widetilde{\boldsymbol{\Delta}}$ 的鲁棒稳定性问题，可以用结构奇异值来进行研究。现将这个讨论结果用定理的形式给出如下：

定理 8.1 (鲁棒性能定理)

$\boldsymbol{F}_u(\boldsymbol{M},\boldsymbol{\Delta})$ 稳定且

$$\| \boldsymbol{F}_u(\boldsymbol{M},\boldsymbol{\Delta}) \|_\infty < 1, \quad \forall \boldsymbol{\Delta} \in \mathbf{B\Delta} \tag{8.30}$$

的充要条件是

$$\| \mu(\boldsymbol{M}) \|_\infty < 1 \tag{8.31}$$

式中

$$\| \mu(\boldsymbol{M}) \|_\infty := \sup_\omega \mu[\boldsymbol{M}(\mathrm{j}\omega)] \tag{8.32}$$

而 μ 计算所对应的摄动块为

$$\widetilde{\boldsymbol{\Delta}} = \{\mathrm{diag}(\boldsymbol{\Delta},\ \boldsymbol{\Delta}_P) \mid \boldsymbol{\Delta} \in \mathbf{\Delta}\}$$

证明　先证明必要性。根据式(8.17)，有

$$\| \boldsymbol{F}_u(\boldsymbol{M},\boldsymbol{\Delta}) \|_\infty < 1 \Leftrightarrow \det(\boldsymbol{I} - \boldsymbol{F}_u(\boldsymbol{M},\boldsymbol{\Delta})\boldsymbol{\Delta}_P) \neq 0, \quad \forall s = \mathrm{j}\omega,\ \bar{\sigma}(\boldsymbol{\Delta}_P) \leqslant 1$$

同理

$$\boldsymbol{F}_u(\boldsymbol{M},\boldsymbol{\Delta}) \text{ 对于 } \forall \boldsymbol{\Delta} \in \mathbf{B\Delta} \text{ 均稳定} \Leftrightarrow \det(\boldsymbol{I} - \boldsymbol{M}_{11}\boldsymbol{\Delta}) \neq 0, \quad \forall s = \mathrm{j}\omega, \forall \boldsymbol{\Delta} \in \mathbf{B\Delta}$$

注意到

$$\boldsymbol{I} - \boldsymbol{M}\widetilde{\boldsymbol{\Delta}} = \begin{bmatrix} \boldsymbol{I} - \boldsymbol{M}_{11}\boldsymbol{\Delta} & -\boldsymbol{M}_{12}\boldsymbol{\Delta}_P \\ -\boldsymbol{M}_{21}\boldsymbol{\Delta} & \boldsymbol{I} - \boldsymbol{M}_{22}\boldsymbol{\Delta}_P \end{bmatrix}$$

若 $\det(\boldsymbol{I} - \boldsymbol{M}_{11}\boldsymbol{\Delta}) \neq 0$，则根据分块阵的行列式公式，可写得

$$\begin{aligned}\det(\boldsymbol{I}-\boldsymbol{M}\widetilde{\boldsymbol{\Delta}}) &= \det(\boldsymbol{I}-\boldsymbol{M}_{11}\boldsymbol{\Delta})\det(\boldsymbol{I}-\boldsymbol{M}_{22}\boldsymbol{\Delta}_P-\boldsymbol{M}_{21}\boldsymbol{\Delta}(\boldsymbol{I}-\boldsymbol{M}_{11}\boldsymbol{\Delta})^{-1}\boldsymbol{M}_{12}\boldsymbol{\Delta}_P)= \\ &\det(\boldsymbol{I}-\boldsymbol{M}_{11}\boldsymbol{\Delta})\det[\boldsymbol{I}-(\boldsymbol{M}_{22}+\boldsymbol{M}_{21}\boldsymbol{\Delta}(\boldsymbol{I}-\boldsymbol{M}_{11}\boldsymbol{\Delta})^{-1}\boldsymbol{M}_{12})\boldsymbol{\Delta}_P]= \\ &\det(\boldsymbol{I}-\boldsymbol{M}_{11}\boldsymbol{\Delta})\det[\boldsymbol{I}-\boldsymbol{F}_\mathrm{u}(\boldsymbol{M},\boldsymbol{\Delta})\boldsymbol{\Delta}_P]\end{aligned} \tag{8.33}$$

由此可见,如果式(8.30)成立,则 $\boldsymbol{I}-\boldsymbol{M}\widetilde{\boldsymbol{\Delta}}$ 是非奇异的,故根据 μ 的定义,$\mu(\boldsymbol{M})<1$。

注意到 $\mu(\boldsymbol{M})<1$ 隐含着 $\mu(\boldsymbol{M}_{11})<1$。这样,如果再将上面的推理反过来,便可证得其充分性[3]。

证毕

定理 8.1 说明,系统的鲁棒性能要求是其 $\boldsymbol{M}$ 阵的结构奇异值 $\mu(\boldsymbol{M})<1$。其实这个定理是结构奇异值理论中主回路定理[2,3]的一个特例,不过这个鲁棒性能定理的针对性很明确,更便于鲁棒性设计。

8.5 μ 综合

"综合(synthesis)"一词早先是指根据要求设计出伺服系统的校正装置。这里的"μ 综合"就是指对于一个具有结构不确定性的系统设计一个控制器 $\boldsymbol{K}(s)$,使之满足鲁棒性能要求,即结构奇异值满足

$$\sup_{\omega}\mu[\boldsymbol{M}(\mathrm{j}\omega)]<1 \tag{8.34}$$

当用上界来计算 μ 时,就是求解优化问题

$$c=\min_{\boldsymbol{K},\boldsymbol{D}}\|\boldsymbol{DMD}^{-1}\|_\infty<1 \tag{8.35}$$

注意到这里的 $\boldsymbol{D}$ 也是一个频率函数 $\boldsymbol{D}(\omega)$,所以这个优化问题是一个二参数的极小化问题

$$\inf_{\boldsymbol{K}}\sup_{\omega}\inf_{\boldsymbol{D}(\omega)}\sigma_{\max}[\boldsymbol{D}(\omega)\boldsymbol{M}(\boldsymbol{G},\boldsymbol{K})\boldsymbol{D}(\omega)^{-1}] \tag{8.36}$$

式(8.36)表明,当 $\boldsymbol{D}(\omega)$ 确定时,这是一个 H_∞ 优化设计问题,可求得 $\boldsymbol{K}$。当 $\boldsymbol{K}$ 确定时,每一个 ω 下求 $\boldsymbol{D}$,使 $\bar{\sigma}[\boldsymbol{DMD}^{-1}]$ 最小,$\boldsymbol{D}$ 代入后再重复第一步,求解 H_∞ 优化问题。这样交替进行的求解过程称为 $\boldsymbol{D}$-$\boldsymbol{K}$ 迭代[2]。

现将每一步中的一些具体问题说明如下[4]:

(1) $\boldsymbol{D}$ 固定时的广义对象。

现以图 8.6 所示的鲁棒性能问题为例来进行说明。图 8.8 所示是将图 8.6 中的 $\boldsymbol{M}(\boldsymbol{G},\boldsymbol{K})$ 加上 $\boldsymbol{D}$ 标定后的 $\boldsymbol{DMD}^{-1}$ 的框图。本例中

$$\boldsymbol{D}=\begin{bmatrix} d\boldsymbol{I}_1 & \boldsymbol{0} \\ \boldsymbol{0} & \boldsymbol{I}_2 \end{bmatrix} \tag{8.37}$$

式(8.37)中的 $\boldsymbol{I}_2$ 对应于图 8.6 中性能块 $\boldsymbol{\Delta}_p$ 的通道。对性能块来说,在 $\boldsymbol{D}$-$\boldsymbol{K}$ 迭代的 $\boldsymbol{D}$ 阵中一般都取幺阵。

加上 $\boldsymbol{D}$ 标定后的 H_∞ 优化设计中,还应该将对象的输入 $\boldsymbol{u}$ 和输出 $\boldsymbol{y}$ 通道扩充到 $\boldsymbol{D}$ 中,形成

一个新的对象 $\boldsymbol{D}_1\boldsymbol{G}\boldsymbol{D}_1^{-1}$，如图 8.9 所示。

$$\boldsymbol{D}_1\boldsymbol{G}\boldsymbol{D}_1^{-1}=\begin{bmatrix} d\boldsymbol{I}_1 & \boldsymbol{0} & \boldsymbol{0} \\ \boldsymbol{0} & \boldsymbol{I}_2 & \boldsymbol{0} \\ \boldsymbol{0} & \boldsymbol{0} & \boldsymbol{I}_3 \end{bmatrix}\boldsymbol{G}\begin{bmatrix} d^{-1}\boldsymbol{I}_1 & \boldsymbol{0} & \boldsymbol{0} \\ \boldsymbol{0} & \boldsymbol{I}_2 & \boldsymbol{0} \\ \boldsymbol{0} & \boldsymbol{0} & \boldsymbol{I}_3 \end{bmatrix} \tag{8.38}$$

所以在 **D-K** 迭代中，每次 $d(\omega)$ 确定后，都是要对式(8.38)的对象来求解下列的 H_∞ 优化问题来得出 $\boldsymbol{K}$。

$$\min_K \|\boldsymbol{F}_l(\boldsymbol{D}_1\boldsymbol{G}\boldsymbol{D}_1^{-1},\ \boldsymbol{K})\|_\infty \tag{8.39}$$

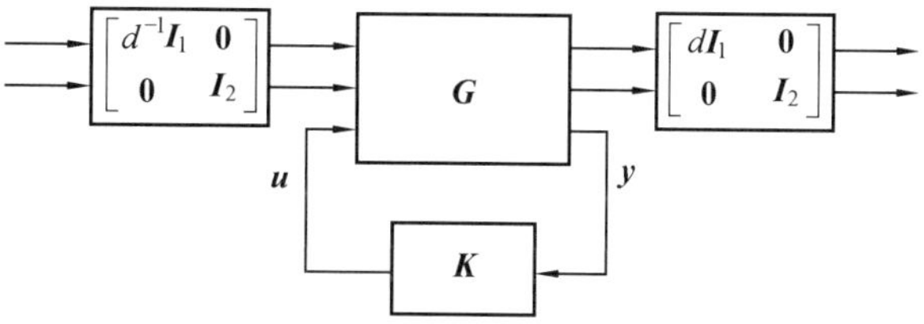

图 8.8　$\boldsymbol{DMD}^{-1}$ 的框图

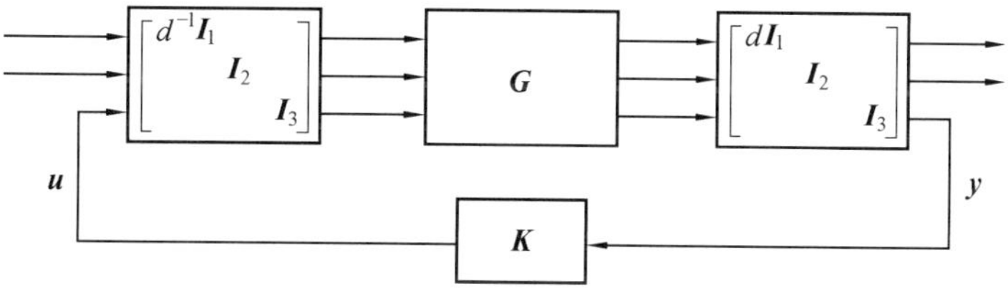

图 8.9　D-K 迭代中的系统

(2) $\boldsymbol{K}$ 确定后求 $\boldsymbol{D}(\omega)$。

这个 $\boldsymbol{D}(\omega)$ 应该是沿频率轴 ω 对下式来逐点求解：

$$\inf_{\boldsymbol{D}(\omega)} \sigma_{\max}[\boldsymbol{D}(\omega)\boldsymbol{M}(\boldsymbol{G},\boldsymbol{K})\boldsymbol{D}(\omega)^{-1}] \tag{8.40}$$

对于一些不太复杂的情况，如上面所列举的鲁棒性能问题(图 8.6)，实际上只要确定一个标量的(频率)函数 $d(\omega)$[见式(8.38)]。逐点求得 $d(\omega)$ 曲线后再用有理函数去进行逼近，这个用有理函数表示的 $d(\omega)$ 就进入式(8.38)、式(8.39)再求解 H_∞ 控制器 $\boldsymbol{K}$。

求得控制器 $\boldsymbol{K}$ 以后，逐点求解式(8.40)，再用有理函数去逼近。设第二次求得的为 $d^*(\omega)$，将它与第一次所得的 $d(\omega)$ 曲线相比较，如果二者接近，则 **D-K** 迭代就可停止。否则，用这个新的 $d^*(\omega)$ 重复上述过程。

MATLAB 的 μ-Tools 中有 2 个 **D-K** 迭代的命令可供使用。

(1) 利用对话框的命令 dkitgui。运行这个命令就可以以对话的形式来进行上面所介绍的 **D-K** 迭代过程，比较直观。

(2) 利用脚本文件 dkit。这个命令实际上是调用一个已编好的程序，只要使用者对变量进行初始化即可。文件 dk-defin 用例子的形式给出了 dkit 所要求的变量信息。可以从 μ-Tools 子目录 mutools/subs 中将这个文件拷贝下来并按要求的内容来定义变量。修改后还可以将这个文件重新命名。命名后将这个新名称赋予工作空间中的变量 DK_ DET_ NAME。例如，设已含有所要求变量信息的文件名是 himat_ def. m，那么就是

DK_ DET_ NAME = 'himat_ def. m'

这样，dkit 中就有了用户定义的变量，就可以运行了。dkit 中的算法都是经过仔细考虑的，可以避免数值运算上的一些问题，所以结果比较可靠。

8.6 鲁棒设计举例

前面指出，参数摄动下系统的稳定性应该用结构奇异值 μ 来进行分析，而 μ 是根据上限来计算的，这个上限就是标定后的系统 $\boldsymbol{DMD}^{-1}$ 的奇异值。因而很自然地将 H_∞ 优化设计方法引申到 μ 综合，提出了上一节的 $\boldsymbol{D}$-$\boldsymbol{K}$ 迭代的设计方法。但是这种 H_∞ 优化设计方法在处理鲁棒设计时(参见 8.1 节)，尤其是挠性系统的鲁棒设计时将会遇到困难。现结合 6.2 节的卫星姿态控制之例来说明。

图 8.10(a) 是例 6.2 系统有参数摄动时的结构框图。图 8.10(b) 用信号流图表示了对象 $\boldsymbol{P}$ 的状态空间实现。为简单起见，设只有状态阵 $\boldsymbol{A}$ 有摄动 $\Delta\boldsymbol{A}$，且 $\boldsymbol{D}_{00}=0$(见式(8.8))，即设 $\Delta\boldsymbol{A}=\boldsymbol{B}_0\boldsymbol{\Delta}\,\boldsymbol{C}_0$。从图 8.10 可以看出，设计中所有的权函数($W_1, W_2, W_3$)都在从 $[w_1 \quad w_2]^{\mathrm{T}}$ 到 $[z_1 \quad z_2]^{\mathrm{T}}$ 的性能(performance) 回路内，而在从 u_3 到 z_3 的不确定性回路中并没有与 $\boldsymbol{\Delta}$ 直接有关的权函数。我们知道，权函数是 H_∞ 设计的灵魂，通过优化解靠权函数来达到所要求的设计目标。如果图 8.10 的鲁棒设计问题中不确定性是主要矛盾(例如谐振模态的不确定性)，而又没有权函数可以利用，那么 $\boldsymbol{D}$-$\boldsymbol{K}$ 迭代就会遇到困难。

下面再进一步从结构奇异值的性质来进行说明。图 8.10 的系统可以整理成鲁棒性能问题的分块结构，如图 8.11 所示。图中

$$\boldsymbol{M}=\begin{bmatrix}\boldsymbol{M}_{11} & \boldsymbol{M}_{12}\\ \boldsymbol{M}_{21} & \boldsymbol{M}_{22}\end{bmatrix},\quad \widetilde{\boldsymbol{\Delta}}=\mathrm{diag}(\boldsymbol{\Delta},\boldsymbol{\Delta}_P) \tag{8.41}$$

这里的 $\boldsymbol{M}_{11}$ 阵是从 $\boldsymbol{u}_3$ 到 $\boldsymbol{z}_3$ 的闭环系统的传递函数，如果系统的不确定性是范数有界的不确定性，那么根据小增益定理，系统鲁棒稳定的充要条件是

$$\bar{\sigma}(\boldsymbol{M}_{11})<1,\quad \bar{\sigma}(\boldsymbol{\Delta})\leqslant 1$$

一般来说，$\boldsymbol{\Delta}$ 是结构不确定性，那么根据 μ 的定义，系统稳定的充要条件是

$$\mu(\boldsymbol{M}_{11})<1 \tag{8.42}$$

图中的 $\boldsymbol{M}_{22}$ 阵则是图 8.10 中从 $[w_1 \quad w_2]^{\mathrm{T}}$ 到 $[z_1 \quad z_2]^{\mathrm{T}}$ 的传递函数阵 $\boldsymbol{T}_{zw}$。注意到图 8.10 中的 w_2 是因为不满足秩的条件而附加的一个输入，而且 $W_3=10^{-6}$(见 6.2 节)。这个 W_3 非常

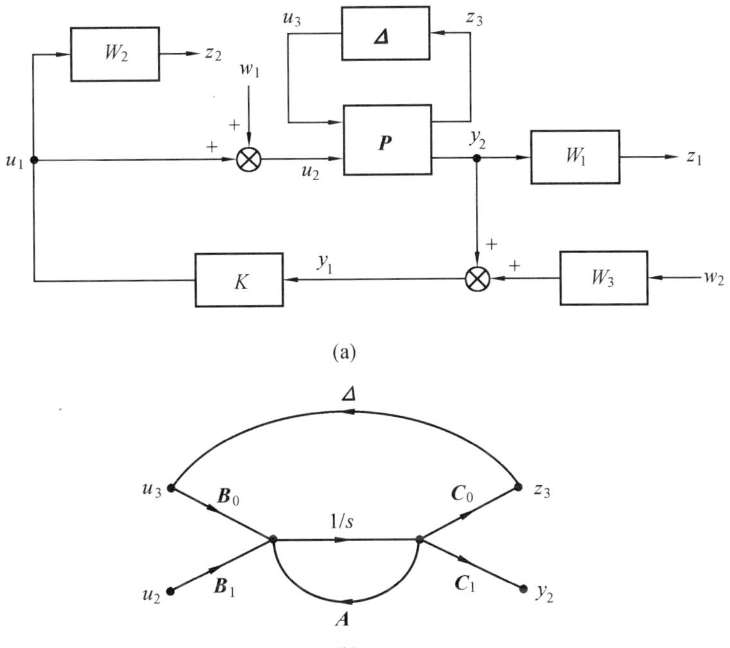

图 8.10　卫星姿态控制之例

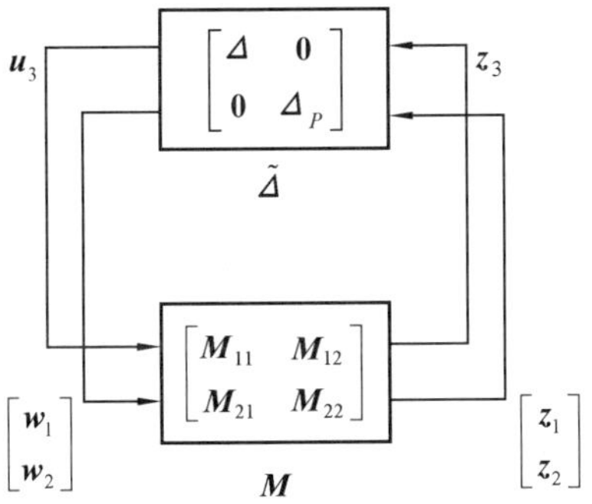

图 8.11　鲁棒性能问题的分块结构

小,也不参与下面的有关设计参数的讨论,所以下面就将 w_1 到 $[z_1 \quad z_2]^{\mathrm{T}}$ 的传递函数看作 $\boldsymbol{T}_{zw}$,即

$$\boldsymbol{M}_{22}=\boldsymbol{T}_{zw}=\begin{bmatrix}\boldsymbol{W}_1\boldsymbol{PS}\\ \boldsymbol{W}_2\boldsymbol{T}\end{bmatrix} \tag{8.43}$$

这就是6.2节中的 PS/T 问题,而 $\boldsymbol{M}_{22}$ 代表的就是名义系统的性能要求。设名义系统的范数指

标 $\|\boldsymbol{M}_{22}\|_\infty<1$，鲁棒性能问题是要求摄动后的范数指标仍小于 1，即

$$\|\boldsymbol{F}_u(\boldsymbol{M},\boldsymbol{\Delta})\|_\infty=\|\boldsymbol{M}_{22}+\boldsymbol{M}_{21}\boldsymbol{\Delta}(\boldsymbol{I}-\boldsymbol{M}_{11}\boldsymbol{\Delta})^{-1}\boldsymbol{M}_{12}\|_\infty<1 \tag{8.44}$$

从式(8.44) 可写得

$$1>\|\boldsymbol{F}_u(\boldsymbol{M},\boldsymbol{\Delta})\|_\infty>\|\boldsymbol{M}_{22}\|_\infty \tag{8.45}$$

或者写成频率函数

$$1>\bar{\sigma}[\boldsymbol{F}_u(M,\boldsymbol{\Delta})]>\bar{\sigma}(\boldsymbol{M}_{22}),\quad \forall\omega \tag{8.46}$$

应注意的是上式中不等号表示的都是严格不等式，也就是说，在鲁棒性能问题中 $\bar{\sigma}(\boldsymbol{M}_{22})$ 总是小于 1 的。

鲁棒性能问题中是用摄动块 $\boldsymbol{\Delta}_P$ 来代替性能要求的，这个 $\boldsymbol{\Delta}_P$ 为范数有界不确定性，故根据结构奇异值的性质，$\mu(\boldsymbol{M}_{22})=\bar{\sigma}(\boldsymbol{M}_{22})$。这样，根据式(8.46) 可知，在鲁棒性能问题中 $\mu(\boldsymbol{M}_{22})$ 总是小于 1 的，即

$$\mu(\boldsymbol{M}_{22})<1 \tag{8.47}$$

根据定理 8.1，系统稳定且摄动后的性能 $\|\boldsymbol{F}_u(M,\boldsymbol{\Delta})\|_\infty<1$ 的充要条件是 $\mu(\boldsymbol{M})<1$。鲁棒设计时一般都是设法使 $\mu(\boldsymbol{M})$ 不超出 1。确切地说，是让 μ 接近 1 而不超出 1，以减少保守性。另一方面，根据结构奇异值的定义可以证明[3]

$$\mu(\boldsymbol{M})\geqslant\max\{\mu(\boldsymbol{M}_{11}),\ \mu(\boldsymbol{M}_{22})\} \tag{8.48}$$

式(8.47) 的分析中已经指出，鲁棒设计问题中的 $\mu(\boldsymbol{M}_{22})$ 总是与 1 要保持一定的距离，因此从式(8.48) 可知，在 $\sup\mu(\boldsymbol{M})\to1$ 的设计过程中一定是 $\mu(\boldsymbol{M}_{11})$ 的峰值 $\to1$。由此可见，在鲁棒设计中最终的指标值（即峰值）是由 $\boldsymbol{M}_{11}$ 阵决定的，但这个不确定性回路中又没有与 $\boldsymbol{\Delta}$ 直接有关的权函数（参见图 8.10），在 $\boldsymbol{D}$-$\boldsymbol{K}$ 迭代中就会遇上困难。这个问题在挠性系统的设计中就更为突出。

所以对鲁棒设计来说，宜改用基于 μ 分析的设计思路。具体做法是先按小于 1 的范数指标设计名义系统，使 $\|\boldsymbol{M}_{22}\|_\infty=\gamma<1$，再分析系统的 $\mu(\boldsymbol{M})$ 是否小于 1。然后修改名义系统设计中的权函数，重复上述计算过程。

例 8.1　设有一例 6.2 中的卫星姿态控制系统，现在来说明系统在参数摄动 10% 下的鲁棒设计问题。系统的状态方程为

$$\begin{cases}\dot{\boldsymbol{x}}=\begin{bmatrix}0&1&0&0\\-k/J_2&-d/J_2&k/J_2&d/J_2\\0&0&0&1\\k/J_1&d/J_1&-k/J_1&-d/J_1\end{bmatrix}\boldsymbol{x}+\begin{bmatrix}0\\0\\0\\1/J_1\end{bmatrix}u\\ y=[1\quad0\quad0\quad0]\boldsymbol{x}\end{cases} \tag{8.49}$$

式中，$J_1=1$；$J_2=0.1$；系数 k 和 d 随温度波动的变化范围分别为

$$\begin{cases}0.09\leqslant k\leqslant0.4\\0.038\sqrt{\dfrac{k}{10}}\leqslant d\leqslant0.2\sqrt{\dfrac{k}{10}}\end{cases} \tag{8.50}$$

本例中仍以 $k_0=0.091$ 作为名义系统，并设系数 k 的变化为

$$k=k_0+\Delta k=k_0(1+w_k\delta_k) \tag{8.51}$$

式中，w_k 为相对变化范围，本例中设 $w_k=10\%$，δ_k 则是界为 1 的不确定性，$|\delta_k|\leqslant 1$。

式(8.49)中的 d 属于系统的阻尼项，本例中按最小阻尼计算，即 d 取式(8.50)中的下限，并按泰勒级数展开，得

$$d=0.0036+0.02\Delta k=0.0036+0.02w_k k_0\delta_k \tag{8.52}$$

将式(8.51)、式(8.52)代入式(8.49)，可得状态阵 $\boldsymbol{A}$ 的摄动阵 $\Delta\boldsymbol{A}$ 为

$$\Delta\boldsymbol{A}=w_k k_0\delta_k\begin{bmatrix}0&0&0&0\\-10&-0.2&10&0.2\\0&0&0&1\\1&0.02&-1&-0.02\end{bmatrix}=\boldsymbol{B}_0\boldsymbol{\Delta}\boldsymbol{C}_0 \tag{8.53}$$

式中

$$\boldsymbol{\Delta}=\delta_k,\quad \bar{\sigma}(\boldsymbol{\Delta})\leqslant 1$$
$$\boldsymbol{B}_0=[0\quad 10\boldsymbol{w}_k k_0\quad 0\quad -\boldsymbol{w}_k k_0]^{\mathrm{T}}$$
$$\boldsymbol{C}_0=[-1\quad -0.02\quad 1\quad 0.02]$$

按现在的设计思想，先来进行名义系统的设计，使 $\|\boldsymbol{M}_{22}\|_\infty$ 等于一个小于1的值，这里设为 0.2，所以第一步是求解下列的 H_∞ 优化解：

$$\min_K\left\|\begin{matrix}W_1PS\\W_2T\end{matrix}\right\|_\infty=\gamma=0.2 \tag{8.54}$$

其实，式(8.54)也可按 $\gamma=1$ 来求解，因为这与左右都乘 0.2 的结果是一样的，即

$$\left\|\begin{matrix}0.2W_1PS\\0.2W_2T\end{matrix}\right\|_\infty=0.2\times 1$$

这就是说，可以按常规的概念，求 $\gamma=1$ 时的 H_∞ 优化解，得 H_∞ 控制器 K_∞。然后将相应的权函数 W_1 和 W_2 都乘以 0.2 作为图 8.10 中的权函数。本例中，当 $\gamma=1$ 时得 H_∞ 控制器为

$$K_\infty(s)=\frac{19\,425\,436.678\,2(s+1\,000)^2(s^2+0.318\,8s+0.034\,43)(s^2-0.052\,16s+0.860\,9)}{(s+1.447\times10^7)(s+1.801)(s+0.000\,1)(s^2+54.04s+748.9)(s^2+31.58s+1\,212)} \tag{8.55}$$

对应的各权函数为

$$\begin{cases}W_1(s)=\dfrac{0.2\rho(s+0.2)}{s+0.000\,1},\quad \rho=0.122\,5\\W_2(s)=\dfrac{0.2\times 3s^2}{4(0.001s+1)^2}\\W_3=10^{-6}\end{cases} \tag{8.56}$$

鲁棒设计的第二步是计算图 8.10 系统的 $\mu(\boldsymbol{M})$ 是否小于 1。μ 是按上界来计算的[见式

(8.26)],即

$$\mu(\boldsymbol{M})=\inf_{\boldsymbol{D}}\ \bar{\sigma}(\boldsymbol{DMD}^{-1}) \tag{8.57}$$

图 8.12 是直接从 $\boldsymbol{M}$ 阵求得的最大奇异值 $\bar{\sigma}(\boldsymbol{M})$ 的 Bode 图。这个 $\bar{\sigma}(\boldsymbol{M})$ 离真正的 $\mu(\boldsymbol{M})$ 相差甚大[见式(8.21)]。图 8.13 则是 $\boldsymbol{M}$ 的各分块阵的奇异值 Bode 图,这些分块阵的图线将有助于了解式(8.57) 中 $\boldsymbol{D}(\omega)$ 的作用。

式(8.57) 的 μ 函数可用 mu 函数来计算(见 8.7 节)。图 8.14 就是本例中的结构奇异值 $\mu(\boldsymbol{M})$,其峰值 $\mu_{\max}=0.985\ 8$。由图可见,$\mu(\boldsymbol{M})<1$,表明这个系统在参数摄动下是稳定的,且其性能 $\|\boldsymbol{F}_u(\boldsymbol{M},\boldsymbol{\Delta})\|_\infty<1$。图 8.15 是式(8.57) 中 μ 上限值计算中所得到的 $\boldsymbol{D}(\omega)$,图 8.16 是 $\boldsymbol{DMD}^{-1}$ 各分块阵的奇异值 Bode 图。将图 8.16 与图 8.13 对比可以看到,$\boldsymbol{M}_{12}$ 由于乘上 $\boldsymbol{D}(\omega)$ 而使 $\omega=1$ rad/s 处的峰值降了下来,$\boldsymbol{M}_{21}$ 则由于乘上 $\boldsymbol{D}(\omega)^{-1}$ 而使 $\omega=36$ rad/s 的峰值降了下来,这样才使最终的 $\mu_{\max}$ 反映出 $\bar{\sigma}(\boldsymbol{M}_{11})$ 的峰值。

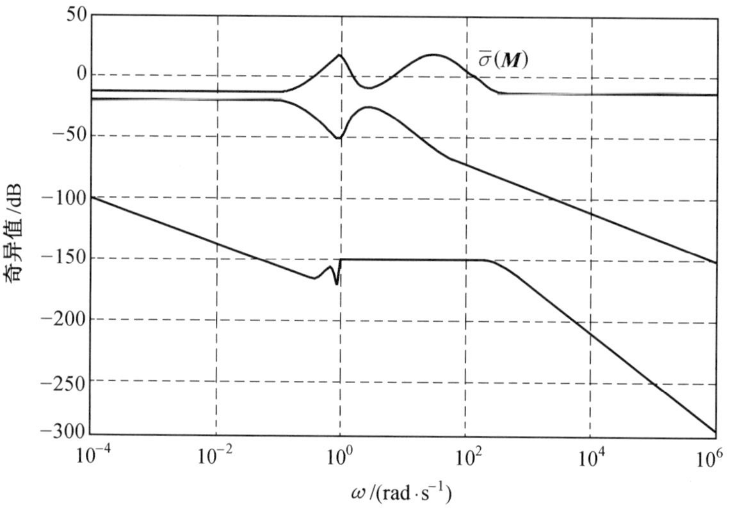

图 8.12 $\bar{\sigma}(\boldsymbol{M})$ 的 Bode 图

本例通过 $\gamma=0.2$ 的名义设计和 μ 分析在第一回合就得出了结果。一般来说,并不能保证第一个回合就能得到 $\mu(\boldsymbol{M})<1$。这时就需要修改名义设计,具体来说,改动式(8.43) 中的性能权函数 W_1,再重复上述的设计计算过程。从物理概念来说,这就是在性能和鲁棒稳定性之间找一个折中。

图 8.17 是参数摄动 $\Delta k=(8.8\%)k_0$ 时的调节过程。当 Δk 为正时仍是稳定的,Δk 为负时系统已接近稳定边缘。这里要说明的是,设计时是按 10% 的摄动来考虑的,不过为了缩短仿真计算的时间,图 8.17 的仿真曲线是用降阶的控制器来仿真的[略去了式(8.55) 中的 10^7 项],故对稳定边缘的判断略有误差。

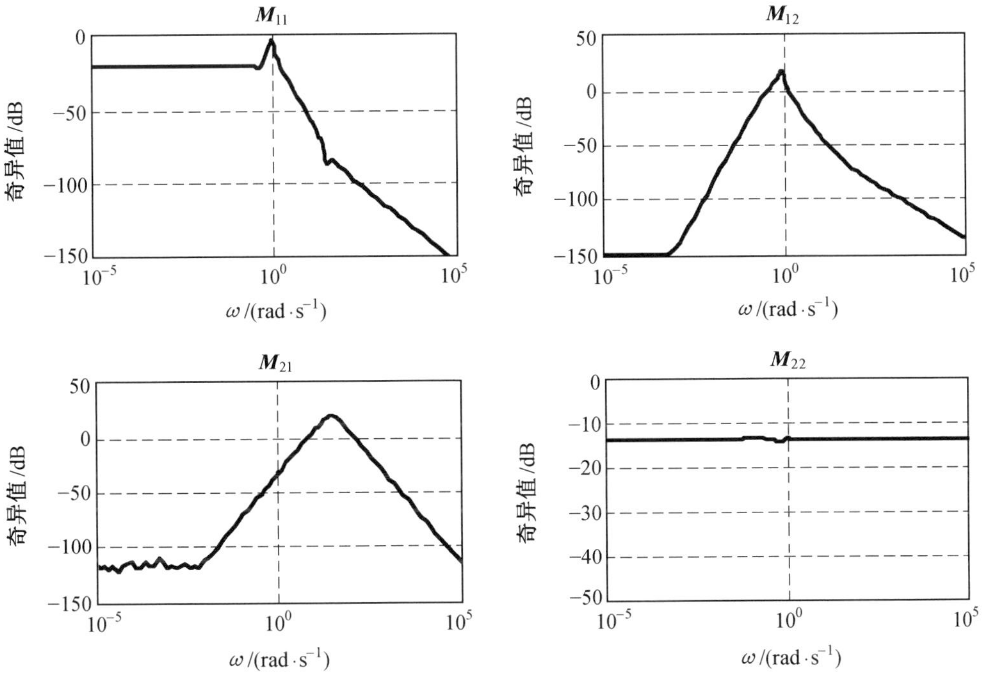

图 8.13 M 的各分块阵的奇异值 Bode **图**

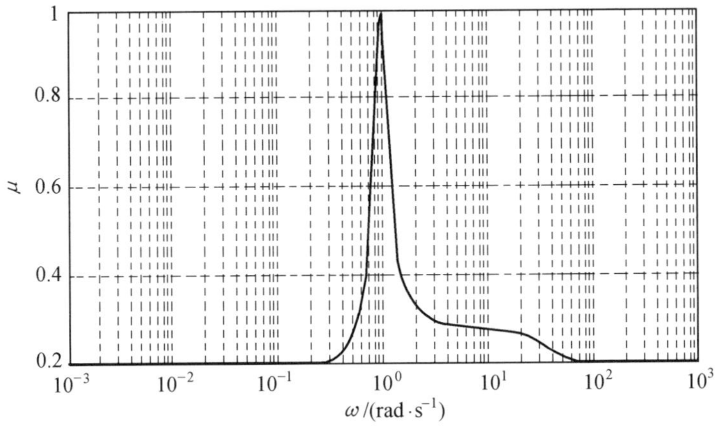

图 8.14 例 8.1 的结构奇异值

应该指出的是，这里对不确定性只规定其幅值的界，实际上的不确定性可以有正、有负（理论上还可以有其他相位变化）。而这里的理论（例如定理 8.1）对这样的不确定性来说，给出的是一种充要条件。如果摄动的方向（相位）是明确的，如只限于正向摄动或负向摄动，则

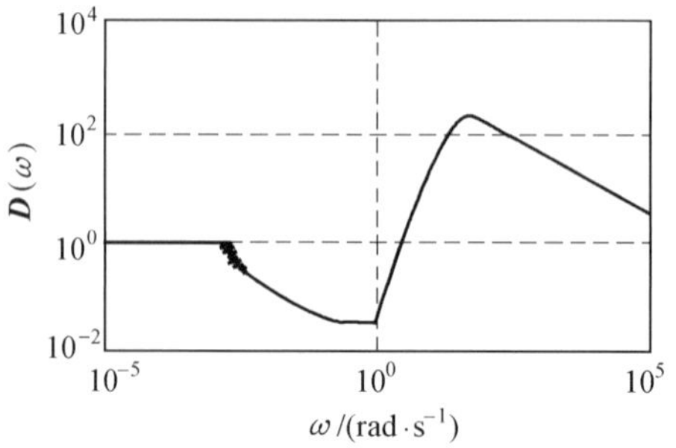

图 8.15 $D(\omega)$ 的取值曲线

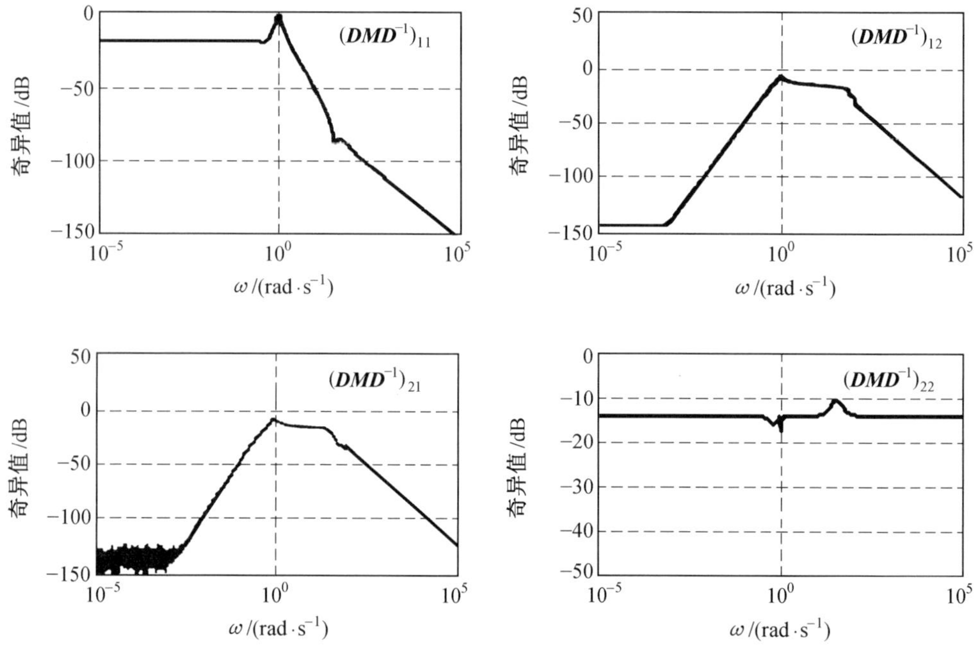

图 8.16 DMD^{-1} 各分块阵的奇异值 Bode 图

可以采用其他一些特定的方法来进行处理。

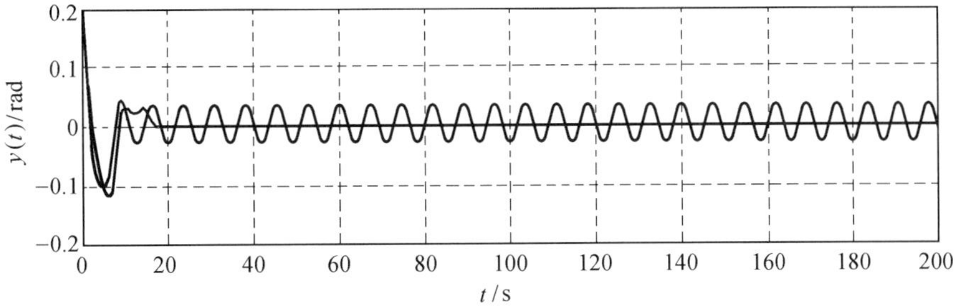

图 8.17 参数摄动下的调节过程

8.7 计算结构奇异值的 MATLAB 函数

结构奇异值μ的计算在μ综合和μ分析中占有重要地位。即使有 dkit 等函数可自动提供 ***D-K*** 迭代的结果，但如果需要分析一些设计中的问题，有时还需要对μ值和$\boldsymbol{D}(\omega)$的图线一步一步地来进行分析。

在 MATLAB 中，可以利用 mu 函数来计算μ，其调用格式为

[bnds,rowd,sens,rowp] = mu(matin,blk,options);

其输入变量为

matin	是系统阵(频率响应)
blk	描述摄动块的结构

输出变量有

bnds	是算得的μ值的界
rowd	是算得的具有 blk 结构的 $\boldsymbol{D}$ 值
sens	灵敏度，是$\boldsymbol{D}(\omega)$拟合中的一个指标
rowp	是 $\det(\boldsymbol{I}-\boldsymbol{M\Delta})=0$ 时的摄动矩阵[见式(8.18)]

以例 8.1 为例，设要对 $10^{-5}\sim10^{5}$ rad/s 之间的 1 000 个点求μ值，就可以运行如下的命令：

```
>>n=1000;
>>omega=logspace(-5,5,n);    % 在 10^-5～10^5 rad/s 之间确定 1 000 个频率点
>>M=pck(Ma,Mb,Mc,Md);        % M(s)
>>matin=frsp(M,omega);
>>blk=[2 2;1 0];             % 摄动块 Δ̃ 的结构,[2 2]表示 Δ̃ 中的性能块 Δ_P,
```

```
                              %是一个 2×2 的摄动块(满块)，而[1 0]中的 0 表示
                              %是对角块，[1 0]代表了本例中的参数摄动块 δk
                              %[见(8.53)]
>>[bnds,rowd,sens,rowp] = mu(matin,blk,'lu');
>>figure(1);
>>vplot('liv,m',bnds)         % 图 8.14 的 μ 值曲线
>>figure(2);
>>vplot('liv,m',rowd)         % 图 8.15 的 D(ω)值曲线
```

8.8 本章小结

本章讨论的是参数摄动下的系统设计问题，也简称为鲁棒设计。应该区分鲁棒设计和设计的鲁棒性这两个概念。设计的鲁棒性是指任何设计都应该具有鲁棒性，即应该允许对象特性有微小变化而不致影响稳定性。如果规定了参数的摄动范围来进行系统设计，那就是鲁棒设计的概念。如果在参数摄动下只要求保证系统稳定，则称为鲁棒镇定。

本章在讨论中还用到了参数摄动下(对象)的状态空间模型。虽然这也是一种线性分式变换(LFT)的形式，但是与用传递函数的 LFT 来表示的系统模型是不一样的，在具体应用中也应注意加以区分。

本章参考文献

[1] 王广雄，王晓峰，毛刚. 鲁棒设计中的状态空间模型[J]. 控制理论与应用，1999，16(2)：252-254.

[2] PACKARD A，DOYLE J C. The complex structured singular value[J]. Automatica，1993，29(1)：71-109.

[3] 周克敏，DOYLE J C，GLOVER K. 鲁棒与最优控制[M]. 毛剑琴，钟宜生，林岩，等译. 北京：国防工业出版社，2006.

[4] STEIN G，DOYLE J C. Beyond singular values and loop shapes[J]. Journal of Guidance，Control，and Dynamics，1991，14(1)：5-16.

第 9 章　采样系统的 H_∞ 控制

采样控制系统是连续系统中含有离散反馈回路的系统，系统的性能仍是要用连续的输入输出信号之间的 L_2 诱导范数来表示。为此，提出了能反映采样时刻之间信号变化特性的 H_∞ 提升法设计。本章 9.3 节和 9.4 节则是关于采样控制系统的鲁棒稳定性分析和 L_2 诱导范数的计算。

9.1　引　言

这里讨论的采样系统是指图 9.1 所示的系统。图中广义对象 G 是一个连续系统。S 表示采样器，给出离散的信号序列。K_d 是一个离散的控制器(数字控制器)。H 表示零阶保持器，向对象输出一个连续的阶梯波控制输入 u。采样系统中既有连续信号，又有离散信号，连续的输入信号 w 与连续的输出信号之间已经不能简单地用一个连续系统的传递函数来表示了。所以采样系统不是用 H_∞ 范数而是用 L_2 诱导范数来表示其性能。采样系统的 H_∞ 控制，确切地说是指 L_2 诱导范数小于 γ 的设计问题。

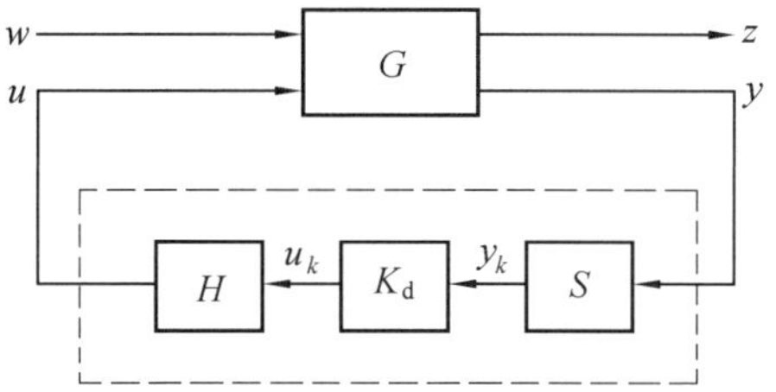

图 9.1　带采样控制器的系统

对于采样控制系统，经典理论中常用采样时刻上的值来表示系统的性能，即将对象离散化，把系统当作离散系统来设计和分析。但是离散化会丢失采样时刻之间的信息。不过在经典理论时期，主要关心的是系统的稳定性，用离散化的处理方法也已足够。

当进一步要考虑系统的性能(performance) 时，只当作离散系统来处理就显得不够了。例如，对扰动抑制问题来说，作用在实际物理系统上的扰动信号 w(图 9.1) 是连续信号，而实际系统的响应 z 也是连续信号，有时就需要研究这种带数字控制器的混杂系统的连续的输入输出之间的性能关系。又例如鲁棒稳定性问题(图 9.2) 中，对象的摄动自然也是一个连续系统，当采用小增益定理时就需要用到系统中从 $\boldsymbol{w}$ 到 $\boldsymbol{z}$ 的连续信号之间的范数。

为了得到采样系统输入输出连续信号之间的范数并用于设计，20 世纪 90 年代出现了采用提升技术的 H_∞ 设计方法[1,2]。

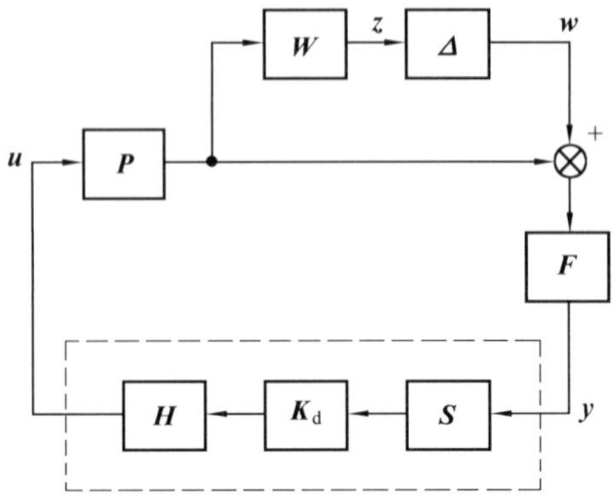

图 9.2 鲁棒稳定性问题

9.2 提升技术

9.2.1 基本概念

提升(lifting)是指将一连续信号提升为离散信号,是在函数空间取值的离散信号。设现在讨论的信号空间是 $L_2[0, \infty)$ 空间,则提升相当于是将信号 $f(t)$ 按采样时刻切成无穷个片段 $\hat{f}_k(t)$,即

$$\hat{f}_k(t)=f(\tau k+t), \quad 0 \leqslant t < \tau, \quad k=0,1,2,\cdots \tag{9.1}$$

这些片段所构成的序列 $\{\hat{f}_k\}$ 就是在 $L_2[0,\tau)$ 函数空间取值的离散信号。设原连续信号 $f(t) \in L_2[0, \infty)$,则提升信号 $\{\hat{f}\} \in l^2_{L_2[0,\tau)}$,这是指这个离散序列的范数序列是平方可积的,即

$$\sum_{k=0}^{\infty} \| \hat{f}_k \|^2_{L_2[0,\tau)} < \infty$$

上式的左项就定义为提升信号的范数,可以证明这个范数等于原信号 $f(t)$ 的 L_2 范数[1],即

$$\sum_{k=0}^{\infty} \| \hat{f}_k \|^2_{L_2[0,\tau)} = \| f \|_{L_2[0,\infty)} \tag{9.2}$$

从 $f(t)$ 到 $\{\hat{f}_i\}$ 的变换称为提升变换 $W_\tau: L_2[0,\infty) \rightarrow l^2_{L_2[0,\tau)}$,写成

$$\hat{f}=W_\tau f \tag{9.3}$$

W_τ 是一种线性变换。图 9.3 所示表示了式(9.3)的提升变换。W_τ 的反变换用 W_τ^{-1} 表示,相当于将各片的 $L_2[0,\tau)$ 函数黏连到一起形成 $L_2[0, \infty)$ 函数。

现在来对系统定义提升。设有一线性算子 $G:L_2[0,\infty)\to L_2[0,\infty)$，则定义

$$\hat{G}:=W_\tau G W_\tau^{-1} \tag{9.4}$$

是它的提升，$\hat{G}:l^2_{L_2[0,\tau)}\to l^2_{L_2[0,\tau)}$。因为式(9.4)中的各个算子都是线性的，所以 $\hat{G}$ 也是线性的。如果 G 是有界的，则 $\hat{G}$ 也是有界的。因为 W_τ 变换是范数不变的(isometry)，所以从式(9.4)可知

$$\|G\|=\|\hat{G}\| \tag{9.5}$$

式(9.5)表明，系统提升后的范数等于原系统的 L_2 诱导范数[1]。

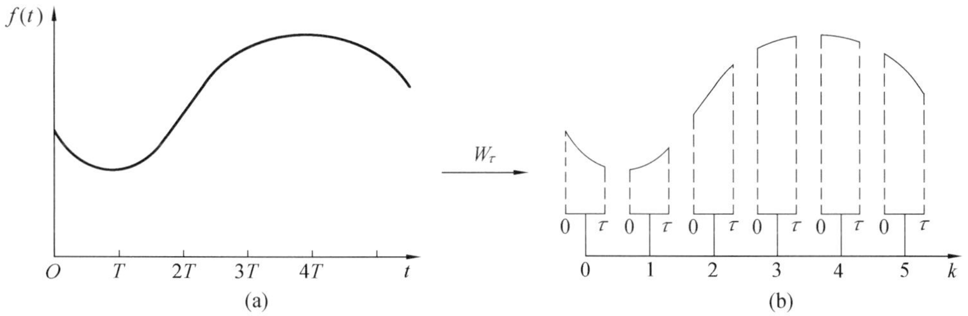

图 9.3　$W_\tau:L_2[0,\infty)\to l^2_{L_2[0,\tau)}$

9.2.2　广义对象的提升和 H_∞ 离散化

这里先来看一般系统的提升计算，即将一连续系统 G，按式(9.4)的概念，给出其提升的输入输出之间的关系。现设连续系统的状态方程为

$$\begin{cases}\dot{\boldsymbol{x}}(t)=\boldsymbol{A}\boldsymbol{x}(t)+\boldsymbol{B}_1 w(t)\\ \boldsymbol{z}(t)=\boldsymbol{C}_1\boldsymbol{x}(t)\end{cases} \tag{9.6}$$

在提升输入 $\{\hat{w}_k\}$ 作用下，状态 $\boldsymbol{x}\in\mathbf{R}^n$ 的变化特性为

$$\boldsymbol{x}(k\tau+t)=\mathrm{e}^{\boldsymbol{A}t}\boldsymbol{x}(k\tau)+\int_0^t \mathrm{e}^{\boldsymbol{A}(t-s)}\boldsymbol{B}_1\hat{w}_k(s)\mathrm{d}s,\quad 0\leqslant t<\tau$$

定义离散状态 $\boldsymbol{x}_k:=\boldsymbol{x}(k\tau)$，则根据上式可写得

$$\boldsymbol{x}_{k+1}=\mathrm{e}^{\boldsymbol{A}\tau}\boldsymbol{x}_k+\int_0^\tau \mathrm{e}^{\boldsymbol{A}(\tau-s)}\boldsymbol{B}_1\hat{w}_k(s)\mathrm{d}s \tag{9.7}$$

写成算子形式[1]则是

$$\boldsymbol{x}_{k+1}=\mathrm{e}^{\boldsymbol{A}\tau}\boldsymbol{x}_k+\Phi_b\hat{w}_k \tag{9.8}$$

式中，算子 $\Phi_b:L_2[0,\tau)\to\mathbf{R}^n$。对于 $\hat{w}\in L_2[0,\tau)$ 来说，这个算子关系表示的运算是

$$\Phi_b\hat{w}_k=\int_0^\tau \mathrm{e}^{\boldsymbol{A}(\tau-s)}\boldsymbol{B}_1\hat{w}_k(s)\mathrm{d}s$$

在提升输入 $\{\hat{w}_k\}$ 作用下的系统的输出方程则为

$$\hat{z}_k(t)=\boldsymbol{C}_1\mathrm{e}^{\boldsymbol{A}t}\boldsymbol{x}_k+\boldsymbol{C}_1\int_0^t\mathrm{e}^{\boldsymbol{A}(t-s)}\boldsymbol{B}_1\hat{w}_k(s)\mathrm{d}s=\Phi_c\boldsymbol{x}_k+\Phi_{11}\hat{w}_k,\quad 0\leqslant t<\tau \tag{9.9}$$

式中，$\Phi_{11}:L_2[0,\tau)\rightarrow L_2[0,\tau)$ 为卷积算子；$\Phi_c:\mathbf{R}^n\rightarrow L_2[0,\tau)$ 为状态转移算子。

现在来看广义对象的提升。这里将离散的控制器(数字控制器，图 9.1)K_d 作为待设计的 H_∞ 控制器单独划出，而将零阶保持器 H 和采样器 S 都归入广义对象，如图 9.4 所示。这样，广义对象的第二个输入和第二个输出就都是离散信号了，用 u_k 和 y_k 表示。广义对象的第一个输入 w 和第一个输出 z 是连续信号。这里说的提升是将 $w(t)$ 和 $z(t)$ 提升为 $\{\hat{w}_k\}$ 和 $\{\hat{z}_k\}$，而不改动原来就已经是离散的信号 u_k 和 y_k。所以只要在式(9.8)、式(9.9)的基础上增加第二个输入和输出，就可以得到一个用算子来表示的提升对象的传递函数

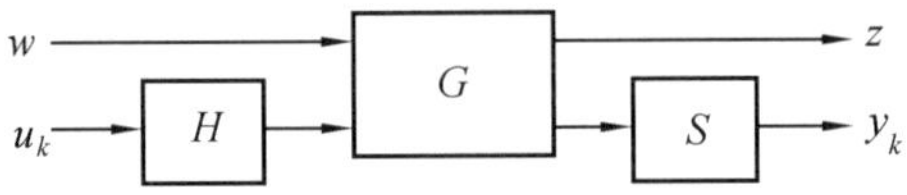

图 9.4 广义对象

$$\widetilde{\mathbf{G}}=\left[\begin{array}{c|cc}\mathrm{e}^{A\tau} & \Phi_b & \mathbf{B}_{2\mathrm{d}}\\ \hline \Phi_c & \Phi_{11} & \Phi_{12}\\ \mathbf{C}_2 & 0 & 0\end{array}\right] \tag{9.10}$$

式中，$B_{2\mathrm{d}}$ 就是用常规的零阶保持器离散化所得到的第二个输入阵；算子 $\Phi_{12}:\mathbf{R}\rightarrow L_2[0,\tau)$。因为这个算子的输入是零阶保持的信号，$u(k\tau+t)=u_k,0\leqslant t<\tau$，故有

$$\Phi_{12}u_k=\boldsymbol{C}_1\left(\int_0^t\mathrm{e}^{A(t-s)}\mathrm{d}s\right)\boldsymbol{B}_2u_k+\boldsymbol{D}_{12}u_k \tag{9.11}$$

这个提升对象 $\widetilde{G}$ 的输入输出都已是离散信号，而且与 $\widetilde{G}$ 相连的控制器 K_d 也是离散的，如图9.5所示。不过现在 $\widetilde{G}$ 的第一个输入和第一个输出都是在 $L_2[0,\tau)$ 取值的提升信号，而其传递函数式(9.10)也还是算子形式的，不便于计算。提升法 H_∞ 设计的下一步是将 $\widetilde{G}$ 变换为矩阵形式的传递函数 $G_\mathrm{d}(z)$。这样就可以按常规的离散系统进行 H_∞ 设计。变换的原则是使这个离散系统的 H_∞ 范数 $\|F_l(G_\mathrm{d},K_\mathrm{d})\|_\infty$ 等于原采样系统的 L_2 诱导范数。因为 G_d 只是在系统的 H_∞ 范数上与 G 等价，所以这个 G_d 也称作是 G 的 H_∞ 离散化[2]。

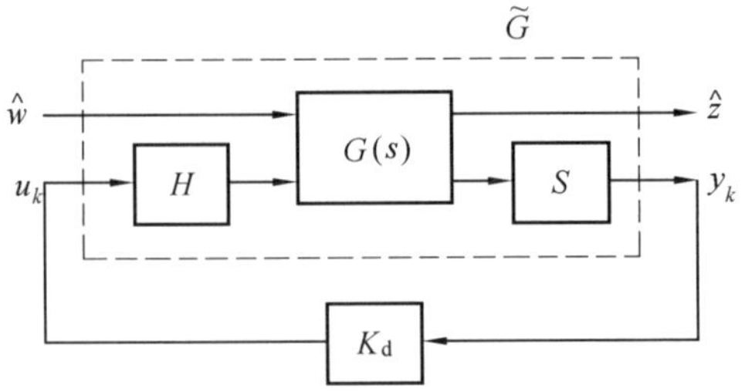

图 9.5 提升后的广义对象 $\widetilde{G}$ 与控制器 K_d

如果得到了离散化的对象 G_d，那么就可以与连续系统一样，用标准算法来求解离散的 H_∞ 优化问题

$$\min \| F_l(G_d,\ K_d) \|_\infty \leqslant \gamma \tag{9.12}$$

可以用的 MATLAB 函数有 dhinf 和 dhinflmi，函数前的 d 是 discrete 的第一个字母。函数 dhinf 是采用双线性变换法将离散问题变换为连续问题，求解连续的 H_∞ 问题后再变换回离散问题的解，而函数 dhinflmi 则是采用 LMI 法直接求解离散问题。

由此可见，采样系统 H_∞ 提升设计的主要问题是广义对象 G 提升后的离散化，提升计算中的主要算法就是围绕着这一点来展开的[1,2]。但是 G 的提升是有条件的，H_∞ 提升设计的成败取决于设计时这些条件是否得到满足。

9.2.3　H_∞ 提升设计中的问题

提升法在提出时并没有强调使用条件[1,2]，因为提升本身，即式(9.5) 是没有条件要求的。但是当将提升法应用于 H_∞ 设计时，却往往得不到按范数设计所应该有的结果[3,4]。其实，式(9.5) 中的提升对象 $\hat{G}$ 是从信号提升的角度来得出的，而 H_∞ 设计中的 $\hat{G}$ 则是从 G 通过提升计算来算得的[式(9.10)]，提升计算时对对象就自然会有一定的限制。

现在就从提升计算来讨论这个问题。当用算子的方法来进行提升时，先是将提升信号 $\{\hat{w}_k\}$ 通过算子 Φ_b 映射到系统的状态空间 $\boldsymbol{x}_k \in \mathbf{R}^n$[见式(9.8)、式(9.10)]，再从状态空间通过算子 Φ_c 和 Φ_{11}[见式(9.9)] 映射到提升的输出 $\{\hat{z}_k\}$，另一路则通过 $\boldsymbol{C}_2$ 映射到控制器的输入 y_k。由此可见，如果($\boldsymbol{A},\boldsymbol{B}_1$) 有不可控模态，或($\boldsymbol{C}_1,\boldsymbol{A}$)、($\boldsymbol{C}_2,\boldsymbol{A}$) 有不可观测模态，则这个从输入到输出的映射链就有中断，提升计算的结果也就不正确了，所以提升计算对对象有如下的假设要求[5]：

(1) ($\boldsymbol{A},\boldsymbol{B}_1$) 是可控的，($\boldsymbol{C}_1,\boldsymbol{A}$) 是可观测的。

(2) ($\boldsymbol{C}_2,\boldsymbol{A}$) 是可观测的。

但是在 H_∞ 设计中却往往满足不了这两条假设条件。以图 9.2 的鲁棒稳定性问题为例，广义对象的第一个输入 w 越过对象 P 而输出，即 P 中的极点对第一个输入来说是不可控模态，即($\boldsymbol{A},\boldsymbol{B}_1$) 不是可控的。同样，滤波器 F 也不在广义对象的第一个输出的通道上，即($\boldsymbol{C}_1,\boldsymbol{A}$) 也不是可观测的。再以图 9.6 的灵敏度问题为例，权函数 W_2 并不在广义对象的第二个输出 y 的通道上，故($\boldsymbol{C}_2,\boldsymbol{A}$) 不是可观测的。另外，与上面的鲁棒稳定性问题一样，本例中($\boldsymbol{A},\boldsymbol{B}_1$) 也不是可控的，($\boldsymbol{C}_1,\boldsymbol{A}$) 不是可观测的。

其实从 H_∞ 控制来说，对对象的要求只是($\boldsymbol{A},\boldsymbol{B}_1$)、($\boldsymbol{A},\boldsymbol{B}_2$) 可镇定，($\boldsymbol{C}_1,\boldsymbol{A}$)、($\boldsymbol{C}_2,\boldsymbol{A}$) 可检测(见第 4 章)，并不要求可控和可观测。由此可见，从基本假设和上面的两个例子来看，H_∞ 设计问题并不符合提升计算所要求的条件。提升方法本来是为了 H_∞ 设计而提出的[1,2]，但根据上面的分析可以知道，这个方法并不能真的用来进行 H_∞ 设计。由于当时在提出提升法时，曾

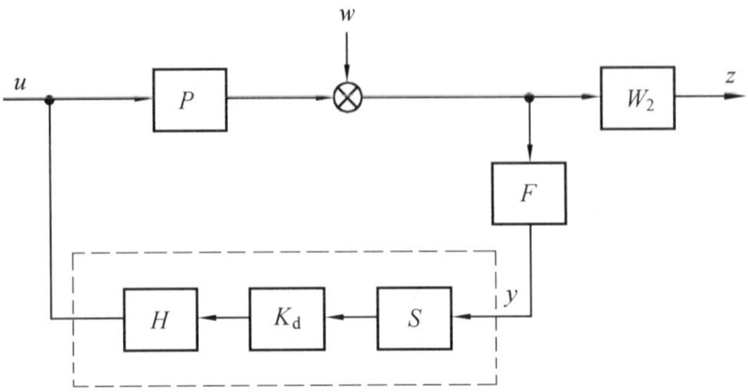

图 9.6 灵敏度问题

被一些作者誉为是采样系统 H_∞ 控制的新方向，有过一段辉煌的历程[6]，因此这里就得用一些篇幅来介绍这个方法。

提升技术本来是要用来处理采样系统中的连续信号问题的，但可惜不能用于采样控制系统的设计问题。采样系统中要考虑连续信号的场合是鲁棒稳定性问题和输入输出之间的性能问题（如扰动抑制问题）。下面两节将说明采样系统设计中如何来处理这两个问题。

9.3 采样控制系统鲁棒稳定性的离散化分析

这里讨论的是图 9.2 所示的鲁棒稳定性问题。现将不确定性 Δ 用一个离散的不确定性 Δ_d 加零阶保持器（ZOH）来代替，如图 9.7 中虚线框所示。图中用两个采样器来强调不确定性的离散本质

$$\Delta_d = \{\Delta_k\}_{k=0}^{\infty}, \quad \sigma(\Delta_k) \leqslant 1 \tag{9.13}$$

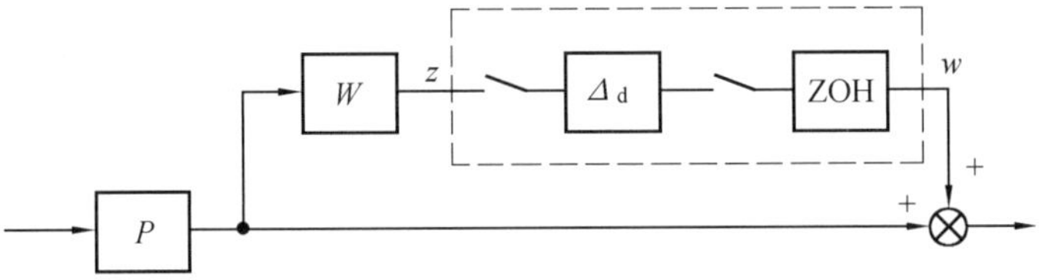

图 9.7 离散化不确定性

零阶保持器的频率特性为

$$H(j\omega) = \frac{1 - e^{-j\omega\tau}}{j\omega} = \tau \frac{\sin(\omega\tau/2)}{\omega\tau/2} e^{-j\omega\tau/2}$$

式中，τ 为采样周期。上式中 $H(j\omega)$ 的静态增益值 τ 将与离散化计算中的 $1/\tau$[见式(9.19)]相对消，故这里在讨论 ZOH 的特性时就不再计及 τ 而将 ZOH 的幅值直接写成

$$|H(\mathrm{j}\omega)|=\left|\frac{\sin(\omega\tau/2)}{\omega\tau/2}\right| \tag{9.14}$$

如果将式(9.14)的 ZOH 的增益特性归入到权函数 W 中去,那么虚线框所示的不确定性的范数界与原系统的范数界 $\|\Delta\|_\infty \leqslant 1$ 是一样的。

其实增益 $|H(\mathrm{j}\omega)|$ 对权函数的影响是很小的。作为例子,设对象的未建模动态为

$$U(s)=\frac{1}{(1+T_u s/3)^3} \tag{9.15}$$

式中,时间常数 T_u 可在 0～0.1 s之间变动。当这个未建模动态按乘性不确定性来处理时(见第 1 章),其权函数(界函数)为

$$|W(\mathrm{j}\omega)| \geqslant |U(\mathrm{j}\omega)-1| \tag{9.16}$$

设 $T_u=0.1$ s(最坏情况),则可得

$$W(s)=\frac{24(s+0.24)}{(s+240)} \tag{9.17}$$

图 9.8 所示即为此权函数 $W(\mathrm{j}\omega)$(实线),它过 0 dB 线处的频率为 10 rad/s。作为乘性不确定性的界函数来说,此 $|W|$ 特性限制了系统的带宽不能超出 10 rad/s。图中虚线所示为 $|U(\mathrm{j}\omega)-1|$ 特性,点划线所示是乘上 ZOH 增益(式 9.14)后的 W 特性。本例中取采样周期 $\tau=0.1$ s,对应的 Nyquist 频率 $\omega_s/2=31.4$ rad/s,这个频率与带宽限制在 10 rad/s 是相匹配的。在这样一组典型数据下,ZOH 增益对 W 幅值的影响是很小的。由此可见,采样系统设计中可以用图 9.7 的离散不确定性 Δ_d 来代替连续的 Δ。这时系统的输入信号是由零阶保持器提供的,即

$$w(k\tau+t)=w(k\tau),\quad 0\leqslant t<\tau$$

而这个鲁棒稳定性问题中的输出信号也是一采样信号 $z(k\tau)$。这就是说,可以采用常规的离

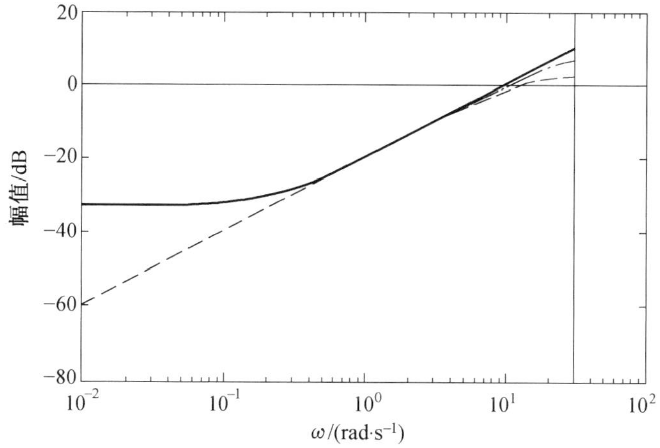

图 9.8　不确定性的界函数 $|W(\mathrm{j}\omega)|$

散化方法来处理采样系统的鲁棒稳定性问题。

例 9.1 设图 9.2 采样系统中各环节的传递函数为

$$P(s)=\frac{24(48-s)}{(s+48)(10s+24)},\quad F(s)=\frac{31.4}{s+31.4}$$

$$K_{\mathrm{d}}(z)=-\left(1.852+\frac{8.889\tau}{z-1}\right)$$

设采样周期 $\tau=0.1$ s，并取式(9.17)的权函数 W。采用常规的离散化方法，可得此离散系统的频率响应 $T_{zw}(\mathrm{e}^{\mathrm{j}\omega\tau})$，如图 9.9 所示。幅频特性的峰值即为此系统的 H_∞ 范数，$\|T_{zw}\|_\infty=0.9949$。

H_∞ 范数小于 1，表明此系统在式(9.15)的不确定性下应该是稳定的。如果采样周期取为最坏情况的 $T_u=0.1$ s，则从图 9.8 可见，不确定性已贴近界函数，系统应该已接近临界稳定。图 9.10 所示就是系统摄动前后的阶跃响应曲线，虚线所示为名义系统，实线所示则为对象摄动后的响应特性，$T_u=0.1$ s。此时系统虽然稳定，但已接近稳定边缘，验证了上述的离散化分析结果。

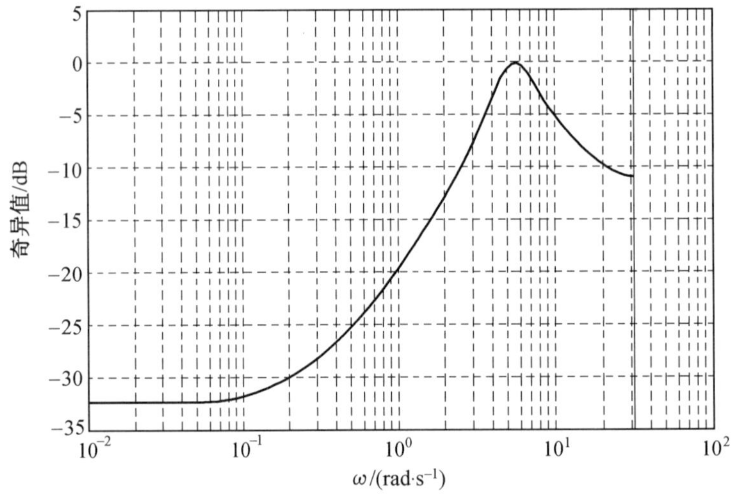

图 9.9 系统 T_{zw} 的 Bode 图

此例说明采样控制系统 H_∞ 鲁棒稳定性分析中可以用离散化不确定性来代替连续的 Δ，并采用离散化的方法来进行分析和设计。

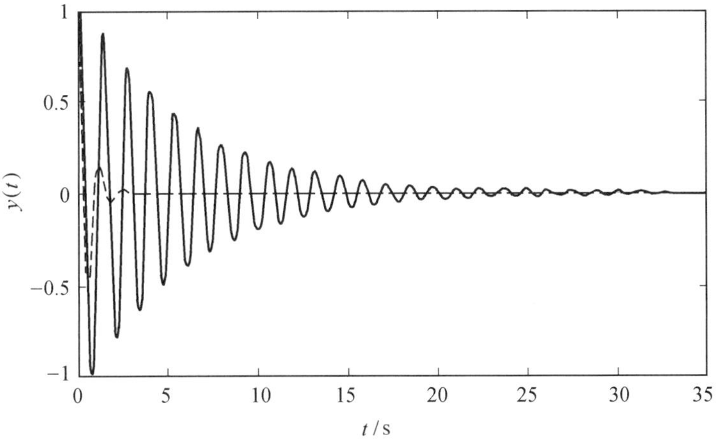

图 9.10　系统摄动前后的阶跃响应曲线

9.4　采样控制系统的频率响应和 L_2 诱导范数

现在来讨论采样控制系统的性能计算问题，即求取连续的输入输出信号之间系统的 L_2 诱导范数。从频域上来说，频率响应增益的最大值就是采样系统的 L_2 诱导范数[7]。可是采样系统是一个时变系统，如果输入一个正弦信号，其输出并不是一个平稳的正弦信号，而是一个多频率的信号。为此，一般都是从提升信号上来求取频率响应[7]。也有先从频域上进行提升，直接算出提升后的频率响应，然后再求得采样系统的 L_2 诱导范数[8]。不过 H_∞ 设计中采用提升法存在原理上的问题(见 9.2 节)，这里只能摒弃提升法，而采用文献[9]中的方法。

下面先通过一具体问题说明方法的实质，然后再推广到一般情形。图 9.11 所示是一采样控制系统的扰动抑制问题。图中 P 为对象，H 为保持器，S 为采样器，K_{d} 为数字控制器，K_{d} 前后的开关是为了强调控制器前后的信号都是离散的，F 为抗混叠滤波器(低通滤波器)。现在要计算的是从扰动信号 w 到输出 z 的系统的扰动抑制特性。

为便于说明问题，这里将系统看成算子 T，将 w 到 z 看成是从 L_2 信号到 L_2 信号的映射。结合图 9.11，该算子 T 形式上可写成

$$T = P - PHK_{\mathrm{d}}(I + SFPHK_{\mathrm{d}})^{-1}SFP \tag{9.18}$$

式(9.18)表明，性能(performance)问题中系统的响应是由两部分组成的，式(9.18)右侧第一项 P 表示的是信号的直通项，并不经过采样，是连续系统的响应，右侧第二项则是经过采样的通道，经典的采样控制理论对这一通道应该是适用的。

下面推导计算关系式时要用到一些标准的表示式：用 $*$ 号表示采样信号，$y^*(t) = \sum_{k=-\infty}^{\infty} y(t)\delta(t-k\tau)$；$Y^*(s)$ 表示采样信号的拉氏变换

$$Y^*(s)=\frac{1}{\tau}\sum_{k=-\infty}^{\infty}Y(s+jk\omega_s) \tag{9.19}$$

式中，$Y^*(j\omega)$ 表示其频谱；τ 为采样周期。

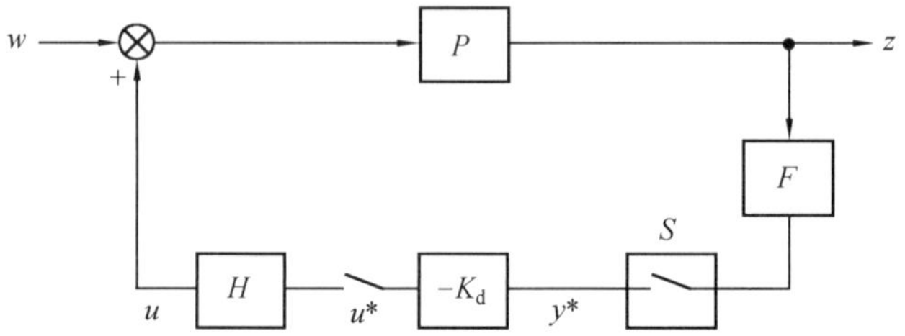

图 9.11　采样控制系统的扰动抑制问题

图 9.11 中各信号的变换式（在不需要特殊表明时，下面就用大写字母表示拉氏变换或频谱）为

$$Z(s)=P(s)W(s)+P(s)H(s)U^*(s) \tag{9.20}$$

$$Y^*(s)=(FPW)^*(s)+(FPH)^*(s)U^*(s) \tag{9.21}$$

$$U^*(s)=-K_d^*(s)Y^*(s) \tag{9.22}$$

式中，H 为保持器

$$H(s)=(1-e^{-\tau s})/s \tag{9.23}$$

式(9.21) 中括号内的部分表示相乘后再离散化，例如，输入信号 w 到 P 再到 F 之间没有采样开关，所以应将这 3 个拉氏变换式 / 传递函数乘到一起后再离散化，表示为$(FPW)^*$。

根据式(9.20) ～ (9.22)，可得输出信号的拉氏变换式为

$$Z=PW-PH\frac{K_d^*(FPW)^*}{1+K_d^*(FPH)^*} \tag{9.24}$$

下面计算系统的频率响应，设输入信号是一正弦函数 $w(t)=\exp(j\omega_0 t)$[7]，这种函数也称为复数正弦(phasor)，其频谱为

$$W(j\omega)=2\pi\delta(\omega-\omega_0) \tag{9.25}$$

根据式(9.19)，可将$(FPW)^*$ 的频谱整理为

$$(FPW)^*=\frac{1}{\tau}\sum_{k=-\infty}^{\infty}F(j\omega-jk\omega_s)P(j\omega-jk\omega_s)2\pi\delta(\omega-\omega_0-k\omega_s)$$

因为输入信号的频率 ω_0 小于 $\omega_s/2$，而 F 为低通滤波，所以信号的频谱并没有重叠，就是信号在主频段上的频谱

$$(FPW)^*=\frac{1}{\tau}F(j\omega_0)P(j\omega_0)2\pi\delta(\omega-\omega_0) \tag{9.26}$$

式(9.26) 表明，$(FPW)^*$ 也是一个正弦信号，其频谱等于输入正弦信号的频谱乘相应的传递函数 $F(j\omega_0)P(j\omega_0)/\tau$，因此可以将式(9.26) 写成

$$(FPW)^* = \frac{1}{\tau}FPW \tag{9.27}$$

这里要说明的是，输出信号 $(FPW)^*$ 表示 $w(t)$ 全部（不光是采样时刻的值）都进入到输出响应中，不能将 $W(s)$ 分离出来，不是一种传递函数的概念。而 $\frac{1}{\tau}FPW$ 则是一种传递函数的概念：输出等于 $W(s)$ 乘 $F(s)P(s)/\tau$。当然式(9.27) 只对正弦输入有效。

将式(9.27) 代入式(9.24)，整理可得

$$Z = PW - P\frac{K_d^*\left(\frac{1}{\tau}FPH\right)}{1+K_d^*(FPH)^*}W = $$

$$\left(P - P\frac{K_d^*(FPH)^*}{1+K_d^*(FPH)^*}\right)W \tag{9.28}$$

式(9.28) 的第二个等号是因为系统中存在抗混叠滤波器 F，当 $|\omega| > \omega_s/2$ 时 $|FPH|=0$，故频率特性没有重叠，$(FPH)^*$ 在主频段的频谱就是 $\frac{1}{\tau}FPH$[见式(9.19)]。因此，式(9.28) 中 $\frac{1}{\tau}FPH$ 可写成整个回路的离散传递函数 $(FPH)^*$。

现在将这个概念推广，换成通用的广义对象的符号，则式(9.28) 可写成

$$Z = (G_{11} + G_{12}K_d^*(I - G_{22}^*K_d^*)^{-1}G_{21}^*)W \tag{9.29}$$

或改用现有文献中通用的符号，用脚标 d 来表示相应的离散化传递函数，则式(9.29) 可写成

$$Z = (G_{11} + G_{12}K_d(I - G_{22d}K_d)^{-1}G_{21d})W \tag{9.30}$$

式(9.30) 表明，采样控制系统的频率响应可根据如下的线性分式关系 $F_l(\boldsymbol{G}, K_d)$ 进行计算：

$$Z = F_l(\boldsymbol{G}, K_d)W \tag{9.31}$$

式中

$$\boldsymbol{G} = \begin{bmatrix} G_{11}(j\omega) & G_{12}(j\omega) \\ G_{21d}(e^{j\omega\tau}) & G_{22d}(e^{j\omega\tau}) \end{bmatrix} \tag{9.32}$$

由此可见，采样控制系统的频率响应可根据传递函数和离散化传递函数直接算得，而频率响应增益的最大值就是所求的采样系统的 L_2 诱导范数。文献[9]的这个方法比通过提升计算要简单直观，且易于掌握。

虽然从理论上说，采样系统是个时变系统，正弦输入下输出不是一个平稳的正弦信号。但是结合用 LFT 来描述的系统来说，输入输出之间有两个通道，一个是连续信号的直通通道，并不存在采样运算，另一个通道则是误差信号通过采样的带反馈的通道。对于系统的性能(performance) 来说，关心的只是低频段的特性。因为有反馈作用，低频段上的误差信号应该是比较小的。所以虽然经过采样会带来时变特性，但这个误差信号本来就比较小，尤其是对采样控制系统来说，设计本身就要求加抗混叠滤波器滤去采样前信号中的高频分量，故叠加到直

通通道的信号上以后也基本上不会改变信号的平稳性。这就是可以用直观的频率响应的概念来计算的理由。

所以如果不是抽象地来讨论采样问题，而是从设计实际来考虑性能问题，那么一是有两个通道，二是性能问题属于低频段的特性，再者是采样控制系统中含有抗混叠滤波器。这样一来，问题就会变得容易处理。这就是这个方法有别于以提升法为代表的，只研究一般性问题的区别所在。

例 9.2 设图 9.11 中对象 P 和滤波器 F 为

$$P(s)=\frac{20-s}{(5s+1)(s+20)}$$

$$F(s)=\frac{25\pi^2}{(s+5\pi)^2}$$

并设采样周期 $\tau=0.1$ s，控制器 K_d 为

$$K_d(z)=\frac{8.386\,8(z-0.918)(z-0.124\,6)}{(z-0.999\,8)(z+0.073\,44)}$$

根据式(9.28)可计算出此采样系统的频率响应特性，如图 9.12 所示，频率响应上的峰值就是该采样系统的 L_2 诱导范数，为 0.172 9(等于 −15.244 dB)。

现在来观察正弦输入(w)下的输出(z)。图 9.13 所示是 $\omega=0.628$ rad/s 时的输出响应曲线 $z(t)$。这是用 Simulink 混合仿真所得的曲线。仿真时对象 P 和滤波器 F 都是连续的环节，控制器则是离散的。仿真表明低频时系统的响应呈现出平稳的(stationary)特性。图 9.13 所示曲线与一般的时不变系统的响应一样，看不出有时变性。本例是扰动抑制问题，图 9.12 中

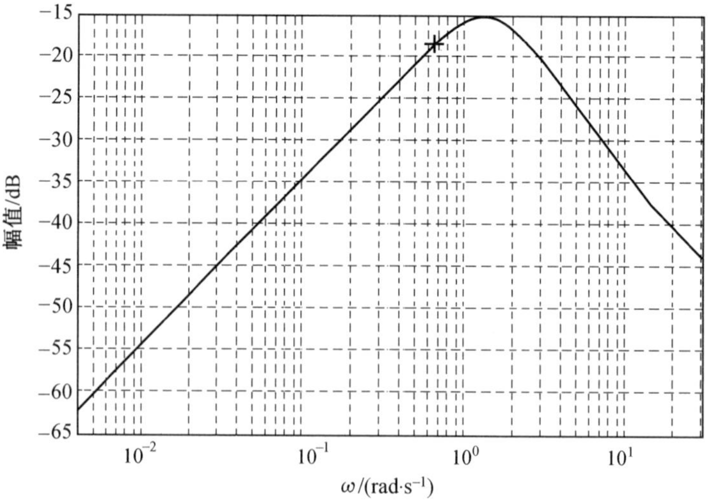

图 9.12 例 9.2 采样系统的频率响应特性

的峰值频率对应于系统过 0 dB 线的频率 ω_c。这是因为那时回路增益已衰减到 1，误差最大。本例中这个峰值频率为 1.3 rad/s（图 9.12），故图 9.13 中的信号频率 0.628 rad/s 对该系统来说已相当高了，覆盖了决定性能(performance)的整个低频段。图 9.13 表明，在反映系统性能的频段上，这个采样系统呈现出时不变系统的特性，信号是平稳的，证实了上面所做的解释。

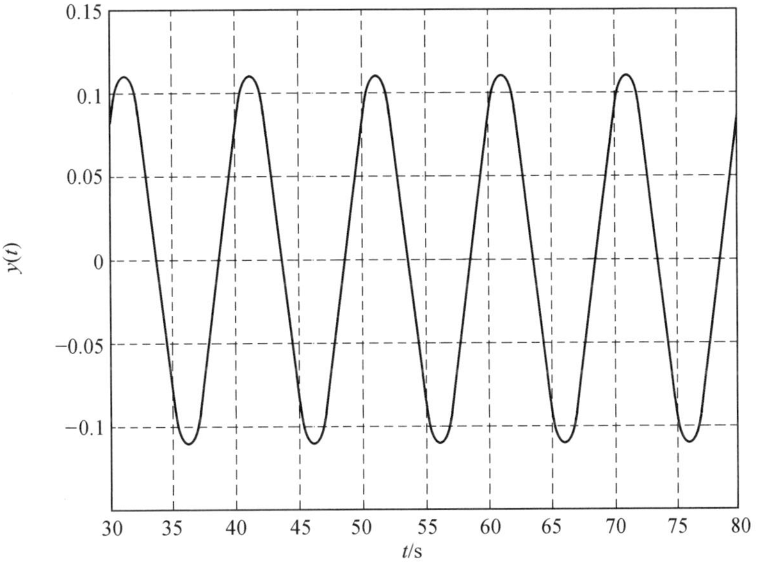

图 9.13　$\omega = 0.628$ rad/s **时的输出响应曲线**

从图 9.13 可读得正弦的幅值为 0.110 8。因为输入正弦的幅值为 1，所以输出与输入之比为 0.110 8。而根据式(9.28)算得的频率响应在 $\omega = 0.628$ rad/s 时的读数为 0.110 7（−19.117 dB，图 9.12 中标 + 处的点），可见所算得的频率响应与实际正弦输入下的响应(在低频段)是一致的，是可以实验测定和验证的，所以用此法所计算的频率响应具有明确的物理意义。

9.5　本章小结

对于采样系统的 H_∞ 设计来说，鲁棒稳定性问题可以采用离散化不确定性 Δ_d，而加权后的性能又主要是看低频段特性，所以在 H_∞ 设计中可以用常规的离散化方法，按离散系统来设计。设计后可以采用 9.4 节的方法计算在连续信号作用下的 L_2 诱导范数，对系统的性能做进一步的验证。

本章参考文献

[1] BAMIEH B A, PEARSON J B. A general framework for linear periodic systems with applications to H_∞ sampled-data control[J]. IEEE Transactions on Automatic Control, 1992,37(4): 418-435.

[2] CHEN T, FRANCIS B A. H_∞-optimal sampled-data control: Computation and design[J]. Automatica, 1996,32(2): 223-228.

[3] WANG G X, LIU Y W, HE Z, et al. The lifting technique for sampled-data systems: useful or useless? [J]. Acta Automatica Sinica, 2005,31(3): 491-494.

[4] WANG G X, LIU Y W, HE Z, et al. A new approach to robust stability analysis of sampled-data control systems[J]. Acta Automatica Sinica, 2005,31(4): 510-515.

[5] WANG G X, LIU Y W, HE Z. H_∞ design for sampled-data systems via lifting technique: conditions and limitation[J]. Acta Automatica Sinica, 2006,32(5): 791-795.

[6] 王广雄，刘彦文，何朕. 采样控制理论的 10 年[J]. 电机与控制学报，2006,10(1): 44-48.

[7] YAMAMOTO Y, KHARGONEKAR P P. Frequency response of sampled-data systems[J]. IEEE Transactions on Automatic Control, 1996,41(2): 166-175.

[8] BRASLAVSKY J H, MIDDLETON R H, FREUDENBERG J S. L_2-induced norms and frequency gains of sampled-data sensitivity operators[J]. IEEE Transactions on Automatic Control, 1998,43(2): 252-258.

[9] 刘彦文，王广雄，何朕. 采样系统的频率响应和 L_2 诱导范数[J]. 控制与决策，2005,20(10): 1133-1136.

第 10 章　非线性系统的 H_∞ 控制

前面各章讨论的 H_∞ 控制都是指的线性系统。注意到 H_∞ 范数是在传递函数上定义的，不能直接推广到非线性系统。不过，如果从时间域上来考虑，H_∞ 范数也就是 L_2 诱导范数，而对非线性系统来说，这个 L_2 诱导范数常称为 L_2 增益，故习惯上常说的非线性系统的 H_∞ 控制，更确切地说，就是 L_2 增益的控制问题。本章将介绍 L_2 增益和耗散性的关系，介绍非线性 H_∞ 控制求解中的耗散不等式和 Hamilton-Jacobi 不等式，状态反馈下的 HJI 不等式，以及求解的 SOS 方法。

10.1　L_2 增益与耗散性

10.1.1　L_2 增益

设所考虑的非线性系统为

$$\begin{cases}\dot{\boldsymbol{x}}=\boldsymbol{f}(\boldsymbol{x})+\boldsymbol{g}(\boldsymbol{x})\boldsymbol{u}\\ \boldsymbol{y}=\boldsymbol{h}(\boldsymbol{x})\end{cases} \tag{10.1}$$

式中，状态向量 $\boldsymbol{x}=[x_1\quad x_2\quad \cdots\quad x_n]^{\mathrm{T}}$ 属于局部区域 $\boldsymbol{M}\subset \mathbf{R}^n$；$\boldsymbol{u}\in \mathbf{R}^m$ 为输入信号；$\boldsymbol{y}\in \mathbf{R}^p$ 为系统的输出信号；$\boldsymbol{f}(\boldsymbol{x})$ 和 $\boldsymbol{h}(\boldsymbol{x})$ 为光滑函数向量；$\boldsymbol{g}(\boldsymbol{x})$ 是 $n\times m$ 的光滑的函数矩阵。假设 $\boldsymbol{x}_0\in \boldsymbol{M}$ 是系统式(10.1) 所对应的自由系统

$$\dot{\boldsymbol{x}}=\boldsymbol{f}(\boldsymbol{x}) \tag{10.2}$$

的平衡点，即 $f(\boldsymbol{x}_0)=0$，并假设 $h(\boldsymbol{x}_0)=0$。

现在来定义 L_2 增益。因为 H_∞ 范数表示的是(能量的)增益的界[参见式(2.17)]，所以非线性系统的 L_2 增益也是用不等式来定义的。

定义 10.1　设 $\gamma\geqslant 0$。如果对所有 $T\geqslant 0$ 和所有的 $\boldsymbol{u}\in L_2(0,T)$，下列不等式都成立，则称系统式(10.1) 的 L_2 增益小于等于 γ。

$$\int_0^T \|\boldsymbol{y}(t)\|^2\mathrm{d}t\leqslant \gamma^2\int_0^T\|\boldsymbol{u}(t)\|^2\mathrm{d}t \tag{10.3}$$

式中的 $\boldsymbol{y}(t)=h(t,0,\boldsymbol{x}_0,\boldsymbol{u})$ 是起始时刻为 0，初始状态 $\boldsymbol{x}(0)=\boldsymbol{x}_0$，并在 $\boldsymbol{u}$ 作用下的系统的输出。

注意，L_2 增益的定义不仅仅是一个简单的不等式(10.3)。所有的 $T\geqslant 0$ 和所有的 $\boldsymbol{u}\in L_2(0,T)$ 下这个不等式都应满足。所以定义中的这个不等式(10.3) 条件可等价表示成

$$\inf_{\substack{\boldsymbol{u}\in L_2(0,T),T\geqslant 0\\ \boldsymbol{x}(0)=\boldsymbol{x}_0}} \int_0^T (\gamma^2 \|\boldsymbol{u}\|^2 - \|\boldsymbol{y}\|^2)\mathrm{d}t \geqslant 0 \tag{10.4}$$

式(10.4) 还可等价为[1]

$$\lim_{T\to\infty} \inf_{\substack{\boldsymbol{u}\in L_2(0,T)\\ \boldsymbol{x}(0)=\boldsymbol{x}_0}} \int_0^T (\gamma^2 \|\boldsymbol{u}\|^2 - \|\boldsymbol{y}\|^2)\mathrm{d}t \geqslant 0 \tag{10.5}$$

由此可见,L_2 增益的求解是一个优化问题。具体的求解将在下面的各节中陆续展开。这里先根据定义对非线性系统的 H_∞ 控制做进一步的说明。定义 10.1 表明,L_2 增益控制并不是一个单纯的稳定性问题,也不是一个在受到某种扰动作用后回零的调节过程,而是在持续的扰动($\boldsymbol{u}$) 作用下的一个长时间的输出响应($\boldsymbol{y}$) 问题。这个问题称为扰动抑制(disturbance attenuation),是将扰动对系统性能的影响尽量衰减下来。还应该注意的是,式(10.3) 的不等式是一个积分之间的关系,即 L_2 范数之间的关系(参见式(2.6))。所以非线性 H_∞ 控制的设计结果在进行验算时,就应该根据持续扰动下输入和输出的 L_2 范数来计算所得到的 L_2 增益是否小于等于 γ(例见图 10.8)。

由于 L_2 范数代表了信号的能量,因此定义 10.1 的 L_2 增益与下面的耗散性直接有关。

10.1.2 耗散性

从耗散系统的概念来说,如果式(10.3) 中的 $\gamma^2=1$,表示输出的能量小于输入的能量,系统本身是在消耗能量的,故称耗散系统。如果 γ^2 是一个常数,则称为有限增益耗散系统。

对耗散系统来说,还在状态空间的局部区域 M 上定义了一个存储函数[2],即满足下列不等式的非负函数 V,且 $V(0)=0$,称为存储函数(storage function) 或能量函数。

$$V(\boldsymbol{x}(t_1)) - V(\boldsymbol{x}(t_0)) \leqslant \int_{t_0}^{t_1} (r^2 \|\boldsymbol{u}(t)\|^2 - \|\boldsymbol{y}(t)\|^2)\mathrm{d}t \tag{10.6}$$

上式表示在 $t_0 \sim t_1$ 时刻间系统所储存的能量的增加(左项) 小于系统的输入输出的能量差,即系统是在消耗能量的。可以证明[2],只要存在存储函数,系统就是耗散的。现在用定义的形式给出如下。

定义 10.2 如果存在一个连续的非负函数 $V:\mathbf{R}^n \to \mathbf{R}_+$,$V(0)=0$,满足耗散不等式(10.6),则称系统(10.1) 是耗散的。

这里要说明的是,定义中的式(10.6) 用的是一个特定的供给率 $s(\boldsymbol{y},\boldsymbol{u})=\gamma^2\|\boldsymbol{u}\|^2-\|\boldsymbol{y}\|^2$。注意到式(10.6) 中存储函数 $V(0)=0$,$V\geqslant 0$,就可以得出式(10.3)。所以这里定义的耗散系统就是 L_2 增益小于等于 γ 的系统。

根据式(10.6),如果 V 是一个可微的实函数,那么由下式所定义的 Hamilton 函数 H 如果是非正的,就称系统是耗散的。

$$H := \|\boldsymbol{y}\|^2 - \gamma^2 \|\boldsymbol{u}\|^2 + \frac{\partial V}{\partial \boldsymbol{x}}(\boldsymbol{x})[f(\boldsymbol{x}) + g(\boldsymbol{x})\boldsymbol{u}] \tag{10.7}$$

式中，$(\partial V/\partial \boldsymbol{x})(\boldsymbol{x})$ 是偏导数的行向量。

10.2　数学准备：动态规划

L_2 增益的求解是一个优化问题，这里采用了 Bellman 的动态规划理论来进行求解。设系统的方程式为

$$\dot{\boldsymbol{x}} = f(\boldsymbol{x}, \boldsymbol{u}, t) \tag{10.8}$$

要求是使下列的代价泛函为最小：

$$I = \int_{t_i}^{t_f} f_0(\boldsymbol{x}(t), \boldsymbol{u}(t), t)\mathrm{d}t \tag{10.9}$$

现假设从初始状态 $\boldsymbol{x}(t_i)$ 到最终状态 $\boldsymbol{x}(t_f)$ 的最优轨迹 $\boldsymbol{x}^0(t)$ 是已知的。Bellman 的最优化原理认为最优轨迹上的任一区段本身就是最优轨迹。因为不然的话，那一段就可用更合适的一段来代替，而原来的轨迹从整体上来说就不是最优的了，所以 Bellman 原理是最一般的最优化的必要条件。

设用 $S(\boldsymbol{x}(t_i), t_i)$ 来表示整个代价泛函的最小值。根据最优化原理，最优轨迹上从任一点 $\boldsymbol{x}^0(t)$ 到终点 $\boldsymbol{x}(t_f)$ 的一段一定是最优的，故可写得

$$S(\boldsymbol{x}^0(t), t) = \min_{\boldsymbol{u}} \int_{t}^{t_f} f_0(\boldsymbol{x}^0(\tau), \boldsymbol{u}(\tau), \tau)\mathrm{d}\tau \tag{10.10}$$

式(10.10) 称为 Bellman 泛函方程。

设用 Δt 表示时间的增量，并设 $t' = t + \Delta t$。与式(10.10) 相似，有

$$S(\boldsymbol{x}^0(t'), t') = \min_{\boldsymbol{u}} \int_{t'}^{t_f} f_0(\boldsymbol{x}^0(\tau), \boldsymbol{u}(\tau), \tau)\mathrm{d}\tau \tag{10.11}$$

$S(\boldsymbol{x}^0(t), t)$ 也可近似表示为

$$S(\boldsymbol{x}^0(t), t) = \min_{\boldsymbol{u}} \{f_0(\boldsymbol{x}^0(t), \boldsymbol{u}(t), t)\Delta t + S(\boldsymbol{x}^0(t'), t')\} + o_1(\Delta t) \tag{10.12}$$

式中，$o_1(\Delta t)$ 是一高阶的微小量，且

$$\lim_{\Delta t \to 0} \frac{o_1(\Delta t)}{\Delta t} = 0$$

$S(\boldsymbol{x}^0(t'), t')$ 用泰勒级数来展开，可写得

$$S(\boldsymbol{x}^0(t'), t') = S(\boldsymbol{x}^0(t), t) + \frac{\partial S(\boldsymbol{x}^0(t), t)}{\partial \boldsymbol{x}^0} f(\boldsymbol{x}^0(t), \boldsymbol{u}(t), t)\Delta t + \frac{\partial S(\boldsymbol{x}^0(t), t)}{\partial t}\Delta t + o_2(\Delta t) \tag{10.13}$$

将式(10.13) 代入式(10.12)，并考虑到式(10.13) 中的 $S(\boldsymbol{x}^0(t), t)$ 和 $\dfrac{\partial S(\boldsymbol{x}^0(t), t)}{\partial t}$ 与输入向量 $\boldsymbol{u}(t)$ 是无关的，可以从 min 符号下提取出来，最后再除以 Δt 可得

$$-\frac{\partial S(\boldsymbol{x}^0(t),t)}{\partial t}=\min_{\boldsymbol{u}}\left\{f_0(\boldsymbol{x}^0(t),\boldsymbol{u}(t),t)+\frac{\partial S(\boldsymbol{x}^0(t),t)}{\partial \boldsymbol{x}^0}f(\boldsymbol{x}^0(t),\boldsymbol{u}(t),t)\right\}+\frac{o_3(\Delta t)}{\Delta t} \tag{10.14}$$

当 $\Delta t\rightarrow 0$ 时取极限,上式的最后一项就消失了,得

$$-\frac{\partial S(\boldsymbol{x}^0(t),t)}{\partial t}=\min_{\boldsymbol{u}}\left\{f_0(\boldsymbol{x}^0(t),\boldsymbol{u}(t),t)+\frac{\partial S}{\partial \boldsymbol{x}^0}f(\boldsymbol{x}^0(t),\boldsymbol{u}(t),t)\right\} \tag{10.15}$$

式(10.15)称为 Hamilton-Jacobi 方程。

现在来看 L_2 增益求解的优化问题。注意到式(10.5)的最优值只与 $\boldsymbol{x}(0)$ 有关,设 $\boldsymbol{x}(0)=\boldsymbol{x}$,那么这个最优值可表示为 $\boldsymbol{x}$ 的函数

$$S(\boldsymbol{x})=\inf_{\substack{\boldsymbol{u}(\tau)\\ \boldsymbol{x}(0)=\boldsymbol{x}}}\int_0^\infty\frac{1}{2}(\gamma^2\|\boldsymbol{u}\|^2-\|\boldsymbol{y}\|^2)\mathrm{d}\tau \tag{10.16}$$

$S(\boldsymbol{x})$ 的最优问题只与输入向量 $\boldsymbol{u}$ 有关,是一个对 $\boldsymbol{u}$ 求极小的问题,故式(10.16)也就是本问题中的 Bellman 泛函方程式(10.10)。将与式(10.10)对应的 f_0 和系统的方程式(10.1)代入式(10.15)便可写得对应的 Hamilton-Jacobi 方程为

$$\frac{\partial S}{\partial t}=-\min_{\boldsymbol{u}}\left\{\frac{1}{2}\gamma^2\boldsymbol{u}^{\mathrm{T}}\boldsymbol{u}-\frac{1}{2}\boldsymbol{y}^{\mathrm{T}}\boldsymbol{y}+\frac{\partial S}{\partial \boldsymbol{x}}(\boldsymbol{f}(\boldsymbol{x})+\boldsymbol{g}(\boldsymbol{x})\boldsymbol{u})\right\} \tag{10.17}$$

现在来定义一个 $V(\boldsymbol{x})$,以便将 Hamilton-Jacobi 方程与耗散性联系起来。这就是下列的引理。

引理 10.1 设系统的 L_2 增益小于等于 γ,则存在光滑的函数 $V(\boldsymbol{x})\geqslant 0$, $\forall\,\boldsymbol{x}\in\boldsymbol{M}$ 满足下列的 Hamilton-Jacobi 方程

$$\frac{\partial V}{\partial \boldsymbol{x}}\boldsymbol{f}(\boldsymbol{x})+\frac{1}{2\gamma^2}\frac{\partial V}{\partial \boldsymbol{x}}\boldsymbol{g}(\boldsymbol{x})\boldsymbol{g}^{\mathrm{T}}(\boldsymbol{x})\frac{\partial V^{\mathrm{T}}}{\partial \boldsymbol{x}}+\frac{1}{2}\boldsymbol{h}^{\mathrm{T}}(\boldsymbol{x})\boldsymbol{h}(\boldsymbol{x})=0,\quad V(\boldsymbol{x}_0)=0 \tag{10.18}$$

证明 设 $t=0$ 表示从初始状态 $\boldsymbol{x}(t_i)$ 到 $x(T)$ 的一个中间点(图 10.1)。由于系统的 L_2 增益小于等于 γ,因此对任意 $T\geqslant t_i$,有

$$\int_{t_i}^T(\gamma^2\|\boldsymbol{u}\|^2-\|\boldsymbol{y}\|^2)\mathrm{d}t\geqslant 0$$

即

$$\int_{t_i}^0(\gamma^2\|\boldsymbol{u}\|^2-\|\boldsymbol{y}\|^2)\mathrm{d}t+\int_0^T(\gamma^2\|\boldsymbol{u}\|^2-\|\boldsymbol{y}\|^2)\mathrm{d}t\geqslant 0,\quad \forall\,T\geqslant 0 \tag{10.19}$$

设 $t=0$ 时刻的状态为 $\boldsymbol{x}$,定义 $\boldsymbol{x}$ 的函数 $V_{\mathrm{a}}(\boldsymbol{x})$ 为

$$V_{\mathrm{a}}(\boldsymbol{x})=-\inf_{\substack{\boldsymbol{u}\in L_2(0,T),T\geqslant 0\\ \boldsymbol{x}(0)=x}}\frac{1}{2}\int_0^T(\gamma^2\|\boldsymbol{u}\|^2-\|\boldsymbol{y}\|^2)\mathrm{d}t=$$

$$\inf_{\substack{\boldsymbol{u}\in L_2(0,T),T\geqslant 0\\ \boldsymbol{x}(0)=x}}\frac{1}{2}\int_0^T(\|\boldsymbol{y}\|^2-\gamma^2\|\boldsymbol{u}\|^2)\mathrm{d}t \tag{10.20}$$

式(10.20)表示了 $0\sim T$ 时段输出(能量)超出输入的能量差,这应该是由系统所存储的能量

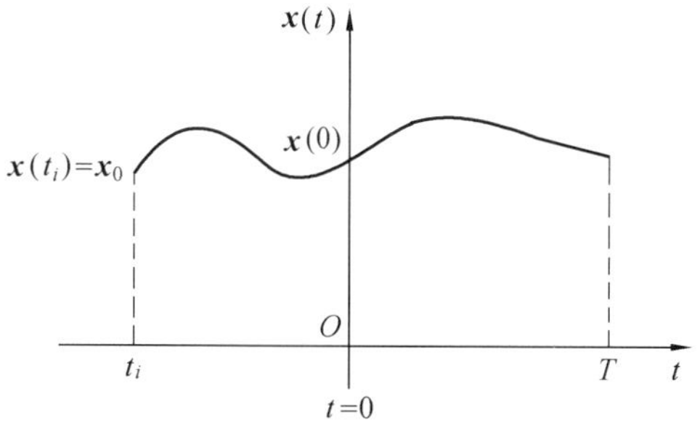

图 10.1　时间分段的示意图

来提供的，所以这个 $V_a(\boldsymbol{x})$ 也称为可用的储能(available storage)，用角标 a 来表示。$V_a \geqslant 0$，这是因为当 $\boldsymbol{u} \equiv \boldsymbol{0}$ 时上式右端为非负[3]。而从平衡点 $\boldsymbol{x}_0$ 时的 t_i 到 $t=0$ 的这一段积分可称为所要求的供给(required supply)，用 V_r 表示为

$$V_r(\boldsymbol{x}) = \inf_{\substack{\boldsymbol{u}\in L_2(t_i,0)\\ t_i\leqslant 0\\ \boldsymbol{x}=\boldsymbol{x}(0,t_i,\boldsymbol{x}_0,\boldsymbol{u})}} \frac{1}{2}\int_{t_i}^{0}(\gamma^2\|\boldsymbol{u}\|^2 - \|\boldsymbol{y}\|^2)\mathrm{d}t \tag{10.21}$$

根据式(10.19)可知

$$V_r \geqslant V_a \geqslant 0,\quad V_a(\boldsymbol{x}_0) = V_r(\boldsymbol{x}_0) = 0 \tag{10.22}$$

上式中的第二项是因为 t_i 可以取为 $t_i=0$，$\boldsymbol{x}(0)=\boldsymbol{x}_0$，所以 $V_r(\boldsymbol{x}_0)=0$。

现在来定义一个 $V(\boldsymbol{x})$ 函数

$$V(\boldsymbol{x}) = -\lim_{T\to\infty}\inf_{\substack{\boldsymbol{u}\in L_2(0,T)\\ \boldsymbol{x}(0)=\boldsymbol{x}}} \frac{1}{2}\int_{0}^{T}(\gamma^2\|\boldsymbol{u}\|^2 - \|\boldsymbol{y}\|^2)\mathrm{d}t \tag{10.23}$$

式(10.23)与 $V_a(\boldsymbol{x})$ 的差别在于 $T\to\infty$，因而根据式(10.19)、式(10.22)有[1]

$$V_r \geqslant V \geqslant V_a \geqslant 0 \tag{10.24}$$

即

$$V(\boldsymbol{x}) \geqslant 0,\quad V(\boldsymbol{x}_0) = 0 \tag{10.25}$$

将式(10.23)与式(10.16)对比可知，$S(\boldsymbol{x}) = -V(\boldsymbol{x})$，且因为系统是时不变系统 $\partial S/\partial t = 0$，所以将 $V(\boldsymbol{x})$ 代入式(10.17)后可写得

$$\begin{aligned}
&\min_{\boldsymbol{u}}\left\{\frac{1}{2}\gamma^2\boldsymbol{u}^{\mathrm{T}}\boldsymbol{u} - \frac{1}{2}\boldsymbol{y}^{\mathrm{T}}\boldsymbol{y} - \frac{\partial V}{\partial \boldsymbol{x}}\boldsymbol{f}(\boldsymbol{x}) - \frac{\partial V}{\partial \boldsymbol{x}}\boldsymbol{g}(\boldsymbol{x})\boldsymbol{u}\right\} = \\
&\min_{\boldsymbol{u}}\left\{\frac{\gamma^2}{2}\left\|\boldsymbol{u} - \frac{1}{\gamma^2}\boldsymbol{g}^{\mathrm{T}}(\boldsymbol{x})\frac{\partial^{\mathrm{T}} V}{\partial \boldsymbol{x}}(\boldsymbol{x})\right\|^2 - \left[\frac{\partial V}{\partial \boldsymbol{x}}\boldsymbol{f}(\boldsymbol{x}) + \frac{1}{2\gamma^2}\frac{\partial V}{\partial \boldsymbol{x}}\boldsymbol{g}(\boldsymbol{x})\boldsymbol{g}^{\mathrm{T}}(\boldsymbol{x})\frac{\partial^{\mathrm{T}} V}{\partial \boldsymbol{x}} + \frac{1}{2}\boldsymbol{h}^{\mathrm{T}}(x)\boldsymbol{h}(\boldsymbol{x})\right]\right\} = \\
&-\left\{\frac{\partial V}{\partial \boldsymbol{x}}\boldsymbol{f}(\boldsymbol{x}) + \frac{1}{2\gamma^2}\frac{\partial V}{\partial \boldsymbol{x}}\boldsymbol{g}(\boldsymbol{x})\boldsymbol{g}^{\mathrm{T}}(\boldsymbol{x})\frac{\partial^{\mathrm{T}} V}{\partial \boldsymbol{x}} + \frac{1}{2}\boldsymbol{h}^{\mathrm{T}}(\boldsymbol{x})\boldsymbol{h}(\boldsymbol{x})\right\} = 0
\end{aligned} \tag{10.26}$$

这就是 L_2 增益问题中的 Hamilton-Jacobi 方程。

证毕

10.3 Hamilton-Jacobi 不等式

下面的定理是 L_2 增益小于等于 γ 的重要定理。

定理 10.1[1,3] 设考虑系统为式(10.1),并设 $\gamma>0$,则以下各项等价。

(A) 下列的 Hamilton-Jacobi 方程存在一个光滑的解 $V:M\to\mathbf{R}_+$(即对于所有的 $\boldsymbol{x}\in M$, $V(\boldsymbol{x})\geqslant 0$)。

$$\frac{\partial V}{\partial \boldsymbol{x}}(\boldsymbol{x})\boldsymbol{f}(\boldsymbol{x})+\frac{1}{2}\frac{1}{\gamma^2}\frac{\partial V}{\partial \boldsymbol{x}}(\boldsymbol{x})\boldsymbol{g}(\boldsymbol{x})\boldsymbol{g}^{\mathrm{T}}(\boldsymbol{x})\frac{\partial^{\mathrm{T}} V}{\partial \boldsymbol{x}}(\boldsymbol{x})+\frac{1}{2}\boldsymbol{h}^{\mathrm{T}}(\boldsymbol{x})\boldsymbol{h}(\boldsymbol{x})=0,\quad V(\boldsymbol{x}_0)=0 \tag{10.27}$$

(B) 下列的 Hamilton-Jacobi 不等式存在一个光滑解 $V\geqslant 0$。

$$\frac{\partial V}{\partial \boldsymbol{x}}(\boldsymbol{x})\boldsymbol{f}(\boldsymbol{x})+\frac{1}{2}\frac{1}{\gamma^2}\frac{\partial V}{\partial \boldsymbol{x}}(\boldsymbol{x})\boldsymbol{g}(\boldsymbol{x})\boldsymbol{g}^{\mathrm{T}}(\boldsymbol{x})\frac{\partial^{\mathrm{T}} V}{\partial \boldsymbol{x}}(\boldsymbol{x})+\frac{1}{2}\boldsymbol{h}^{\mathrm{T}}(\boldsymbol{x})\boldsymbol{h}(\boldsymbol{x})\leqslant 0,\quad V(\boldsymbol{x}_0)=0 \tag{10.28}$$

(C) 下列耗散不等式对于所有的 $\boldsymbol{u}\in\mathbf{R}^m$ 存在一个光滑解 $V\geqslant 0$。

$$\frac{\partial V}{\partial \boldsymbol{x}}(\boldsymbol{x})\boldsymbol{f}(\boldsymbol{x})+\frac{\partial V}{\partial \boldsymbol{x}}(\boldsymbol{x})\boldsymbol{g}(\boldsymbol{x})\boldsymbol{u}\leqslant\frac{1}{2}\gamma^2\|\boldsymbol{u}\|^2-\frac{1}{2}\|\boldsymbol{y}\|^2,\quad V(\boldsymbol{x}_0)=0 \tag{10.29}$$

式中,$\boldsymbol{y}=\boldsymbol{h}(\boldsymbol{x})$。

(D) 系统的 L_2 增益小于等于 γ。

证明 这里先按(A) → (B)↔(C) → (D) 来证明。(A) → (B) 是很自然的,因为式(10.27) 的解也就是式(10.28) 的解。至于(B)↔(C),设 V 满足式(10.28)。先用配平方的办法将下式进行整理:

$$\frac{\partial V}{\partial \boldsymbol{x}}\boldsymbol{f}+\frac{\partial V}{\partial \boldsymbol{x}}\boldsymbol{g}\boldsymbol{u}=-\frac{1}{2}\gamma^2\left\|\boldsymbol{u}-\frac{1}{\gamma^2}\boldsymbol{g}^{\mathrm{T}}\frac{\partial^{\mathrm{T}} V}{\partial \boldsymbol{x}}\right\|^2+\frac{\partial V}{\partial \boldsymbol{x}}\boldsymbol{f}+\frac{1}{2}\frac{1}{\gamma^2}\frac{\partial V}{\partial \boldsymbol{x}}\boldsymbol{g}\boldsymbol{g}^{\mathrm{T}}\frac{\partial^{\mathrm{T}} V}{\partial \boldsymbol{x}}+\frac{1}{2}\gamma^2\|\boldsymbol{u}\|^2$$

再将式(10.28) 代入

$$\frac{\partial V}{\partial \boldsymbol{x}}\boldsymbol{f}+\frac{\partial V}{\partial \boldsymbol{x}}\boldsymbol{g}\boldsymbol{u}\leqslant\frac{1}{2}\gamma^2\|\boldsymbol{u}\|^2-\frac{1}{2}\|\boldsymbol{y}\|^2-\frac{1}{2}\gamma^2\left\|\boldsymbol{u}-\frac{1}{\gamma^2}\boldsymbol{g}^{\mathrm{T}}\frac{\partial^{\mathrm{T}} V}{\partial \boldsymbol{x}}\right\|^2$$

就可得到式(10.29)。现在倒过来,设 V 满足式(10.29)。也同样采用配平方的办法

$$\frac{\partial V}{\partial \boldsymbol{x}}\boldsymbol{f}+\frac{1}{2}\|\boldsymbol{y}\|^2\leqslant\frac{1}{2}\gamma^2\left\|\boldsymbol{u}-\frac{1}{\gamma^2}\boldsymbol{g}^{\mathrm{T}}\frac{\partial^{\mathrm{T}} V}{\partial \boldsymbol{x}}\right\|^2-\frac{1}{2}\frac{1}{\gamma^2}\frac{\partial V}{\partial \boldsymbol{x}}\boldsymbol{g}\boldsymbol{g}^{\mathrm{T}}\frac{\partial^{\mathrm{T}} V}{\partial \boldsymbol{x}}$$

此式是对所有的 u 来说,也适用于

$$\boldsymbol{u}=(1/\gamma^2)\boldsymbol{g}^{\mathrm{T}}(\partial^{\mathrm{T}}V/\partial\boldsymbol{x})$$

由此可得式(10.28)。

(C) → (D):将式(10.29) 积分,得

$$V(\boldsymbol{x}(T))-V(\boldsymbol{x}(0))\leqslant\frac{1}{2}\gamma^2\int_0^T\|\boldsymbol{u}(t)\|^2\mathrm{d}t-\frac{1}{2}\int_0^T\|\boldsymbol{y}(t)\|^2\mathrm{d}t$$

取初值 $\boldsymbol{x}(0)=\boldsymbol{x}_0$，并根据 $V(\boldsymbol{x}_0)=0$ 和 $V\geqslant 0$ 就可得出式(10.3)。上面的(A)→(D)的证明过程属于定理的充分性证明。而引理 10.1 所给出的实际上就是(D)→(A)的必要性证明。

证毕

从上面的说明可以看到，求解 L_2 增益的问题可以是解 Hamilton-Jacobi 不等式，也可以是解耗散不等式。定理 10.1 将这二者统一在一起了。当前求解 L_2 增益的各种具体做法都是从这两类不等式派生出来的，所以定理 10.1 是 L_2 增益控制的最基本定理。

注意到式(10.28)的 Hamilton-Jacobi 不等式还有另外一个常用的表达式

$$\frac{\partial V}{\partial \boldsymbol{x}}(\boldsymbol{x})f(\boldsymbol{x})+\frac{1}{4\gamma^2}\frac{\partial V}{\partial \boldsymbol{x}}(\boldsymbol{x})\boldsymbol{g}(\boldsymbol{x})\boldsymbol{g}^{\mathrm{T}}(\boldsymbol{x})\frac{\partial^{\mathrm{T}} V}{\partial \boldsymbol{x}}(\boldsymbol{x})+\boldsymbol{h}^{\mathrm{T}}(\boldsymbol{x})\boldsymbol{h}(\boldsymbol{x})\leqslant 0,\quad V(\boldsymbol{x}_0)=0 \tag{10.30}$$

式(10.30)与式(10.28)的差别在于二者的 $V(\boldsymbol{x})$ 在数值上相差 1/2，不影响对半正定解的判定。所以这两个不等式是等价的。不过在文献引用时应注意上下文之间的关系，避免公式上出现互串。

在处理 L_2 增益的设计问题时，还有一个稳定性的问题需要说明。这是因为定义的 L_2 增益是一种输入输出特性，即 L_2 增益是非线性系统(10.1)的外特性。所以即使这个 L_2 增益的系统是稳定的，也还要再考虑其内部的动态特性是否稳定[4]。这就需要下面的定义和定理[1]。

定义 10.3　如果任意满足 $\boldsymbol{u}(t)\equiv 0,\boldsymbol{y}(t)\equiv 0$ 时的解都意味着 $\boldsymbol{x}(t)\equiv\boldsymbol{x}_0$，$\boldsymbol{x}_0$ 为平衡点，则称系统(10.1)是零状态可观测的(zero-state observable)。

定理 10.2[1]　设系统(10.1)是零状态可观测的，如果存在半正定函数 $V(\boldsymbol{x})\geqslant 0$ $(V(\boldsymbol{x}_0)=0)$ 满足式(10.28)或式(10.29)，则自由系统 $\dot{\boldsymbol{x}}=\boldsymbol{f}(\boldsymbol{x})$ 的平衡点 $\boldsymbol{x}_0$ 是渐近稳定的。

证明　设存在 $V(\boldsymbol{x})\geqslant 0$ 满足式(10.29)，则根据零状态可观测，当 $x\neq x_0$ 时，有 $V_{\mathrm{a}}(\boldsymbol{x})>0$，故 $V(\boldsymbol{x})>0$。而当 $\boldsymbol{u}(t)\equiv 0$ 时，有

$$\dot{V}(\boldsymbol{x})=\frac{\partial V}{\partial \boldsymbol{x}}\dot{\boldsymbol{x}}=\frac{\partial V}{\partial \boldsymbol{x}}(\boldsymbol{x})\boldsymbol{f}(\boldsymbol{x})\leqslant-\frac{1}{2}\boldsymbol{h}^{\mathrm{T}}(\boldsymbol{x})\boldsymbol{h}(\boldsymbol{x}) \tag{10.31}$$

因此，$\dot{V}(\boldsymbol{x})\leqslant 0,\ \forall\,\boldsymbol{x}\in M$，且满足 $\dot{V}(\boldsymbol{x})=0$ 的轨迹 $\boldsymbol{x}(t)$ 必定对应于 $\boldsymbol{h}(\boldsymbol{x}(t))\equiv 0$。由系统零状态可观测的假设，这意味着 $\boldsymbol{x}(t)\equiv\boldsymbol{x}_0$ 是系统的不变集。所以平衡点 $\boldsymbol{x}_0$ 是渐近稳定的(La Salle 不变集定理)。

证毕

定理 10.2 说明，只要系统是零状态可观测的，那么 L_2 增益小于等于 γ 的系统一定是渐近稳定的。下一节的采用状态反馈的 L_2 增益的控制设计一般都可以做到零状态可观测。这样，采用状态反馈来设计，只要做到其 L_2 增益小于等于 γ，就一定是渐近稳定的。所以下面在讨论 L_2 增益的设计时就不再单独讨论其稳定性。

根据定理 10.2，$V(\boldsymbol{x})>0,\boldsymbol{x}\neq\boldsymbol{x}_0$，故这里的 $V(\boldsymbol{x})$ 有时也称为 Lyapunov 函数[5-6]。

10.4 非线性 H_∞ 控制:状态反馈

10.4.1 非线性 H_∞ 控制问题

非线性 H_∞ 控制所要解决的问题与线性系统的问题是不一样的。对线性系统来说,H_∞ 控制设计中用的是 H_∞ 范数。因为 H_∞ 范数是在频域上定义的,所以是一种频域设计。H_∞ 优化解的结果是系统的最大奇异值具有全通特性,故 H_∞ 问题是用频域的权函数来进行设计的。设计时取系统的 H_∞ 范数 $\gamma=1$,性能(performance)要求和鲁棒性要求可以由权函数来直接指定。而非线性系统的 H_∞ 控制则是一个 L_2 增益取极小的问题。

现在设非线性系统上还加有一个外扰动信号 $\boldsymbol{w}(t)$,并将系统的方程式换成 H_∞ 控制中常用的符号:

$$\dot{\boldsymbol{x}}=\boldsymbol{A}(\boldsymbol{x})+\boldsymbol{B}_1(\boldsymbol{x})\boldsymbol{w}+\boldsymbol{B}_2(\boldsymbol{x})\boldsymbol{u} \tag{10.32}$$

式中,$\boldsymbol{x}\in M\subset\mathbf{R}^n$;$\boldsymbol{u}\in\mathbf{R}^m$;$\boldsymbol{w}\in\mathbf{R}^q$。状态反馈问题中的性能输出一般为线性的加权输出,现改用 $\boldsymbol{z}$ 来表示

$$\boldsymbol{z}=\boldsymbol{C}_1\boldsymbol{x}+\boldsymbol{D}_{12}\boldsymbol{u},\quad \boldsymbol{C}_1^{\mathrm{T}}\boldsymbol{D}_{12}=0 \tag{10.33}$$

这里 $\boldsymbol{C}_1^{\mathrm{T}}\boldsymbol{D}_{12}=0$ 表示 $\boldsymbol{x}$ 和 $\boldsymbol{u}$ 的两个分量是各自独立的加权输出,见 4.2 节。

设状态反馈控制律为

$$\boldsymbol{u}=\boldsymbol{l}(\boldsymbol{x}),\quad \boldsymbol{l}(\boldsymbol{x}_0)=0 \tag{10.34}$$

式(10.32)~(10.34)就是 H_∞ 状态反馈问题中的系统方程式,要求解的就是从外扰动 $\boldsymbol{w}(t)$ 到性能输出 $\boldsymbol{z}(t)$ 之间的闭环系统的 L_2 增益问题。

为了进一步说明这个求解过程,现假设这个系统有 4 个状态变量和 2 个控制输入,即 $\boldsymbol{x}=[x_1\quad x_2\quad x_3\quad x_4]^{\mathrm{T}}$,$\boldsymbol{u}=[u_1\quad u_2]^{\mathrm{T}}$。这种情况下的性能输出 $\boldsymbol{z}$ 为

$$\boldsymbol{z}=\begin{bmatrix}\beta_1&0&0&0\\0&\beta_2&0&0\\0&0&\beta_3&0\\0&0&0&\beta_4\\0&0&0&0\\0&0&0&0\end{bmatrix}\begin{bmatrix}x_1\\x_2\\x_3\\x_4\end{bmatrix}+\begin{bmatrix}0&0\\0&0\\0&0\\0&0\\W_1&0\\0&W_2\end{bmatrix}\begin{bmatrix}u_1\\u_2\end{bmatrix}=\boldsymbol{C}_1\boldsymbol{x}+\boldsymbol{D}_{12}\boldsymbol{u} \tag{10.35}$$

式中,β_i 和 W_i 是各自的加权系数。这个 $\boldsymbol{z}$ 就是各个状态变量和控制输入量的加权输出。L_2 增益控制求解的是对应这些加权输出的 γ 最小时的状态反馈律。对实际的设计问题来说,如果在持续的典型扰动 $\boldsymbol{w}(t)$ 作用下某一个变量,例如 x_1 的变化过大,则可加大该变量的加权值 β_1,再重新求解控制律。如果响应过快(即带宽过宽),或 $\boldsymbol{u}$ 的幅值太大,则可增大 u_i 的加权值

W_i。所以这些加权系数是设计中的调整参数，而采用 Hamilton-Jacobi 不等式或耗散不等式来求解，给出的控制律可保证在这些给定的权值下相应的 γ 值都是最小的，做到在满足实际约束（变量变化范围的限制）下的最佳性能。

这里还要说明的是，加权的性能输出式(10.35)中如果各状态变量的权值 $\beta_i \neq 0$，那么式(10.32)的自由系统 $\dot{\boldsymbol{x}} = A(\boldsymbol{x})$ 就是零状态可观测的（见定义 10.3）。加状态反馈(10.34)后如果能做到 L_2 增益 $\leqslant \gamma$，那么这个闭环系统一定是渐近稳定的[1]。现在将上面的说明归纳成如下的定义。

定义 10.4　非线性 H_∞ 状态反馈问题：设 $\gamma > 0$，求取非线性状态反馈控制律 $\boldsymbol{u} = \boldsymbol{l}(\boldsymbol{x})$，$\boldsymbol{l}(\boldsymbol{x}_0) = 0$，使系统的 L_2 增益小于等于 γ 的最小值 γ^*。

10.4.2　HJI 不等式

现在采用耗散不等式来求解这里的状态反馈问题。将式(10.32)、式(10.33)代入式(10.7)，得 L_2 增益 $\leqslant \gamma$ 的耗散不等式为

$$V_x(\boldsymbol{x})[\boldsymbol{A}(\boldsymbol{x}) + \boldsymbol{B}_1(\boldsymbol{x})\boldsymbol{w} + \boldsymbol{B}_2(\boldsymbol{x})\boldsymbol{u}] + [\boldsymbol{C}_1\boldsymbol{x} + \boldsymbol{D}_{12}\boldsymbol{u}]^{\mathrm{T}}[\boldsymbol{C}_1\boldsymbol{x} + \boldsymbol{D}_{12}\boldsymbol{u}] - \gamma^2\boldsymbol{w}^{\mathrm{T}}\boldsymbol{w} \leqslant 0 \tag{10.36}$$

式中，$V_x(\boldsymbol{x}) = \partial V(\boldsymbol{x})/\partial \boldsymbol{x}$，为行向量。式(10.36)的左侧称为 Hamilton 函数，现用 $H[\boldsymbol{x}, V_x^{\mathrm{T}}(\boldsymbol{x}), \boldsymbol{w}, \boldsymbol{u}]$ 来表示，方括号内的变量均为列向量。

L_2 增益问题是一个优化问题，要求解这个不等式，解析的办法是求如下的 Hamilton 函数中的鞍奇点[7]

$$H[\boldsymbol{x}, V_x^{\mathrm{T}}(\boldsymbol{x}), \boldsymbol{w}, \breve{\boldsymbol{u}}] \leqslant H[\boldsymbol{x}, V_x^{\mathrm{T}}(\boldsymbol{x}), \hat{\boldsymbol{w}}, \breve{\boldsymbol{u}}] \leqslant H[\boldsymbol{x}, V_x^{\mathrm{T}}(\boldsymbol{x}), \hat{\boldsymbol{w}}, u] \tag{10.37}$$

式中，$\hat{\boldsymbol{w}}$ 是使 Hamilton 函数 $H(\cdot)$ 最大化的最坏扰动；$\breve{\boldsymbol{u}}$ 是使 $H(\cdot)$ 最小化的控制输入。这也就是 H_∞ 优化解的概念。（参见图 4.15）

这样，根据式(10.36)

$$\frac{\partial H}{\partial \boldsymbol{u}} = V_x\boldsymbol{B}_2 + 2\boldsymbol{u}^{\mathrm{T}}\boldsymbol{D} = \boldsymbol{0}, \quad \boldsymbol{D} = \boldsymbol{D}_{12}^{\mathrm{T}}\boldsymbol{D}_{12}$$

得

$$\breve{\boldsymbol{u}} = \breve{\boldsymbol{u}}\{\boldsymbol{x}, V_x(\boldsymbol{x})\} = -\frac{1}{2}\boldsymbol{D}^{-1}\boldsymbol{B}_2^{\mathrm{T}}(\boldsymbol{x})V_x^{\mathrm{T}}(\boldsymbol{x}) \tag{10.38}$$

同样的方法，可得

$$\hat{\boldsymbol{w}} = \hat{\boldsymbol{w}}\{\boldsymbol{x}, V_x(\boldsymbol{x})\} = \frac{1}{2}\gamma^{-2}\boldsymbol{B}_1^{\mathrm{T}}(\boldsymbol{x})V_x^{\mathrm{T}}(\boldsymbol{x}) \tag{10.39}$$

将式(10.38)、式(10.39)代入式(10.36)可得到满足鞍奇点条件的存储函数 $V(\boldsymbol{x}(t))$ 的一个不等式

$$H_*[\boldsymbol{x},V_x^{\mathrm{T}}(\boldsymbol{x})]=V_x(\boldsymbol{x})\boldsymbol{A}(\boldsymbol{x})-\breve{\boldsymbol{u}}^{\mathrm{T}}D\breve{\boldsymbol{u}}+\boldsymbol{x}^{\mathrm{T}}\boldsymbol{C}_1^{\mathrm{T}}\boldsymbol{C}_1\boldsymbol{x}+\gamma^2\hat{\boldsymbol{w}}^{\mathrm{T}}\hat{\boldsymbol{w}}\leqslant 0 \tag{10.40}$$

如果再将 $\breve{\boldsymbol{u}}$ 和 $\hat{\boldsymbol{w}}$ 的表达式代入，上式尚可整理成

$$H_*[\boldsymbol{x},V_x^{\mathrm{T}}(\boldsymbol{x})]=V_x(\boldsymbol{x})\boldsymbol{A}(\boldsymbol{x})+\frac{1}{4}V_x(\boldsymbol{x})\left[\frac{1}{\gamma^2}\boldsymbol{B}_1(\boldsymbol{x})\boldsymbol{B}_1^{\mathrm{T}}(\boldsymbol{x})-\boldsymbol{B}_2(\boldsymbol{x})\boldsymbol{D}^{-1}\boldsymbol{B}_2^{\mathrm{T}}(\boldsymbol{x})\right]V_x^{\mathrm{T}}(\boldsymbol{x})+\boldsymbol{x}^{\mathrm{T}}\boldsymbol{C}_1^{\mathrm{T}}\boldsymbol{C}_1\boldsymbol{x}\leqslant 0 \tag{10.41}$$

式(10.40)、式(10.41)称为 Hamilton-Jacobi-Issacs(HJI)不等式[7]。非线性 H_∞ 状态反馈就是要求解这个 HJI 不等式，求得存储函数 $V(\boldsymbol{x})$ 后代入式(10.38)就可得状态 $\boldsymbol{x}$ 的反馈律 $\boldsymbol{u}=\boldsymbol{l}(\boldsymbol{x})$。

上面的推导是从耗散不等式(10.7)和式(10.36)出发的，用到了鞍奇点的 H_∞ 优化解的概念，物理概念比较清楚。其实这个 HJI 不等式也可根据式(10.28)的 Hamilton-Jacobi 不等式来推导。这里就不再证明，直接用定理的形式来给出这个结果。

定理 10.3[1,3] 对于给定的 $\gamma>0$，如果存在光滑的函数 $V(\boldsymbol{x})>0(V(\boldsymbol{x}_0)=0)$ 满足 Hamilton-Jacobi-Issacs 不等式

$$V_x(\boldsymbol{x})\boldsymbol{A}(\boldsymbol{x})+\frac{1}{2}V_x(\boldsymbol{x})\left\{\frac{1}{\gamma^2}\boldsymbol{B}_1(\boldsymbol{x})\boldsymbol{B}_1^{\mathrm{T}}(\boldsymbol{x})-\boldsymbol{B}_2(\boldsymbol{x})\boldsymbol{D}^{-1}\boldsymbol{B}_2^{\mathrm{T}}(\boldsymbol{x})\right\}V_x^{\mathrm{T}}(\boldsymbol{x})+\frac{1}{2}\boldsymbol{h}^{\mathrm{T}}(\boldsymbol{x})\boldsymbol{h}(\boldsymbol{x})\leqslant 0 \tag{10.42}$$

则非线性 H_∞ 状态反馈控制器由下式给出：

$$\boldsymbol{u}=-\boldsymbol{D}^{-1}\boldsymbol{B}_2^{\mathrm{T}}(\boldsymbol{x})V_x^{\mathrm{T}}(\boldsymbol{x}) \tag{10.43}$$

式(10.42)和 $\boldsymbol{h}(\boldsymbol{x})$ 是通用表示方式，结合本例的式(10.33)来说，$\boldsymbol{h}(\boldsymbol{x})=\boldsymbol{C}_1\boldsymbol{x}$。式(10.41)、式(10.42)在系数上略有不同，因为是从不同的耗散不等式(10.7)和式(10.29)。两者的 $V(\boldsymbol{x})$ 在数值上相差 1/2，对于所求的解是否是半正定来说并无影响。由于这两个 HJI 不等式在各自的领域内都已经是一种标准公式，因此这里也将它们并行列出。

注意到如果系统在平衡点可线性化，这时 $\boldsymbol{A}(\boldsymbol{x})=\boldsymbol{A}\boldsymbol{x}$，$\boldsymbol{B}_1(\boldsymbol{x})=\boldsymbol{B}_1$，$\boldsymbol{B}_2(\boldsymbol{x})=\boldsymbol{B}_2$，并取 $V(\boldsymbol{x})=\frac{1}{2}\boldsymbol{x}^{\mathrm{T}}\boldsymbol{P}\boldsymbol{x}$，$\partial V/\partial\boldsymbol{x}=\boldsymbol{x}^{\mathrm{T}}\boldsymbol{P}$。代入式(10.42)可得 Riccati 不等式

$$\boldsymbol{A}^{\mathrm{T}}\boldsymbol{P}+\boldsymbol{P}\boldsymbol{A}+\boldsymbol{P}\left(\frac{1}{\gamma^2}\boldsymbol{B}_1\boldsymbol{B}_1^{\mathrm{T}}-\boldsymbol{B}_2\boldsymbol{D}^{-1}\boldsymbol{B}_2^{\mathrm{T}}\right)\boldsymbol{P}+\boldsymbol{C}_1^{\mathrm{T}}\boldsymbol{C}_1\leqslant 0 \tag{10.44}$$

如果式(10.44)是等号，即是代数 Riccati 方程。这个代数 Riccati 方程就是第 6 章中的式(6.43)，而代数 Riccati 方程的解也是式(10.44)的解。如果这个 Riccati 方程的解 $\boldsymbol{P}\geqslant 0$，则根据式(10.43)可得状态反馈律为

$$\boldsymbol{u}=-\boldsymbol{D}^{-1}\boldsymbol{B}_2^{\mathrm{T}}\boldsymbol{P}\boldsymbol{x} \tag{10.45}$$

式(10.42)、式(10.44)表明，给定一个 γ 值，如果存在 $V\geqslant 0$ 或 $\boldsymbol{P}\geqslant 0$ 的解，则系统的 L_2 增益就小于等于这个 γ。逐渐减小这个 γ 值，可使系统接近最优值 γ^*。这就是 H_∞ 最优控制问题。

10.5　设计举例(1)

这里所研究的系统(10.1)和(10.32)中的函数都是充分可微的，也就是说所研究的系统是可以线性化的，是可以设计线性控制器来达到平衡点附近的扰动抑制的性能要求的。非线性 H_∞ 设计的目的是设计非线性控制律将平衡点附近的性能扩大到整个系统的工作范围。

对于非线性 H_∞ 控制来说，理论上一般都是说要求解 Hamilton-Jacobi 不等式，实际上则往往是去构造一个存储函数使之满足耗散不等式。下面通过两个例子来进行说明。

例 10.1　磁悬浮系统的非线性 H_∞ 设计。

图 10.2 所示是磁悬浮列车模型的示意图，设所要悬浮的质量 $m=15$ kg，有效磁极面积 $a_m=1.024\times10^{-2}\,\mathrm{m}^2$，电磁铁上线圈的匝数 $N=280$ 匝，线圈的电阻 $R_m=1.1\ \Omega$，工作点为 $z_0=4.0\times10^{-3}$ m，工作点电流 $i_0=3.054$ A。

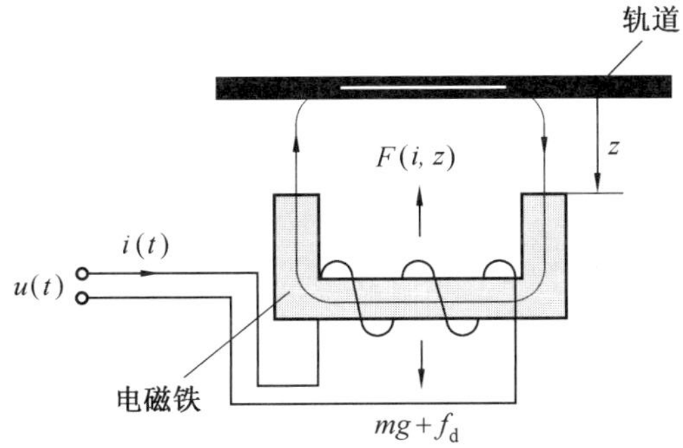

图 10.2　磁悬浮列车模型的示意图

第 6 章 6.3 节的例子也是以此系统作为背景的，不过这里非线性设计中的数据则取自文献[8]。此磁悬浮系统的方程式为[8]

$$\begin{cases} m\dfrac{\mathrm{d}^2 z(t)}{\mathrm{d}t^2}=-\dfrac{\mu_0 N^2 a_m}{4}\left[\dfrac{i(t)}{z(t)}\right]^2+f_d+mg \\ \dfrac{\mathrm{d}i(t)}{\mathrm{d}t}=\dfrac{i(t)}{z(t)}\dfrac{\mathrm{d}z(t)}{\mathrm{d}t}-\dfrac{2}{\mu_0 N^2 a_m}z(t)(R_m i(t)-u(t)) \end{cases} \tag{10.46}$$

令状态向量 $\boldsymbol{x}(t)=[z(t)\quad \dot{z}(t)\quad i(t)]^{\mathrm{T}}$，并用 $w(t)$ 来表示外加的扰动力 f_d，则可写得此系统的非线性状态空间方程如下(这里方程式中的电流变量是已经减去了与 mg 平衡的稳态分量后的增量)：

$$\begin{bmatrix}\dot{x}_1\\ \dot{x}_2\\ \dot{x}_3\end{bmatrix}=\begin{bmatrix}x_2\\ -\left(\dfrac{\mu_0 N^2 a_{\mathrm{m}}}{4m}\right)\left[\dfrac{x_3}{x_1}\right]^2\\ \dfrac{-2R_{\mathrm{m}}}{\mu_0 N^2 a_{\mathrm{m}}}x_1 x_3+\dfrac{x_2 x_3}{x_1}\end{bmatrix}+\begin{bmatrix}0\\ 1/m\\ 0\end{bmatrix}w+\begin{bmatrix}0\\ 0\\ \dfrac{2}{\mu_0 N^2 a_{\mathrm{m}}}x_1\end{bmatrix}u$$

或写成

$$\dot{\boldsymbol{x}}=\boldsymbol{A}(\boldsymbol{x})+\boldsymbol{B}_1(\boldsymbol{x})w+\boldsymbol{B}_2(\boldsymbol{x})u \tag{10.47}$$

表示性能的输出方程为

$$\boldsymbol{q}=\begin{bmatrix}\beta_1 & 0 & 0\\ 0 & \beta_2 & 0\\ 0 & 0 & \beta_3\\ 0 & 0 & 0\end{bmatrix}\begin{bmatrix}x_1\\ x_2\\ x_3\end{bmatrix}+\begin{bmatrix}0\\ 0\\ 0\\ W_u\end{bmatrix}u=\boldsymbol{C}_1\boldsymbol{x}+\boldsymbol{D}_{12}u \tag{10.48}$$

式中，$\boldsymbol{q}(t)$ 为性能输出；β_i 和 W_u 均为加权系数。

本例中设计的第一步是将系统方程式(10.47)的 $\boldsymbol{A}$ 阵中的各项按泰勒级数展开，保留到增量的第二项，即

$$\boldsymbol{A}(\boldsymbol{x})=\boldsymbol{A}\boldsymbol{x}^{[1]}+\boldsymbol{A}(\boldsymbol{x})^{[2]} \tag{10.49}$$

$$\boldsymbol{A}\boldsymbol{x}^{[1]}=\begin{bmatrix}0 & 1 & 0\\ \dfrac{\mu_0 N^2 a_{\mathrm{m}}}{2m}\dfrac{i_0^2}{z_0^3} & 0 & -\left(\dfrac{\mu_0 N^2 a_{\mathrm{m}}}{2m}\right)\dfrac{i_0}{z_0^2}\\ \left(\dfrac{-2R_{\mathrm{m}}}{\mu_0 N^2 a_{\mathrm{m}}}-\dfrac{\dot{z}_0}{z_0^2}\right)i_0 & \dfrac{i_0}{z_0} & \left(\dfrac{-2R_{\mathrm{m}}z_0}{\mu_0 N^2 a_{\mathrm{m}}}+\dfrac{\dot{z}_0}{z_0}\right)\end{bmatrix}\begin{bmatrix}x_1\\ x_2\\ x_3\end{bmatrix}$$

$$\boldsymbol{A}(\boldsymbol{x})^{[2]}=\begin{bmatrix}0\\ -\dfrac{\mu_0 N^2 a_{\mathrm{m}}}{4m}\left\{\dfrac{3i_0^2}{z_0^4}x_1^2+\dfrac{1}{z_0^2}x_3^2-\dfrac{4i_0}{z_0^3}x_1x_3\right\}\\ -\dfrac{i_0}{z_0^2}x_1x_2+\left(\dfrac{-2R_{\mathrm{m}}}{\mu_0 N^2 a_{\mathrm{m}}}-\dfrac{\dot{z}_0}{z_0^2}\right)x_1x_3+\dfrac{1}{z_0}x_2x_3+\dfrac{\dot{z}_0 i_0}{z_0^3}x_1^2\end{bmatrix}$$

式中，$\boldsymbol{A}\boldsymbol{x}^{[1]}$ 只包含泰勒级数展开式的第一项，即线性项，故可写成一个系数阵与状态向量 $\boldsymbol{x}=[x_1\quad x_2\quad x_3]^{\mathrm{T}}$ 相乘的形式；$\boldsymbol{A}(\boldsymbol{x})^{[2]}$ 则包含泰勒展开式中的二次项。函数向量 $\boldsymbol{B}_1(\boldsymbol{x})$ 和 $\boldsymbol{B}_2(\boldsymbol{x})$ 则分解为泰勒展开式中的常系数项和一次项

$$\boldsymbol{B}_1(\boldsymbol{x})=\boldsymbol{B}_1^{[1]}+\boldsymbol{B}_2(\boldsymbol{x})^{[2]}=\begin{bmatrix}0\\ 1/m\\ 0\end{bmatrix}+0 \tag{10.50}$$

$$\boldsymbol{B}_2(\boldsymbol{x})=\boldsymbol{B}_2^{[1]}+\boldsymbol{B}_2(\boldsymbol{x})^{[2]}=\begin{bmatrix}0\\ 0\\ \dfrac{2}{\mu_0 N^2 a_{\mathrm{m}}}z_0\end{bmatrix}+\begin{bmatrix}0\\ 0\\ \dfrac{2}{\mu_0 N^2 a_{\mathrm{m}}}(x_1-z_0)\end{bmatrix} \tag{10.51}$$

设计的第二步是确定所要构造的存储函数的形式。如果 $V(\boldsymbol{x})$ 是二次型，$V(\boldsymbol{x})=\boldsymbol{x}^{\mathrm{T}}\boldsymbol{P}\boldsymbol{x}$，那么状态反馈中一般只能提供线性控制律，所以存储函数 $V(\boldsymbol{x})$ 也应该有高次项才能提供二次项以上的非线性控制律。本例中取

$$V(\boldsymbol{x})=\boldsymbol{x}^{\mathrm{T}}\boldsymbol{P}\boldsymbol{x}+c_1x_1^3+c_2x_1^2x_2+c_3x_1^2x_3+\cdots+c_9x_2x_3^2+c_{10}x_3^3=V(\boldsymbol{x})^{[2]}+V(\boldsymbol{x})^{[3]} \tag{10.52}$$

式中，$V(\boldsymbol{x})^{[2]}$ 只包含各二次项；$V(\boldsymbol{x})^{[3]}$ 只包含三次项。

本例的方法是将泰勒级数展开的 $\boldsymbol{A}(\boldsymbol{x})$，$\boldsymbol{B}_1(\boldsymbol{x})$ 及 $\boldsymbol{B}_2(\boldsymbol{x})$ 和式(10.52) 定义的 $V(\boldsymbol{x})$ 代入 HJI 不等式(10.40)。这时这个不等式有二次项和三次项。将二次项归在一起，将三次项也归在一起，然后分别来考虑设计问题。

具体来说，以式(10.40) 的 $\breve{\boldsymbol{u}}$ 为例，根据式(10.43) 可写得

$$\begin{aligned}\breve{\boldsymbol{u}}&=-\frac{1}{2}\boldsymbol{D}^{-1}\boldsymbol{B}_2(\boldsymbol{x})^{\mathrm{T}}V_x^{\mathrm{T}}(\boldsymbol{x})=\\&-\frac{1}{2}\boldsymbol{D}^{-1}(\boldsymbol{B}_2^{[1]\mathrm{T}}+\boldsymbol{B}_2(\boldsymbol{x})^{[2]\mathrm{T}})(V_x(\boldsymbol{x})^{[2]\mathrm{T}}+V_x(\boldsymbol{x})^{[3]\mathrm{T}})\approx\\&-\frac{1}{2}\boldsymbol{D}^{-1}\boldsymbol{B}_2^{[1]\mathrm{T}}V_x(\boldsymbol{x})^{[2]\mathrm{T}}-\frac{1}{2}\boldsymbol{D}^{-1}[\boldsymbol{B}_2^{[1]\mathrm{T}}V_x(\boldsymbol{x})^{[3]\mathrm{T}}+\boldsymbol{B}_2(\boldsymbol{x})^{[2]\mathrm{T}}V_x(\boldsymbol{x})^{[2]\mathrm{T}}]=\\&\breve{\boldsymbol{u}}^{[1]}+\breve{\boldsymbol{u}}^{[2]}\end{aligned} \tag{10.53}$$

式中，$\breve{\boldsymbol{u}}^{[1]}$ 中的 $\boldsymbol{B}_2^{[1]\mathrm{T}}$ 是常系数；$V_x(\boldsymbol{x})^{[2]\mathrm{T}}$ 是二次型函数的偏导数，都是一次项，故 $\breve{\boldsymbol{u}}^{[1]}$ 只有一次项，即是线性控制律。同样可知 $\breve{\boldsymbol{u}}^{[2]}$ 中都是二次项。式(10.53) 的近似等号是因为略去了相乘后的 $\boldsymbol{B}_2(\boldsymbol{x})^{[2]\mathrm{T}}V_x(\boldsymbol{x})^{[3]\mathrm{T}}$。这已是三阶的微小项了，所以略去。

将这样的 $\breve{\boldsymbol{u}}$ 代入到 HJI 不等式(10.40) 的 $\breve{\boldsymbol{u}}^{\mathrm{T}}\boldsymbol{D}\breve{\boldsymbol{u}}$ 后也只保留二次项和三次项，忽略高阶次的微小项。式(10.40) 中的其他项也做类似处理。这样得到的 HJI 不等式中就只有二次项和三次项：

$$H_*[\boldsymbol{x},V_x^{\mathrm{T}}(\boldsymbol{x})]=H^{[2]}+H^{[3]}\leqslant 0 \tag{10.54}$$

$$H^{[2]}=V_x(\boldsymbol{x})^{[2]}\boldsymbol{A}\boldsymbol{x}^{[1]}-\breve{\boldsymbol{u}}^{[1]\mathrm{T}}\boldsymbol{D}\breve{\boldsymbol{u}}^{[1]}+\gamma^2\hat{\boldsymbol{w}}^{[1]\mathrm{T}}\hat{\boldsymbol{w}}^{[1]}+\boldsymbol{x}^{\mathrm{T}}\boldsymbol{C}_1^{\mathrm{T}}\boldsymbol{C}_1\boldsymbol{x} \tag{10.55}$$

$$H^{[3]}=V_x(\boldsymbol{x})^{[2]}\boldsymbol{A}(\boldsymbol{x})^{[2]}+V_x(\boldsymbol{x})^{[3]}\boldsymbol{A}\boldsymbol{x}^{[1]}-\breve{\boldsymbol{u}}^{[1]\mathrm{T}}\boldsymbol{D}\breve{\boldsymbol{u}}^{[2]}-\breve{\boldsymbol{u}}^{[2]\mathrm{T}}\boldsymbol{D}\breve{\boldsymbol{u}}^{[1]}+\gamma^2\{\hat{\boldsymbol{w}}^{[1]\mathrm{T}}\hat{\boldsymbol{w}}^{[2]}+\hat{\boldsymbol{w}}^{[2]\mathrm{T}}\hat{\boldsymbol{w}}^{[1]}\} \tag{10.56}$$

式中，$H^{[2]}$ 中只含二次项，例如第一项的 $V_x(\boldsymbol{x})^{[2]}$ 是二次型函数的偏导数，为一次项。乘上 $\boldsymbol{A}\boldsymbol{x}^{[1]}$，即乘上一个一次项，乘积为二次项，$H^{[3]}$ 中则都是三次项。

$H^{[2]}$ 中只含存储函数 V 的二次型部分 $V(\boldsymbol{x})^{[2]}$，$H^{[3]}$ 中则含有 V 中的三次项，所以 HJI 不等式(10.54) 的求解可分两步来走，第一步先解不等式 $H^{[2]}\leqslant 0$，求得 $V(\boldsymbol{x})^{[2]}$ 和对应的 $\breve{\boldsymbol{u}}^{[1]}$ 和 $\hat{\boldsymbol{w}}^{[1]}$。将第一步所得的这些结果代入 $H^{[3]}$ 中，并令 Hamilton 函数中的这三次项部分 $H^{[3]}=0$

来求 $V(\boldsymbol{x})^{[3]}$ 中的各系数 c_i[见式(10.52)]。

注意到式(10.55)与式(10.40)的形式是一样的，所以 $H^{[2]}\leqslant 0$ 也同样可以整理成式(10.41)的HJI不等式，设 $V(\boldsymbol{x})^{[2]}=\boldsymbol{x}^{\mathrm{T}}\boldsymbol{P}\boldsymbol{x}$，代入这个HJI不等式后，得

$$H^{[2]}=\boldsymbol{A}\boldsymbol{x}^{[1]\mathrm{T}}\boldsymbol{P}+\boldsymbol{P}\boldsymbol{A}\boldsymbol{x}^{[1]}+\boldsymbol{P}(\gamma^{-2}\boldsymbol{B}_1^{[1]}\boldsymbol{B}_1^{[1]\mathrm{T}}-\boldsymbol{B}_2^{[1]}\boldsymbol{D}^{-1}\boldsymbol{B}_2^{[1]\mathrm{T}})\boldsymbol{P}+\boldsymbol{C}_1^{\mathrm{T}}\boldsymbol{C}_1\leqslant 0 \tag{10.57}$$

其实，式(10.55)中保留的都是泰勒级数的第一项，即相当于是一个线性化了的系统，而所得到的式(10.57)就是线性化系统的二次型Riccati不等式，见式(10.44)。由此可见，求解 $H^{[2]}\leqslant 0$ 就归结为求解线性化系统的 H_∞ 状态反馈问题(见第6章6.3节)，根据对应的Riccati方程的解 $\boldsymbol{P}\geqslant 0$，便可得 $V(\boldsymbol{x})^{[2]}=\boldsymbol{x}^{\mathrm{T}}\boldsymbol{P}\boldsymbol{x}$ 和 $\breve{\boldsymbol{u}}^{[1]}$。

将这第一步的解和式(10.52)中 $V(\boldsymbol{x})^{[3]}$ 的偏导数 $V_x(\boldsymbol{x})^{[3]}$ 代入式(10.56)，并令 $H^{[3]}=0$。而 $H^{[3]}=0$ 即要求各相应项均为零，这样就可得一组包括系数 c_i 的代数方程组。解之就可求得 $V(\boldsymbol{x})$ 中的 $V(\boldsymbol{x})^{[3]}$。根据求得的 $V(\boldsymbol{x})=V(\boldsymbol{x})^{[2]}+V(\boldsymbol{x})^{[3]}$，代入式(10.53)便可求得最终的非线性控制律 $\breve{\boldsymbol{u}}$。本例中各权系数取为 $\beta_i=1, W_u=0.2$，设计的性能指标 $\gamma=1$。最终所算得的控制律 $\breve{\boldsymbol{u}}$ 为[8]

$$\begin{aligned}\breve{\boldsymbol{u}}(x)=&\breve{\boldsymbol{u}}^{[1]}+\breve{\boldsymbol{u}}^{[2]}=\\ &262.13\times 10^2 x_1+291.5x_2-5.972x_3-\\ &(483.88\times 10^3 x_1^2-574.38\times 10^2 x_1x_2-4\,392.37x_1x_3-\\ &194.32x_2^2-31.80x_2x_3+0.403x_3^2)\end{aligned} \tag{10.58}$$

式(10.58)的前三项就是线性化系统的状态反馈律。文献[8]还讨论了这个非线性控制器在DSP上的实现问题。

例 10.2 化学反应的非线性状态反馈控制。

这是一个带连续搅拌的化学反应器的例子。控制输入 u 是冷却液的流量。冷却液流经反应器内的螺旋管来控制反应过程。系统的方程式为[9]

$$\begin{aligned}\dot{\boldsymbol{x}}&=\boldsymbol{f}(\boldsymbol{x})+\boldsymbol{g}(\boldsymbol{x})u+\boldsymbol{k}(\boldsymbol{x})w\\ y&=\boldsymbol{h}(\boldsymbol{x})\end{aligned} \tag{10.59}$$

式中

$$\boldsymbol{f}(\boldsymbol{x})=\begin{bmatrix}-2(x_1(t)+0.25)+(x_2(t)+0.5)\exp\left(\dfrac{25x_1(t)}{x_1(t)+2}\right)\\ 0.5-x_2(t)-(x_2(t)+0.5)\exp\left(\dfrac{25x_1(t)}{x_1(t)+2}\right)\end{bmatrix}$$

$$\boldsymbol{g}(\boldsymbol{x})=\begin{bmatrix}-(x_1(t)+0.25)\\ 0\end{bmatrix}$$

$$\boldsymbol{k}(\boldsymbol{x})=\begin{bmatrix}0.1\\ 0\end{bmatrix},\qquad \boldsymbol{h}(\boldsymbol{x})=x_1$$

这里状态变量 $x_1(t)$ 为温度偏离稳态值的偏差量，$x_2(t)$ 则是偏离稳态值的浓度的偏差量。

本例中的非线性 H_∞ 状态反馈的设计思路与例 10.1 是一样的，即是构造一个存储函数使之满足 HJI 不等式。所不同的是 $V(\boldsymbol{x})$ 中的高次非线性是用神经网络来提供的。具体来说，本例中的 $V(\boldsymbol{x})$ 为[9]

$$V(\boldsymbol{x}) := V(\boldsymbol{c},\boldsymbol{x}) = \frac{1}{2}(\boldsymbol{x}-\boldsymbol{x}_0)^{\mathrm{T}}\boldsymbol{P}(\boldsymbol{x}-\boldsymbol{x}_0) + \frac{1}{2}N^2(\boldsymbol{x}) \tag{10.60}$$

式中，$\boldsymbol{x}_0$ 为平衡点；$\boldsymbol{P}$ 为正定阵；$N(\boldsymbol{x})$ 则是一个径向基网络(Radial Basis Network, RBN)。

$$N(\boldsymbol{x}) := N(\boldsymbol{c},\boldsymbol{x}) = \sum_{i=1}^{n} c_i\varphi_i(\boldsymbol{x}) \tag{10.61}$$

$\boldsymbol{c} := [c_1 \quad c_2 \quad \cdots \quad c_\eta]^{\mathrm{T}}$ 为神经网络的权向量。基函数 $\varphi_i(\boldsymbol{x})$，$(i=1,\cdots,\eta)$ 则采用修正的高斯函数

$$\varphi_i(\boldsymbol{x}) := \exp\left(\frac{-\|\boldsymbol{x}-\mu_i\|^2}{2\sigma_i^2}\right) - \exp\left(\frac{-\|\boldsymbol{x}_0-\mu_i\|^2}{2\sigma_i^2}\right) \tag{10.62}$$

式中，中心点 μ_i 和 σ_i 都是事先确定的。这与一般的高斯基函数是一样的，只是数值上要减去一个偏置项，这样使每一个基函数在 $\boldsymbol{x}_0$ 处都是零，即神经网络的输出 $N(\boldsymbol{x})$ 在 $\boldsymbol{x}=\boldsymbol{x}_0$ 时为零。

式(10.60)表明，这个 $V(\boldsymbol{x})$ 是由一个非负的二次型和一个神经网络的平方输出所组成的。这就保证了所有 $\boldsymbol{x}\in\mathbf{R}^n$ 下 $V(\boldsymbol{x})\geqslant 0$，而且 $V(\boldsymbol{x}_0)=0$。而 $V(\boldsymbol{x})$ 中第一项的二次型，其偏导数是一次的，对应的控制律就是线性的，使平衡点可以按线性化系统来设计，既保证了系统的扰动抑制的性能，又保证了渐近稳定性。

式(10.60)的第二项是为了在偏离平衡点后，在较大的范围内保证系统的性能。从式(10.60)可得

$$\frac{\partial V}{\partial \boldsymbol{x}}(\boldsymbol{x}) = (\boldsymbol{x}-\boldsymbol{x}_0)^{\mathrm{T}}\boldsymbol{P} + N(\boldsymbol{x})\frac{\partial N}{\partial \boldsymbol{x}}(\boldsymbol{x}) \tag{10.63}$$

设本例中的性能输出为

$$\boldsymbol{z} = \begin{bmatrix} y \\ u \end{bmatrix}$$

即 u 的加权系数为 1，故 $\boldsymbol{D}=\boldsymbol{D}_{12}^{\mathrm{T}}\boldsymbol{D}_{12}=1$。这样，将式(10.63)代入式(10.43)后可得本例中的控制律为

$$u = -\boldsymbol{g}^{\mathrm{T}}(\boldsymbol{x})\boldsymbol{P}(\boldsymbol{x}-\boldsymbol{x}_0) - \boldsymbol{g}^{\mathrm{T}}(\boldsymbol{x})N(\boldsymbol{x})\frac{\partial^{\mathrm{T}} N}{\partial \boldsymbol{x}}(\boldsymbol{x}) \tag{10.64}$$

现在来构造 $V(\boldsymbol{x})$。先来看其中的二次型 $\frac{1}{2}(\boldsymbol{x}-\boldsymbol{x}_0)^{\mathrm{T}}\boldsymbol{P}(\boldsymbol{x}-\boldsymbol{x}_0)$。这对应于平衡点附近线性化系统的设计。设平衡点为 $\boldsymbol{x}_0=(0 \quad 0)^{\mathrm{T}}$，则可求得式(10.59)系统的线性化状态方程为

$$\begin{cases} \dot{\boldsymbol{x}} = \boldsymbol{A}\boldsymbol{x} + \boldsymbol{B}_1 w + \boldsymbol{B}_2 u \\ y = \boldsymbol{C}_1\boldsymbol{x} \end{cases} \tag{10.65}$$

式中

$$A=\begin{bmatrix}4.25 & 1\\ -6.25 & 2\end{bmatrix},\quad B_1=\begin{bmatrix}0.1\\ 0\end{bmatrix},$$

$$B_2=\begin{bmatrix}-0.25\\ 0\end{bmatrix},\quad C=\begin{bmatrix}1 & 0\end{bmatrix}$$

将式(10.65)的各系数代入状态反馈解的代数 Riccati 方程式(6.43)。设 $\gamma=0.5$,求解可得

$$P=\begin{bmatrix}271.88 & 52.07\\ 52.07 & 11.28\end{bmatrix} \tag{10.66}$$

式(10.66)就是这个 $V(\boldsymbol{x})$ 的二次型部分的正定阵 $\boldsymbol{P}$。下一步是确定 $N(\boldsymbol{x})$ 中的权系数 $c_i(i=1,\cdots,\eta)$ 来满足 HJI 不等式。

设用 $H(\boldsymbol{c},\boldsymbol{x})$ 来表示 HJI 不等式左侧的 Hamilton 函数。根据式(10.42)可写得本例中的 Hamilton 函数为

$$H(\boldsymbol{c},\boldsymbol{x})=\frac{\partial V}{\partial \boldsymbol{x}}(\boldsymbol{x})\boldsymbol{f}(\boldsymbol{x})+\frac{1}{2}\frac{\partial V}{\partial \boldsymbol{x}}(\boldsymbol{x})\left[\frac{1}{\gamma^2}\boldsymbol{k}(\boldsymbol{x})\boldsymbol{k}^{\mathrm{T}}(\boldsymbol{x})-\boldsymbol{g}(\boldsymbol{x})\boldsymbol{g}^{\mathrm{T}}(\boldsymbol{x})\right]\frac{\partial^{\mathrm{T}} V}{\partial \boldsymbol{x}}(\boldsymbol{x})+\frac{1}{2}\boldsymbol{h}^{\mathrm{T}}(\boldsymbol{x})\boldsymbol{h}(\boldsymbol{x}) \tag{10.67}$$

现在是要确定神经网络 $N(\boldsymbol{x})$ 的参数,使这个 Hamilton 函数在系统状态变量的工作范围 M_1 内均小于等于零,即

$$H(\boldsymbol{c},\boldsymbol{x})\leqslant 0,\quad \forall\, \boldsymbol{x}\in M_1 \tag{10.68}$$

本例中 $M_1=\{-0.05\leqslant x_i\leqslant 0.05, i=1,2\}$。设这个神经网络有 100 个基函数 $\varphi_i(\boldsymbol{x})$[见式(10.62)]。基函数的中心点 μ_i 是按 10×10 的网格均匀分布在$\{-0.056\,25\leqslant x_j\leqslant 0.056\,25, j=1,2\}$的区间内,而其 σ_i 都取为 0.062 5。神经网络是离线训练的,训练时在 M_1 内取 144 个代表点,这些点是按 12×12 的网格均匀分布在$\{-0.055\leqslant x_i\leqslant 0.055, i=1,2\}$的区间内。训练时采用优化的梯度算法[9]在满足

$$H(\boldsymbol{c},\boldsymbol{x})\leqslant 0,\quad i=1,2,\cdots,144$$

的条件下来确定 $N(\boldsymbol{x})$ 中的各权函数 $c_i(i=1,\cdots,\eta)$。当然神经网络训练时还有一些细节问题,可进一步参阅文献[9]。

图 10.3 所示是没有加神经网络 $N(\boldsymbol{x})$,即 $V(\boldsymbol{x})$ 中只有二次型时的 Hamilton 函数图形。从图可以看到,只有线性状态反馈时不能满足 HJI 不等式,即在 $\boldsymbol{x}\in M_1$ 的工作范围内并不能保证给定的 0.5 的 L_2 增益。加上神经网络后,最终的 Hamilton 函数图形就是一个等于零的水平面(带一个小凹口,图略)。

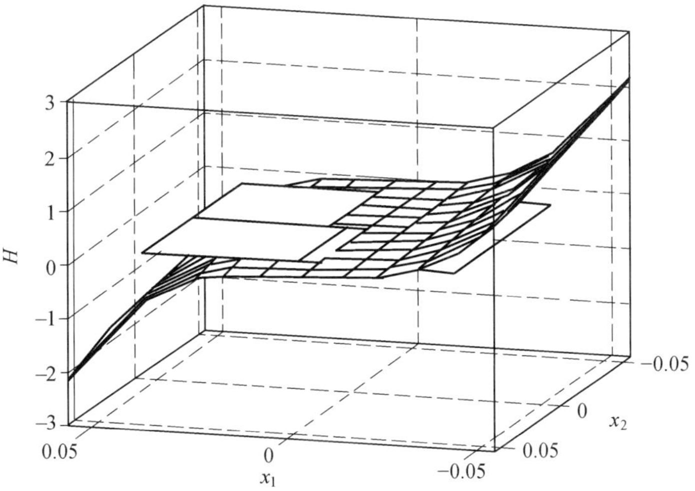

图 10.3　线性控制器对应的 Hamilton 函数 H

10.6　非线性 H_∞ 问题求解:SOS 法

本章上面介绍的 Hamilton-Jacobi 不等式和耗散不等式虽是非线性 H_∞ 设计中的基本关系式,不过目前尚无有效的解析求解的方法。SOS 是平方和(Sum Of Squares) 的缩写,SOS 法是指采用 SOS 多项式来研究非线性系统。SOS 法是一种数值求解的方法,可以求解一些不容易解析求解的非线性方程式或不等式。本节主要介绍 SOS 法在求解非线性 H_∞ 问题中的应用。

10.6.1　SOS 多项式

SOS 法一般讨论的都是具有数个实数变量的多项式。每一个多项式都是由有限个单项式线性组合而成的。例如,下列的多项式

$$q(x_1,\ x_2) = x_1^2 + 2x_1^4 + 2x_1^3 x_2 - x_1^2 x_2^2 + 5x_2^4 \tag{10.69}$$

就是由两个变量的 5 个单项式构成的。控制理论中经常见到的是二次型多项式,如 $\boldsymbol{x}^{\mathrm{T}}\boldsymbol{Q}\boldsymbol{x}$,式中的 $\boldsymbol{Q}$ 为一对称阵。这种表示方式也可推广到高次的多项式。例如,设多项式 $p(\boldsymbol{x})$ 的方次小于或等于 $2d$,则该多项式可写成 $p(\boldsymbol{x}) = \boldsymbol{z}^{\mathrm{T}}(\boldsymbol{x})\boldsymbol{Q}\boldsymbol{z}(\boldsymbol{x})$。这种表达式称为克兰姆矩阵(Gram matrix) 表达式。式中,$\boldsymbol{z}(\boldsymbol{x})$ 是由方次小于或等于 d 的单项式所构成的向量,而 $\boldsymbol{Q}$ 是一个对称阵。例如,式(10.69) 的 $q(x_1,\ x_2)$ 当用 $\boldsymbol{z}^{\mathrm{T}}(\boldsymbol{x})\boldsymbol{Q}\boldsymbol{z}(\boldsymbol{x})$ 来表示时,

$$z(x)=\begin{bmatrix}x_1\\x_1^2\\x_1x_2\\x_2^2\end{bmatrix},\quad Q=\begin{bmatrix}1&0&0&0\\0&2&1&-0.5\\0&1&0&0\\0&-0.5&0&5\end{bmatrix}$$

注意，这里的克兰姆阵 Q 并不是唯一的，与 z 中的单项式有关。例如，$q(x_1,x_2)$ 中的 $x_1^2x_2^2$ 可表示成 $(x_1x_2)(x_1x_2)$，也可表示成 $(x_1^2)(x_2^2)$。

定义 10.5 如果多项式 p 能写成 N 个多项式 $g_1,\cdots,g_N$ 的平方之和，即 $p=\sum_{i=1}^{N}g_i^2$，则称 p 为 SOS 多项式。

SOS 多项式的一个很重要的性质是，SOS 多项式都是非负的，$p(x)\geqslant 0$。SOS 多项式的集合用 $\Sigma[x]$ 来表示，如果一个多项式是 SOS 的，就写成

$$p(x)\in\Sigma[x] \tag{10.70}$$

作为例子，式(10.69)的多项式 $q(x_1,x_2)$ 可写成

$$q(x_1,\ x_2)=x_1^2+\frac{1}{2}(2x_1^2-3x_2^2+x_1x_2)^2+\frac{1}{2}(x_2^2+3x_1x_2)^2 \tag{10.71}$$

所以按照定义，多项式 $q(x_1,x_2)$ 就是一个 SOS 多项式。当然，式(10.71)是很容易验证的，问题是如何能自动地将多项式分解成式(10.71)的形式。这个过程称为SOS分解。SOS分解是将上面的克兰姆阵 Q 进行参数化(因为 Q 是非唯一的)，参数化后成为一个 LMI 可行性问题(见本书第 5.1 节)。SOS 问题求解的程序一般分为两部分，第一部分就是 SOS 分解，求得 SOS 多项式后才是对 SOS 的运算进行编程，加进各种 SOS 约束和优化。SOS 的求解现在都有软件可供使用，软件的名称是 SOSTOOLS，可从网上下载[10]，只要给出所要求解问题的不等式，就可求解。下一节将通过一个例子来说明 SOSTOOLS 的应用。

10.6.2 SOS 问题和 SOSTOOLS

下面将通过 Lyapunov 函数的求取，并结合 SOSTOOLS 来说明一些典型的设计要求在 SOS 问题中是如何处理的。例如设计中往往有正定性要求，而 SOS 多项式只是非负的，又例如可能有同时满足多个不等式的要求，等等。

设系统方程式为

$$\begin{bmatrix}\dot{x}_1\\\dot{x}_2\\\dot{x}_3\end{bmatrix}=\begin{bmatrix}-x_1^3-x_1x_3^2\\-x_2-x_1^2x_2\\-x_3-\dfrac{3x_2}{x_3^2+1}+3x_1^2x_3\end{bmatrix}\triangleq f(x) \tag{10.72}$$

Lyapunov 稳定性理论说明对于系统 $\dot{x}=f(x)$，如果存在一个正定函数 $V(x)$，而其导数在

沿系统的解上是非正的，那么其平衡点 $\boldsymbol{x}=\boldsymbol{0}$ 是稳定的。为证明本例系统的稳定性，现在要寻找一个二次型的 Lyapunov 函数 $V(\boldsymbol{x})$，$V(\boldsymbol{x})$ 应满足

$$V-\varepsilon(x_1^2+x_2^2+x_3^2)\geqslant 0 \tag{10.73}$$

$$-\frac{\partial V}{\partial x_1}\dot{x}_1-\frac{\partial V}{\partial x_2}\dot{x}_2-\frac{\partial V}{\partial x_3}\dot{x}_3\geqslant 0 \tag{10.74}$$

第一个不等式中只要 ε 是大于零的任何常数，就可保证 $V(\boldsymbol{x})$ 的正定性。至于第二个不等式，注意到 $\dot{x}_3$ 的表达式是一个有理函数，不满足 SOS 程序的约束，不过对任何 x_3，$x_3^2+1>0$，故可将式(10.74) 改写如下：

$$-(x_3^2+1)\left(\frac{\partial V}{\partial x_1}\dot{x}_1+\frac{\partial V}{\partial x_2}\dot{x}_2+\frac{\partial V}{\partial x_3}\dot{x}_3\right)\geqslant 0 \tag{10.75}$$

这个问题的 SOS 程序如下：(设 $\varepsilon=1$)

```
prog = sosprogram(vars);
[prog,V] = sospolyvar(prog,[x1^2;x2^2;x3^2],'wscoeff');
prog = sosineq(prog,V - (x1^2;x2^2;x3^2));
expr = -(diff(V,x1) * f(1) + diff(V,x2) * f(2) + diff(V,x3) * f(3)) * (x3^2 + 1);
prog = sosineq(prog,expr);
prog = sossolve(prog);
solv = sosgetsol(prog,V)
```

程序的第一条是初始化，将此程序定名为 prog。第二条是定义一个变量 V，SOS 程序中变量可以是一个多项式，是一个系数未知的多项式。方括号中的 x_1^2，x_2^2，x_3^2 是构成这个多项式的三个单项式，表明现在定义的 V 是一个二次型多项式。这一条最后的 wscoeff 表示运算所得的这个多项式的系数放在 MATLAB 的工作空间(workspace) 中。第三条程序就是本例中第一个不等式，第四条程序是第二个不等式的表达式，下一条程序则是将这个表达式作为不等式加进到程序中。接下来的 sossolve 就是调用解算器，最后一个程序就是给出所定义的二次项 Lyapunov 函数 V。

这个 SOS 程序运算后给出的结果是

$$V=5.548\,9x_1^2+4.106\,8x_2^2+1.794\,5x_3^2$$

从这个例子可以看到，只要将问题整理成式(10.73) 和式(10.74) 的不等式就可以调用 sossolve(·) 求解了，而且从第五条程序可以看到第二个不等式可以很简单地直接加进到程序中去。所以如果这个问题中有多个不等式约束，也不会增加编程的复杂性和难度。由此可见，采用 SOS 方法，主要是要将问题整理成 SOS 不等式便可求解了。

到现在为止，这里讨论的都是多项式。但是在系统的设计问题中往往有矩阵不等式的要求。SOS 问题中的矩阵一般是多项式矩阵，即矩阵的各元都是多项式。对于多项式矩阵有下列命题。

命题 10.1 设 $\boldsymbol{F}(\boldsymbol{x})$ 是 $\boldsymbol{x} \in \mathbf{R}^n$ 的多项式矩阵，方次为 $2d$，并设 $\boldsymbol{F}(\boldsymbol{x})$ 是 $N \times N$ 的对称阵。对于下列的条件，(2) 成立时，(1) 也是成立的。

(1) 对于所有的 $\boldsymbol{x} \in \mathbf{R}^n$，都有 $\boldsymbol{F}(\boldsymbol{x}) \geqslant 0$。

(2) $\boldsymbol{v}^{\mathrm{T}}\boldsymbol{F}(\boldsymbol{x})\boldsymbol{v}$ 是 SOS，式中 $\boldsymbol{v} \in \mathbf{R}^N$。

证明 $\boldsymbol{v}^{\mathrm{T}}\boldsymbol{F}(\boldsymbol{x})\boldsymbol{v}$ 是 SOS 多项式是指对于所有的 $(\boldsymbol{v},\boldsymbol{x}) \in \mathbf{R}^{N+n}$，都有 $\boldsymbol{v}^{\mathrm{T}}\boldsymbol{F}(\boldsymbol{x})\boldsymbol{v} \geqslant 0$，这也就等价于对所有 $\boldsymbol{x} \in \mathbf{R}^n$，$\boldsymbol{F}(\boldsymbol{x})$ 是半正定的。

证毕

命题10.1说明，对于设计要求中的矩阵不等式，可按命题中条件(2) 的做法，将 $\boldsymbol{F}(\boldsymbol{x})$ 乘上另外一个变量 $\boldsymbol{v}$ 和 $\boldsymbol{v}^{\mathrm{T}}$，$\boldsymbol{v} \in \mathbf{R}^N$，使之成为一个多项式，按 SOS 的要求来求解。对于使用 SOSTOOLS 来说，只要在程序中标清楚 $\boldsymbol{v}$ 的维数 N，并不要求关于 $\boldsymbol{v}$ 的具体表达式。

10.6.3 状态反馈的 SOS 求解

状态反馈是反馈控制的一个最基本的控制方式。这里主要是结合状态反馈来介绍 SOS 方法中对控制系统设计问题的处理方法，包括增益或带宽的调整。而且状态反馈往往也是其他一些设计的基础。后面算例 10.4 非线性 H_∞ 设计就是以状态反馈作为求解的第一步。

当用 SOS 方法来设计时，一般是将系统的方程式整理成如下的状态依赖的类线性(linear-like) 形式：

$$\dot{\boldsymbol{x}} = \boldsymbol{A}(\boldsymbol{x})\boldsymbol{x} + \boldsymbol{B}(\boldsymbol{x})\boldsymbol{u} \tag{10.76}$$

式中，$\boldsymbol{A}(\boldsymbol{x})$ 和 $\boldsymbol{B}(\boldsymbol{x})$ 都是 $\boldsymbol{x}$ 的多项式矩阵，$\boldsymbol{x} \in \mathbf{R}^n$，$\boldsymbol{u} \in \mathbf{R}^m$。注意，式(10.76) 中 $\boldsymbol{A}(\boldsymbol{x})$ 相当于线性系统中的 $\boldsymbol{A}$ 阵，与一般的非线性表达式(10.32) 中的 $\boldsymbol{A}(\boldsymbol{x})$ 是不相同的。

现在来对式(10.76) 的系统加状态反馈，使闭环系统的零平衡点是稳定的。取 Lyapunov 函数为二次型多项式，

$$\boldsymbol{V}(\boldsymbol{x}) = \boldsymbol{x}^{\mathrm{T}}\boldsymbol{P}\boldsymbol{x} \tag{10.77}$$

式中，$\boldsymbol{P}$ 阵是一常数阵，$\boldsymbol{P} > 0$，并定义 $\boldsymbol{Q} = \boldsymbol{P}^{-1}$。

定理 10.4[10-11] 对于系统(10.76)，设存在一个 $n \times n$ 的常数阵 $\boldsymbol{Q}$ 和一个 $m \times n$ 的多项式矩阵 $\boldsymbol{K}(\boldsymbol{x})$ 满足下列的 SOS 约束：

$$\boldsymbol{v}^{\mathrm{T}}(\boldsymbol{Q} - \varepsilon_1\boldsymbol{I})\boldsymbol{v} \in \Sigma[\boldsymbol{x}] \tag{10.78}$$

$$-\boldsymbol{v}^{\mathrm{T}}(\boldsymbol{A}(\boldsymbol{x})\boldsymbol{Q} + \boldsymbol{Q}\boldsymbol{A}^{\mathrm{T}}(\boldsymbol{x}) + \boldsymbol{B}(\boldsymbol{x})\boldsymbol{K}(\boldsymbol{x}) + \boldsymbol{K}^{\mathrm{T}}(\boldsymbol{x})\boldsymbol{B}^{\mathrm{T}}(\boldsymbol{x}) + \varepsilon_2(\boldsymbol{x})\boldsymbol{I})\boldsymbol{v} \in \Sigma[\boldsymbol{x}] \tag{10.79}$$

则此状态反馈问题有解。式中，$\boldsymbol{v} \in \mathbf{R}^n$；$\varepsilon_1$ 为大于零的常数；$\varepsilon_2(\boldsymbol{x})$ 为一给定的 SOS 多项式。非线性的状态反馈控制律为

$$\boldsymbol{u}(\boldsymbol{x}) = \boldsymbol{K}(\boldsymbol{x})\boldsymbol{P}\boldsymbol{x} = \boldsymbol{K}(\boldsymbol{x})\boldsymbol{Q}^{-1}\boldsymbol{x} \tag{10.80}$$

如果式(10.79) 中对应 $\boldsymbol{x} \neq \boldsymbol{0}$ 时的 $\varepsilon_2(\boldsymbol{x}) > 0$，则该系统的平衡点是渐近稳定的。

证明 根据式(10.76)、式(10.77) 和式(10.80) 可写得

$$\frac{\mathrm{d}V}{\mathrm{d}t}(\boldsymbol{x}(t))=\boldsymbol{x}^{\mathrm{T}}\{\boldsymbol{P}[\boldsymbol{A}(\boldsymbol{x})+\boldsymbol{B}(\boldsymbol{x})\boldsymbol{K}(\boldsymbol{x})\boldsymbol{P}]+[\boldsymbol{A}(\boldsymbol{x})+\boldsymbol{B}(\boldsymbol{x})\boldsymbol{K}(\boldsymbol{x})\boldsymbol{P}]^{\mathrm{T}}\boldsymbol{P}\}\boldsymbol{x} \tag{10.81}$$

渐近稳定要求 $\frac{\mathrm{d}V}{\mathrm{d}t}(\boldsymbol{x}(t))<0$，故要求(10.81) 的大括号内的这一项是负定的，即要求

$$\boldsymbol{P}\boldsymbol{A}(\boldsymbol{x})+\boldsymbol{A}^{\mathrm{T}}(\boldsymbol{x})\boldsymbol{P}+\boldsymbol{P}[\boldsymbol{B}(\boldsymbol{x})\boldsymbol{K}(\boldsymbol{x})+\boldsymbol{K}^{\mathrm{T}}(\boldsymbol{x})\boldsymbol{B}^{\mathrm{T}}(\boldsymbol{x})]\boldsymbol{P}<0 \tag{10.82}$$

将上式中的各项左乘和右乘一个 $\boldsymbol{Q}$ 阵，得

$$\boldsymbol{A}(\boldsymbol{x})\boldsymbol{Q}+\boldsymbol{Q}\boldsymbol{A}^{\mathrm{T}}(\boldsymbol{x})+\boldsymbol{B}(\boldsymbol{x})\boldsymbol{K}(\boldsymbol{x})+\boldsymbol{K}^{\mathrm{T}}(\boldsymbol{x})\boldsymbol{B}^{\mathrm{T}}(\boldsymbol{x})<0 \tag{10.83}$$

因为式(10.83) 是一种负定要求，所以式(10.79) 要加一负号。再根据命题 10.1 将矩阵不等式转变为 SOS 约束(10.79)。而式(10.78) 中的 ε_1 可以保证 $\boldsymbol{Q}$ 是正定的。

证毕

根据定理 10.4，用 SOSTOOLS 中的 sosineq 函数求解式(10.78)、式(10.79)，便可求得 $\boldsymbol{Q}$ 阵和 $\boldsymbol{K}(\boldsymbol{x})$ 阵，代入式(10.80) 得状态反馈控制律 $\boldsymbol{u}(\boldsymbol{x})$。具体的算例可见下面的例 10.3。

关于定理 10.4 还有两点说明。(1) 定理中用 $\boldsymbol{Q}$ 阵而不用 $\boldsymbol{P}$ 阵，是因为用 $\boldsymbol{P}$ 阵的式(10.82) 中有 $\boldsymbol{P}$ 和 $\boldsymbol{K}(\boldsymbol{x})$ 相乘而不构成凸问题，改用 $\boldsymbol{Q}$ 阵后，式(10.83) 中待求的 $\boldsymbol{Q}$ 阵和 $\boldsymbol{K}(\boldsymbol{x})$ 都呈仿射关系，就可以用 SOS 法来求解。(2) 定理中的 $\boldsymbol{Q}$ 阵为常数阵，而不是 SOS 法中常用的多项式矩阵 $\boldsymbol{Q}(\boldsymbol{x})$，是因为式(10.80) 中有求逆运算。而多项式矩阵的逆不可能仍旧是一个多项式矩阵，后续的程序就不能再用 SOSTOOLS 来运算了。

例 10.3　设系统的方程式为

$$\begin{cases}\dot{x}_1=u\\ \dot{x}_2=(1+x_2^2)x_1\end{cases} \tag{10.84}$$

设 $\boldsymbol{x}=[x_1\quad x_2]^{\mathrm{T}}$，当写成类线性方程式(10.76) 时，相应的 $\boldsymbol{A}(\boldsymbol{x})$ 阵和 $\boldsymbol{B}(\boldsymbol{x})$ 阵为

$$\boldsymbol{A}(\boldsymbol{x})=\begin{bmatrix}0 & 0\\ 1+x_2^2 & 0\end{bmatrix},\ \boldsymbol{B}(\boldsymbol{x})=\begin{bmatrix}1\\ 0\end{bmatrix}$$

设控制律为

$$u=\boldsymbol{K}(\boldsymbol{x})\boldsymbol{Q}^{-1}\boldsymbol{x}$$

则根据定理 10.4，求解 SOS 约束式(10.78)、式(10.79)，并设 $\varepsilon_1=10^{-6}$，$\varepsilon_2=10^{-6}$，得

$$\boldsymbol{Q}=\begin{bmatrix}0.632\ 53 & -0.335\ 49\\ -0.335\ 49 & 0.855\ 32\end{bmatrix} \tag{10.85}$$

$$\boldsymbol{K}(\boldsymbol{x})=\begin{bmatrix}-0.436\ 98-0.436\ 98x_2^2\\ -0.529\ 77-0.529\ 77x_2^2\end{bmatrix}^{\mathrm{T}} \tag{10.86}$$

代入式(10.80)，得非线性控制律为

$$u=-1.287\ 1x_1(1+x_2^2)-1.124\ 2x_2(1+x_2^2) \tag{10.87}$$

式(10.86)、式(10.87) 中已略去系数小于10^{-12} 的各微小项。图 10.4(a) 为 $\boldsymbol{x}_1(0)=0$，$\boldsymbol{x}_2(0)=0.1$ 时的系统的响应曲线(实线)，图 10.4(b) 为相应的控制输入 $u(t)$(实线)。

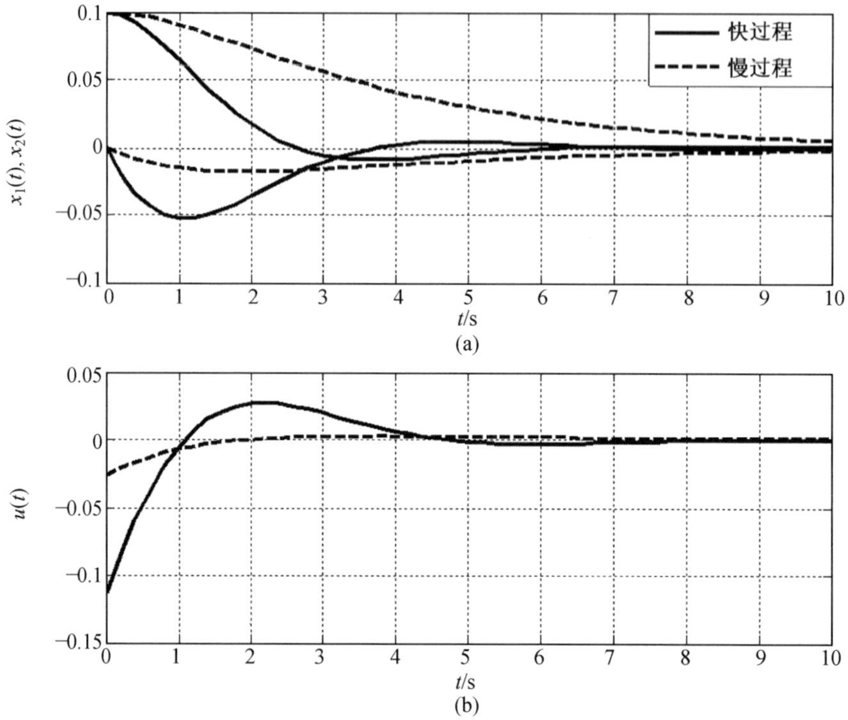

图 10.4 例 10.3 的响应曲线

图 10.4(实线) 表明所设计的非线性状态反馈具有良好的稳定性能。如果对系统的响应速度或带宽有设计要求，在 SOS 程序中可以再加不等式约束。具体做法是对控制律式(10.80) 的增益 $\boldsymbol{K}(\boldsymbol{x})$ 的大小加以限制。作为例子，设要求降低上述设计的响应速度，就限定 K 中的各系数值小于某一个值。式(10.86) 中的 $\boldsymbol{K}$ 的系数在 $-0.4 \sim -0.5$，为了能在图 10.4 上看出一个明显的效果，这里设要求限定各系数为

$$K_i > -0.02, \quad i=1,2,3,4 \tag{10.88}$$

式(10.88) 在 SOS 程序中的语句是

$$\text{prog} = \text{sosineq}(\text{prog}, 0.02 + \text{coeff1}) \tag{10.89}$$

式中，coeff1 是指 1 号系数。此条语句求解的不等式就是

$$0.02 + K_1 > 0$$

只要在求解状态反馈的式(10.78)、式(10.79) 前加上式(10.89) 的不等式约束就可以控制系统的带宽。

结合本例来说，对 $\boldsymbol{K}(\boldsymbol{x})$ 中的四个系数均加上式(10.89) 对应的约束，求解得加上约束后的控制律为

$$u = -1.090\,9x_1(1+x_2^2) - 0.261\,39x_2(1+x_2^2) \tag{10.90}$$

图 10.4 中的虚线所表示的就是在这个控制律作用下的状态响应和控制输入 $u(t)$ 的响应曲线。加约束后的响应过程已明显变慢。

10.6.4 H_∞ 控制的 SOS 求解

非线性 H_∞ 控制需要求解 HJI 不等式，但是这个不等式中的 $-\frac{\partial V}{\partial \boldsymbol{x}}\boldsymbol{B}_2(\boldsymbol{x})\boldsymbol{D}^{-1}\boldsymbol{B}_2^{\mathrm{T}}(\boldsymbol{x})\frac{\partial^{\mathrm{T}} V}{\partial \boldsymbol{x}}$ 使式(10.41) 成为一个非凸问题而不能采用 SOS 方法。下面将介绍两种绕过正面求解 HJI 不等式的求解方法。

第一种方法是基于有界实引理的迭代方法，第二种方法是优化求解 Hamilton 函数的方法。这第二种方法将结合算例 10.4 来进行介绍。

这里应用 SOS 方法，为统一符号，将非线性系统方程式(10.1) 改写成状态依赖的类线性微分方程式

$$\begin{cases}\dot{\boldsymbol{x}}=\boldsymbol{A}(\boldsymbol{x})\boldsymbol{x}+\boldsymbol{B}_1(\boldsymbol{x})\boldsymbol{w}\\ \boldsymbol{z}=\boldsymbol{C}_1(\boldsymbol{x})\boldsymbol{x}\end{cases}\tag{10.91}$$

与此对应的 Hamilton-Jacobi 不等式(10.30) 则改写成

$$\frac{\partial V}{\partial \boldsymbol{x}}\boldsymbol{A}(\boldsymbol{x})\boldsymbol{x}+\frac{1}{4\gamma^2}\frac{\partial V}{\partial \boldsymbol{x}}\boldsymbol{B}_1(\boldsymbol{x})\boldsymbol{B}_1^{\mathrm{T}}(\boldsymbol{x})\frac{\partial^{\mathrm{T}} V}{\partial \boldsymbol{x}}+\boldsymbol{x}^{\mathrm{T}}\boldsymbol{C}_1^{\mathrm{T}}(\boldsymbol{x})\boldsymbol{C}_1(\boldsymbol{x})\boldsymbol{x}\leqslant 0\tag{10.92}$$

根据式(10.92)，利用 Schur 引理(见引理 5.1)，很容易推导出如下的，用于多项式非线性系统的有界实引理。

引理 10.2[6] 如果下列不等式存在一个正定解 $V(\boldsymbol{x})$，则多项式非线性系统(10.91) 是稳定的，且其 L_2 增益小于等于 γ。

$$\begin{bmatrix}\frac{\partial V}{\partial \boldsymbol{x}}\boldsymbol{A}(\boldsymbol{x})\boldsymbol{x}+\boldsymbol{x}^{\mathrm{T}}\boldsymbol{C}_1^{\mathrm{T}}(\boldsymbol{x})\boldsymbol{C}_1(\boldsymbol{x})\boldsymbol{x} & \frac{\partial V}{\partial \boldsymbol{x}}\boldsymbol{B}_1(\boldsymbol{x})\\ \boldsymbol{B}_1^{\mathrm{T}}(\boldsymbol{x})\frac{\partial^{\mathrm{T}} V}{\partial \boldsymbol{x}} & -4\gamma^2\boldsymbol{I}\end{bmatrix}\leqslant 0\tag{10.93}$$

当考虑状态反馈时，系统的方程式为

$$\begin{cases}\dot{\boldsymbol{x}}=\boldsymbol{A}(\boldsymbol{x})\boldsymbol{x}+\boldsymbol{B}_1(\boldsymbol{x})\boldsymbol{w}+\boldsymbol{B}_2(\boldsymbol{x})\boldsymbol{u}\\ \boldsymbol{z}=\boldsymbol{C}_1(\boldsymbol{x})\boldsymbol{x}+\boldsymbol{D}_{12}(\boldsymbol{x})\boldsymbol{u}\end{cases}\tag{10.94}$$

式中，$\boldsymbol{z}$ 为性能输出；$\boldsymbol{u}$ 为控制输入。设为状态反馈，则 $\boldsymbol{u}$ 为 $\boldsymbol{x}$ 的多项式列向量 $\boldsymbol{u}(\boldsymbol{x})$。将 $\boldsymbol{u}(\boldsymbol{x})$ 代入可将式(10.94) 整理成

$$\begin{cases}\dot{\boldsymbol{x}}=[\boldsymbol{A}(\boldsymbol{x})\boldsymbol{x}+\boldsymbol{B}_2(\boldsymbol{x})\boldsymbol{u}(\boldsymbol{x})]+\boldsymbol{B}_1(\boldsymbol{x})\boldsymbol{w}\\ \boldsymbol{z}=\boldsymbol{C}_1(\boldsymbol{x})\boldsymbol{x}+\boldsymbol{D}_{12}(\boldsymbol{x})\boldsymbol{u}(\boldsymbol{x})\end{cases}\tag{10.95}$$

将式(10.95) 与式(10.91) 对比，并将引理 10.2 应用于此闭环系统，可得状态反馈下的有界实不等式条件为

$$\begin{bmatrix} \frac{\partial V}{\partial \boldsymbol{x}}[\boldsymbol{A}(\boldsymbol{x})\boldsymbol{x}+\boldsymbol{B}_2(\boldsymbol{x})\boldsymbol{u}(\boldsymbol{x})]+\boldsymbol{x}^{\mathrm{T}}\boldsymbol{C}_1^{\mathrm{T}}\boldsymbol{C}_1\boldsymbol{x} & \frac{\partial V}{\partial \boldsymbol{x}}\boldsymbol{B}_1(\boldsymbol{x}) & \boldsymbol{u}^{\mathrm{T}}(\boldsymbol{x}) \\ \boldsymbol{B}_1^{\mathrm{T}}(\boldsymbol{x})\frac{\partial^{\mathrm{T}} V}{\partial \boldsymbol{x}} & -4\gamma^2\boldsymbol{I} & 0 \\ \boldsymbol{u}(\boldsymbol{x}) & 0 & -\boldsymbol{D}^{-1} \end{bmatrix} \leqslant 0 \tag{10.96}$$

基于式(10.96),文献[6]提出了一种用于迭代求解的不等式如下:

$$\begin{bmatrix} \frac{\partial V_i}{\partial \boldsymbol{x}}[\boldsymbol{A}(\boldsymbol{x})\boldsymbol{x}+\boldsymbol{B}_2(\boldsymbol{x})\boldsymbol{u}_{i-1}(\boldsymbol{x})]+\boldsymbol{x}^{\mathrm{T}}\boldsymbol{C}_1^{\mathrm{T}}\boldsymbol{C}_1\boldsymbol{x} & \frac{\partial V_i}{\partial \boldsymbol{x}}\boldsymbol{B}_1(\boldsymbol{x}) & \boldsymbol{u}_{i-1}^{\mathrm{T}}(\boldsymbol{x}) \\ \boldsymbol{B}_1^{\mathrm{T}}(\boldsymbol{x})\frac{\partial^{\mathrm{T}} V_i}{\partial \boldsymbol{x}} & -4\gamma_i^2\boldsymbol{I} & 0 \\ \boldsymbol{u}_{i-1}(\boldsymbol{x}) & 0 & -\boldsymbol{D}^{-1} \end{bmatrix} \leqslant 0 \tag{10.97}$$

如果固定前一步求解得出的状态反馈控制律 $\boldsymbol{u}_{i-1}(\boldsymbol{x})$,这时式(10.97)的不等式条件对 $V_i(\boldsymbol{x})$ 和 γ_i 的求解来说就是凸问题,可以用 SOS 程序来求解。求解得出这一步的 $V_i(\boldsymbol{x})$,并计算得出 $\boldsymbol{u}_i(\boldsymbol{x})$ 后,再用这个 $\boldsymbol{u}_i(\boldsymbol{x})$ 做下一个迭代计算。$\boldsymbol{u}_i(\boldsymbol{x})$ 用的计算式就是 H_∞ 状态反馈的最优解[见式(10.38)][6]。

$$\boldsymbol{u}_i(\boldsymbol{x})=-\frac{1}{2}\boldsymbol{D}^{-1}\boldsymbol{B}_2^{\mathrm{T}}(\boldsymbol{x})\frac{\partial^{\mathrm{T}} V_i}{\partial \boldsymbol{x}} \tag{10.98}$$

文献[6]指出,这种迭代有可能得到一个更好的 γ 值,即 $\gamma_i<\gamma_{i-1}$,而且不等式(10.97)总是有可行解的(至少当 $V_i(\boldsymbol{x})=V_{i-1}(\boldsymbol{x})$ 时是满足的)。

迭代计算中的 $V(\boldsymbol{x})$ 采用克兰姆矩阵的表达式[见 10.6.1 节],即

$$V(\boldsymbol{x})=\frac{1}{2}\boldsymbol{z}^{\mathrm{T}}(\boldsymbol{x})\boldsymbol{P}\boldsymbol{z}(\boldsymbol{x}) \tag{10.99}$$

如果 $\boldsymbol{z}$ 的方次 $d=1$,例如 $\boldsymbol{z}(\boldsymbol{x})=[x_1 \quad x_2]^{\mathrm{T}}$,则 $V(\boldsymbol{x})$ 就是二次型多项式。一般在 SOS 设计中总是取 $d>1$,这样 $V(\boldsymbol{x})$ 的方次就会高于二次,例如对一个二阶系统来说,$V(\boldsymbol{x})$ 可能是如下的一个多项式:

$$V(\boldsymbol{x})=0.430\ 0x_1^4+2.058\ 3x_1^2+2.049\ 2x_1x_2+1.189\ 4x_2^2$$

一般来说,高方次的 $V(\boldsymbol{x})$ 有可能得到比线性设计更好的性能。在迭代计算中式(10.99)的 $\boldsymbol{z}(\boldsymbol{x})$ 的各个单项式和方次在设计时是指定的。设计中迭代改动的是式(10.99)中的克兰姆阵 $\boldsymbol{P}$。对迭代计算来说,具体的表达式是

$$V_i(\boldsymbol{x})=\frac{1}{2}\boldsymbol{z}^{\mathrm{T}}(\boldsymbol{x})\boldsymbol{P}_i\boldsymbol{z}(\boldsymbol{x}) \tag{10.100}$$

式中,$\boldsymbol{P}_i$ 是 $n_z\times n_z$ 的实数阵,n_z 是单项式向量 $\boldsymbol{z}(\boldsymbol{x})$ 的维数,一般来说,$n_z>n$,这个 n 是系统中状态变量 $\boldsymbol{x}$ 的维数。

式(10.97)在用 SOS 求解时,需要对左侧乘一负号,使之成为一个非负的要求。式(10.97)中的 $\partial V/\partial \boldsymbol{x}$ 在 SOSTOOLS 中是用 diff 函数,例如 $\partial V/\partial \boldsymbol{x}_1$ 在程序中就是

diff(V, x1)。

迭代计算中有一个第一步的问题。开始时的第一步可以先取 $V(\boldsymbol{x})$ 为二次型,即 $V_0(\boldsymbol{x})=\frac{1}{2}\boldsymbol{x}^{\mathrm{T}}\boldsymbol{P}_0\boldsymbol{x}$,以常规做法进行计算,然后进入迭代算法,逐步降低 γ 值。

10.7 设计举例(2)

例 10.4 卫星姿态机动的非线性 H_∞ 控制

当卫星的姿态做大角度机动时,由于存在速度之间的交叉耦合,其动力学方程是非线性的,而且其运动学微分方程也是非线性的。对于非线性系统一般应采取非线性的控制律。而卫星机动这类控制问题中,即使是状态反馈也需要求解 6×6 的多项式矩阵,而且矩阵中的每一元都是一些具有 6 个变量的高阶多项式。因此待求的各个系数,即求解中的决策变量数的量是非常大的,这种不等式约束的求解只能靠 SOSTOOLS。由此可见,SOS 并不是引入新的控制方面的概念,SOS 只是在解决非线性控制问题时的一个有力的设计工具。这也就是这里选卫星机动作为设计算例的缘由。

卫星的运动方程式包括动力学方程和运动学的微分方程。设卫星为刚体,其动力学方程为[12]

$$\begin{cases} I_x\dot{\omega}_x+(I_z-I_y)\omega_y\omega_z=T_x \\ I_y\dot{\omega}_y+(I_x-I_z)\omega_z\omega_x=T_y \\ I_z\dot{\omega}_z+(I_y-I_x)\omega_x\omega_y=T_z \end{cases} \tag{10.101}$$

式中,I_x,I_y,I_z 分别为相应轴的转动惯量;$\omega_x,\omega_y,\omega_z$ 分别为绕相应轴的角速度分量;T_x,T_y,T_z 分别为相应轴的控制力矩。

卫星的姿态一般常用四元数来表示,但四元数需要有 4 个运动学的微分方程,且四元数 4 个变量之间只有 3 个是独立的,故不便于采用状态空间法的控制设计。采用 Rodrigues 参数来表示卫星的姿态时,卫星绕特征轴的转动不能超过 180°,故这里采用修正的 Rodrigues 参数(Modified Rodrigues Parameter, MRP),可适用于(特征轴)转动到 360°。

根据欧拉定理,刚体绕固定点的任一位移可绕通过此点的某一轴转动一个角度而得到。这个轴称瞬时转轴,在姿态控制中也称特征轴(eigenaxis),用 $\boldsymbol{k}$ 表示,$\boldsymbol{k}=[n_1\quad n_2\quad n_3]^{\mathrm{T}}$,并用 φ 表示转动的角度。

MRP 参数(向量)与$(\boldsymbol{k},\varphi)$的关系为

$$\boldsymbol{\sigma}=\boldsymbol{k}\tan\frac{\varphi}{4} \tag{10.102}$$

MRP 向量 $\boldsymbol{\sigma}=[\sigma_1\quad\sigma_2\quad\sigma_3]^{\mathrm{T}}$ 只有三个分量,其与四元数(q_1,q_2,q_3,q_4)的关系为

$$\boldsymbol{\sigma}=\begin{bmatrix} q_1/(1+q_4) \\ q_2/(1+q_4) \\ q_3/(1+q_4) \end{bmatrix} \tag{10.103}$$

采用 MRP 时卫星的运动学微分方程式为[12]

$$\dot{\boldsymbol{\sigma}}=\boldsymbol{\Omega}(\boldsymbol{\sigma})\boldsymbol{\omega} \tag{10.104}$$

式中

$$\begin{cases} \boldsymbol{\Omega}(\boldsymbol{\sigma})=\dfrac{1}{4}\begin{bmatrix} 1-\boldsymbol{\sigma}^2+2\sigma_1^2 & 2(\sigma_1\sigma_2-\sigma_3) & 2(\sigma_1\sigma_3+\sigma_2) \\ 2(\sigma_2\sigma_1+\sigma_3) & 1-\boldsymbol{\sigma}^2+2\sigma_2^2 & 2(\sigma_2\sigma_3-\sigma_1) \\ 2(\sigma_3\sigma_1-\sigma_2) & 2(\sigma_3\sigma_2+\sigma_1) & 1-\boldsymbol{\sigma}^2+2\sigma_3^2 \end{bmatrix} \\ \boldsymbol{\omega}=[\omega_x \quad \omega_y \quad \omega_z]^{\mathrm{T}} \\ \boldsymbol{\sigma}^2=\sigma_1^2+\sigma_2^2+\sigma_3^2 \end{cases} \tag{10.105}$$

式(10.101) 和式(10.104) 构成了卫星姿态运动的微分方程。设状态向量 $\boldsymbol{x}=[\omega_x \quad \omega_y \quad \omega_z \quad \sigma_1 \quad \sigma_2 \quad \sigma_3]^{\mathrm{T}}$，则可将式(10.101)、式(10.104) 整理成状态依赖的类线性方程式(10.76)，式中的 $\boldsymbol{A}(\boldsymbol{x})$ 和 $\boldsymbol{B}(\boldsymbol{x})$ 分别为

$$\boldsymbol{A}(\boldsymbol{x})=\begin{bmatrix} 0 & a_{12} & 0 & 0 & 0 & 0 \\ 0 & 0 & a_{23} & 0 & 0 & 0 \\ a_{31} & 0 & 0 & 0 & 0 & 0 \\ a_{41} & a_{42} & a_{43} & 0 & 0 & 0 \\ a_{51} & a_{52} & a_{53} & 0 & 0 & 0 \\ a_{61} & a_{62} & a_{63} & 0 & 0 & 0 \end{bmatrix} \tag{10.106}$$

式中

$$a_{12}=[(I_y-I_z)/I_x]x_3, \qquad a_{23}=[(I_z-I_x)/I_y]x_1$$

$$a_{31}=[(I_x-I_y)/I_z]x_2, \qquad a_{41}=\frac{1}{4}[1+x_4^2-x_5^2-x_6^2]$$

$$a_{42}=\frac{1}{4}[2(x_4x_5-x_6)], \qquad a_{43}=\frac{1}{4}[2(x_4x_6+x_5)]$$

$$a_{51}=\frac{1}{4}[2(x_5x_4+x_6)], \qquad a_{52}=\frac{1}{4}[1-x_4^2+x_5^2-x_6^2]$$

$$a_{53}=\frac{1}{4}[2(x_5x_6-x_4)], \qquad a_{61}=\frac{1}{4}[2(x_6x_4-x_5)]$$

$$a_{62}=\frac{1}{4}[2(x_6x_5+x_4)], \qquad a_{63}=\frac{1}{4}[1-x_4^2-x_5^2+x_6^2]$$

$$\boldsymbol{B}(\boldsymbol{x})=\begin{bmatrix}1/I_x & 0 & 0\\ 0 & 1/I_y & 0\\ 0 & 0 & 1/I_z\\ 0 & 0 & 0\\ 0 & 0 & 0\\ 0 & 0 & 0\end{bmatrix} \tag{10.107}$$

本例中的非线性 H_∞ 问题并不是正面去求解 HJI 不等式，而是将求解问题分成两步。第一步是先求解状态反馈问题，第二步是基于 Hamilton 函数求解 γ 的最优值。

设刚体卫星的惯性阵 $\boldsymbol{I}=\mathrm{diag}(15,\ 16,\ 12.5)$ $(\mathrm{kg}\cdot\mathrm{m}^2)$，将 $\boldsymbol{I}$ 代入式(10.106)、式(10.107)，先利用定理 10.4 来求解状态反馈问题。

用 SOSTOOLS 中的 sosineq 函数来求解式(10.78)、式(10.79)是一种数值求解的方法，直接给出各决策变量的解，即矩阵中的各元素，以及各多项式和相应的系数。对本例来说，定理 10.4 中的 $\boldsymbol{Q}$ 阵的解是一个 6×6 的矩阵，共 36 个元素。不过这些数据中除对角元以外，其他各元的数值都小于 10^{-7}，在提取这些数据时都取为零。所以实际上所得的 $\boldsymbol{Q}$ 阵是一个对角阵，为

$$\boldsymbol{Q}=\mathrm{diag}(1\,430.937\,8,\ 1\,426.685\,4,\ 1\,429.342\,1,\ 1\,771.994\,1,\ 1\,771.993\,8,\ 1\,771.994\,0) \tag{10.108}$$

本例中变量的维数较高，数值解算中包含由所有这些变量不同组合而构成的多项式。这些多项式中项的数目是很庞大的，但并不是所有的项都是有效的。这些项的各系数相差是很悬殊的，摒弃那些系数非常小的项后才是所要求的结果。

这样，根据 sosineq 函数所得的解，从式(10.80)求得控制律后，去掉系数小于 10^{-7} 的各项，所得的三个轴的控制输入为

$$u_1=-2.531\,7x_1-1.149\,12x_2x_3-3.028\,5x_4-3.028\,2x_4(x_4^2+x_5^2+x_6^2) \tag{10.109}$$

$$u_2=-0.610\,48x_1x_3-2.742\,2x_2-3.220\,8x_5-3.220\,4x_5(x_4^2+x_5^2+x_6^2) \tag{10.110}$$

$$u_3=1.478\,7x_1x_2-2.135\,6x_3-2.520\,8x_6-2.520\,7x_6(x_4^2+x_5^2+x_6^2) \tag{10.111}$$

图 10.5 所示是此控制律作用下的姿态、角速度和控制输入的响应曲线。初始角速度为零，初始时刻的姿态对应于绕特征轴 $\boldsymbol{k}$ 转过一个角度 $\varphi=200^\circ$，$\boldsymbol{k}=[0.502\,8,\ -0.669\,3,\ 0.546\,9]^{\mathrm{T}}$。对应的姿态参数 MRP 为 $\sigma(0)=[0.599\,2,\ -0.797\,6,\ 0.651\,7]^{\mathrm{T}}$[见式(10.102)]。

求得状态反馈解后，第二步是求解系统的 L_2 增益。这里采用一种图解解析法来直接求解 Hamilton-Jacobi 不等式(10.92)的方法。定义式(10.92)的左侧部分为 Hamilton 函数 H，即

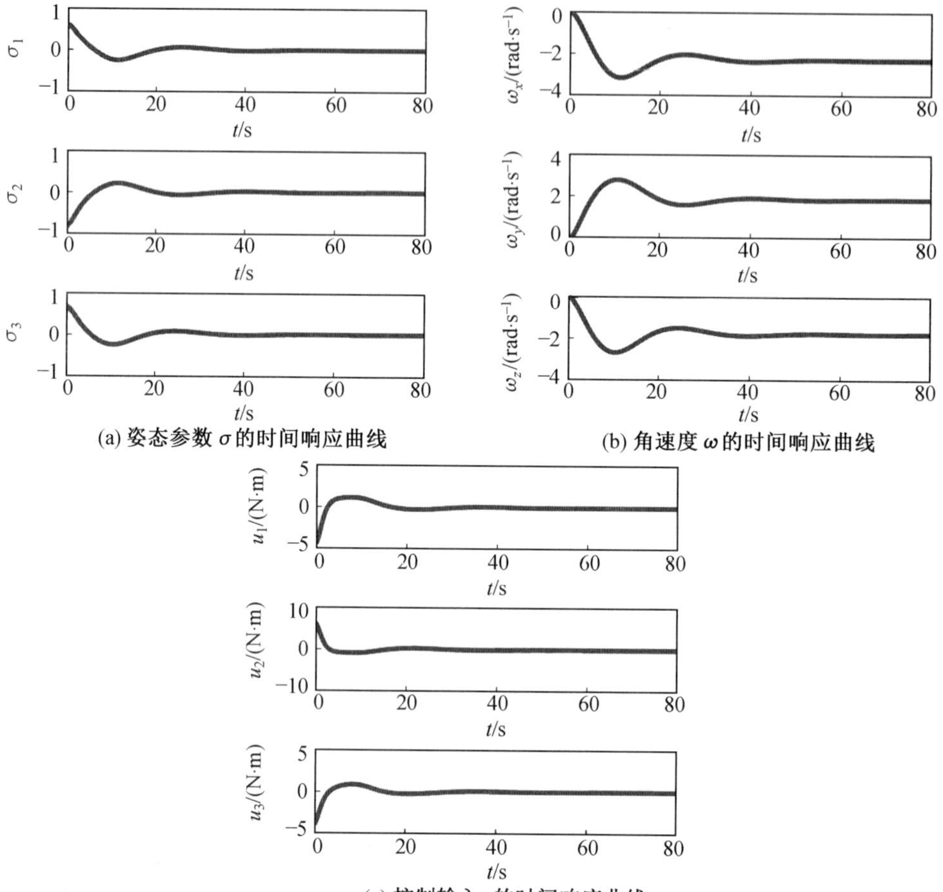

(a) 姿态参数 σ 的时间响应曲线　(b) 角速度 ω 的时间响应曲线

(c) 控制输入 $\boldsymbol{u}$ 的时间响应曲线

图 10.5　卫星姿态系统的响应曲线

$$H:=\frac{\partial V}{\partial \boldsymbol{x}}A(\boldsymbol{x})\boldsymbol{x}+\frac{1}{4\gamma^2}\frac{\partial V}{\partial \boldsymbol{x}}\boldsymbol{B}_1(\boldsymbol{x})\boldsymbol{B}_1^{\mathrm{T}}(\boldsymbol{x})\frac{\partial^{\mathrm{T}} V}{\partial \boldsymbol{x}}+\boldsymbol{x}^{\mathrm{T}}\boldsymbol{C}_1^{\mathrm{T}}\boldsymbol{C}_1\boldsymbol{x}\leqslant 0$$

当加上反馈形成闭环系统时[见式(10.95)],这个 Hamilton 函数就成为

$$H:=\frac{\partial V}{\partial \boldsymbol{x}}[A(\boldsymbol{x})\boldsymbol{x}+\boldsymbol{B}_2(\boldsymbol{x})\boldsymbol{u}(\boldsymbol{x})]+\frac{1}{4\gamma^2}\frac{\partial V}{\partial \boldsymbol{x}}\boldsymbol{B}_1(\boldsymbol{x})\boldsymbol{B}_1^{\mathrm{T}}(\boldsymbol{x})\frac{\partial^{\mathrm{T}} \boldsymbol{V}}{\partial \boldsymbol{x}}+\boldsymbol{x}^{\mathrm{T}}\boldsymbol{C}_1^{\mathrm{T}}\boldsymbol{C}_1\boldsymbol{x}\leqslant 0 \tag{10.112}$$

这里在计算 L_2 增益时只对系统的输出变量加权而不对控制量 $\boldsymbol{u}$ 加权,即取式(10.95)中的 $\boldsymbol{D}_{12}=0$。在本例的姿态控制中,性能输出就是姿态变量 $\boldsymbol{\sigma}=[\sigma_1\quad\sigma_2\quad\sigma_3]^{\mathrm{T}}$ 的加权,故取

$$\boldsymbol{C}_1=\begin{bmatrix}0&0&0&q_2&0&0\\0&0&0&0&q_2&0\\0&0&0&0&0&q_2\end{bmatrix} \tag{10.113}$$

式中，q_2 是对各姿态变量的加权系数，是这里的寻优问题中的一个决策变量。

本例的思路是在状态反馈设计后再来求解系统的 L_2 增益。因此这一步中已经有了一个正定的 Lyapunov 函数。状态反馈中的 $V(\boldsymbol{x})=\boldsymbol{x}^{\mathrm{T}}\boldsymbol{P}\boldsymbol{x}$［见式(10.77)］，而求解所得是其逆阵 $\boldsymbol{Q}=\boldsymbol{P}^{-1}$［见式(10.108)］。由于正定阵乘正数仍是正定的，因此这里是以已经求得的这个 Lyapunov 函数 $V(\boldsymbol{x})$ 作为基本函数再乘一个系数 K_v 形成式(10.112)中的一个新的正定函数。这个 K_v 是寻优过程中的另一个决策变量。

现在 Hamilton 函数(10.112)中的变量是 $\boldsymbol{x}$，γ，q_2 和 K_v，可写成 $H[\boldsymbol{x},\ \gamma,\ q_2,\ K_v]$。这样，$L_2$ 增益的求解就转化成如下的一个优化问题了。

$$\text{minimize}\ \gamma$$

满足

$$H[\boldsymbol{x}\quad \gamma\quad q_2\quad K_v]<0 \tag{10.114}$$

注意，式中的 q_2 是对输出的加权。在 H_∞ 状态反馈设计中性能权本是一种调整参数［见 10.4.1］，本例是在状态反馈设计后再来求取 γ 值，有关响应快慢和带宽等需要调整的问题应该是在状态反馈设计中已经解决了的［见例 10.3］，所以这里可以先取 $q_2=1$ 来开始寻优。这样，现在的决策变量就只有 γ 和 K_v 了。要求解这个优化问题，就是要看式(10.114)这个 H 是否小于等于 0。如果这是一个二阶系统，则只要将状态变量 x_1 和 x_2 划分为网格，各个网格点上的 H 值形成一个曲面，如果曲面的最高点 $\leqslant 0$，即为最优解，见例 10.2 的设计。可是本例中的状态变量是 6 维的，数值寻优中数据量是很大的，而且也不易用图解来表示。结合具体的 Hamilton 函数来说，式(10.114)的超平面应该是连续的，不存在突变点。所以可以取一条斜穿整个状态空间的特定的轨迹线来进行寻优。具体来说，在式(10.114)中使每一个计算点的状态变量都为同一个值，即 $x_1=x_2=\cdots=x_6=c$，使 c 从 $-10\sim+10$ 共取 2×10^4 个点进行寻优。当 $K_v=10^4$ 时得 $\gamma_{\min}=0.42$。图 10.6 所示就是对应于 $\gamma_{\min}$ 的 Hamilton 函数图(实线)。作为验算，$\gamma=0.41$ 时这个 Hamilton 函数开始上翘，即 $H\geqslant 0$。所以 0.42 是这个 Hamilton 函数 $H\leqslant 0$ 的 γ 的最小值。

现在来考察所设计系统的 L_2 增益。设在卫星的 x，y，z 轴上分别加上分段的常值扰动 $\boldsymbol{w}_x$，$\boldsymbol{w}_y$，$\boldsymbol{w}_z$：

$$\boldsymbol{w}_x(t)=\begin{cases}2\ \mathrm{N\cdot m}, & 0\leqslant t<5\ \mathrm{s}\\ 0\ \mathrm{N\cdot m}, & t\geqslant 5\ \mathrm{s}\end{cases}$$

$$\boldsymbol{w}_y(t)=\begin{cases}0\ \mathrm{N\cdot m}, & 0\leqslant t<5\ \mathrm{s}\\ 1\ \mathrm{N\cdot m}, & t\geqslant 5\ \mathrm{s}\end{cases}$$

$$\boldsymbol{w}_z(t)=0$$

图 10.7 所示就是在这些扰动力矩作用下，姿态输出($\boldsymbol{\sigma}$)的响应曲线。根据 $\boldsymbol{w}(t)$ 和输出的响应曲线 $\boldsymbol{\sigma}(t)$ 可以计算有限区段$[0,T]$内输入到输出的截断 L_2－范数 $\|\boldsymbol{z}\|_{2,T}/\|\boldsymbol{w}\|_{2,T}$，如图 10.8 所示。式中

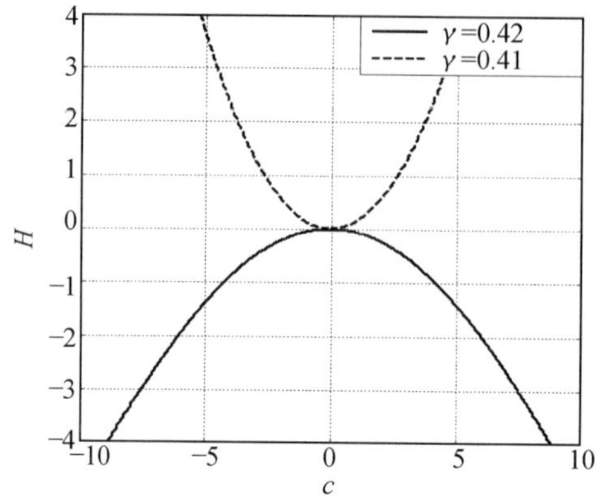

图 10.6 Hamilton 函数图

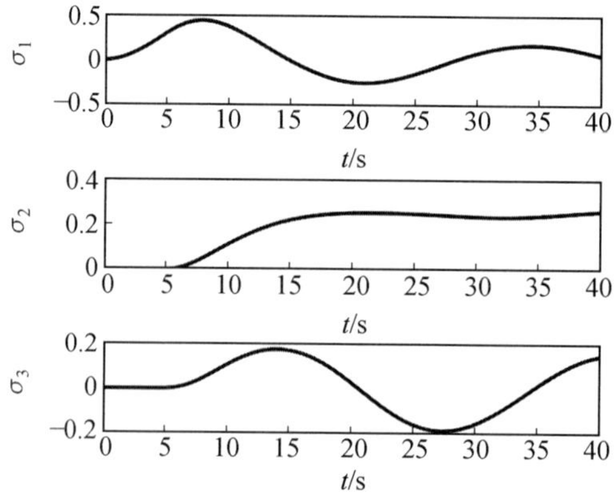

图 10.7 扰动作用下的输出响应

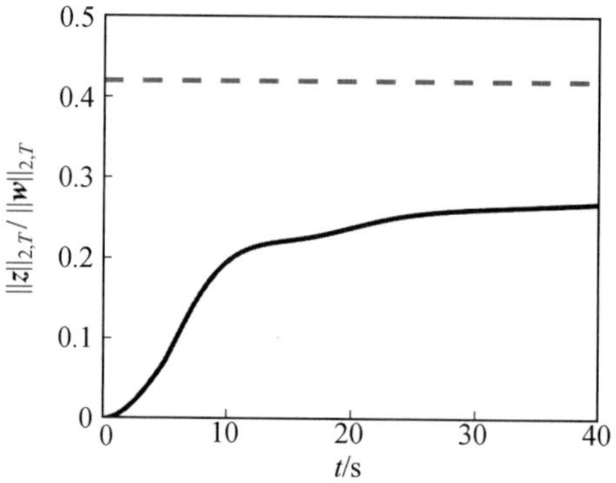

图 10.8 L_2 增益指标的验证

$$\| \boldsymbol{z} \|_{2,T} = \left[\int_0^T \| \boldsymbol{z}(t) \|^2 \mathrm{d}t \right]^{\frac{1}{2}} = \left[\int_0^T (\sigma_1^2 + \sigma_2^2 + \sigma_3^2)\, \mathrm{d}t \right]^{\frac{1}{2}}$$

$$\| \boldsymbol{w} \|_{2,T} = \left[\int_0^T (w_1^2 + w_2^2 + w_3^2)\, \mathrm{d}t \right]^{\frac{1}{2}}$$

图 10.8 中还用虚线标出了上面设计所求得的 γ 值 0.42。根据图 10.8 和定义 10.1 的式(10.3) 可知,所设计系统的 L_2 增益小于等于 $\gamma=0.42$。当然这只是一个特定的扰动信号下的例子。对于任何的截断 L_2 函数,其增益都是小于等于 0.42 的。如果这个扰动抑制特性不满足设计要求,就要修改状态反馈设计。一般来说,γ 值偏大往往是因为反馈增益不够大,应使增益取较大的值。有时也可能是因为反馈增益过大,系统容易起振而使 γ 值偏大,那么就要限制系统的反馈增益。是增加或是减小,可视响应曲线(例如图 10.7) 而定。增益值的限制在 SOS 法中只要加上相应的不等式约束即可(参见例 10.3)。

10.8　本章小结

本章介绍的 Hamilton-Jacobi 不等式和耗散不等式是非线性 H_∞ 设计中的基本关系式。非线性 H_∞ 控制虽然理论上已比较完善,但这些不等式目前都无有效的解析求解方法。SOS 法是一种数值求解的方法,可以求解一些不容易解析求解的非线性问题,尤其是在求解一些阶次较高的非线性问题上,SOS 法有较大的潜力。本章的算例虽然都有各自的特殊性,但也代表了求解非线性 H_∞ 控制的几种有效方法,可供实际设计时参考。

本章参考文献

[1] VAN DER SCHAFT A J. L_2-gain analysis of nonlinear systems and nonlinear state feedback H_∞ control[J]. IEEE Transactions on Automatic Control, 1992,37(6): 770-784.

[2] BALL J A, HELTON W, WALKER M L. H_∞ control for nonlinear systems with output feedback[J]. IEEE Transactions on Automatic Control, 1993,38(4): 546-559.

[3] 申铁龙. H_∞ 控制理论及应用[M], 北京: 清华大学出版社, 1996.

[4] SLOTINE J-J E, LI W. Applied nonlinear control[M]. Beijing: Pearson Education Asia Limited and China Machine Press, 2004.

[5] KOKOTOVIĆ P. ARCAK M. Constructive nonlinear control: A historical perspective[J]. Automatica, 2001,37(5): 637-662.

[6] ZHENG Q, WU F. Nonlinear output feedback H_∞ control for polynomial nonlinear systems[C]// 2008 American Control Conference, Westin Seattle Hotel, Seattle, Wash-

ington, USA, June 11-13, 2008: 1196-1201

[7] ISIDORI A, KANG W. H_∞ control via measurement feedback for general nonlinear systems[J]. IEEE Transactions on Automatic Control, 1995,40(3): 466-472.

[8] SINHA P K, PECHEV A N. Nonlinear H_∞ controllers for electromagnetic suspension systems[J]. IEEE Transactions on Automatic Control, 2004, 49(4): 563-568.

[9] AHMED M S. Neural controllers for nonlinear state feedback L_2-gain control[J]. IEE Proceedings-Control Theory and Applications, 2000,147(3): 239-246.

[10] PRAJNA S, PAPACHRISTODOULOU A, WU F. Nonlinear control synthesis by sum of squares optimization: a Lyapunov-based approach[C]. Proceedings of the ASCC, 2004: 157-165.

[11] 何朕,王广雄,孟范伟. 非线性 H_∞ 控制的 SOS 设计[J]. 电机与控制学报, 2015, 19(1): 82-89.

[12] 何朕,孟范伟,王广雄,等. 卫星大角度姿态机动控制的 SOS 设计[J]. 中国空间科学技术,2013,33(5):69-75.